Richard P. McCall
Hals über Kopf

Richard P. McCall

Hals über Kopf

Die Physik des menschlichen Körpers

Aus dem Amerikanischen von
Manfred Weltecke

Die Deutsche Nationalbibliothek verzeichnet diese Publikation
in der Deutschen Nationalbibliografie;
detaillierte bibliografische Daten sind im Internet über
http://dnb.d-nb.de abrufbar.

Die Originalausgabe erschien 2010 unter dem Titel *Physics of the
Human Body*
© 2010 The Johns Hopkins University Press
All rights reserved. Published by arrangement with The Johns Hopkins
University Press, Baltimore, Maryland, USA

© 2011 by WBG (Wissenschaftliche Buchgesellschaft), Darmstadt
Die Herausgabe des Werkes wurde durch die Vereinsmitglieder
der WBG ermöglicht.
Umschlaggestaltung: Finken & Bumiller, Stuttgart
Umschlagbild: © Marco Cappalunga – iStockphoto.com
Satz: PTP-Berlin GmbH – ptp-berlin.eu
Gedruckt auf säurefreiem und alterungsbeständigem Papier
Printed in Germany

Besuchen Sie uns im Internet: www.wbg-wissenverbindet.de
ISBN 978-3-534-24297-9

Die Buchhandelsausgabe erscheint beim Primus Verlag
Umschlaggestaltung: Christian Hahn, Frankfurt
Umschlagbild: © picture alliance / Sodapix AG
ISBN 978-3-89678-768-2
www.primusverlag.de

Elektronisch sind folgende Ausgaben erhältlich:
eBook (PDF): 978-3-534-71848-1 (für Mitglieder der WBG)
eBook (epub): 978-3-534-71849-8 (für Mitglieder der WBG)
eBook (PDF): 978-3-86312-746-6 (Buchhandel)
eBook (epub): 978-3-86312-747-3 (Buchhandel)

Inhaltsverzeichnis

Vorwort

Was hat Physik mit dem menschlichen Körper zu tun? „Ich werde Medizin studieren. Warum muss ich mich mit Physik beschäftigen? Geht es in der Physik nicht hauptsächlich um Mathematik?" Vielleicht haben Sie sich selbst diese Fragen gestellt, als Sie einen Physikkurs belegt haben oder weil Sie Physik in Zukunft studieren müssen. Häufig denken wir bei Physik an Objekte in Bewegung, wie zum Beispiel an Bälle und Autos, oder an Ingenieurwissenschaften und Mathematik. Tatsächlich haben Physiker eine besondere Vorliebe für die Bewegung von Objekten. Nehmen Sie ein beliebiges Physiklehrbuch für Schule oder Hochschule zur Hand, und Sie werden darin Themen finden wie zum Beispiel: Kräfte, lineare und kreisförmige Bewegungen, Wärme und Thermodynamik, Schwingungen und Wellen, Elektrizität und Magnetismus, Optik und Quantenmechanik. Diese Bücher gehen sehr ins Detail und behandeln zahlreiche Anwendungsbeispiele, in denen es jedoch meistens um unbelebte Objekte geht.

Immer mehr Physiker möchten jedoch die Relevanz der Physik für andere Wissensgebiete untersuchen und erörtern. Die Physik des menschlichen Körpers ist ein Thema, das viele Menschen interessiert. Erst in den letzten Jahren sind in Lehrbüchern Anwendungen und Beispiele aufgetaucht, die mit dem menschlichen Körper zu tun haben.

Der Zweck dieses Buches besteht darin, anhand grundlegender Prinzipien der Physik wichtige Funktionen und Eigenschaften des menschlichen Körpers zu beschreiben. Da ich an einer Hochschule für Pharmazie unterrichte, an der jeder Student im Hauptfach Pharmazie studiert, habe ich mich absichtlich bemüht, in meinem Physiklehrgang auch auf einige andere Fächer einzugehen, besonders auf Chemie, Anatomie und Physiologie. Darüber hinaus habe ich nach Wegen gesucht, Verbindungen zu naturwissenschaftlichen Kursen im pharmazeutischen Hauptstudium herzustellen, besonders zu einem als Pharmazeutik bezeichneten Spezialgebiet.

Typische Hochschullehrbücher der Physik und Physikkurse behandeln viele mathematische Themen sehr ausführlich. Dieses Buch ist nicht als Lehrbuch für einen solchen Kurs gedacht, da es seinem Wesen nach sehr viel deskriptiver ist. Ich gehe in diesem Buch zwar auf einige der grundlegenden mathematischen Theoreme ein, die darin zur Anwendung kommen, gehe jedoch größtenteils der Frage nach, wie physikalische Prinzipien auf den Körper des Menschen anwendbar sind. Mathematische Aspekte können dabei durchaus instruktiv sein, und es war meine Absicht, einige der Zusammenhänge zwischen verschiedenen Parametern deutlich werden zu lassen. So hilft uns beispielsweise, im Kapitel über Flüssigkeiten, die Erläuterung des Gesetzes von Hagen-Poiseuille zu verstehen, warum sich der Blutstrom mehr als verdoppelt, wenn es gelingt, ein fast vollständig blockiertes Herzkranzgefäß um nur 20 % zu erweitern.

Dieses Buch wurde so geschrieben, dass es ein wissbegieriger Oberstufenschüler verstehen könnte. Die Behandlung der mathematischen Themen wurde auf ein Minimum beschränkt; was jedoch als Ausgangspunkt für eigene Vertiefungen ausreichen sollte. Ein Student oder Oberschüler, der an Beispielen aus der Medizin interessiert ist, könnte dieses Buch dazu verwenden, um sich mit Begriffen vertraut zu machen, die auch in der Anatomie und Physiologie eine Rolle spielen können. Auch jemand, der im Gesundheitswesen arbeitet (eine Ärztin, ein Krankenpfleger, ein Pharmazeut, ein Physiotherapeut oder ein Bewegungsphysiologe) und mehr über die grundlegenden physikalischen Prinzipien des menschlichen Körpers erfahren möchte, dürfte dieses Buch hilfreich finden.

Das erste Kapitel erörtert die Bewegungen des menschlichen Körpers und beschreibt, wie der Einsatz von Kräften und Drehmomenten es uns möglich macht zu gehen, ein Objekt zu heben oder das Gleichgewicht zu halten. Wir schauen uns das Zusammenspiel von Muskeln, Knochen und Gelenken bei der Bewegung des Körpers an. Das Thema von Kapitel 2 sind Flüssigkeiten und Druckverhältnisse im Körper, was uns natürlich zur Behandlung des Blutdrucks, des Herzens (das diesen Druck aufbaut) und des Blutstroms durch die Arterien und Venen führt. Wir gehen ferner auf die Druckverhältnisse in verschiedenen Organen ein, wie z. B. der Lunge, dem Gehirn, der Blase und in den Augen. Darüber hinaus betrachten wir, welche Rolle Druck in festen Strukturen wie den Knochen spielt, und gehen dabei kurz auf das Thema Knochendichte ein.

Kapitel 3 beschreibt, in welchen Formen Energie im Körper vorkommt. Erörtert werden die Themen Arbeit, Temperatur, Wärme und Stoffwechsel. Zu den anderen in diesem Kapitel behandelten Themen gehören die Körpertemperatur, der Kaloriengehalt der Nahrung sowie die körperliche Betätigung. Kapitel 4 erläutert die Prinzipien der Akustik und welche Rolle sie beim Sprechen und Hören spielen. Das Kapitel erläutert Wellen und harmonische Schwingungen, das Schallfrequenzspektrum, die Spracherzeugung im Kehlkopf sowie die Schallerkennung im Ohr. In diesem Kapitel finden Sie außerdem eine Erörterung von Hörschwierigkeiten und anderer Anwendungsbeispiele für Schallwellen, wie z. B. der Bilderzeugung durch Ultraschall.

In Kapitel 5 wenden wir uns den elektrischen Eigenschaften des Körpers zu. Behandelt werden elektrische Kräfte und Felder sowie elektrische Energie und Spannung. Zu den behandelten Themen gehören die statische Elektrizität und die Weiterleitung elektrischer Signale entlang der Nervenfasern. Außerdem werden das Membranpotential sowie einige Anwendungen beschrieben, wie beispielsweise das Elektrokardiogramm oder EKG. Im Mittelpunkt von Kapitel 6 steht die Optik des Auges. Hier wird die Bilderzeugung durch Linsen im Allgemeinen behandelt und insbesondere erläutert, wie das Licht im Auge gebrochen wird und ein Bild auf der Retina entstehen lässt. Außerdem werden Sehschwierigkeiten und die Methoden beschrieben, mit denen sie korrigiert werden können, wie zum Beispiel Kontaktlinsen und die LASIK-Methode.[i]

i   Anmerkung des Übersetzers: Bei dieser Behandlungsmethode wird durch das Abtragen von Teilen der Hornhaut eine Änderung der Hornhautkrümmung erreicht (LASIK = *laser epithelial keratomileusis*).

Die biologischen Auswirkungen radioaktiver Strahlung sind das Thema von Kapitel 7. In diesem Kapitel werden der Aufbau des Atomkerns beschrieben und die radioaktive Strahlung sowie ihre schädlichen Auswirkungen auf menschliches Gewebe erläutert. Wir beschäftigen uns in diesem Kapitel jedoch auch mit wichtigen Anwendungen der radioaktiven Strahlung, besonders auf dem Gebiet der Medizin, zum Beispiel mit diagnostischen Bildgebungsverfahren und Methoden der Krebstherapie.

Das achte und letzte Kapitel behandelt ein Thema, das aus dem Rahmen eines typischen Physikkurses herausfällt, selbst des von mir selbst unterrichteten. Das Thema dieses Kapitels ist die Konzentration von Medikamenten im menschlichen Körper, besonders insofern sie mit den verschiedenen Verabreichungsmethoden und der Beseitigung des Medikaments aus dem Körper in Zusammenhang steht. Dieses letzte Kapitel enthält mehr Mathematik als die anderen, doch sein Schwerpunkt liegt auf der Zeitabhängigkeit der Konzentrationsänderungen. Es handelt sich hierbei um das Beispiel eines mathematischen Modells, wie es von Wissenschaftlern häufig zur Beschreibung physikalischer Phänomene verwendet wird.

Die meisten Kapitel dieses Buches sind voneinander unabhängig und können in beliebiger Reihenfolge gelesen werden. Gelegentlich habe ich Querverweise auf andere Kapitel eingefügt und so versucht, die verschiedenen Themen und Theorien zueinander in Beziehung zu setzen. Um ein umfassenderes Verständnis zu erlangen, kann es daher erforderlich sein, die relevanten Abschnitte der anderen Kapitel zu Rate zu ziehen.

An dieser Stelle möchte ich einer Reihe von Personen danken, die mir geholfen haben, dieses Buch zu schreiben und die Verbindungen zu anderen wissenschaftlichen Fachrichtungen herzustellen. Ich danke Eric Venker, einem Studenten des St. Louis College of Pharmacy (StLCoP), für seine sorgfältige Durchsicht des Manuskripts und für zahlreiche hilfreiche Kommentare. (Eric ist einer der besten Studenten, die je an einem meiner Physikkurse teilgenommen haben.) Für wertvolle Diskussionen über Anatomie, Physiologie, Chemie und verschiedene Medikamente danke ich Dayton Ford, Marlene Katz, Leonard Naeger, Lucia Tranel und Margaret Weck. Rasma Chereson und Theresa Laurent haben mir geholfen, die Konzentration von Medikamenten im menschlichen Körper besser zu verstehen. Mein Dank gilt ferner der gegenwärtigen Dekanin, Kimberly Kilgore, die mir die Zeit und die Ressourcen gewährte, ohne die ich dieses Buch nicht hätte schreiben können, sowie ihrem Vorgänger Ken Kirk, der meine Arbeit am St. Louis College of Pharmacy besonders unterstützt hat.

Bewegung und Gleichgewicht I.

Bewegung ist eine der grundlegendsten Funktionen unseres Körpers. Wir sehen häufig, dass sich Menschen bewegen, bevor wir ihre Augen gesehen oder ihre Haarfarbe erkannt haben. Wir können andere Menschen an ihrem Gang oder an ihrer Kopfhaltung erkennen. Mit einem erhobenen Zeigefinger oder einem Kopfschütteln können wir anderen etwas zu verstehen geben. Ein Fussballspieler kann durch einen schnellen Sprint versuchen, in eine bessere Spielposition zu gelangen. Ein Basketballspieler kann mit einer Kopfbewegung einen Spieler der Gegenseite über die eigene Bewegungsrichtung täuschen und dann schnell in eine andere Richtung laufen und den Ball in den Korb werfen. Ein ungeborenes Kind bewegt sich im Bauch seiner Mutter. Ich sitze hier auf meinem Stuhl und schreibe an meinem Computer, meine Finger bewegen sich über die gesamte Tastatur, meine Augen bewegen sich, ich strecke meine Hand nach der Maus aus, ich bin für einen Moment regungslos, während ich nachdenke, und ich atme, niese und gähne.

Wir verfügen über ein reiches Bewegungsrepertoire: Wir stehen auf, setzen uns hin, gehen durch ein Zimmer, heben Bücher, winken zum Abschied, werfen Handbälle, treten gegen Fußbälle, schieben und ziehen Gegenstände, laufen Schlittschuh, lehnen uns gegen Wände, legen uns hin, drehen uns im Liegen herum, usw. usw. Was verleiht uns diese Fähigkeiten? Wie müssen unsere Körper funktionieren und reagieren? Und wie gelingt es uns, stillzuhalten, wenn wir uns nicht bewegen wollen? In diesem Kapitel werden wir die Bewegung des menschlichen Körpers genauer betrachten, nicht Bewegungen innerhalb des Körpers, wie den Blutstrom oder (in einer mikroskopischen Betrachtungsweise) die Weiterleitung von Nervenimpulsen, sondern in makroskopischer Betrachtung die Bewegung des ganzen Körpers und seiner Teile. Wir untersuchen die Kräfte und Drehmomente, die für Bewegung und Gleichgewicht erforderlich sind, und beschreiben wichtige physiologische Komponenten des Körpers, wie beispielsweise Muskeln, Knochen und Gelenke.

Beginnen wir mit einem der wichtigsten Faktoren der Bewegung: mit Kräften. Um den Bewegungszustand eines Objekts zu ändern, bedarf es einer Kraft. Befindet sich ein Objekt in Ruhe und wollen wir es in Bewegung versetzen, so müssen wir eine Kraft darauf anwenden. Wenn sich ein Objekt hingegen in Bewegung befindet und wir seine Bewegung anhalten wollen, müssen wir ebenfalls eine Kraft darauf anwenden.

Nehmen wir an, Sie möchten sich mit einem Freund einen Baseball zuwerfen. Der Baseball liegt auf dem Boden: Sie heben ihn auf, indem Sie eine Kraft darauf anwenden. Um den Ball zu werfen, müssen Sie, mit dem Ball in der Hand, mit Ihrem Arm eine Kreisbewegung ausführen und den Ball dann loslassen und auf Ihren Freund zufliegen lassen. Während sich der Ball in Ihrer Hand befindet, üben Sie eine Kraft darauf aus, um seinen Bewegungszustand zu ändern. Nachdem Sie den Ball losgelassen haben, bewegt er sich durch die Luft; jedoch nicht in einer geraden Linie. Er bewegt sich zunächst nach oben, erreicht seinen höchsten Punkt und beginnt sich dann nach unten zu bewegen, wobei er sich während der gesamten Bewegung auf einer nach unten gekrümmten Flugbahn bewegt. Dieser gesamte Ablauf beginnt in dem Moment, in dem Sie den Ball loslassen. Wieder ändert sich sein Bewegungszustand, sodass also eine Kraft darauf wirkt. Diese Kraft ist die Gravitation, die ihn nach unten zieht. Um ihn fangen zu können, muss Ihr Freund eine Kraft darauf anwenden, um seine Bewegung anzuhalten, d. h. um seinen Bewegungszustand zu ändern.

Nicht alle Kräfte ändern den Bewegungszustand eines Objekts; manche verhindern auch, dass sich ein Objekt bewegt. So wollen wir zum Beispiel normalerweise nicht, dass sich eine Brücke bewegt. Wir möchten, dass sie im Zustand der Bewegungslosigkeit verharrt, und insbesondere, dass sie nicht einstürzt. Deshalb bauen wir sie auf solche Weise, dass Kräfte an den richtigen Stellen so auf die Brücke einwirken, dass sie in einer stabilen Position gehalten wird.

Die Newton'schen Gesetze

Es gibt mehrere Regeln oder Gesetze, die uns helfen, diese Zusammenhänge zu beschreiben. Man bezeichnet sie als die Newton'schen Grundgesetze der Bewegung. Sie kennen sie vielleicht bereits. Ich erwähne zunächst die ersten beiden Grundgesetze. Das dritte Grundgesetz lernen wir etwas später kennen.

Newtons erster Grundsatz besagt, dass ein Objekt, welches sich in Ruhe oder in Bewegung befindet, im Zustand der Ruhe verharrt oder seine Bewegung mit konstanter Geschwindigkeit und in dieselbe Richtung fortsetzt, solange keine Nettokraft darauf einwirkt. Der erste Grundsatz wird als Grundsatz der Trägheit bezeichnet. Als *Trägheit* bezeichnet man die Tendenz eines Objekts, in seinem aktuellen Zustand der Ruhe oder Bewegung zu verharren. Ein Maß für die Trägheit ist die Masse: Wenn ein Objekt über sehr viel Masse verfügt, hat es eine hohe Trägheit. Es hat eine starke Tendenz in seinem Ruhezustand oder in Bewegung zu bleiben. Ein Objekt mit nur geringer Masse verfügt nur über eine geringe Trägheit. Es ist sehr einfach, dieses Objekt zu bewegen oder seine Bewegung anzuhalten.

Stellen wir uns einen aufblasbaren Strandball und eine schwere Kugel vor, wie man sie zum Bowling verwendet. Den Strandball kann ich jemandem mühelos zuwerfen, und er kann ebenso leicht gefangen oder weggestoßen werden, da seine Masse sehr gering ist und er daher nur eine geringe Trägheit besitzt. Es wäre jedoch schwer für mich, die besagte Kugel zu werfen, und wenn ich es könnte, so wäre es für eine andere Person äußerst schwer, sie zu fangen, denn sie hat eine große Masse und eine hohe Trägheit. Die geringe Masse des Standballs ist der Grund dafür, warum es solchen Spaß macht, damit zu spielen: Man kann ihn leicht werfen und fangen, man kann ihn mit einer Hand zurückschlagen, und er ist so leicht, dass ihn

Abb. 1.1

$$F_{Netto} = F_1 + F_2 - F_{Reibung}$$

Nettokraft. Die resultierende Kraft F_{Netto} ergibt sich durch Addieren der beiden Schubkräfte F_1 und F_2 und Subtrahieren der Reibungskraft $F_{Reibung}$.

selbst der Wind vor sich hertreiben kann. Auch mit der großen Masse der Kugel kann man Spaß haben (zumindest beim Bowling). Gewiss: Es ist nicht leicht, sie in eine geradlinige Bewegung entlang der Bahn zu versetzen, doch wenn sie die Kegel auseinanderfliegen lässt, kann das große Begeisterung auslösen.

Newtons zweites Gesetz beschreibt, was geschieht, wenn auf ein Objekt eine Kraft einwirkt; nicht irgendeine Kraft, sondern eine als *Resultante* („Nettokraft") bezeichnete Kraft. Bei der Resultanten handelt es sich um die Summe (oder Differenz) aller auf ein Objekt einwirkenden Kräfte. Wenn nur eine Kraft auf ein Objekt einwirkt, so ist diese Kraft die Resultante. Wirken jedoch mehrere Kräfte auf das Objekt ein, so müssen die Einzelkräfte, um die Resultante zu ermitteln, addiert werden, und zwar so, dass ihre Größe und Richtung dabei berücksichtigt werden. Stellen Sie sich vor, Ihr Auto stecke am Straßenrand fest. Wenn Sie und ein Freund den Wagen in der gleichen Richtung anschieben, addieren sich Ihre Kräfte. Normalerweise wirkt jedoch eine Reibungskraft in der entgegengesetzten Richtung, sodass diese Kraft von der Summe der beiden anderen abgezogen werden muss (Abb. 1.1).

Newtons zweiter Grundsatz besagt, dass ein Objekt beschleunigt wird, wenn eine Nettokraft darauf einwirkt, d. h., dass sich sein Bewegungszustand ändert. Befindet sich das Objekt in Ruhe, beginnt es sich in der Richtung der Nettokraft zu bewegen. Damit sich der Bewegungszustand eines Objekt in Bewegung ändert, muss es beschleunigt oder gebremst werden oder seine Bewegungsrichtung ändern. Newtons zweiter Grundsatz wird auch als Gesetz der Beschleunigung bezeichnet.

Wir können dieses Gesetz anhand des am Straßenrand stecken gebliebenen Autos veranschaulichen. Wenn Ihre Kraft und die Kraft Ihres Freundes zusammen größer sind als die Reibungskraft, wird es Ihnen gelingen, das Auto zu bewegen. Wenn es sich in Bewegung befindet und Sie es nicht mehr schieben, wird es langsamer werden und schließlich stehen bleiben, wenn eine Reibungskraft darauf wirkt.

Eine weitere Konsequenz von Newtons zweitem Grundsatz besteht darin, dass die Resultante oder Nettokraft den Wert null hat und das Objekt nicht beschleunigt wird, d. h. seinen Bewegungszustand nicht ändert, wenn sich die auf das Objekt einwirkenden Kräfte gegenseitig aufheben. Wenn es Ihnen und Ihrem Freund gelingt, das Auto zu bewegen, indem Sie es mit einer Kraft anschieben, die größer als die darauf wirkende Reibungskraft ist, können Sie es in Bewegung versetzen. Um diese Bewegung aufrechtzuerhalten, müssen Sie dann weniger Kraft aufwenden, weil Ihre vereinten Kräfte nun nur noch genauso groß wie die Reibungskraft sein müssen.

Kehren wir noch einmal zu unserem Baseball-Beispiel zurück. Wenn der Ball auf dem Boden liegt, ist dem Gewicht des Balls eine gleich große, nach oben gerichtete Kraft des Bodens entgegengesetzt. Beide Kräfte heben einander auf (die Nettokraft hat den Wert null) und der Ball bleibt im Ruhezustand. Wenn Sie den Ball aufheben, ist die von Ihnen aufgewendete Kraft größer als das Gewicht des Balls, sodass es Ihnen gelingt, ihn nach oben zu bewegen. Um den Ball werfen zu können, müssen Sie genug Kraft in der richtigen Richtung darauf übertragen, damit er in kurzer Zeit so stark beschleunigt wird, dass er durch die Luft fliegen kann. Gleichzeitig müssen Sie die Schwerkraft überwinden. Sobald sich der Ball auf seiner Flugbahn befindet, wirkt die Schwerkraft auf ihn ein und zieht ihn nach unten, und durch den Luftwiderstand wird seine Bewegung geringfügig abgebremst. Um den Ball fangen zu können, muss Ihr Freund eine große Kraft aufwenden, mit der er ihn in kurzer Zeit abbremst und seine Bewegung anhält, und zusätzlich noch der Schwerkraft entgegenwirken.

Wir können Newtons zweiten Grundsatz auch in quantitativer Form ausdrücken. Die Beschleunigung des Objekts hängt zum einen von der resultierenden Kraft ab, die darauf einwirkt, jedoch zum anderen auch von der Masse des Objekts. Bei Objekten mit einer größeren Masse ist die Beschleunigung kleiner, bei Objekten mit einer geringeren Masse ist sie größer. Wenn Sie mit Ihrem Freund ein kleines Auto anschieben, so wird es stärker beschleunigt, als wenn Sie eine Limousine anschieben. Newtons zweiter Grundsatz kann in mathematischer Form folgendermaßen ausgedrückt werden:

$$a = F_{\text{Netto}}/m \qquad\qquad\qquad (1)$$

wobei a für die Beschleunigung, F_{Netto} für die Nettokraft und m für die Masse des Objekts steht. Diese Gleichung bedeutet, dass die Beschleunigung eines Objekts zur darauf einwirkenden Nettokraft in einem proportionalen und zur Masse des Objekts in einem umgekehrt proportionalen Verhältnis steht. Wenn ich mit der Faust gegen einen Wasserball schlage, wird er dadurch so stark beschleunigt, weil er nur eine so geringe Masse hat. Würde dieselbe Kraft auf eine schwere Kugel einwirken, so wäre ihre Beschleunigung wesentlich geringer, da ihre Masse ziemlich groß ist. Um eine schwere Kugel in kurzer Zeit stark zu beschleunigen, muss man aufgrund ihrer großen Masse eine wesentlich größere Kraft aufwenden. Bei der Erläuterung der Bewegungen des Körpers werden uns diese Zusammenhänge von Zeit zu Zeit wiederbegegnen.

Das Kräftepaar Wirkung und Gegenwirkung

Bevor wir uns mit dem dritten Newton'schen Grundgesetz beschäftigen, weise ich noch auf eine interessante Eigenschaft von Kräften hin. Wenn eine Kraft auf ein Objekt einwirkt, so muss Sie von einem anderen Objekt verursacht sein. Mit anderen Worten, eine Kraft kann es nur geben, wenn mindestens zwei Objekte existieren: ein Objekt, auf das die Kraft wirkt, und ein anderes Objekt, von dem die Kraft ausgeht. Manchmal ist es sehr leicht, die beiden Objekte zu ermitteln, es gibt jedoch auch Fälle, in denen dies alles andere als einfach ist. Wenn Sie einen Baseball aufheben, üben Sie die Kraft auf den Baseball aus. Wenn die Schwerkraft auf den Ball einwirkt, ist es die Erde, von der das Gravitationsfeld ausgeht. Wirkt der Luftwiderstand auf den Ball, übt die Luft auf den Ball eine Kraft aus. Wenn Ihr Freund den Ball fängt, übt Ihr Freund (oder der Baseballhandschuh) eine Kraft auf den Baseball aus. Alle diese Kräfte wirken auf den Baseball ein und gehen von anderen Objekten aus – von Ihnen, der Erde, der Luft und Ihrem Freund.

Betrachten wir noch einmal das Beispiel des angeschobenen Autos. Auf das Auto wirken verschiedene Kräfte ein: die Schubkraft, die ihr entgegengerichtete Reibungskraft, die Gravitationskraft (oder das Gewicht) und die Kraft, die das Auto nach oben drückt. Sie üben die Schubkraft aus, der Untergrund, das Getriebe und die Radlager die Reibungskraft, von der Erde geht das Gravitationsfeld und vom Boden die Kraft aus, die das Auto nach oben drückt. Wenn wir den ersten und zweiten Grundsatz Newtons anwenden, sind wir hauptsächlich an den Kräften interessiert, die auf den Wagen einwirken. Manchmal müssen wir jedoch auch das Objekt oder die Objekte bedenken, von denen die Kräfte ausgehen.

Der dritte Grundsatz Newtons betrachtet nicht nur die Kräfte, die auf ein Objekt einwirken, sondern auch die Wirkung auf das Objekt, das die Kraft ausübt. Es verhält sich nämlich so, dass das Objekt, auf das eine Kraft ausgeübt wird, auf das Objekt, von dem die Kraft ausgeht, zurückwirkt. Diese beiden Kräfte sind gleich groß und einander entgegengesetzt. Eine Kraft wird als die aktive Kraft und die andere als die reaktive Kraft bezeichnet, sodass beide ein *Paar aus Wirkung und Gegenwirkung* ausmachen. Wenn Sie ein Auto schieben, dann drückt das Auto mit gleicher Kraft in Ihre Richtung zurück. Wenn Sie gegen einen Fußball treten und auf diese Weise mit Ihrem Fuß eine Kraft darauf ausüben, geht vom Fußball eine entgegengesetzte Kraft auf Ihren Fuß aus. Wenn Sie häufig gegen den Fußball treten, ermüdet Ihr Fuß und tut Ihnen vielleicht sogar weh.

Wenn aber alle Kräfte in Paaren auftreten, die gleich groß und einander entgegengesetzt sind, heben sie sich dann nicht einfach auf? Wie also kommt es dazu, dass sich ein Objekt bewegt? Der Schlüssel zur Beantwortung dieser Frage ist, dass wir, wenn wir die Bewegung eines Objekts analysieren, uns auf die Kräfte konzentrieren, die darauf einwirken. Es trifft zwar zu, dass von dem Objekt, das die Einwirkung erleidet, auch Kräfte auf die anderen Objekte ausgehen. Wenn wir jedoch wissen müssen, was mit diesen geschieht, betrachten wir die Kräfte, die auf diese Objekte einwirken. Auf jedes Objekt wirken Kräfte ein, und um seine Bewegung zu studieren, müssen wir lediglich diese Kräfte betrachten.

Ich bin auf das Thema und Prinzip des Kräftepaares aus Wirkung und Gegenwirkung eingegangen, weil es für das Verständnis der Bewegung des Körpers eine wichtige Rolle spielt. Wann immer ein bestimmter Teil des Körpers bewegt wird, wenn Sie zum Beispiel Ihren Unterarm bewegen, zieht ein Muskel an diesem Körperteil, in diesem Fall der als Bizeps bezeichnete Muskel. Die Gegenkraft zu dieser Kraft besteht darin, dass der Körperteil eine gleich große Zugkraft auf den Muskel ausübt. Doch es gibt eine zweite Kraft, die auf den Muskel einwirkt, um zu verhindern, dass er sich bewegt, weil Muskeln mit zwei Stellen des Körpers verbunden sind. Wenn daher ein Ende des Muskels mit einem Körperteil verbunden ist und diesen bewegt, so ist das andere Ende irgendwo befestigt und zieht an diesem anderen Körperteil. Der Körper zieht an dem Muskel, sodass die auf den Muskel einwirkende Gesamtkraft den Wert null hat. Dieser andere Körperteil ist oft des-

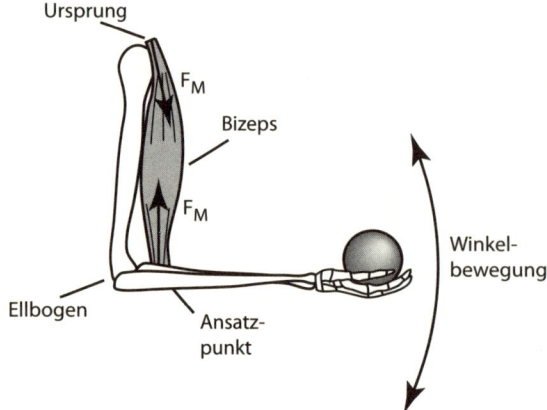

Ursprung

F_M

Bizeps

F_M

Ellbogen

Ansatzpunkt

Winkelbewegung

halb unbeweglich, weil wiederum andere Kräfte darauf wirken. Seine Struktur sollte so stabil sein, dass sie nicht nachgibt, wenn der Muskel daran zieht. (Es könnte etwa ein Knochen oder ein Gelenk sein.) Ein Ende des Bizeps, der zum Heben des Unterarms verwendet wird, ist an einem Punkt in der Nähe der Schulter befestigt. Wenn das Schultergelenk nachgeben würde, könnten Sie Ihren Unterarm nicht heben (Abb. 1.2). Muskeln und ihre Ansatzpunkte werden wir weiter unten noch genauer behandeln.

Andere Kräfte

Außer der Kraft, die ein Muskel auf einen Körperteil ausübt, um diesen zu bewegen, gibt es noch weitere Kräfte, die bei der Erläuterung von Bewegungen des Körpers eine Rolle spielen. Eine davon ist das *Gewicht* oder die Kraft der Gravitation, die einen Körperteil nach unten zieht. Eine weitere ist die *Reibung*. Diese Kraft wirkt der Tendenz von zwei sich berührenden Objekten, aneinander vorbeizugleiten, entgegen. Sie spielt besonders beim Gehen oder Laufen eine Rolle. Die sogenannte *Normalkraft* ist eine weitere dieser Kräfte. Sie ergibt sich, wenn zwei Objekte sich berühren. Schließlich gibt es noch die *Zugkraft*. Dies ist die von einem Muskel auf einen Körperteil ausgeübte Kraft.

Gewicht

Bei der Bewegung eines Körperteils spielt normalerweise sein Gewicht eine Rolle. Das Heben eines Arms, das Aufrechthalten des Kopfs und das Stehen auf Zehenspitzen sind Beispiele für die Anwendung von Muskelkräften, bei denen das Gewicht des Körperteils ausgeglichen wird. Sie können Ihren Unterarm parallel zum Boden halten, indem Sie Ihren Bizepsmuskel anspannen. Wenn Sie Ihren Bizeps entspannen, würde Ihr Arm nach unten fallen, da ihn die Schwerkraft nach unten zieht. Wenn Sie aufrecht sitzen, dann aber einzuschlafen beginnen, kann es sein, dass Ihr Kopf sich nach vorne zu senken beginnt. Um ihn aufrecht zu halten, müssen Ihre Nackenmuskeln angespannt sein. Um auf Zehenspitzen stehen zu können, müssen die Muskeln in den Waden Ihre Fersen vom Boden nach oben ziehen. Wenn Sie diese Muskeln wieder entspannen, zieht Ihr Gewicht Ihre Fersen (und Sie selbst) wieder zurück auf den Boden.

Das Gewicht eines Objekts steht in einem direkten Verhältnis zu seiner Masse. Eine Bowlingkugel wiegt mehr als ein Strandball, weil die Kugel eine größere Masse hat. Das Gewicht eines Objekts lässt sich leicht errechnen, wenn uns seine Masse bekannt ist. Wir stellen uns hierzu das Objekt im *freien Fall* vor. Ein Objekt befindet sich im freien Fall, wenn außer der Schwerkraft keine andere Kraft darauf einwirkt und wenn es nach unten beschleunigt wird. Dieses Gedankenexperiment lässt sich besonders für schwere Gegenstände mit einer hohen Dichte, wie zum Beispiel Kugeln oder Felsbrocken, durchführen, wenn sie nur eine kurze Strecke fallen, da der Luftwiderstand in diesem Fall ignoriert werden kann. Für sehr leichte Objekte, wie Strandbälle oder Federn, ist es weniger gut geeignet, da in diesem Fall der Luftwiderstand im Verhältnis zum Gewicht dieser Objekte relativ groß sein kann. Dies bedeutet nicht, dass ein Strandball oder eine Feder kein Gewicht haben, sondern nur, dass sie sich nicht im freien Fall befinden, wenn sie fallen gelassen werden.

Befindet sich ein Objekt im freien Fall, wird es in Richtung auf den Erdmittelpunkt beschleunigt und seine Geschwindigkeit nimmt dabei ständig um einen bestimmten Betrag zu. In der Nähe der Erdoberfläche beträgt seine Beschleunigung etwa 9,8 Meter pro Quadratsekunde, oder $9,8\ m/s^2$. Für diesen Wert wird das Symbol „g" verwendet. Es bezeichnet die Beschleunigung aufgrund der Gravitation. Um das Gewicht eines Objekts zu errechnen, verwenden wir die oben bereits eingeführte Gleichung (1) und schreiben

$$W = mg, \tag{2}$$

wobei W für das Gewicht des Objekts, welches der auf das Objekt im freien Fall wirkenden Nettokraft entspricht, m für seine Masse und g für seine Beschleunigung im freien Fall steht.

Die Gleichung (2) gibt uns das Gewicht eines Objekts selbst dann an, wenn es sich nicht im freien Fall befindet. Die Gravitationskraft wirkt auch dann auf das Objekt ein und muss daher mit einbezogen werden, wenn die darauf wirkende Nettokraft ermittelt wird. Mit anderen Worten: Ein Objekt hat ein Gewicht (ebenso wie eine Masse) unabhängig davon, ob es sich in Bewegung oder in Ruhe befindet.

Reibung

Reibung ist eine Kraft, ohne deren Wirkung wir nicht gehen oder rennen könnten. Sie tritt auf, wenn zwei sich berührende Objekte aneinander vorbeigleiten (oder dies versuchen). Wenn Sie Ihre Handflächen zusammendrücken und sie gegeneinander verschieben, können Sie die Reibungskraft spüren. Jede Hand übt eine Reibungskraft auf die andere aus (nach Newtons drittem Grundsatz). Wenn Sie klebrige Hände haben, kann diese Kraft ziemlich groß sein, und es kann dann sehr schwer sein, Ihre Hände überhaupt gegeneinander zu verschieben. Wenn Sie Flüssigseife an den Händen haben, kann es sein, dass sie sehr glitschig sind, sodass Sie fast keine Reibung spüren. Wenn Sie ein Buch auf einen Tisch legen und ihm einen Stoß versetzen, bewegt es sich über eine kurze Strecke, wird aber wahrscheinlich bald wieder im Ruhezustand sein. Legen Sie das Buch hingegen auf eine glatte Oberfläche, wie zum Beispiel auf Eis, kann es sein, dass das angestoßene Buch eine ziemliche Entfernung zurücklegt, da die Reibungskraft in diesem Fall nicht sehr groß ist.

Sie können sich die Reibung als eine Kraft vorstellen, die bewirkt, dass ein Objekt abgebremst und seine Bewegung schließlich angehalten wird. Reibung kann jedoch auch dazu verwendet werden, ein ruhendes Objekt in Bewegung zu versetzen (oder es zu beschleunigen). Wie wird ein stehendes Auto in Bewegung versetzt? Wenn es an einem Hang geparkt wurde, zieht die Schwerkraft es nach unten. Befindet es sich jedoch auf einem ebenen Untergrund (nehmen wir an, es sei an einer Ampel angehalten worden), wie beginnt es dann, sich zu bewegen? Das Auto kann sich nur zu bewegen beginnen, wenn Reibungskräfte auf seine Räder wirken.

Entscheidend ist in allen diesen Fällen, dass die Reibung eine Kraft ist, die die Bewegung bzw. den Bewegungsversuch von zwei sich berührenden Körpern behindert. Wenn der Fahrer auf das Gaspedal tritt, versuchen die mechanischen Teile des Wagens die Räder in eine Drehbewegung zu versetzen. Der Teil des Reifens, der auf der Straße aufliegt, versucht sich nach hinten zu bewegen und drückt dabei gegen die Straßenoberfläche. Als Reaktion auf diese Kraft schiebt der Boden den Reifen in Vorwärtsrichtung und bewirkt dadurch, dass der Wagen nach vorne rollt (Abb. 1.3a).

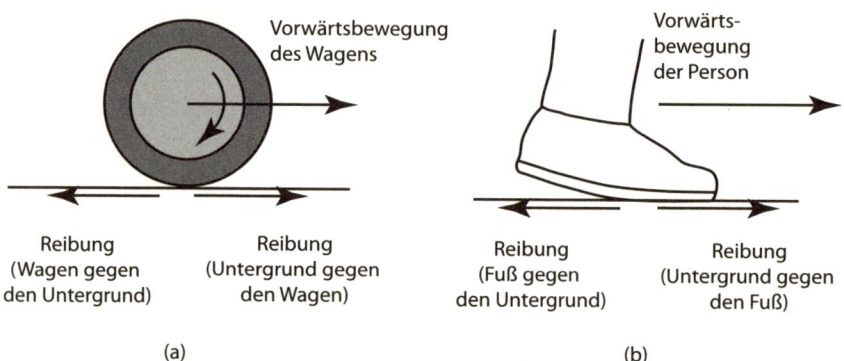

Befindet sich der Wagen auf einer vereisten Oberfläche, ist die Reibungskraft stark reduziert, weil Eis sehr glatt ist. Wenn der Fahrer zu viel Gas gibt, bewegen sich die Reifen zwar, aber sie drehen durch, ohne den Wagen nach vorne zu bewegen. Der Reifen bewegt sich auf dem Eis nach hinten, doch es existiert nur eine geringe oder gar keine Reibung zwischen Reifen und Boden, sodass der Wagen nicht nach vorne geschoben wird. Um die Bodenhaftung zu verbessern, könnte der Fahrer Sandpapier auf das Eis oder ein dünnes Brett unter die Räder legen. So ließe sich vielleicht die Reibung verstärken und der Wagen vorwärts bewegen. Um das Fahren auf vereisten Straßen zu ermöglichen, könnte man auch Winterreifen verwenden oder Schneeketten an den Rädern befestigen.

Wenden wir diese Prinzipien nun auf das Gehen an. Die Reibung zwischen Ihren Schuhen (oder Füßen) und dem Boden ermöglicht es Ihnen zu gehen. Was es Ihnen erlaubt, sich in Vorwärtsrichtung zu bewegen, ist die Reibungskraft, mit der Sie der Boden nach vorne schiebt. Diese Kraft ist die Gegenkraft zu derjenigen Kraft, mit der Ihre Füße relativ zum Boden nach rückwärts drücken (Abb. 1.3b). Denken Sie nur daran, wie schwer es ist, auf Eis zu gehen oder zu stehen: Ohne Reibung würden Sie wahrscheinlich zu Boden fallen. Ihr Gewicht zieht sie nach unten, und Sie können sich einen Knochen brechen, wenn die vom Boden auf Sie ausgeübte Kraft groß genug ist. Was im Zusammenhang mit der Reibungskraft noch erwähnt werden muss, ist die Tatsache, dass sie zu den sich berührenden Oberflächen parallel wirkt.

Gleitet daher ein Buch über einen Tisch nach links, so wirkt die Reibungskraft nach rechts, parallel zum Buch und der Oberfläche des Tisches. Wenn der Reifen eines Wagens auf dem Untergrund nach links zu gleiten versucht, übt der Untergrund eine Reibungskraft auf den Reifen aus, die parallel zu den sich berührenden Oberflächen nach rechts gerichtet ist.

Ein weiterer Aspekt, der bei Reibungskräften zu bedenken ist, sind zwei ihrer häufig auftretenden Formen: die statische und die kinetische Reibung. Eine statische Reibung liegt vor, wenn die beiden Objekte, die sich berühren, sich nicht gegeneinander bewegen, sondern sich in Ruhe befinden. Im Fall der kinetischen Reibung bewegen sich die Objekte gegeneinander. Stellen Sie sich beispielsweise vor, sie müssten eine große Kiste über den Boden schieben. Sie müssen ziemlich viel Kraft aufwenden, um sie in Bewegung zu versetzen, jedoch nicht ebenso viel Kraft, um die Bewegung fortzusetzen. Bevor sich die Kiste zu bewegen beginnt, wirkt die statische Reibung zwischen der Kiste und dem Boden der Tendenz der Kiste, sich zu bewegen, wenn Sie sie schieben, entgegen. Wenn Sie jedoch diesen Widerstand überwunden haben, sinkt die Reibungskraft, die der Bewegung entgegenwirkt, auf einen geringeren Wert. Wenn es Ihnen also gelungen ist, die Kiste in Bewegung zu versetzen, schieben Sie sie weiter! Die sich bereits bewegende Kiste weiterzuschieben kostet Sie weniger Kraft, als Sie anfänglich aufwenden mussten, um sie aus dem Ruhezustand in Bewegung zu versetzen.

Normalkraft

Das oben angeführte Gedankenexperiment, dass Sie auf einer glatten Fläche zu Boden fallen könnten, bringt eine weitere Kraft ins Spiel, die manchmal bedacht werden muss: die Normalkraft. Normal hat in diesem Zusammenhang nicht die Bedeutung von gewohnt, typisch oder üblich. Es handelt sich um einen mathematischen Ausdruck, der ‚senkrecht' bedeutet. Eine Normalkraft tritt auf, wenn sich zwei Objekte in Kontakt befinden und aufeinander Kräfte ausüben, die senkrecht zu ihren Oberflächen wirken. Wenn Sie jetzt beispielsweise auf Ihrem Stuhl sitzen, ist Ihr Gesäß mit dem Stuhl in Kontakt. Der Stuhl drückt nach oben gegen Ihr Gesäß und es drückt nach unten auf den Stuhl. Wenn Sie sich gegen die Rückenstütze des Stuhls nach hinten lehnen, drückt die Stütze nach vorne gegen Ihren Rücken und Sie drücken nach hinten gegen die Lehne. Wenn Sie auf einer ebenen Unterstützungsfläche stehen, drückt die Fläche nach oben und Sie drücken nach unten auf die Fläche. Liegt ein Buch auf einem Tisch, drückt der Tisch nach oben gegen das Buch, und das Buch drückt nach unten auf den Tisch.

Die Sache wird etwas komplizierter, wenn ein Objekt auf einer schrägen Oberfläche liegt, wie zum Beispiel ein Buch, das auf einem Tisch liegt, der an seinem einen Ende hochgehoben wurde (Abb. 1.4). Auf dieses Buch wirken verschiedene Kräfte ein. Die Normalkraft ist in diesem Falle die Kraft, mit der die Tischoberfläche in senkrechter Richtung zur Oberfläche des Buches der Kraft seines Gewichts entgegenwirkt. Wenn der Tisch plötzlich entfernt würde, fiele das Buch zu Boden.

Die Normalkraft wird häufig als Unterstützungskraft betrachtet oder als eine Kraft, die ein Objekt aufrecht hält oder verhindert, dass es fällt, wie etwa ein Buch auf einem Tisch, eine Person auf einem Stuhl oder ein Wagen auf einer Straße. Normalkräfte können jedoch dazu verwendet werden, ein Objekt zu bewegen. Wenn Sie in einem Aufzug stehen, drückt Sie der Boden nach oben, sodass Sie aufrecht stehen können. Wenn sich der Aufzug nach oben zu bewegen beginnt, führt die größere Kraft, mit der der Boden gegen ihr Gewicht drückt, dazu, dass sie nach oben beschleunigt werden. Wenn Sie versuchen würden, auf einer Eisoberfläche zu stehen, würde Sie die Normalkraft nach oben drücken. Würden Sie jedoch ausrutschen und auf das Eis fallen, würde die Normalkraft, die aufträte, wenn Sie auf das Eis aufschlagen, Ihren Sturz aufhalten. Diese Normalkraft könnte so groß sein, dass Sie sich einen Knochen brechen oder sich anderweitig verletzen.

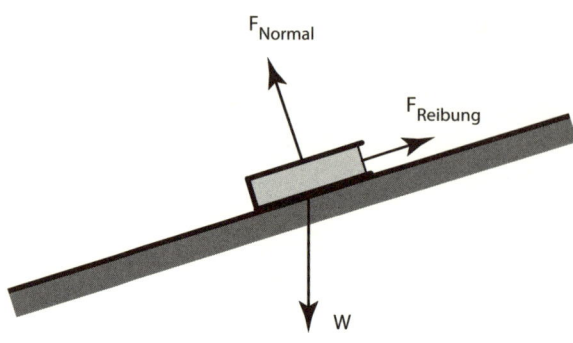

Spannkraft

Wenn Sie mit einem Freund Ihre Kräfte im Tauziehen messen würden, zögen Sie beide an dem zwischen Ihnen gespannten Seil. Das Seil würde an Ihnen und Ihrem Freund mit einer bestimmten Zug- oder Spannkraft ziehen. Die Spannung in einem Muskel wirkt auf die gleiche Weise. Wenn Sie Ihren Unterarm in einer horizontalen Stellung halten, führt dies zu einer Spannkraft im Bizeps, der mit Ihrem Unterarm und einem Punkt in der Nähe der Schulter verbunden ist. Der Muskel zieht an beiden Enden. Nehmen wir einmal an, der Bizeps in Abbildung 1.2 übe eine Spannkraft von 200 Newton (N) auf Ihren Unterarm aus. Da derselbe Bizeps auch an Ihrer Schulter zieht, beträgt die an diesem Punkt ausgeübte Kraft ebenfalls 200 N. Ein angespannter Muskel übt an beiden Enden dieselbe Zugkraft aus.

Häufig wird die Zugkraft in einem Seil durch Reibung oder von einer Normalkraft verursacht. Ist ein Seil mit einem Objekt verbunden, beispielsweise wenn eine Schlinge einen verstauchten Arm hochhält, so befindet sich das Seil unter Spannung, doch handelt es sich hierbei lediglich um eine Kontaktkraft zwischen dem Seil und dem Objekt. Im Beispiel des Tauziehens wird das Seil in Ihren Händen festgehalten, sodass die Hauptkraft der Wechselwirkung zwischen Ihren Händen und dem Seil eine Reibungskraft ist. Bei der Erläuterung der Wirkungsweise der Muskeln werde ich von dieser Vorstellung der auf einen Körperteil einwirkenden Zugkraft Gebrauch machen.

Welche Kräfte sind wirksam?

Es gibt viele Kräfte, die auf ein Objekt einwirken können. Wir haben bislang nur über vier von ihnen gesprochen: das Gewicht, die Reibung, die Normal- und die Zugkraft. Wenn wir die Bewegung eines Objekts betrachten, müssen wir die gleichzeitige Wirkung verschiedener Kräfte in Erwägung ziehen, doch wird es sich bei ihnen wahrscheinlich um je eine dieser vier Kräfte handeln. Es treten auch noch andere Kräfte auf, wie zum Beispiel elektrische und magnetische Kräfte, doch diese werden normalerweise auf der mikroskopischen oder atomaren Ebene betrachtet. Sonstige Kräfte, die auftreten können, sind Schub- oder Zugkräfte, doch handelt es sich hierbei lediglich um die zwischen den betrachteten Objekten auftretenden Normalkräfte.

Denken Sie an das Buch auf der schrägen Tischoberfläche. Im Wesentlichen wirken drei Kräfte auf das Buch ein: Das Gewicht des Buchs, das senkrecht nach unten zieht, die parallel zur Tischoberfläche wirkende Reibungskraft, die verhindert, dass das Buch die schräge Oberfläche hinabrutscht, sowie die Normalkraft, die senkrecht zur Berührungsfläche von Buch und Tisch wirkt (Abb. 1.4). Wenn der Tisch plötzlich entfernt würde, fiele des Buch zu Boden, da die auf das Buch einwirkende Nettokraft die Kraft aufgrund der Gravitation wäre. Wäre der Tisch sehr glatt, sodass keine Reibungskräfte vorhanden wären, würde das Buch entlang der Tischoberfläche nach unten gleiten – die Normalkraft wäre zwar noch vorhanden und die Gravitationskraft würde wirksam sein, es gäbe jedoch keine Reibung, die das Buch in seiner Position halten könnte.

Ein Hilfsmittel, mit dem sich die Bewegung (oder Ruhe) eines Objekts ermitteln lässt, bezeichnet man übrigens als *baustatische Skizze*. Hierbei handelt es sich um ein Diagramm, in dem ausschließlich diejenigen Kräfte dargestellt werden, die auf das Objekt einwirken, ohne die Kräfte zu betrachten, die auf andere Objekte wirken. Wenn die auf ein Objekt einwirkenden Kräfte auf diese Weise isoliert betrachtet werden[ii], können sie (nach den Regeln der Vektoraddition) summiert werden, um so die Nettokraft zu ermitteln. Die Vektoraddition ist sehr einfach, solange die Kräfte parallel zueinander wirken. Die in die gleiche Richtung wirkenden Kräfte werden einfach addiert, und die in die entgegengesetzte Richtung wirkenden Kräfte werden von dieser Summe abgezogen. In Abbildung 1.1 werden die Kräfte der beiden den Wagen schiebenden Personen addiert und die Reibungskraft davon abgezogen. Wenn die Kräfte nicht parallel sind, ist die Vektoraddition wesentlich komplizierter, und wir werden uns mit den Einzelheiten hier nicht beschäftigen. Mit Blick auf Abbildung 1.4 können wir jedoch vielleicht Folgendes erkennen: Wenn die auf das Buch einwirkende Nettokraft null sein soll, muss die Normalkraft durch denjenigen Teil des Buchgewichts ausgeglichen werden, der senkrecht zur Tischoberfläche wirkt, und die Reibungskraft durch den Teil des Gewichts, der ihr parallel zur Tischoberfläche entgegenwirkt.

Wenn wir die Bewegung des menschlichen Körpers besprechen, werden wir versuchen, nur diejenigen Kräfte zu betrachten, die die Bewegung eines bestimmten Körperteils verursachen oder verhindern. Durch diese isolierte Betrachtung des jeweiligen Körperteils können wir vielleicht ermitteln, ob er sich bewegen oder in Ruhe bleiben wird.

ii   Anmerkung des Übersetzers: Man bezeichnet dies auch als „Freischneiden des Objekts".

Das Drehmoment

Bislang haben wir Kräfte besprochen, die auf ein Objekt einwirken, um es in Bewegung zu versetzen. Es ist jedoch ebenso wichtig zu erörtern, wo die Kräfte jeweils angesetzt werden, da es sich bei der Bewegung eines Objekts statt um eine Bewegung in einer bestimmten Richtung (die man auch als *Translationsbewegung* bezeichnet) um eine Dreh- oder Rotationsbewegung handeln kann. Es kommen auch Situationen vor, in denen die Nettokraft null ist, das Objekt sich jedoch in einer Rotations- statt in einer Translationsbewegung befindet. Diese Überlegungen bringen uns auf das Thema des Drehmoments.

Während eine Kraft erforderlich ist, um den Bewegungszustand eines Körpers zu ändern, ist ein Drehmoment erforderlich, um die *Drehbewegung* eines Objekts zu ändern. Um ein Objekt in eine Drehbewegung zu versetzen oder die Drehbewegung eines Objekts anzuhalten, wird ein Drehmoment benötigt. Beachten Sie, dass es sich auch bei der Rotation eines Objekts um eine Bewegung handelt, was bedeutet, dass eine Kraft erforderlich ist, um die Bewegung zu ändern. Um die Rotation eines Objekt zu ändern, muss die Kraft so wirken, dass ein Drehmoment entsteht. Drehmomente sind für die Bewegung des menschlichen Körpers besonders wichtig. Ich habe schon mehrfach erwähnt, dass wir unseren Bizeps zum Heben des Unterarms verwenden. Tatsächlich führt der gesamte Unterarm keine Translations-, sondern eine Rotationsbewegung aus. Die Hand und das Handgelenk mögen zwar eine bestimmte Entfernung zurücklegen, doch der Ellenbogen bewegt sich überhaupt nicht.

Wenn ein Objekt eine Drehbewegung ausführt, gibt es einen Punkt oder eine Achse, um die es sich dreht, den bzw. die man als *Drehpunkt oder Rotationsachse* bezeichnet. Eine Kraft kann ein Objekt in Rotation versetzen, wenn sie auf einen Punkt einwirkt, der vom Drehpunkt entfernt ist. Wenn Sie beispielsweise versuchen eine Tür zu öffnen, drücken Sie normalerweise auf den Türgriff in senkrechter Richtung zur Tür. Sie könnten jedoch auch näher bei den Scharnieren auf die Tür drücken, müssten dann aber wesentlich mehr Kraft aufwenden. Würden Sie direkt auf die Türangel drücken, könnten Sie die Tür überhaupt nicht öffnen, wie groß die aufgewendete Kraft auch wäre.

Um ein Drehmoment zu erzeugen, muss die Kraft nicht nur auf einen Punkt angewendet werden, der vom Drehpunkt entfernt ist, sondern sie muss auch in einer bestimmten Richtung relativ zum Drehpunkt wirken. Wenn die Kraft in einer Richtung wirkt, die durch den Drehpunkt verläuft, kann sie das Objekt nicht in Rotation versetzen. Stellen Sie sich beispielsweise vor, Sie würden auf das seitliche Ende der Tür drücken, jedoch genau in Richtung der Türangeln. In diesem Fall wird sich die Tür nicht drehen. Sie wird sich vielleicht ein wenig hin und her bewegen, jedoch nur, wenn Sie nicht exakt in Richtung der Scharniere drücken, und sei die Abweichung von dieser Richtung auch noch so klein.

Ein weiteres einfaches Beispiel hierfür ist der Versuch, einen langen Stock auf der Hand zu balancieren. Der Punkt, an dem der Stock Ihre Hand berührt, ist der Drehpunkt. Man kann sich das Gewicht des Stocks als in einem als *Gleichgewichtszentrum* bezeichneten Punkt konzentriert vorstellen. (Wenn der Stock eine symmetrische Form hat, befindet sich das Gleichgewichtszentrum in seiner Mitte.) Das im Gleichgewichtszentrum wirkende Gewicht des Stocks erzeugt ein Drehmoment und bewirkt, dass der Stock zur Seite fällt, wenn sich das Gleichgewichtszentrum nicht direkt über dem Drehpunkt befindet. Wenn der Stock zu fallen beginnt, können Sie schnell Ihre Hand so bewegen, dass sich das Gleichgewichtszentrum des Stocks wieder unter dem Drehpunkt befindet. Auf diese Weise können Sie den Stock in seiner senkrechten Position halten. Diese Fähigkeit zum Balancieren eines Stocks erfordert natürlich ein gewisses Maß an Geschicklichkeit und schnelle Bewegungen, um die Position der Hand zu korrigieren. Wenn Sie Ihre Hand stillhielten, würde der Stock zur Seite fallen.

Demnach sind der *Ansatzpunkt* und die *Richtung* der angewendeten Kraft zwei wichtige Parameter, die bestimmen, welches Drehmoment eine Kraft bewirkt. Wir können das Drehmoment auch quantitativ bestimmen, indem wir es als Produkt der Kraft und einer Länge definieren, die wir als *Hebelarm* bezeichnen. Der Hebelarm entspricht dem senkrechten Abstand zwischen dem Drehpunkt und dem Ansatzpunkt der gerichteten Kraft. Der senkrechte Abstand wird verwendet, weil er die größte Drehwirkung hat. Wenn Sie jemals einen Schraubenschlüssel zum Festziehen einer Mutter oder Schraube verwendet haben, wissen Sie, dass dies am besten geht, wenn man die Kraft senkrecht zum Schlüssel anwendet. Der Hebelarm entspricht in diesem Fall dem Abstand zwischen der Schraube am einen Ende des Schlüssels und dem anderen Ende, an dem Sie die Kraft ansetzen. Das Drehmoment ist das Produkt der Kraft und des Hebelarms. Dies kann in der folgenden mathematischen Gleichung ausgedrückt werden:

$$\tau = F r_{\perp},$$

wobei τ das Drehmoment ist, F die angewendete Kraft and $r_{\perp}$ der Hebelarm. Die Einheit des Drehmoments ist das Newtonmeter (Nm). Vielleicht haben Sie in der Bedienungsanleitung Ihres Wagens schon einmal den Abschnitt gelesen, der erklärt, wo die Muttern der Räder mit einem Schlüssel angezogen werden sollten und mit welcher in Newtonmeter angegebenen Kraft.

Um sich die Gleichung für das Drehmoment etwas zu veranschaulichen, denken Sie noch einmal an das Öffnen einer Tür. Wenn Sie am Türgriff im rechten Winkel zur Türoberfläche drücken, ist eine bestimmte Kraft erforderlich, um die Tür zu öffnen. Wenn Sie jedoch näher an der Türangel auf die Tür drücken würden, müssten Sie eine wesentlich größere Kraft aufbringen um die Tür zu bewegen. Allgemein gilt, dass bei der Anwendung eines bestimmten Drehmoments auf ein Objekt ein langer Hebelarm eine geringere Kraft erfordert, während bei einem kürzeren Hebelarm eine größere Kraft benötigt wird.

Wie gelingt es uns nun, unseren Unterarm zu heben? Die Spannkraft im Bizeps wendet an dem Punkt, an dem er mit dem Unterarm verbunden ist, eine Kraft auf den Unterarm an. Dieser Punkt befindet sich nicht am Ellenbogen, sondern in einem kleinem Abstand davon. Wenn sich Ihr Unterarm in einer horizontalen und Ihr Oberarm in einer vertikalen Position befindet, befindet sich auch der Bizeps in einer annähernd vertikalen Position. Das durch den Bizeps erzeugte Drehmoment

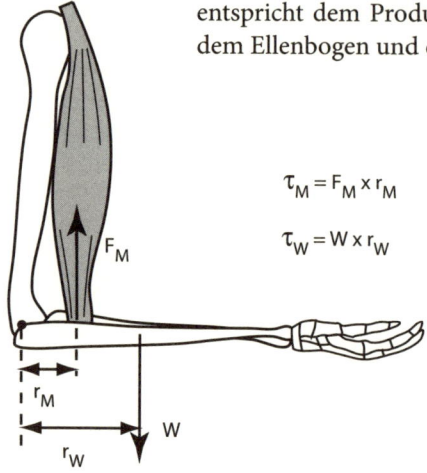

$$\tau_M = F_M \times r_M$$

$$\tau_W = W \times r_W$$

entspricht dem Produkt der Spannkraft im Muskel und dem Abstand zwischen dem Ellenbogen und dem Ansatzpunkt des Muskels (Abb. 1.5).

Wenn Sie Ihren Bizeps entspannen würden, fiele bzw. drehte sich Ihr Unterarm (nicht der gesamte Arm) nach unten. Der Grund hierfür ist, dass das Gewicht Ihres Unterarms, das in seinem Gleichgewichtszentrum angreift, ein Drehmoment erzeugt, dessen Größe dem Produkt aus dem Gewicht des Unterarms und dem Abstand zwischen seinem Gleichgewichtszentrum und dem Ellenbogen entspricht.

Wie kommt es nun zur Bewegung des Arms, wenn er sich anfänglich in einer Ruheposition befindet? Bei einer Drehbewegung müssen wir das Nettodrehmoment betrachten. Einige Drehmomente können zur Drehung des Objekts in eine Richtung, zum Beispiel im Uhrzeigersinn, andere hingegen zur Drehung in die umgekehrte Richtung, d. h. entgegen dem Uhrzeigersinn führen. Damit sich ein in Ruhe befindendes Objekt zu drehen beginnt, muss das Drehmoment in der einen Richtung größer sein als das in der anderen. Denken wir nochmals an das Heben eines Arms. Ist das durch den Bizeps erzeugte Drehmoment größer als dasjenige, welches durch das Gewicht des Arms erzeugt wird, dreht sich der Unterarm nach oben, während Sie ihn heben. Wenn Sie den Bizeps entspannen, ist das einzige auf den Unterarm wirkende Drehmoment das durch die Schwerkraft bewirkte Drehmoment, sodass er sich wieder nach unten dreht.

Vielleicht beginnen Sie mittlerweile zu verstehen, dass Drehmomente bei der Erklärung der Bewegungen des menschlichen Körpers eine wichtige Rolle spielen. Den Arm heben, beim Gehen die Beine schwingen, sich auf die Zehenspitzen stellen oder sich bücken und wieder aufrichten: Alle diese Bewegungen haben etwas mit Drehmomenten zu tun. Beachten Sie, dass in manchen Fällen der Hebelarm zwischen dem Drehpunkt und dem Ansatzpunkt eines Muskels sehr klein ist. Dies macht es erforderlich, dass die zur Erzeugung eines bestimmten Drehmoments benötigte Kraft ziemlich groß sein muss. Tatsächlich kann diese Kraft mehrfach größer sein als das Gewichts des Objekts, das Sie zu heben versuchen.

Drehmomente als Hebel

Bei der Erklärung der Drehmomente und ihrer Rolle bei der Bewegung des menschlichen Körpers ist es hilfreich, eine bestimmte Art von Drehmomenten zu betrachten, die man als Hebel bezeichnet. Ein Hebel ist ein einfaches Werkzeug, das zum Heben schwerer Objekte oder zur Leistung anderer Arbeit verwendet wird. Beispiele für Werkzeuge, die Hebel verwenden, sind eine Schere, eine Schubkarre oder eine Pinzette. Bei der Verwendung eines Hebels sind drei wichtige Gesichtspunkte zu bedenken. Da ist zunächst der Punkt, an dem die *Kraft* von einer Person oder einem Objekt angewendet wird. Zweitens übt der Hebel, wenn er seine Arbeit verrichtet, eine Kraft auf das Objekt aus, das geschnitten,

Abb. 1.5 ▲

Rotationsbewegung. Wenn der Bizeps eine Kraft F_M auf den Unterarm ausübt, wirkt er, gemessen vom Ellenbogen, über einen Abstand von r_M. Das daraus resultierende Drehmoment τ_M hat eine Drehung entgegen dem Uhrzeigersinn zur Folge, die den Unterarm hebt. Das Gewicht W des Unterarms wirkt über einen Abstand von r_W und führt zu einer Drehung des Arms im Uhrzeigersinn, wenn der Bizeps entspannt wird.

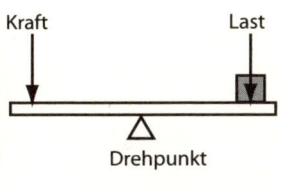

Kraft   Last

Drehpunkt

zweiseitiger Hebel

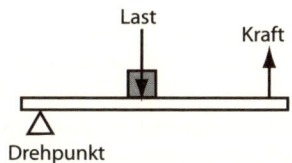

Last
    Kraft

Drehpunkt

einseitiger Hebel mit
Lastangriffspunkt innerhalb
des Kraftangriffspunkts

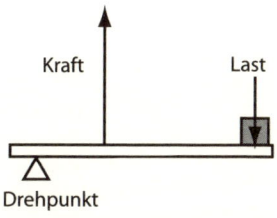

Kraft   Last

Drehpunkt

einseitiger Hebel mit Lastangriffspunkt außerhalb des
Kraftangriffspunkts

▲ **Abb. 1.6**

Drei Arten von He-
beln, eingeteilt nach
der relativen Positi-
on des Drehpunkts,
des Last- und des
Kraftangriffspunktes

gehoben oder gehalten werden soll, und das Objekt übt am Kontaktpunkt eine Reaktionskraft auf den Hebel aus. Diese Reaktionskraft wird als *Last* bezeichnet. Und
drittens gibt es noch einen Punkt, um den sich der Hebel dreht, der als *Drehpunkt*
bezeichnet wird. Bei einer Schere entspricht der Drehpunkt dem Punkt, an dem
die beiden Klingen in der Nähe der Mitte verbunden sind. Bei einer Schubkarre
entspricht der Drehpunkt dem Punkt, an dem das Rad den Boden berührt, und
bei einer Pinzette ist der Drehpunkt der Endpunkt, an dem ihre beiden Hälften
miteinander verbunden sind.

Je nach der Anordnung dieser drei Punkte unterscheidet man zwischen drei
Arten von Hebeln: einem einseitigen Hebel mit einem Lastangriff innerhalb des
Kraftangriffs, einem zweiseitigen Hebel oder einem einseitigen Hebel mit einem
Lastangriff außerhalb des Kraftangriffs (Abb. 1.6). Bei einem zweiseitigen Hebel
greifen die Kraft und die Last auf gegenüberliegenden Seiten des Drehpunktes an.
Ein Beispiel für einen zweiseitigen Hebel ist eine Schere: Die Kraft wirkt auf die
Griffe und die Last auf die Klingen ein, wobei Griffe und Klingen auf gegenüberliegenden Seiten des Drehpunktes liegen. Eine Wippe ist ein weiteres Beispiel. Hier
fungiert das Gewicht der beiden Personen wechselseitig als Kraft und Last. Ein
anderes Beispiel ist ein Hammer, dessen Kopf auf einer Seite über eine Kerbe verfügt, mit der man Nägel herausziehen kann, ein Schraubendreher, den man zum
Abheben des Deckels einer Farbdose verwendet, und ein zweirädriger Handwa-
gen, mit dem man Kisten oder eine Ladung Bücher transportieren kann. Auch
bei einem langen Stab, den man über ein als Drehpunkt dienendes Objekt unter
ein anderes Objekt schiebt, handelt es sich um einen zweiseitiger Hebel. Wenn
man auf sein freies Ende nach unten drückt, hebt man das Objekt, unter das er
geschoben wurde. Der Hauptvorteil derartiger Werkzeuge besteht darin, dass die
von ihnen aufgewendete Kraft wahrscheinlich wesentlich geringer sein wird als die
Last, weil der Hebelarm der Kraft im Vergleich zum Hebelarm der Last ziemlich
lang ist. Man bezeichnet dies als *mechanischen Vorteil*. In unserem Körper gibt es
viele Stellen, an denen die Position eines Muskels keinen solchen mechanischen
Vorteil mit sich bringt.

Bei einseitigen Hebeln mit einem Lastangriffspunkt außerhalb oder innerhalb
des Kraftangriffspunkts befindet sich der Drehpunkt in der Nähe eines der beiden
Enden und die Ansatzpunkte der Kraft und der Last liegen auf derselben Seite.
Bei einem einseitigen Hebel mit einem Lastangriffspunkt innerhalb des Kraftangriffspunkts greift die Last näher am Drehpunkt an als die Kraft, bei einem ein-

seitigen Hebel mit einem Lastangriffspunkt außerhalb des Kraftangriffspunkts ist es umgekehrt. (Viele der Muskeln unseres Körpers arbeiten nach diesem Prinzip.) Eine Schubkarre ist ein Beispiel für einen einseitigen Hebel mit einem Lastangriffspunkt innerhalb des Kraftangriffspunkts. Der Drehpunkt (der Punkt, an dem das Rad den Boden berührt) befindet sich an einem Ende, die Last ist das Gewicht des mit der Schubkarre transportierten Materials (einschließlich des Eigengewichts der Schubkarre), und die Kraft wird von der Person aufgebracht, die die Schubkarre an ihren Griffen hebt. Zwei weitere Beispiele sind ein Nussknacker und ein Schraubenschlüssel. Bei einem einseitigen Hebel mit einem Lastangriffspunkt innerhalb des Kraftangriffspunkts ist die Kraft kleiner als die Last, weil der Hebelarm länger ist (und ein mechanischer Vorteil zum Tragen kommt). Auf diese Weise lassen sich große Kräfte zur Bewältigung einer Aufgabe einsetzen, wie zum Beispiel zum Heben einer Last in einer Schubkarre, zum Knacken einer Nuss oder zum Festziehen der Mutter einer Schraube, indem nur eine wesentlich geringere Kraft aufgewendet wird.

Eine Pinzette ist ein Beispiel für einen einseitigen Hebel mit Lastangriffspunkt außerhalb des Kraftangriffspunkts, bei dem sich der Drehpunkt an dem Punkt befindet, wo die beiden Hälften der Pinzette miteinander verbunden sind. Die Kraft wird hier an einem Punkt irgendwo in der Mitte der beiden Hälften der Pinzette angewendet und die Last an deren Ende durch das, was damit gehalten wird (oder durch das Ende der jeweils anderen Pinzettenhälfte, wenn nichts damit gehalten wird). Weitere Beispiele sind ein Heftapparat oder eine Schaufel (wobei eine Hand am Ende den Drehpunkt darstellt und die andere Hand die Schaufel hebt). Bei diesen einseitigen Hebeln mit einem Lastangriffspunkt außerhalb des Kraftangriffspunkts ist die Kraft größer als die Last, weil der Hebelarm der Kraft kürzer ist als derjenige der Last (und damit eine *Verringerung* der Kraft vorliegt). Bei vielen Muskeln unseres Körpers liegt diese Situation ebenfalls vor.

Mechanisches Gleichgewicht

Ein weiteres Thema, mit dem wir uns beschäftigen müssen, bevor wir uns der Anatomie und Physiologie der Muskeln zuwenden, ist das Thema des *mechanischen Gleichgewichts*. Befindet sich ein Objekt im mechanischen Gleichgewicht, bleibt sein Bewegungszustand konstant, d. h., es führt weder eine Dreh- noch eine Längsbewegung aus. Dies ist der Fall, wenn die Nettokraft und das Nettodrehmoment beide den Wert null haben. Wenn die Nettokraft den Wert null hat, sind sämtliche Kräfte ausbalanciert: In einer Richtung wirkt eine ebenso große Kraft wie in der entgegengesetzten Richtung. Wenn das Nettodrehmoment den Wert null hat, sind die im Uhrzeigersinn und die entgegen dem Uhrzeigersinn wirkenden Drehmomente ausbalanciert. Wenn sich ein Objekt im mechanischen Gleichgewicht im Ruhezustand befindet, bleibt es im Ruhezustand, d. h., es beginnt keine Dreh- oder Längsbewegung. Diese Situation ist erwünscht bei einem Objekt wie etwa einer Brücke, denn wir möchten im Allgemeinen nicht, dass eine Brücke zusammenstürzt. Brücken sind so konstruiert und gebaut, dass die auf sie wirkende Nettokraft und das auf sie wirkende Nettodrehmoment den Wert null haben. Wenn Sie

Ihren Unterarm in einer horizontalen Ruheposition halten, müssen die darauf wirkenden Kräfte und Drehmomente sich gegenseitig ausgleichen. Wenn eine Person senkrecht steht, müssen sämtliche auf sie einwirkenden Kräfte und Drehmomente ebenfalls so ausbalanciert sein, dass sich keine Nettodrehkraft ergibt. Wenn eine Person ihr Gleichgewicht verliert, kann es sein, dass sie umfällt, da eine Nettokraft oder ein Nettodrehmoment auf sie wirkt.

Anatomie und Physiologie der Bewegung

Damit Sie sich bewegen können, müssen auf verschiedene Teile Ihres Körpers Kräfte einwirken. Ob Sie Ihren Arm heben, mit dem Kopf nicken, gehen oder rennen: Alle diese Bewegungen erfordern die Wirkung von Kräften, die von Muskeln erzeugt werden. Die von Knochen bewirkten Kräfte spielen ebenfalls eine Rolle, doch zunächst wollen wir erläutern, wie Muskeln funktionieren und wie sie mit dem Skelett verbunden sind. Anschließend betrachten wir dann noch kurz die Rolle der Knochen und Gelenke.

Muskeln

Es gibt drei Typen von Muskeln, die alle zur Bewegung verschiedene Teile des Körpers dienen. Der Haupttyp, den wir hier betrachten wollen, sind die Skelettmuskeln. Sie sind mit dem Skelett verbunden und dienen dazu, die größeren externen Bewegungen des Körpers auszuführen. Die anderen beiden Muskeltypen dienen der Bewegung innerer Organe. Die Herzmuskeln dienen der Steuerung des Herzschlags, und glatte Muskeln werden verwendet, um Flüssigkeiten und andere Stoffe durch den Körper zu bewegen, zum Beispiel im Magen, in der Blase und den Lungen.

Die Skelettmuskulatur wird als Organ des Körpers angesehen. Sie besteht aus Muskelfasern, Blutgefäßen, Nerven und Bindegewebe. Bei Muskelfasern handelt es sich um langgestreckte zylindrische Zellen von bis zu 100 µm Durchmesser, die je nach ihrer Lage im Körper bis zu 30 cm lang sein können. Zahlreiche Fasern

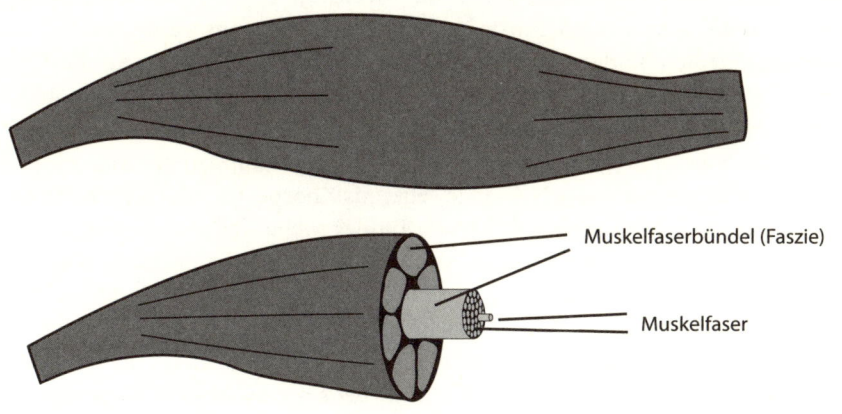

Muskelfaserbündel (Faszie)

Muskelfaser

◄ **Abb. 1.7**

Aufbau der Muskeln. Muskeln sind an beiden Enden mit Teilen des Skeletts verbunden. Eine Querschnittsdarstellung zeigt die Grundkomponenten des Muskelgewebes: Muskelfaserbündel (Faszien) und Muskelfasern.

sind jeweils zu Muskelfaserbündeln oder sogenannten Faszien zusammengefasst, und mehrere Faszien bilden gemeinsam einen Muskel. Die einzelnen Muskelfasern, Muskelfaserbündel und Muskeln sind von Bindegewebe umgeben, das den Muskeln eine Form und Halt verleiht (Abb. 1.7). Jede einzelne Muskelfaser besteht aus Hunderten bis Tausenden langer, stabförmiger Fasern (Myofibrillen), die einen Durchmesser von 1 bis 2 μm haben. Diese Myofibrillen bestehen ihrerseits aus noch kleineren Komponenten oder Segmenten (Sarkomeren und Myofilamenten), die sich verlängern oder zusammenziehen, je nachdem, ob sich der Muskel entspannen oder anspannen muss. Diese Veränderungen reichen bis zur molekularen Ebene hinab.

Verbindungen

Skelettmuskeln sind mit den Knochen entweder direkt oder über Sehnen verbunden. Ein Muskel verfügt mindestens über zwei Verbindungspunkte: einen an jedem Ende. Ein Ende bewirkt die Bewegung des Knochens, wenn sich der Muskel zusammenzieht, und wird als *Ansatzpunkt* bezeichnet. Das andere Ende ist mit einem Knochen verbunden, der sich nicht (oder zumindest weniger) bewegt, und wird als *Ursprung* bezeichnet. Beide Enden des Muskels können entweder direkt mit einem Knochen oder über eine seilförmige oder flache Sehne mit einem Knochen oder anderen Muskeln verbunden sein. Der Muskel verläuft normalerweise über ein Gelenk, das als Drehachse dient.

Knochen und Gelenke

Unsere Knochen tragen zur Gestalt und Form unseres Körpers bei, doch sie erfüllen außerdem noch eine Reihe anderer wichtiger Funktionen. Einige Knochen bieten dem Körper Halt und Stabilität, wie zum Beispiel die Knochen in den Beinen, die den Rumpf stützen, wenn wir aufrecht stehen. Einige Knochen schützen den Körper. So schützt etwa der Schädel das Gehirn, und die Rippen schützen die Organe im Inneren der Brusthöhle. Außerdem speichern Knochen Mineralien und andere Stoffe (z. B. solche, die für das Wachstum benötigt werden), die abgegeben werden, wenn der Körper sie benötigt. Darüber hinaus werden im Mark der Knochen die roten Blutkörperchen produziert, und sie dienen – was für das Thema dieses Kapitels am wichtigsten ist – als Hebel, die den Körper bewegen, wenn Skelettmuskeln Kräfte auf sie anwenden.

Knochen werden, genau wie Muskeln, als Organe des Körpers angesehen. Sie bestehen aus Knochen- und Nervengewebe, aus Knorpel (der die Enden der Knochen an den Gelenken überzieht) sowie Bindegewebe und anderen von Blutgefäßen durchzogenen Geweben. Das Knochengewebe ist die primäre strukturelle Komponente, die die für die Bewegung des Körpers erforderliche Stabilität bietet.

Der größte Teil unserer bisherigen Erörterungen hat sich mit der Verbindung zwischen Muskeln und Knochen beschäftigt. Muskeln sind jedoch auch mit knorpeligen Teilen des Skeletts verbunden. Knorpel sind strukturelle Komponenten, die man an solchen Stellen des Körpers findet, wo Flexibilität erforderlich ist, wie zum Beispiel im Kehlkopf, in der Nase, im Ohr, im Brustkorb sowie im Ellenbogen und Kniegelenk.

Gelenke sind Stellen, an denen zwei oder mehr Knochen zusammentreffen. Je nach ihrer Funktion bewegen sich Knochen an den Gelenkpunkten oder sie bewegen sich nicht. Der häufigste Gelenktyp (der synoviale) gestattet einen hohen Bewegungsgrad zwischen den Knochen. Er findet sich vor allem zwischen den Knochen der Gliedmaßen (der Arme und Beine). Synoviale Gelenke enthalten Knorpel, der die Enden der Knochen überzieht, einen abgeschlossenen Raum oder eine Kapsel, die von Bindegewebe umschlossen ist, eine synoviale Flüssigkeit, die wie ein Schmierstoff wirkt und die Reibung zwischen den Knochen stark reduziert, sowie Bänder, die die Knochen miteinander verbinden und verhindern, dass ein Gelenk überdehnt wird. Einige Gelenke verfügen über gar keine oder nur eine eingeschränkte Beweglichkeit. Sie befinden sich hauptsächlich im Kopf, Hals oder Rumpf.[1]

Anwendung der Muskelspannung

Befindet sich ein Muskel im entspannten Zustand, ist er weich und es befindet sich fast keine Spannung darin. Wenn das Gehirn einem Muskel den Befehl erteilt, sich zu bewegen, zieht er sich zusammen und erzeugt eine Spannkraft, die an dem Knochen oder Knorpel zieht, mit dem er verbunden ist. Ein Punkt des Muskels, der Ansatzpunkt, ist mit dem Knochen verbunden, der sich bewegen soll. Das andere Ende des Muskels, sein Ursprung, ist mit dem Knochen verbunden, der sich nicht oder zumindest weniger bewegen wird als der andere Knochen. Während sich der Muskel zusammenzieht, bewegt sich sein Ansatzpunkt auf seinen Ursprung zu (Abb. 1.2). Wenn wir die bei der Besprechung von Hebeln eingeführten Begriffe verwenden, entspricht die Spannung im Muskel der Kraft und das Gewicht des zu bewegenden Objekts (des Knochens sowie des eventuell involvierten anderen Objekts, z. B. wenn ein Buch gehoben wird) der Last. Wenn die Kontraktion des Muskels bewirkt, dass sich der Körperteil (der Knochen und das Objekt) bewegt, so bezeichnet man dies als isotonische Kontraktion. Manchmal bewegt sich das Objekt jedoch nicht, wenn Sie versuchen, ein sehr schweres Objekt zu heben (z. B. ein Auto) oder wenn Sie gegen ein unbewegliches Objekt (z. B. eine Wand) drücken. Auch in diesem Fall kommt es zu einer Kontraktion, der Muskel verkürzt sich jedoch nicht. Dies bezeichnet man als eine isometrische Kontraktion. Während einer isotonischen Kontraktion verkürzt sich der Muskel, doch auch wenn es zu keiner Bewegung des Objekts kommt, liegt im Muskel eine Spannung vor. Wenn der Muskel gestreckt wird, befindet er sich ebenfalls in einem gespannten Zustand. Dies geschieht, wenn Sie Dehnungsübungen machen. Vor dem Laufen versuche ich normalerweise meine hinteren Oberschenkelmuskeln zu dehnen, indem ich meine Ferse auf eine Arbeitsfläche lege und mich nach meinen Zehen strecke. Ich dehne meine Wadenmuskeln, indem ich gegen eine Wand oder einen Baum drücke, während mein Bein und Fuß hinter mir ausgestreckt sind. Außerdem versuche ich auch, die vorderen Oberschenkelmuskeln zu dehnen, indem ich hinter meinem Rücken nach meinem Fuß greife und ihn in Richtung meines Gesäßes ziehe. Ginge ich in die Hocke, würden meine vorderen Oberschenkelmuskeln gedehnt, während sie länger werden. Wenn ich mich wieder aufrichten würde, würden sie zusammenge-zogen. In beiden Fällen befänden sich die Oberschenkelmuskeln unter Spannung.

Arten der Bewegung

Es gibt eine Reihe unterschiedlicher Arten, auf die ein Körperteil durch die Span-nung der daran ansetzenden Muskeln bewegt werden kann. Die Bewegung tritt an einem Gelenk auf, wobei der Muskel das Gelenk überbrückt, indem sein Ursprung auf einer Seite des Gelenks mit dem Kochen verbunden ist, der sich nicht bewegt, und sein Ansatzpunkt auf der anderen Seite des Gelenks mit dem beweglichen Knochen. Während sich der Knochen bewegt, bewegt sich der Ansatzpunkt des Muskels auf seinen Ursprung zu.

Die Arten der Bewegung lassen sich in verschiedene Typen einteilen. Der erste entspricht den *Gleit*- oder Längsbewegungen. Hierbei gleiten zwei annähernd fla-che Knochenoberflächen aneinander vorbei, ohne dass es zu einer Änderung des Winkels oder einer Drehung kommt. Der zweite Bewegungstyp sind *Winkel*be-wegungen, bei denen der Winkel zwischen dem beweglichen und dem unbeweg-lichen Knochen vergrößert oder verkleinert wird. Beispiele für solche Bewegungen sind das Heben oder Senken eines Arms oder Beins, das Sich-nach-vorne-Bücken und -wieder-Aufrichten, Auf- und Abbewegungen eines Fußes oder das Nicken mit dem Kopf. Der dritte Bewegungstyp sind *Dreh*bewegungen, bei denen ein Knochen sich um seine Längsachse dreht. Beispiele für Drehbewegungen sind das Schütteln mit dem Kopf oder die seitliche Drehung des Oberkörpers bei unbeweg-tem Beckenknochen.

Andere Bewegungsarten sind diesen drei Typen sehr ähnlich, jedoch nicht ganz mit ihnen identisch. Ein Beispiel ist die Bewegung, durch die der Unterarm so gedreht wird, dass die Handfläche nicht mehr nach oben zeigt (wie beim Heben eines Objekts), sondern nach unten (wie beim Dribbeln mit einem Handball). Diese Art der Bewegung ist einer Drehbewegung sehr ähnlich. Doch im Unterarm gibt es zwei Knochen, Elle und Speiche, und während sich die Handfläche nach unten bewegt, überkreuzen sich die beiden Knochen. Zu weiteren Beispielen ge-hören die Bewegungen des Kiefers (nach oben und unten sowie vor und zurück) und die Greifbewegungen der Hand.

Die verschiedenen Hebel im menschlichen Körper

Veranschaulichen wir uns nun anhand einiger Beispiele, wie die verschiedenen Hebelarten im Körper des Menschen realisiert sind. Erinnern wir uns zunächst daran, dass es drei verschiedene Hebelarten gibt, die danach unterschieden wer-den, wie der Drehpunkt, die Last und die Kraft relativ zueinander positioniert sind. Im Fall des menschlichen Körpers dient das Gelenk als Drehpunkt, das Gewicht des Körperteils entspricht der Last und die Anstrengung des Muskels der Kraft.

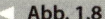
Abb. 1.8

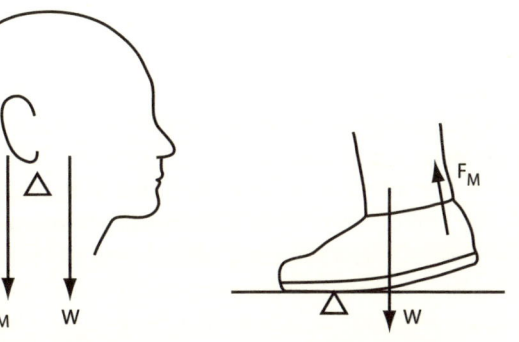
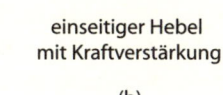
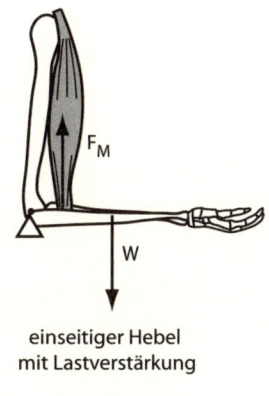

zweiseitiger Hebel	einseitiger Hebel mit Kraftverstärkung	einseitiger Hebel mit Lastverstärkung
(a)	(b)	(c)

Beispiele für die drei verschiedenen Hebelarten im Körper des Menschen. In jedem der drei Fälle entspricht das Gewicht *W* des Körperteils der Last und die vom Muskel F_M erzeugte Spannung der Kraft. Der durch das Dreieck dargestellte Drehpunkt befindet sich in der Position des Gelenks.

Bei einem einseitigen Hebel befinden sich die Last und die Kraft auf gegenüber-liegenden Seiten des Drehpunkts. Ein Beispiel für diese Art von Hebel ist das Auf-rechthalten des Kopfes (Abb. 1.8a). Ein Gelenk zwischen dem oberen Ende der Wirbelsäule und der Schädelbasis, das sogenannte Atlantooccipitalgelenk, ist der Drehpunkt. Das Gewicht des Kopfes entspricht der Last. Um zu verhindern, dass der Kopf nach vorne fällt, müssen Muskeln auf der Rückseite des Halses eine Kraft erzeugen. Dass der Kopf nicht nach hinten fällt, verhindern Muskeln auf der Vor-derseite des Halses. Der Trizeps entlang der Rückseite des Oberarms ist ein weite-res Beispiel.

Bei einem einseitigen Hebel befindet sich der Drehpunkt am einen Ende und die Kraft am anderen, wobei die Last an einem Punkt zwischen ihnen angreift. Ein wichtiges Beispiel für diese Art von Hebel ist das Stehen auf Zehenspitzen (Abb. 1.8b). Der Fußballen ist der Drehpunkt und die Kraft wird vom Gastrocnemius in der Wade erzeugt. Die Last, die fast Ihrem gesamten Körpergewicht entspricht, wirkt an einem Punkt zwischen dem Ballen und der Ferse. Da der Hebelarm der Kraft länger ist als der Hebelarm des Gewichts, ist der Kraftaufwand geringer als das Gewicht. Diese Kraftverstärkung macht es leicht, auf Zehenspitzen zu stehen und sogar noch eine zusätzliche Last zu unterstützen, wenn Sie ein Objekt tragen oder Gewichte heben.

Bei einem einseitigen Hebel mit einer Kraftverringerung befindet sich der Drehpunkt wiederum an einem Ende des Hebels, doch die Kraft greift in diesem Fall an einem Punkt zwischen dem Drehpunkt und der Last an. Da der Hebel-arm der Kraft daher kürzer ist als der Hebelarm der Last, muss die Kraft größer als die Last sein (was einem mechanischen Nachteil entspricht). Ein Beispiel für diese Hebelart ist der Bizeps auf der Vorderseite des Oberarms, der zum Heben des Unterarms dient (Abb. 1.8c). Ein weiteres Beispiel ist der Deltamuskel am oberen Ende des Oberarms, der das Schultergelenk überspannt und zum Heben des ge-samten Arms dient. Es ist schwierig, schwere Objekte zu heben, weil die erforder-liche Kraft einem Vielfachen des Objektgewichts entspricht. Muskeln, die in einer derartigen Hebelkonstellation ihre Arbeit leisten, sind daher in der Regel ziemlich dick und voluminös.

Kraft im Bizeps

Um eine Vorstellung davon zu bekommen, wie groß die Kräfte sind, die im Bizeps auftreten können, wollen wir ein Beispiel durchrechnen, bei dem sich der Unterarm in einem mechanischen Gleichgewicht befindet. Nehmen wir an, eine Person hält ihren Unterarm bei vertikalem Oberarm in einer horizontalen Position. Das Gewicht des Unterarms einer Person entspricht in der Regel etwa 2 % ihres Gesamtgewichts. Wiegt die Person also 75 kg, so hat ihr Unterarm ein Gewicht von 3 Pfund. Nehmen wir ferner an, die Person hält eine 5 kg schwere Kugel in der Hand. Da sich der Drehpunkt im Ellenbogen befindet, werden sämtliche auf den Unterarm wirkenden Kräfte von diesem Punkt aus gemessen. Der Ansatzpunkt des Bizeps befindet sich etwa 3,75 cm, der Gewichtsschwerpunkt des Unterarms etwa 15 cm und die Kugel etwa 37 cm vom Ellenbogengelenk entfernt. Wir nehmen zusätzlich an, dass alle Kräfte in vertikaler Richtung wirken: nach unten oder nach oben (Abb. 1.9). Erinnern wir uns daran, dass die Drehmomente im Gleichgewichtszustand ausbalanciert sein müssen, was bedeutet, dass die Drehmomente im Uhrzeigersinn und entgegen dem Uhrzeigersinn gleich groß sein müssen. Beachten Sie, dass die nach oben gerichtete Kraft im Bizeps ein Drehmoment entgegen dem Uhrzeigersinn erzeugt, das Gewicht des Arms und der Kugel hingegen Drehmomente im Uhrzeigersinn.

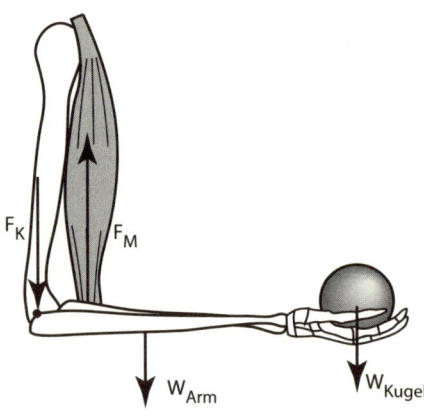

Die Lösung dieses Problems sieht daher folgendermaßen aus:

$$\tau_{\text{gegen den Uhrzeigersinn}} = \tau_{\text{im Uhrzeigersinn}},$$
$$\tau_{\text{Bizeps}} = \tau_{\text{Arm}} + \tau_{\text{Kugel}},$$
$$F_{\text{Bizeps}}\, r_{\text{Bizeps}} = W_{\text{Arm}}\, r_{\text{Arm}} + W_{\text{Kugel}}\, r_{\text{Kugel}},$$
$$F_{\text{Bizeps}}\, (3{,}75 \text{ cm}) = (1{,}5 \text{ kg})(15 \text{ cm}) + (5 \text{ kg})(37 \text{ cm}),$$
$$F_{\text{Bizeps}} = 55{,}33 \text{ kg}$$

Wie man sieht, ist die vom Bizeps aufgebrachte Kraft ziemlich groß: fast vierzig mal so groß wie das Gewicht des Armes und mehr als zehnmal größer als das Gewicht der Kugel. Der Hauptgrund hierfür ist, dass der Hebelarm für die Muskelkraft im Vergleich zu den anderen Abständen relativ kurz ist. Außerdem erinnern Sie sich vielleicht, dass ein mechanisches Gleichgewicht erfordert, dass die wirkenden Kräfte ausgeglichen sind. Dies bedeutet, dass die nach oben gerichtete Kraft von 55,33 kg durch die nach unten gerichteten Kräfte ausbalanciert werden muss. Da das Gesamtgewicht des Arms und der Kugel nur 6,5 kg beträgt, muss es eine weitere nach unten gerichtete Kraft von 55,33 kg – 6,5 kg = 48,83 kg geben. Diese Kraft greift am Ellenbogen an und wird vom Knochen des Oberarms ausgeübt. Dieses Beispiel ist eigentlich komplizierter als ich es soeben beschrieben habe. Zum einen wirkt die bei vertikalem Oberarm vom Bizeps ausgeübte Kraft nicht genau in senkrechter Richtung, sondern in einem um wenige Grad von der Senkrechten abweichenden Winkel. Dennoch kann das Beispiel dazu dienen zu veranschaulichen, wie groß die in unserem Körper auftretenden Kräfte sind, besonders in den Fällen, in denen bei einem einseitigen Hebel der Lastangriffspunkt außerhalb des Kraftangriffspunktes liegt.

Kraft im Deltamuskel

Ein weiteres Beispiel für einen Hebel, bei dem der Lastangriffspunkt außerhalb des Kraftangriffspunktes liegt, ist der Deltamuskel. Versuchen Sie Ihren gesamten Arm in einem rechten Winkel zu Ihrem Körper zu halten, sodass er sich in einer horizontalen Position befindet. Mit Ihrer anderen Hand können Sie in der Nähe der Schulter die Spannung im Deltamuskel ertasten. Sie sollten auch fühlen können, wie sich der Deltoideus in etwa 12 bis 15 cm Abstand von der Schulter leicht nach unten krümmt. Diese Stelle befindet sich in der Nähe seines Ansatzpunktes. Der Deltoideus überbrückt das Schultergelenk. Sein Ursprung befindet sich direkt oberhalb der Schulter.

Die Wölbung des Deltamuskels ist wichtig (Abb. 1.10). Verliefe die Richtung der vom Deltamuskel angewendeten Kraft direkt durch den Drehpunkt, läge kein Hebelarm und damit kein Drehmoment vor. Dadurch, dass die Spannkraft des Deltamuskels jedoch in einer im Vergleich zum horizontalen Arm leicht nach oben verschobenen Richtung wirkt, ergibt sich ein kleiner Hebelarm. Nehmen wir an, der Abstand zwischen dem Schultergelenk und dem Ansatzpunkt beträgt 15 cm und der Winkel, in dem der Deltamuskel wirkt, beträgt 10°. Anhand dieser Daten können wir den Hebelarm des Deltamuskels berechnen: $r_{\text{Deltoideus}} = 15 \text{ cm} \times \sin 10° = 2{,}5 \text{ cm}$. Wir benötigen die trigonometrische Funktion, weil – wie Sie sich erinnern werden – der Hebelarm als der rechtwinklige Abstand zwischen dem Drehpunkt und der Richtung der Kraft definiert ist. Das Gewicht des gesamten Arms beträgt etwa 5 % des Gesamtgewichts einer Person. Bei unserer 75 kg schweren Person entspräche dies 3,75 kg. Ferner beträgt

Vom Deltamuskel erzeugtes Drehmoment. Der Muskel ist mit dem Oberarm verbunden und überbrückt das Schultergelenk. Er wirkt in einer im Vergleich zum horizontal ausgestreckten Arm leicht nach oben verschobenen Richtung. Das von der Kraft F_M des Deltamuskels erzeugte Drehmoment führt zum Heben des Arms, wenn es größer ist als das durch das Gewicht des Arms W_{Arm} erzeugte Drehmoment.

der Abstand zwischen dem Gewichtsschwerpunkt des Arms und dem Drehpunkt 25 cm. Um die Kraft zu bestimmen, die der Deltamuskel aufbringen muss, um den Arm in horizontaler Position zu halten, wenden wir wieder die Bedingung an, dass die Drehmomente ausgeglichen sein müssen:

$$F_{\text{Deltoideus}} \, r_{\text{Deltoideus}} = W_{\text{Arm}} \, r_{\text{Arm}},$$
$$F_{\text{Deltoideus}} \, (2{,}5 \text{ cm}) = (3{,}75 \text{ kg}) \times (25 \text{ cm}),$$
$$F_{\text{Deltoideus}} = 37{,}5 \text{ kg}$$

Dieser Wert entspricht dem Zehnfachen des Armgewichts. Würde in der Hand ein 1 Kilogramm schweres Objekt in einem Abstand von 62,5 cm gehalten, so stiege diese Kraft auf 62,5 kg an. Um ein 2,5 kg schweres Objekt zu halten, würde eine Kraft von 100 kg benötigt. Dies zeigt sehr deutlich, dass die vom Deltamuskel aufgewendete Kraft im Vergleich zum Gewicht des Arms und einem zusätzlich gehaltenen Objekt recht groß ist. Der Grund hierfür ist wiederum derselbe: Der Hebelarm der Muskelkraft ist relativ kurz.

Kräfte in der Wirbelsäule

Vielleicht haben Sie schon einmal jemanden sagen hören, dass man sich zum Heben eines schweren Objekts nicht bücken, sondern dass man seine Knie beugen sollte, um es zu heben. Warum dies so ist, können wir mit Hilfe unseres Wissens über Drehmomente verstehen. Abbildung 1.11 zeigt eine Person, die sich so weit nach vorne beugt, dass ihr Rücken zum Boden parallel ist. Das Gewicht des Rumpfes, des Kopfes, des Halses und der Arme würde dazu führen, dass sich der Oberkörper der Person entgegen dem Uhrzeigersinn dreht. Ein Muskelbündel, das mit der Wirbelsäule und den Hüftknochen verbunden ist, verhindert, dass man in dieser Körperhaltung nach vorne fällt. Der Ursprung dieser Muskeln befindet sich an den Hüftknochen und ihr Ansatzpunkt entlang der Wirbelsäule. Diese Muskeln tragen den lateinischen Namen *erectores spinae*, weil sie uns helfen, aufrecht zu stehen, und da sie mit der Wirbelsäule verbunden sind.

Statt die Kräfte in jedem einzelnen Muskel zu betrachten, stellen wir uns die verschiedenen Muskeln zur Aufrichtung der Wirbelsäule als einzelnen Muskel vor, der an einem Punkt mit der Wirbelsäule verbunden ist. Der Drehpunkt für den Oberkörper befindet sich am unteren Ende der Wirbelsäule in einem als Kreuzbein (oder Sakrum) bezeichneten Punkt.

In Abbildung 1.11 bewirken die *erectores spinae* ein Drehmoment im Uhrzeigersinn, das Gewicht des Oberkörpers hingegen ein Drehmoment entgegen dem

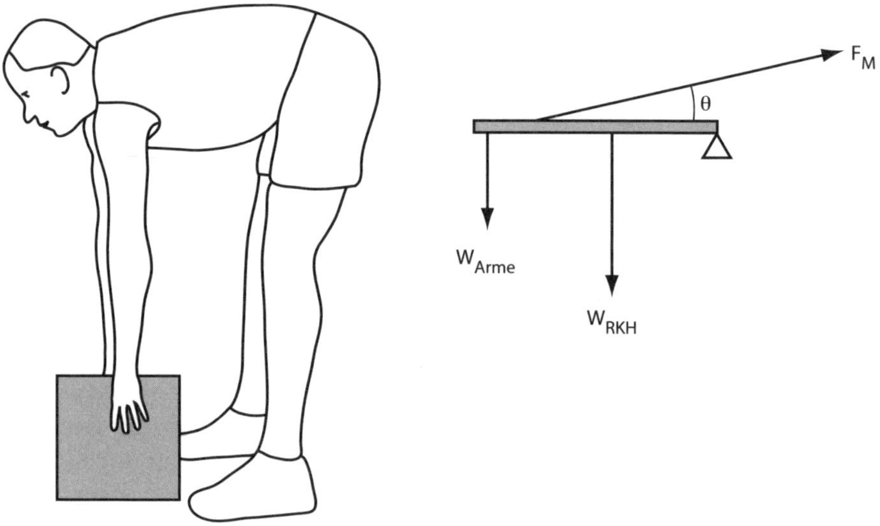

Abb. 1.11 ▶

Ein weiteres Beispiel für ein Drehmoment. Um zu verhindern, dass eine Person, die sich zum Heben eines Objekts nach vorne gebeugt hat, weiter nach vorne fällt, müssen die Muskeln zum Aufrichten der Wirbelsäule aufgrund des Gewichts von Rumpf, Kopf und Hals W_{RKH} und der Arme W_{Arme} eine sehr große Kraft F_M aufbringen. In dieser Modellzeichnung wird davon ausgegangen, dass die Muskelkraft in einem Winkel θ zur Wirbelsäule ansetzt.

Hals über Kopf

Uhrzeigersinn. Sie mögen sich fragen, warum zwischen der Richtung der Kraftwirkung der Muskeln und der Wirbelsäule ein Winkel angegeben ist. Wie im Falle des weiter oben besprochenen Deltamuskels gilt auch hier, dass kein Drehmoment entstünde, wenn die Kraftrichtung durch den Drehpunkt verliefe. Der Winkel der Kraft des Deltamuskels kommt durch den Abstand zwischen seinem Ursprung und dem Schultergelenk zustande. Im Falle der Muskeln zum Aufrichten der Wirbelsäule ist es die Biegung der Wirbelsäule, die diesen Winkel entstehen lässt. Wenn Sie sich den Rücken eines Menschen anschauen, so wölbt sich der obere Teil der Wirbelsäule leicht nach außen (auf den Betrachter zu) wenn sie ihrem Verlauf nach unten folgen, während der untere Teil sich nach innen (weg vom Betrachter) wölbt. Diese Biegung hat zur Folge, dass der Drehpunkt am Kreuzbein ein kleines Stück gegen den Ursprung der *erectores spinae* an den Hüftknochen verschoben ist.

Rechnen wir die Sache einmal anhand einiger Zahlen durch. Bei einer Person, die 75 kg wiegt, beträgt das Gewicht der Arme etwa 7,5 kg und das Gewicht von Rumpf, Kopf und Hals etwa 40 kg. Nehmen wir an, das Gewicht der Arme wirke in einem Abstand von 60 cm und das Gewicht des Oberkörpers (Rumpf, Kopf und Hals) in einem Abstand von 24 cm vom Kreuzbein. Nehmen wir ferner an, dass die von den Muskeln zur Aufrichtung der Wirbelsäule erzeugte Kraft etwa 40 cm vom Kreuzbein in einem Winkel zur Wirbelsäule von 12° angreift. Mit diesen Zahlen können wir errechnen, dass die *erectores spinae* mit einer Kraft von etwa 154 kg an der Wirbelsäule ziehen müssen, um die Gegenkräfte auszubalancieren. Das entspricht mehr als dem Doppelten des Körpergewichts der Person. Wollte die Person ein 25 kg schweres Objekt heben, so müssten die *erectores spinae* mit einer Kraft von etwa 350 kg an der Wirbelsäule ziehen, was fast dem Fünffachen ihres Körpergewichts entspricht! Zusätzlich zu den Kräften in den Muskeln wirken auch sehr große Kräfte auf das Kreuzbein (d. h. den unteren Teil der Wirbelsäule). Vielleicht verstehen Sie nun, warum wir, wenn wir nicht vorsichtig sind, einen Rückenmuskel verzerren oder uns die Wirbelsäule verletzen (einen Bandscheibenvorfall oder -riss erleiden) können. Wenn wir uns vorstellen, dass die Person in die Hocke geht, um das Objekt zu heben, findet die größte Kraftanstrengung in den Beinen statt. Auch in diesem Fall müssen die Rückenmuskeln eine Kraft aufbringen, sie ist jedoch wesentlich kleiner. Große Kräfte in den Muskeln der Wirbelsäule treten vor allem dann auf, wenn wir den Oberkörper nach vorne beugen.[2, 3]

Gleichgewicht

Wenn sich ein Gegenstand in einem mechanischen Gleichgewicht befindet, sind die darauf einwirkenden Kräfte und Drehmomente ausbalanciert. Ist die Schwerkraft eine der auf den Gegenstand einwirkenden Kräfte, so ist das Gleichgewicht entweder *stabil* oder *instabil*. Wenn sich der Gegenstand in einem stabilen Gleichgewicht befindet, bleibt er in seiner gegenwärtigen Position oder kehrt, wenn er leicht angestoßen wird, dahin zurück. Ein Beispiel hierfür ist eine auf dem Boden stehende Kiste. Würde die Kiste auf einer Kante balanciert, befände sie sich ebenfalls in einem mechanischen Gleichgewicht. Allerdings wäre es instabil, denn sie würde, stieße man sie nur leicht an, in eine andere Position fallen.

Wirkt die Schwerkraft auf einen Gegenstand, so liegt ein stabiles Gleichgewicht vor, wenn ein Gegenstand über eine ausreichend große Unterstützungsfläche verfügt, die verhindert, dass er umfällt. In dem weiter oben erwähnten Beispiel der Kiste mag die Auflagefläche relativ groß sein, doch selbst eine kleinere Fläche kann genügen. Stellen wir uns ein 1 Meter langes Lineal vor. Es befindet sich in der stabilsten Position, wenn es der Länge nach flach auf einem Tisch oder dem Boden liegt. Wenn es über eine flache Kante verfügt, können Sie es jedoch auch auf diese Kante stellen. Sind auch die Enden flach, können Sie es, wenn Sie sehr vorsichtig sind, senkrecht auf eines seiner Enden stellen. Dies wäre keine besonders stabile Position. Wenn es jedoch mit einer äußerst geringen Kraft nur minimal bewegt würde, kehrte es in seine aufrechte Position zurück. Allerdings wäre es sehr leicht, es umzustoßen. Um ein stabiles Gleichgewicht zu erhalten, muss sich der Gleichgewichtsschwerpunkt über einer ausreichend großen Unterstützungsfläche befinden. Diese Bedingung gilt auch für Menschen. Wenn Sie aufrecht stehen, befinden Sie sich in einem mechanischen Gleichgewicht, wenn Ihr Gleichgewichtsschwerpunkt sich über der von Ihren Füßen gebildeten Unterstützungsfläche befindet (Abb. 1.12). Wenn Sie den Abstand zwischen Ihren Füße vergrößern, stehen sie auf einer größeren Fläche und damit in einem stabileren Gleichgewicht. Wenn Sie Ihre Füße nebeneinanderstellen, können Sie noch immer ein stabiles Gleichgewicht haben, es wird jedoch weniger stabil sein. Sie können auch auf nur einem Fuß stehen. Sie müssen dazu jedoch das Gleichgewichtszentrum Ihres Körpers so verschieben, dass es sich über der Unterstützungsfläche des Fußes befindet.

Um dies zu erreichen, würden Sie Ihre Hüften in eine Richtung und Ihre Schultern in die entgegengesetzte Richtung bewegen und die Stellung Ihres Körpers auf diese Weise so verändern, dass sich die Position des Gleichgewichtszentrums ebenfalls ändert. Diese Körperstellung ist ziemlich instabil, doch Sie spüren Ihr Gleichgewicht und können Ihre Körperstellung so anpassen, dass sich Ihr Gleichgewichtszentrum über der Unterstützungsfläche des Fußes befindet. Auch wenn jemand ein schweres Gewicht trägt, muss die dadurch bewirkte Verschiebung des Gleichgewichtszentrums durch eine veränderte Körperhaltung ausgeglichen werden. Wird das Gewicht vor dem Bauch getragen, wie zum Beispiel bei einer Schwangeren, lehnt sie sich mit Kopf und Schulter weiter zurück als sonst. Wird ein Gegenstand seitlich getragen, etwa ein Rucksack, der nur mit einer Schulter getragen wird, lehnt sich die Person in die entgegengesetzte Richtung, um das Gleichgewicht zu halten. Wird der Rucksack auf dem Rücken getragen, lehnt sich die Person leicht nach vorne.

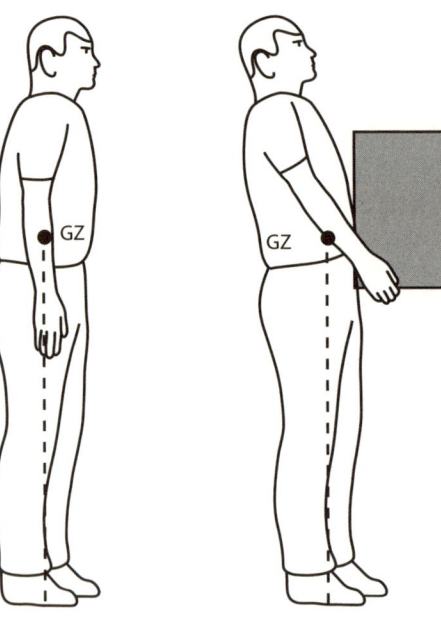

Unterstützungsfläche

Unterstützungsfläche

Abb. 1.12 ▲

Stabiles Gleichgewicht. Um sicher stehen zu können, muss sich das Gleichgewichtszentrum (GZ) einer Person über ihrer Unterstützungsfläche (ihren Füßen) befinden. Daher muss es durch eine entsprechende Bewegung des Körpers verschoben werden, wenn ein schweres Objekt gehoben werden soll oder um auf einem Fuß stehen oder sich vorbeugen zu können.

Gehen

Die Fähigkeit zu gehen hängt teilweise damit zusammen, dass sich eine gehende Person für kurze Momente in einem Ungleichgewicht befindet. Eine Person, die aus dem Stand zu gehen beginnt, schwingt ein Bein nach vorne. Dies führt dazu, dass sich ihr Gleichgewichtszentrum nicht mehr über der Unterstützungsfläche des auf dem Boden stehenden Fußes, sondern vor seinen Zehen befindet. Die Person befindet sich hierdurch im Ungleichgewicht und fällt daher einen Moment nach vorn, bis der vordere Fuß mit dem Boden Kontakt bekommt. Beim Vorwärtsgehen trägt der Bewegungsimpuls die Person durch die aufrechte Position, sodass das andere Beim für den nächsten Schritt nach vorn schwingen kann, wenn das Gewicht auf das vordere Bein verlagert wird. Dieser Vorgang setzt sich fort, wenn die Person geradeaus geht. Sie erinnern sich vielleicht an das, was ich weiter oben erläutert habe: dass der Fuß beim Gehen auf dem Untergrund nach hinten drückt (eine Reibungskraft erzeugt) und der Untergrund den Fuß nach vorne drückt (nach Newtons drittem Gesetz). Was eine Person nach vorne bewegt, ist die Kombination des Nach-vorne-Schwingens eines Beins und des Nach-hinten-Drückens des Untergrunds mit dem anderen Bein. Während das vordere Bein auf den Boden gesetzt wird, tritt eine Reibungskraft auf, die bewirkt, dass die Person etwas verlangsamt wird. Während das vordere Bein über den Gleichgewichtsschwerpunkt hinaus bewegt ist und das hintere Bein vom Boden gehoben wird, befindet sich die Person ebenfalls für einen Moment im Ungleichgewicht. Beide Vorgänge führen zu einer kleinen Abbremsung der Bewegung, doch der nach vorne gerichtete Bewegungsimpuls trägt auch in diesem Fall die gehende Person weiter nach vorn.

Dass auch Reibungskräfte beim Gehen eine Rolle spielen, erstaunt Sie vielleicht oder mag Ihnen nicht unmittelbar einsichtig sein. Stellen Sie sich jedoch vor, Sie würden versuchen, auf Eis zu gehen. Wenn Sie versuchen würden, einen schnellen Schritt nach vorn zu tun, würde Ihr hinterer Fuß wahrscheinlich nach hinten rutschen und Sie könnten umfallen. Gelänge es Ihnen, Ihr Gewicht auf den vorderen Fuß zu verlagern, könnte der Fuß nach vorne rutschen, und Sie fielen dennoch zu Boden.

Bewegungsprobleme

Im letzten Thema dieses Kapitels möchte ich auf die Probleme eingehen, die die Beweglichkeit des Körpers einschränken können. Diese Probleme können in den Muskeln, den Knochen, den Gelenken und/oder im Nervensystem (einschließlich des Gehirns) auftreten. Bei einer Verletzung oder Krankheit kann eines oder können mehrere dieser Systeme des Körpers in Mitleidenschaft gezogen werden. Es kann vorkommen, dass zwar die Beweglichkeit selbst nicht eingeschränkt ist, Bewegungen aber Schmerzen verursachen, sodass die Person den betroffenen Körperbereich nicht bewegen will. Es gibt ganze Teilbereiche der Medizin, die sich der Behandlung der auf diese Weise entstehenden Krankheitszustände widmen.

Muskeln können durch Überanstrengung oder durch mechanische Verletzungen (Schnitte oder Prellungen) beschädigt werden. Während des Trainings von Sportlern kommt es in ihren Muskeln und Sehnen zu derart großen Kräften, dass sie reißen können. Wird ein Muskel zu wenig verwendet, führt dies zu einer Schwächung. Wenn Muskeln überhaupt nicht verwendet werden, kommt es zur Verkümmerung und schließlich zum Schwund der Muskeln.

Knochen können brechen, wenn sehr starke, besonders seitlich angreifende Kräfte darauf einwirken. Wenn jemand aus größerer Höhe zu Boden fällt, kann dies zu mehreren Knochenbrüchen führen. Während des Alterungsprozesses nimmt die Dichte des Knochenmaterials ab, wodurch es zu Osteoporose kommen kann. Bei älteren Menschen treten häufig Hüftfrakturen auf, da die auf die Knochen des Hüftgelenks einwirkenden Kräfte relativ groß sind.

Die größten Probleme können erkrankte Gelenke bereiten, da viele von ihnen unabhängig von Verletzungen auftreten und zwei Knochen davon betroffen sind. Die häufigste Gelenkerkrankung ist Gelenkentzündung oder Arthritis. Die Osteoarthritis ist ein degenerativer Zustand, der das Ergebnis langjähriger Abnutzung ist und daher vor allem bei alten Menschen auftritt. Rheumatismus und Gicht sind beides Entzündungen der betroffenen Gelenke. Zu einer Schleimbeutel- und Sehnenscheidenentzündung kann es bei Verletzungen oder einer übermäßigen Beanspruchung kommen.

Schließlich sei noch erwähnt, dass die Bewegungen der Skelettmuskulatur von bestimmten Hirnbereichen gesteuert werden. Wenn das Gehirn und/oder das Nervensystem geschädigt sind, sei es durch eine mechanische Verletzung oder auf chemischem Wege, kann es zu keiner normalen elektrischen Erregungsleitung kommen, obwohl die Muskeln vollkommen gesund sind.

Zusammenfassung

In diesem Kapitel habe ich lediglich einige der Grundbegriffe erläutert, die zum Verständnis der Bewegungen des menschlichen Körpers herangezogen werden müssen. Muskeln üben auf verschiedene Teile des Körpers Kräfte aus, um sie zu bewegen oder um zu verhindern, dass sie sich bewegen. Auch andere Kräfte spielen eine wichtige Rolle, wie zum Beispiel Gravitations- und Reibungskräfte. Gelenke sind die Stellen, an denen es zu Drehbewegungen kommt. Dieses Thema ist wesentlich komplexer, als ich es dargestellt habe. Dennoch sollten Ihnen die hier erläuterten physikalischen Grundbegriffe das Verständnis einiger Aspekte der Längs- und Drehbewegungen des Körpers und der sie bewirkenden Kräfte erleichtern.

Flüssigkeiten und Druck II.

Wie fließt Blut? Was geschieht, wenn wir husten? Was ist ein Glaukom? Warum brechen die Knochen alter Menschen so leicht? Warum kann ein Messer durch Gewebe schneiden? Jede dieser Fragen hat etwas mit *Druck* im Körper zu tun: im Blutkreislauf, in den Lungen, im Augapfel, in einem Knochen und in einem Gewebe. In allen diesen Fällen üben Flüssigkeiten, Gase oder Festkörper interne oder externe Kräfte auf den Körper aus. Statt die Aufmerksamkeit auf Kräfte zu richten, ist es häufig besser, die Druckphänomene zu betrachten. Druck ist als eine auf eine bestimmte Fläche angewendete Kraft definiert und eignet sich besonders, um die Wirkung von Kräften auf Flüssigkeiten und Gase zu beschreiben. In diesem Kapitel werden wir einige grundlegenden Eigenschaften von Fluiden[iii] (Flüssigkeiten und Gasen) betrachten und die Einzelheiten einer Reihe von Fällen darstellen, bei denen Druck im menschlichen Körper eine Rolle spielt.

Druck

Wenn Sie einen Baseballschläger schwingen, um einen Baseball damit zu treffen, so bewirkt die vom Schläger auf den Baseball übertragene Kraft, dass er sich in eine andere Richtung bewegt. Werfen Sie einen Baseball mit der Hand, bewegt sich der Ball (hoffentlich) in die von Ihnen gewünschte Richtung. Beide Beispiele lassen sich mit Hilfe von physikalischen Grundgesetzen beschreiben, wie z.B. mit den Newton'schen Gesetzen oder den Gesetzen der Kinematik oder Bewegungslehre. Doch wenn Sie den Schläger durch die Luft bewegen, wohin bewegt sich dann die Luft? Wenn Sie Ihre Hand schnell durch die Luft bewegen: Wie bewegen Sie dadurch die Luft?

Die zum Verständnis dieser Situationen wichtige Größe ist Druck. Um ein Fluid zu bewegen, muss die Kraft über eine bestimmte Fläche verteilt angewendet werden. Wenn die Kraft lediglich an einem bestimmten Punkt auf das Fluid einwirkt, weicht es ihr einfach aus. Dies geschieht, wenn sich der Baseballschläger durch die Luft bewegt. Wird die Kraft jedoch über eine bestimmte Fläche verteilt angewendet, kann sich eine größere Menge des Fluids bewegen. Wenn Sie beispielsweise Ihre Hände als Fächer oder zum Schwimmen verwenden, bewegen Sie eine beträchtliche Luft- oder Wassermenge in die Richtung Ihrer Handbewegung. Die Kraftübertragung durch Ihre Hand ist über eine bestimmte Fläche verteilt, statt nur an einem einzelnen Punkt zu wirken, und dies führt zur Bewegung des

iii Anmerkung des Übersetzers: Dieser in der Umgangssprache nicht verwendete Oberbegriff der Strömungslehre für Flüssigkeiten und Gase wird im Folgenden verwendet, da die meisten physikalischen Gesetze für diese beiden Stoffarten gelten. Die Eigenschaften von Flüssigkeiten und Gasen unterscheiden sich oft nicht qualitativ, sondern nur quantitativ.

Fluids. Druck *(p)* wird daher mathematisch definiert als eine Kraft *F* geteilt durch eine Fläche *A*:

$$p = F/A$$

Es gibt viele verschiedene Maßeinheiten für Druck. Der Druck in den Reifen Ihres Autos oder Fahrrades ist Ihnen wahrscheinlich am vertrautesten. Er wird in Kilopond pro Quadratzentimeter gemessen (kp/cm^2). Eine weitere übliche Maßeinheit sind Millimeter Quecksilbersäule oder Torr. Meteorologen geben normalerweise einen Luftdruck in der Größenordnung um 75 cm Quecksilbersäule an (was etwa 1,054605 kp/cm^2 entspricht). Der Blutdruck wird in Millimeter Quecksilbersäule (mm Hg) angegeben. Weitere Maßeinheiten für Druck sind die Atmosphäre (atm), das Pascal (Pa)[iv], das Kilopascal (1 kPa = 1000 Pa), das Hektopascal (= 100 Pa), das Bar (= 100 000 Pa, d. h., 1 Millibar entspricht 100 Pascal) sowie Zentimeter Wassersäule (cm H_2O).

Der Druck in einem Fluid kann drei verschiedene Ursachen haben. Eine Ursache ist sein eigenes Gewicht. Wenn Sie zum Boden eines Schwimmbeckens hinabtauchen und den Druck in Ihren Ohren fühlen, spüren Sie einen Druck, der aus dem Gewicht des Wassers über Ihnen resultiert. Eine weitere Ursache für den Druck in einem Fluid ist eine von außen darauf einwirkende Kraft. Wenn Sie eine Wasserpistole abdrücken, wird dadurch ein Druck aufgebaut, der groß genug ist, um das Wasser aus der Pistole zu pressen. Die dritte Ursache sind interne Kräfte, die aus der Wechselwirkung der Moleküle des Fluids resultieren. Dies gilt insbesondere für Gase. Ein Beispiel für diese Art von Druck ist der Druck in einem Autoreifen. Jede dieser drei Arten von Druck tritt im Körper des Menschen auf und wird im Folgenden genauer erörtert werden.

Der durch das Eigengewicht eines Fluids erzeugte Druck

iv Anmerkung des Übersetzers: Ein Pascal entspricht einem Druck von einem Newton pro Quadratmeter (N/m^2). Ein Newton ist die Kraft, die benötigt wird, um einen ruhenden Körper mit einer Masse von 1 kg innerhalb einer Sekunde gleichförmig auf die Geschwindigkeit 1 Meter pro Sekunde zu beschleunigen. Ein Pascal entspricht $7,0307 \times 10^{-2}$ kp/cm^2.

Das Gewicht eines Fluids erzeugt einen Druck unterhalb seiner Oberfläche. Wenn Sie zum Boden eines Schwimmbeckens tauchen oder mit einem Flugzeug in die Lüfte steigen, werden Sie eine Veränderung des Druckes in Ihren Ohren feststellen. Sie werden beobachten, dass Sie nur eine kurze Strecke abtauchen müssen (ein bis zwei Meter), um diesen Druck zu spüren. Mit einem Flugzeug müssen Sie hingegen viele hundert Meter aufsteigen, bevor Sie eine Druckveränderung spüren können. Der Unterschied in der Art des Fluids spielt eine Rolle bei der Ursache des Drucks und wird durch die Dichte des Fluids bezeichnet. Der aus dem Gewicht eines Fluids resultierende Druck *p* lässt sich anhand der Gleichung

$$p = \rho g h \tag{1}$$

berechnen, wobei ρ der Dichte des Fluids entspricht, *g* der auf der Schwerkraft beruhenden Beschleunigung und *h* der vertikalen Tiefe (nicht der Höhe) unterhalb der Oberfläche des Fluids (Abb. 2.1). Diese Formel geht davon aus, dass die Dichte des Fluids konstant ist. Für Flüssigkeiten trifft diese Annahme ziemlich genau zu, für Gase jedoch nicht. Solange der Wert für h klein ist (um ein oder zwei Meter), gibt die Gleichung einen guten Näherungswert. Eine ähnliche Gleichung erhält man für die Berechnung des Druckunterschieds zwischen zwei Punkten unterhalb der Oberfläche eines Fluids. Wenn der Druck in der einen Tiefe p_1 entspricht und in der anderen p_2, so gilt:

$$\Delta p = p_2 - p_1 = \rho g \Delta h, \tag{2}$$

wobei Δh dem Tiefenunterschied der beiden Punkte entspricht. Aus dieser Gleichung geht hervor, dass der Druck mit zunehmender Tiefe ebenfalls zunimmt. Mit anderen Worten: Wenn sich Punkt 2 unterhalb von Punkt 1 befindet, ist der Druck bei Punkt 2 größer als der Druck bei Punkt 1. Daher ist der Luftdruck in großen Höhen geringer als auf der Erdoberfläche. Ebenso ist der Druck unterhalb der Wasseroberfläche in größeren Tiefen höher als an der Oberfläche.

Schauen wir uns einige Beispiele an. Der Luftdruck beträgt in Meereshöhe ungefähr 75 cm Quecksilbersäule, also etwa 1 atm. In Denver, das etwa 1,6 km über dem Meeresspiegel liegt, beträgt der Luftdruck etwa 62,5 cm Quecksilbersäule. Im Gegensatz dazu beträgt der Druck in einer Tiefe von 30 Metern, die vom Menschen ohne spezielle Geräte erreicht werden kann, etwa 3 atm. Um in größere Tiefen zu tauchen, wird ein U-Boot benötigt. In einer Tiefe von 1,6 km unter dem Meeresspiegel beträgt der Druck 150 atm! Das Gewicht einer Flüssigkeit ist also offensichtlich ein wichtiger Faktor beim Zustandekommen des Drucks. Selbst im menschlichen Körper kann der Blutdruck im Stehen oder Liegen unterschiedlich sein. Das Thema Blutdruck wird uns im Folgenden noch eingehender beschäftigen.

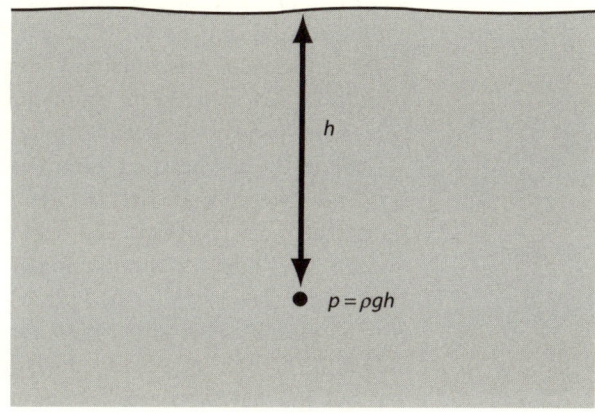

▲ Abb. 2.1

Der Druck p aufgrund des Gewichts einer Flüssigkeit oder eines Gases bei einer Tiefe h unterhalb seiner Oberfläche. Die Dichte der Flüssigkeit oder des Gases entspricht ρ, die Beschleunigung aufgrund der Schwerkraft g.

Druck als Ergebnis einer äußeren Kraft

Angenommen, Sie halten einen aufgeblasenen Luftballon in den Händen. Wenn Sie den Ballon mit Ihren Händen drücken oder sich darauf setzen, erhöhen Sie den Druck in dem Ballon. Wenn Sie fest genug darauf drücken können, platzt der Ballon vielleicht. Die von außen auf den Ballon einwirkende Kraft erhöht den Luftdruck in seinem Inneren. Weitere Beispiele sind das Abdrücken einer Wasserpistole, das Drücken auf den Kolben einer Spritze oder die Verwendung eines hydraulischen Wagenhebers.

Die beschriebenen Situationen lassen sich mit Hilfe von *Pascals Prinzip* erklären. Dieses Prinzip besagt Folgendes: Wenn der Druck in einem Fluid, das sich in einem geschlossenen Behälter befindet, erhöht wird, verteilt sich der Druck gleichmäßig über das gesamte Fluid und somit auch auf die Wände des Behälters, in dem es sich befindet. Wenn wir daher auf einen Ballon drücken, erhöht sich der Luftdruck in dem Ballon und wirkt auf seine Innenoberfläche. Wenn der Druck (oder die Kraft) groß genug ist, können wir den Ballon zum Platzen bringen. Wird auf den Kolben einer Spritze eine Kraft ausgeübt, erhöht sich der Druck in der Flüssigkeit. Hierdurch kann die Oberflächenspannung, die die Flüssigkeit in der Spritze festhält, überwunden werden, sodass die Flüssigkeit schließlich aus der Nadel austritt. Es gibt viele Fälle, in denen Pascals Prinzip im Körper des Menschen zur Anwendung kommt. Ist ein Baby am Ende der Schwangerschaft so groß geworden, dass es auf die Blase seiner Mutter drückt, muss diese häufiger ihre Blase leeren. Ein weiteres Beispiel ist das Fühlen des Pulses. Wenn sich der Herzmuskel zusammenzieht, drückt er stärker auf das Blut im Kreislaufsystem. Dieser erhöhte Druck wird durch das Blut auf die Wände der Arterien übertragen, die sich infolgedessen etwas ausdehnen. Anschließend entspannt sich das Herz und der Druck auf die Wände der Arterien nimmt ebenfalls ein wenig ab. Im Folgenden werden wir diese beiden Beispiele noch detaillierter erläutern.

Bei der Druckmessung kann Pascals Prinzip zur Beschreibung von Effekten verwendet werden, die sich auf den Druck der Atmosphäre zurückführen lassen. Zum Prüfen des Drucks in den Reifen eines Autos würden Sie einen Reifendruckmesser verwenden. Wenn der Reifen korrekt aufgepumpt wurde, sollte er einen Wert von etwa 50 atm (51,66 kp/cm^2) haben. Wenn der Reifen keine Luft enthält, gibt der Druckmesser einen Wert von 0 an. Auch dann befindet sich noch Luft im Reifen. Ihr Druck entspricht jedoch dem normalen Luftdruck, der etwa 1,0546 kp/cm^2 beträgt. Bei der Berücksichtigung dieser Diskrepanz müssen wir vorsichtig sein. Wir müssen drei verschiedene Druckwerte definieren. Als Erstes den vom Druckluftmesser angegebenen Druck $p_{\text{Druckmessgerät}}$. Dies ist der Druck, den man mit einem normalen Druckmessgerät messen würde, wie zum Beispiel einem Reifendruckmesser oder einem Blutdruckmessgerät. Zweitens muss der Luftdruck p_{atm} definiert werden. Dies entspricht dem Luftdruck in Bodenhöhe bzw. auf der Höhe des Meeresspiegels. Drittens ist noch der absolute Druck p_{absolut} zu bestimmen. Er ist als Summe des normalen Luftdrucks und des von einem Druckluftmesser gemessenen Drucks definiert. Wir können diesen Zusammenhang durch folgende mathematische Gleichung ausdrücken:

$$p_{\text{absolut}} = p_{\text{Druckmessgerät}} + p_{\text{atm}} \tag{3}$$

Wenn wir einen Messwert für einen Druck angeben, müssen wir daher zwischen dem von einem Druckluftmesser angegebenen und dem absoluten Druck genau unterscheiden. Die meisten Messungen von Druckverhältnissen im Körper des Menschen werden in Werten angegeben, die von einem Messgerät angezeigt werden, in manchen Situationen kann es jedoch erforderlich sein, den absoluten Druck anzugeben. Der weiter oben erwähnte Reifendruck gibt einen von einem Messgerät angezeigten Wert an.

Durch die Wechselwirkung von Molekülen verursachter Druck

Die dritte Ursache für den Druck in einem Fluid sind die Wechselwirkungen der darin enthaltenen Moleküle: untereinander oder mit Gegenständen, die sich mit dem Fluid in Kontakt befinden. Sie tritt hauptsächlich in Gasen auf, obwohl einige der bei ihrer Erklärung einzuführenden Begriffe sich auch auf Flüssigkeiten übertragen lassen. So kommt beispielsweise der Luftdruck in einem Reifen durch die Kollision der Gasmoleküle miteinander und mit der Reifenwand zustande. Wenn das Reifendruckmessgerät zur Bestimmung des Drucks verwendet wird, kommt das Gas im Reifen mit dem Messgerät in Kontakt und übt einen Druck darauf aus. Wenn mehr Luft in den Reifen gepumpt wird, enthält er mehr miteinander interagierende Moleküle und der Druck nimmt zu.

In manchen Fällen erweitert sich ein geschlossener Behälter, wenn mehr Luft hineingepumpt wird, sodass der Druck darin konstant bleibt. Stellen Sie sich beispielsweise eine zerknüllte Papiertüte vor. Wenn Sie sie aufzublasen beginnen, vergrößert sie sich mehr und mehr, während Sie zusätzliche Luft hineinblasen. Der Druck in der Tüte bleibt ziemlich konstant, bis sie vollständig aufgeblasen ist. Wenn Sie dann noch weitere Luft hineinblasen, steigt der Druck schnell an. Wenn Sie das offene Ende der Tüte verschließen und mit einer Hand fest auf die Tüte schlagen, führt der von außen einwirkende Druck zu einem sehr schnellen Druckanstieg und die Tüte zerplatzt – Pascals Prinzip in Aktion!

Es ist diese Art von Druck, die von den verschiedenen Gasgesetzen, wie etwa dem *Gesetz idealer Gase* und dem *Boyle'schen Gasgesetz*, beschrieben wird. Das Gesetz für ideale Gase setzt den absoluten Druck p des Gases in einem Behälter, das Volumen V des Behälters, die Zahl der Moleküle N oder der Gasmenge n in Mol und die Temperatur T des Gases in folgende Beziehungen zueinander:

$$pV = Nk_BT \qquad (4a)$$

und

$$pV = nRT \qquad (4b)$$

Hierbei steht k_B für die Boltzmann-Konstante, die einen Wert von $1{,}38 \times 10^{-23}$ J/K hat, R für die universelle Gaskonstante, die den Wert 8,31 J/(mol K) oder 0,0821 l atm/(mol K) hat. Gleichung (4a) ist die mikroskopische Form des Gesetztes idealer Gase. Sie handelt von den Molekülen auf ihrer Ebene, während Gleichung (4b) die makroskopische Form des Gesetztes ist, in das die Gasmenge in Mol eingeht. Das Gasgesetz kann verwendet werden, um zu berechnen, wie viel Luft sich in der Lunge befindet, wenn man ein- oder ausatmet.

Das Boyle'sche Gesetz ist ein Spezialfall des Gesetzes idealer Gase. Wenn die Zahl der Moleküle und die Temperatur des Gases konstant bleiben, dann ist auch das Produkt aus Druck und Volumen konstant, oder

$$pV = \text{konstant} \qquad (5)$$

Diese Gleichung besagt, dass der Druck und das Volumen eines Gases in einem umgekehrt proportionalen Verhältnis zueinander stehen. Mit anderen Worten: Wenn das Volumen eines geschlossenen Behälters zunimmt, nimmt der Druck ab. Da Gase den Behälter, in dem sie sich befinden, gleichmäßig ausfüllen, nimmt der räumliche Abstand zwischen den Gasmolekülen zu, wenn das Volumen des Behälters größer wird. Dies wiederum hat zur Folge, dass die Gasmoleküle weniger häufig miteinander oder mit den Wänden des Behälters zusammenstoßen, was zu einer Verringerung des Druckes führt. Würde das Volumen des Behälters kleiner werden, würde sich der Abstand zwischen den Gasmolekülen verringern und sie würden daher öfter zusammenstoßen, was einen höheren Druck zur Folge hätte. Die Atmung ist ein Paradebeispiel für das Boyle'sche Gesetz in Aktion. Bei der Einatmung erweitert sich der Brustkorb, was zur einer Verringerung des Drucks in seinem Inneren führt. Daraufhin strömt Luft von außerhalb des Körpers durch die Nase und/oder den Mund in die Lungen. Bei der Ausatmung verkleinert sich das Volumen des Brustkorbes. Hierdurch erhöht sich der Druck und die Luft wird aus der Lunge gepresst. Wir werden die Atmung später noch genauer behandeln. Obwohl das Boyle'sche Gesetz zur Beschreibung von Gasen verwendet wird, kann es auch zur qualitativen Beschreibung von Flüssigkeiten verwendet werden. Wenn Druck von außen auf eine eingeschlossene Flüssigkeit ausgeübt wird, so erhöht sich ihr Druck und das Volumen des Behälters verkleinert sich geringfügig. Ein Beispiel hierfür ist der Herzrhythmus. Wenn sich der Herzmuskel zusammenzieht, steigt der Blutdruck, entspannt sich der Herzmuskel, fällt der Blutdruck ab.

Druck in Festkörpern

Bislang haben wir nur den Druck in Flüssigkeiten und Gasen besprochen, er tritt jedoch auch in Festkörpern auf. Bei der Beschreibung von Festkörpern sprechen Physiker häufig von *Spannungs-* statt von Druckverhältnissen. Einige der Ursachen für den Druck in Festkörpern, wie zum Beispiel ihr Eigengewicht oder die Einwirkung äußerer Kräfte, sind mit denen in Fluiden identisch.

Angenommen, eine 50 kg schwere Frau verlagert ihr ganzes Gewicht auf den kleinen Absatz eines Stöckelschuhs, sagen wir von 1,6 cm². Dann beträgt der Druck 50 kg/1,6 cm² oder 31 kp/cm². Verlagert hingegen ein 136 kg schwerer Football-Spieler sein ganzes Gewicht auf den 10 cm² großen Absatz eines seiner flachen Schuhe, entspricht dies einem Druck von etwa 14 kp/cm². Es wäre also wesentlich wahrscheinlicher, dass die kleine Frau einen Holzfußboden beschädigt als der große Football-Spieler!

Beispiele für Druck in Festkörpern findet man im Körper des Menschen in den Knochen und Gelenken. Steht jemand auf einem Bein, so lasten etwa 94 % seines Gewichts auf seinem Kniegelenk. (Etwa 6 % seines Gewichts befinden sich unterhalb des Kniegelenkes.) Läufer klagen häufig über Probleme mit ihren Kniegelenken. Sie sind nicht nur das Ergebnis ihres Körpergewichts, sondern auch der zusätzlichen Kraft, die erforderlich ist, um die Richtung des Beins zu ändern: von der Bewegung nach unten zur Bewegung nach oben. Ein Knochen bricht, wenn der darauf ausgeübte Druck zu groß ist.

Wenn Druck (oder Kraft überhaupt) auf Festkörper ausgeübt wird, biegen oder verformen sie sich in einem Maß, das von ihren elastischen Eigenschaften abhängt. Elastische Eigenschaften beruhen darauf, dass die Atome eines festen Körpers mit anderen Atomen verbunden sind und dazu tendieren, sich wie Federn zu verhalten. Wenn eine Kraft darauf ausgeübt wird, dehnen oder komprimieren diese „Federn" sich, was zu einer Veränderung der Form des Materials führt.

Druck in Festkörpern wird normalerweise als Belastung bezeichnet. Das Wort „Belastung" (engl. „stress") hat in einem medizinischen Kontext verschiedene Bedeutungen. Für einen Physiker ist es jedoch die auf einen Gegenstand angewandte Kraft, geteilt durch die Fläche, über die verteilt sie wirkt. Die Bedeutung des Ausdrucks ist daher mit derjenigen von „Druck" nahezu identisch. Eine Belastung führt zu einer als *Spannung* bezeichneten Verformung eines festen Körpers. Handelt es sich um eine elastische Verformung, nimmt das Objekt wieder seine ursprüngliche Form an, wenn die Belastung aufgehoben wird. Ist die Belastung zu groß, überschreitet die Spannung die elastische Grenze und das Objekt wird dauerhaft verformt. Die Spannung könnte sogar die *Grenze der Belastbarkeit* überschreiten und zu einem Bruch führen.

Hierzu seien einige Beispiele angeführt. Wenn wir auf einem Holzfußboden gehen, drücken unsere Schuhe auf den Boden und dieser Druck führt dazu, dass der Boden geringfügig nachgibt. Wenn wir auf eine Stelle treten, gibt der Boden nach und kehrt dann in seine vorige Position zurück, wenn wir unseren Fuß wieder heben. Nehmen wir jedoch einmal an, wir würden einen spitzen Gegenstand, z. B. ein Messer, dessen Spitze nach unten zeigt, auf dieselbe Stelle fallen lassen. Die hierbei auf den Boden einwirkende Belastung wäre wahrscheinlich so groß, dass die elastische Grenze dadurch überschritten würde und es zu einem Einschnitt oder Riss käme.

Eine ähnliche Situation kann sich für den Körper des Menschen ergeben. Angenommen, Sie springen vom Boden nach oben und landen wieder auf ihren Füßen. Bei der Landung muss ihr Fuß eine große Belastung aushalten. Normalerweise treten hierbei keine Probleme auf und Sie bewegen sich einfach weiter. Stellen Sie sich nun jedoch vor, Sie würden aus 3 Metern Höhe springen und auch diesmal auf den Füßen landen. In diesem Fall könnte die Belastung, der die Knochen in den Füßen ausgesetzt sind, groß genug sein, um zum Bruch von ein oder zwei Knochen zu führen: Nicht nur die elastische, sondern auch die Belastungsgrenze wäre überschritten worden. Bei der Konstruktion von Brücken und Gebäuden machen Bauingenieure von diesen Begriffen häufig Gebrauch. In diesem Zusammenhang verwendete Parameter sind der *Elastizitätsmodul* (oder *Young'scher Modul*), der *Kompressionsmodul* und der *Schubmodul*. Alle diese Parameter machen quantitative Angaben über den Grad der Verformung, wenn auf einen Festkörper eine Belastung ausgeübt wird. Im restlichen Kapitel werden wir uns fast ausschließlich mit Flüssigkeiten und Gasen beschäftigen.

Fluide in Bewegung

Die grundsätzlichen Zusammenhänge, die wir bislang erörtert haben, gelten für Fluide, die sich in Ruhe befinden. Sie gelten jedoch auch, wenn sie sich bewegen. Allerdings gibt es bestimmte Eigenschaften sich bewegender Fluide, die wir genauer betrachten müssen. Der Bereich der Physik, der bewegte Flüssigkeiten und Gase untersucht, wird als *Strömungslehre* bezeichnet. Hierbei handelt es sich um ein komplexes Forschungsgebiet, doch es enthält mehrere Begriffe, die wir verwenden können, um eine Reihe von Vorgängen zu beschreiben, die sich im menschlichen Körper abspielen. Folgende drei Themen wollen wir uns genauer anschauen: die Eigenschaften strömender Fluide, die Strömungsrate und die Viskosität.

Eigenschaften strömender Fluide

Fluide zeigen zwar in manchen Situationen ein komplexes Verhalten, doch in vielen Fällen ist es weniger schwer zu beschreiben und kann mit relativ einfachen mathematischen Modellen erfasst werden. Wir werden im Folgenden mehrere dieser Eigenschaften erörtern und zeigen, welche Rolle sie im Fall der Fluide spielen, die durch den Körper des Menschen fließen bzw. strömen.

Bei einer dieser Eigenschaften geht es um den Fluss des Fluids an einer bestimmten Stelle: darum, ob dieser *gleichmäßig* oder *ungleichmäßig* erfolgt. Bei einem gleichmäßigen Fluss, wenn ein Fluid entlang eines bestimmten Weges fließt oder strömt (z. B. durch einen rohr- oder schlauchförmigen Teil des Körpers), ist seine Geschwindigkeit an einem bestimmten Punkt konstant. Angenommen, Sie würden die Geschwindigkeit des Wassers an einer bestimmten Stelle eines Flusses messen. Wenn Sie etwas später an dieselbe Stelle zurückkehrten, würden Sie erwarten, dass die Strömungsgeschwindigkeit des Wasser sich gegenüber der vorigen Messung nicht verändert haben würde – vorausgesetzt, es hat in der Zwischenzeit keinen Platzregen gegeben und es ist kurz zuvor kein Schiff vorbeigefahren. Selbst wenn jemand einen großen Stein in den Fluss werfen würde, würde sich die Strömung zwar kurzzeitig ein wenig ändern, doch anschließend würde sie wahrscheinlich wieder ihren früheren Wert annehmen. Ein weiteres Beispiel ist der Blutstrom durch einen bestimmten Teil des Körpers. Er wird dieselbe Geschwindigkeit haben, sofern es zu keiner Änderung der üblichen Bedingungen kommt. Ändert sich jedoch der Umfang der Aktivität einer Person, kann es zu größeren Änderungen in der Geschwindigkeit ihres Blutstroms kommen. Selbst während des normalen Herzschlags kommt es zu Änderungen in der Strömungsgeschwindigkeit des Blutes. Man würde jedoch erwarten, dass die Geschwindigkeit, mit der das Blut beispielsweise durch die Aorta fließt, zum gleichen Zeitpunkt des Schlagrhythmus (etwa einen bestimmten Bruchteil einer Sekunde nach der Kontraktion des Herzens) identisch ist.

Eine weitere Eigenschaft der Strömung von Fluiden hat damit zu tun, ob sie *kreisförmig* erfolgt oder nicht. Tornados und Hurrikane führen eine Kreisbewegung aus, genauso wie der Strudel, den man beobachten kann, wenn man das Wasser aus einer Badewanne abfließen lässt. Kleine Strudel (die man auch als Wirbel

Hals über Kopf

bezeichnet) treten sogar auf, wenn Sie eine flache Hand schnell durch das Wasser bewegen.

Die *Viskosität* ist eine weitere Eigenschaft von Fluiden. In einer viskosen Flüssigkeit oder einem viskosen Gas treten zwischen den Molekülen selbst oder zwischen den Molekülen und den Gefäßen, in denen sie strömen, Reibungskräfte auf. Ein viskoses Fluid, das sich bewegt, benötigt zur Aufrechterhaltung der Bewegung die Zufuhr von Energie. Ein nichtviskoses Fluid kann fließen, ohne dass ihm Energie zugeführt wird. Gase haben im Allgemeinen eine wesentlich geringere Viskosität als Flüssigkeiten. Wasser ist weniger viskos (oder zähflüssig) als Motoröl. Es gibt nur wenige nichtviskose Flüssigkeiten. Sie werden als hyperfluide Flüssigkeiten oder *Suprafluide* bezeichnet. Beispiele sind die Heliumisotope ^{3}He und ^{4}He, die nur bei Temperaturen in der Nähe des absoluten Nullpunkts ($-273,15\ °C$) existieren können. Suprafluide zeigen nicht nur keinerlei Viskosität, sie verfügen auch über andere Eigenschaften, wie etwa eine (fast) unendliche Wärmeleitfähigkeit sowie ein äußerst hohes Maß an innerer Ordnung (ihre Entropie beträgt 0). Beide Themen können jedoch im Rahmen dieses Buches nicht behandelt werden.

Die letzte der zu erörternden Eigenschaften ist die *Komprimierbarkeit* eines Fluids. Wird Druck auf eine nichtkomprimierbare Flüssigkeit ausgeübt, ändert sich ihr Volumen nicht. Eine nichtkomprimierbare Flüssigkeit hat eine konstante Dichte. Flüssigkeiten kommen der Nichtkomprimierbarkeit näher als Gase, da das Volumen von Gasen leicht verringert oder vergrößert werden kann.

Bei realen Fluiden spricht man häufig von zwei Strömungstypen: einer *laminaren* und einer *turbulenten* Strömung. Die Laminarströmung wird häufig auch als Stromlinienfluss bezeichnet. Sie tritt normalerweise auf, wenn ein Fluid sich mit einer geringen Geschwindigkeit bewegt (sowie mit einer hohen Viskosität und in einem kleineren Bereich). Befindet sich eine viskose Flüssigkeit in einer Laminarströmung, bewegt sich die Flüssigkeit in der Nähe der Gefäßwände der Röhre langsamer als im mittleren Teil der Flüssigkeit. Der Grund hierfür ist die unterschiedliche Reibung zwischen den Molekülen der Flüssigkeit und zwischen den Molekülen und dem rohr- oder schlauchförmigen Behälter, in dem sie fließt. Eine turbulente Strömung ist von einer laminaren sehr verschieden, da sie in keinem einheitlichen Muster erfolgt und ihre Geschwindigkeit häufig wechselt, ohne dass diese Änderungen vorhersagbar wären. Bei größeren Geschwindigkeiten (und einer geringeren Viskosität sowie einem größeren Strömungsbereich) neigen Fluide stärker zu turbulenten Strömungen.

Beide Strömungstypen lassen sich im Körper des Menschen beobachten. Der Fluss des Blutes folgt größtenteils dem laminaren Strömungstyp, besonders wenn die Flussgeschwindigkeit sehr gering ist, wie z. B. in den kleineren Arterien und Kapillaren. In einer Laminarströmung fließt das Blut in den größeren Venen, doch kommt es in ihnen auch zu turbulenten Strömungen, normalerweise wenn eine plötzliche Änderung des Blutdrucks zu einem plötzlichen Anstieg der Strömungsgeschwindigkeit führt. Einige Beispiele können dies verdeutlichen. Wenn sich der Herzmuskel zusammenzieht, kommt es zu einem plötzlichen Anstieg des Drucks, sodass das Blut eine der Herzklappen öffnet (sagen wir: die Aortaklappe). Dies hat zur Folge, dass das Blut schnell in den nächsten Bereich fließt (in diesem Fall: in die Aorta). Dieser plötzliche Blutstrom geht in die turbulente Form über. Er verursacht ein charakteristisches Geräusch, das mit einem Stethoskop abgehört werden kann. Eine ähnliche Situation tritt bei der Messung des Blutdrucks auf. Wenn der Luftdruck in der um den Arm gelegten Manschette bis auf einen kritischen Wert absinkt, kommt es zu einem plötzlichen Blutstrom durch die Arterie, der zu einer Turbulenz führt. Auch in diesem Fall kann mit dem Stethoskop ein Geräusch gehört werden.

Die Strömungsrate

Stellen Sie sich vor, ein Fluid fließt durch eine Röhre, einen Schlauch oder entlang eines Kanals. Die Strömungsrate Q des Fluids ist als das Volumen ΔV des Fluids definiert, das an einer bestimmten Stelle vorbeifließt, geteilt durch die Zeit Δt, die es dauert, bis diese Flüssigkeits- oder Gasmenge vorbeigeflossen ist. Man kann die Strömungsrate daher durch die folgende mathematische Gleichung darstellen:

$$Q = \Delta V / \Delta t \tag{6}$$

Dauert es beispielsweise fünf Minuten, um 60 Liter Benzin in den Tank Ihres PKWs zu pumpen, so beträgt die Strömungsrate 12 Liter pro Minute.

Wird diese Definition speziell auf eine Flüssigkeit (nicht auf ein Gas) angewendet, die sich durch eine Röhre, einen Schlauch oder einen Kanal bewegt, ist die Strömungsrate konstant, solange keine Flüssigkeit hinzugefügt oder entfernt wird. Dieses Ergebnis lässt sich beobachten, da eine Flüssigkeit (fast) nicht komprimiert werden kann: In einer bestimmten Zeiteinheit fließt eine bestimmte Menge Flüssigkeit durch die Röhre, den Schlauch oder den Kanal. Erinnern wir uns noch einmal an das Beispiel der Benzinpumpe: Das Benzin, das durch den Schlauch aus der Zapfsäule fließt, hat eine Strömungsrate von 12 l/min und der Tank füllt sich mit einer Geschwindigkeit von 12 Litern pro Minute. Wir kommen gleich noch einmal auf dieses Beispiel zurück.

Nun ist es jedoch so, dass die Strömungsrate noch auf eine andere Weise berechnet werden kann, indem man den Querschnitt A der Röhre, des Schlauches oder Kanals berücksichtigt und die Geschwindigkeit v, mit der das Fluid sich durch diesen Querschnitt des Behälters bewegt. Sie kann anhand der folgenden Formel berechnet werden:

$$Q = Av \tag{7}$$

Besonders bei einer Flüssigkeit (auch in diesem Fall, weil sie nicht komprimiert werden kann), deren Strömungsrate in der Röhre, dem Schlauch oder Kanal konstant ist, können wir Gleichung (7) verwenden, um zu ermitteln, was mit der durch eine Röhre strömenden Flüssigkeit geschieht, wenn sich der Querschnitt der Röhre ändert. Ändert sich der Querschnitt, muss sich die Geschwindigkeit so ändern, dass die Strömungsrate konstant bleibt, d.h., die Strömungsrate an zwei unterschiedlichen Stellen der Röhre, an den Stellen 1 und 2, muss identisch sein:

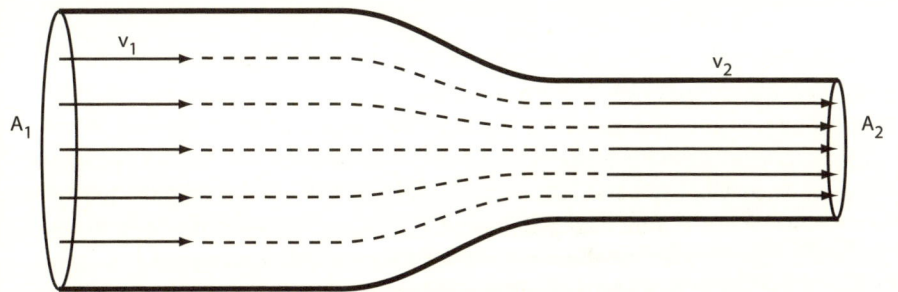

Strömung durch eine Röhre mit den verschiedenen Querschnittsbereichen A_1 und A_2. Die Flüssigkeit oder das Gas strömen im engeren Röhrenabschnitt schneller (Geschwindigkeit v_2) als im weiteren Abschnitt der Röhre (Geschwindigkeit v_1).

$Q_1 = Q_2$. Ändert sich daher der Querschnitt von A_1 zu A_2 muss sich die Geschwindigkeit von v_1 zu v_2 ändern, sodass gilt:

$$A_1 v_1 = A_2 v_2 \qquad (8)$$

Diese Gleichung wird häufig als *Strömungsgleichung* bezeichnet (Abb. 2.2). Sie besagt, dass sich die Geschwindigkeit des Fluids im größeren Abschnitt des Behälters verringern muss, wenn der Querschnitt der Röhre, des Schlauches oder Kanals größer wird.

Verwenden Sie beispielsweise einen Schlauch zum Gießen ihrer Blumen, dann können Sie das Schlauchende teilweise mit einem Daumen verschließen, wenn Sie die Blumen im hinteren Teil des Beetes bewässern möchten, da es Ihnen hierdurch gelingt, das Wasser weiter zu spritzen: Der kleinere Austrittsbereich führt zu einer größeren Geschwindigkeit. Die Strömungsgleichung ist auch anwendbar, wenn Sie einen Eimer mit Wasser füllen. Der Flüssigkeitspegel im Eimer hebt sich sehr viel langsamer als die Geschwindigkeit, mit der das Wasser aus dem Hahn kommt, da der Querschnitt des Eimers so viel größer ist. Hat ein mit Wasser gefüllter Eimer ein Loch, so ist die Geschwindigkeit, mit der das Wasser aus dem Loch fließt, sehr viel größer als die Geschwindigkeit, mit der sich der Wasserspiegel im Eimer senkt. Ein weiteres Beispiel ist ein Fluss, der an einer bestimmten Stelle mit einer bestimmten Geschwindigkeit fließt. Würde der Fluss an einer anderen Stelle seines Verlaufs enger, würde seine Strömungsgeschwindigkeit zunehmen. Wenn das Flussbett an noch einer anderen Stelle sehr viel breiter wäre, würde das Wasser an dieser Stelle sehr viel langsamer fließen.

Viskosität

Viskosität ist als die Reibung zwischen den Molekülen eines Fluids sowie zwischen den Molekülen und den Wänden der Röhre oder des Schlauches definiert, durch die oder den das Fluid strömt. Viskosität ist ein *interner Widerstand* in einem Fluid gegen die Fließbewegung. Fluide mit einer hohen Viskosität sind sehr zähflüssig. Je geringer seine Viskosität ist, umso leichter fließt ein Fluid. Gase haben eine wesentlich geringere Viskosität als Flüssigkeiten, sodass sie sehr leicht fließen. Öl und Fett sind Flüssigkeiten mit einer sehr hohen Viskosität. Sie werden jedoch als Schmiermittel verwendet, da sie die Eigenschaft haben, an ihrem jeweiligen Ort zu bleiben, z. B. zwischen zwei Metallstücken, sodass die Reibung zwischen ihnen reduziert wird.

Die Viskosität von Fluiden hängt von ihrer Temperatur ab. Wenn Sie Sirup im Kühlschrank aufbewahren, kann es sein, dass er nur sehr langsam aus seinem Behälter fließt, wenn Sie versuchen, ihn auf Ihre Pfannkuchen zu gießen. Wärmen Sie ihn in der Mikrowelle hingegen ein paar Sekunden lang auf, fließt er wesentlich leichter. Auch Motoröl hat diese Eigenschaft: Im Sommer wird Öl mit einer höheren Viskosität, im Winter dagegen mit einer geringeren verwendet. Mehrbereichsöle helfen, die Temperaturabhängigkeit der Viskosität zu verringern, und können daher das ganze Jahr über verwendet werden. Sie sind so zusammengesetzt, dass sie verschiedene Eigenschaften haben. Diese sorgen zum einen dafür, dass sie ihre Viskosität auch bei höheren Temperaturen bewahren (damit sie die Metallteile des Motors auch dann noch schmieren können), und zum anderen, dass sie bei niedrigeren Temperaturen nicht zu dickflüssig werden (was den Start des Motors erschweren würde).

Da die Viskosität der Fließwiderstand einer Flüssigkeit ist, muss auf eine viskose Flüssigkeit ein Druck oder eine Kraft einwirken, wenn sie fließen soll. Die Gravitationskraft kann eine viskose Flüssigkeit „bergab" ziehen, z. B. das Wasser in einem Bach oder Fluss. Auftriebskräfte können bewirken, dass Fluide, deren Dichte geringer ist als diejenige des Fluids, das sie umgibt, nach oben fließen, z. B. wenn wärmeres Wasser vom Boden eines Topfes nach oben steigt und sich mit kälterem Wasser mischt. (Man bezeichnet diesen Vorgang als Konvektion.) Wenn ein viskoses Fluid durch ein horizontales Rohr oder einen horizontalen Schlauch fließen soll, muss ständig Druck darauf ausgeübt werden. Fließt ein nichtviskoses Fluid durch ein horizontales Rohr oder einen horizontalen Schlauch, so muss nicht ständig ein Druck darauf angewendet werden. Wenn es sich einmal in Bewegung befindet, fließt oder strömt es weiter. Je größer der Druck ist, der auf ein viskoses Fluid einwirkt, umso stärker ist sein Fluss. Wird der Druck weggenommen, fließt das viskose Fluid nicht weiter.

Kehren wir noch einmal zum Begriff der Strömungsrate zurück und schauen wir uns an, welchen Einfluss die Viskosität darauf hat. Ein Modell zeigt, dass die Strömungsrate Q, mit der ein Fluid durch ein Rohr oder einen Schlauch fließt, von mehreren Faktoren abhängt: von der Druckdifferenz Δp entlang des Rohres, von seinem Radius r und seiner Länge l sowie von der Viskosität η des Fluids, das durch das Rohr strömt (siehe Abb. 2.3). Mathematisch lassen sich diese Zusammenhänge gemäß des Modells ausdrücken als:

$$Q = \pi r^4 \Delta p / 8 \eta L \tag{9}$$

Diese Gleichung wird als Gesetz von Hagen-Poiseuille bezeichnet. Wir können diesem Modell entnehmen, dass die Strömungsrate zunimmt, je größer der Druckunterschied entlang des Rohres ist. Die Strömungsrate ist außerdem umgekehrt proportional zur Viskosität η, sodass sie bei geringerer Viskosität zunimmt.

Ferner ist die Strömungsrate umgekehrt proportional zur Länge der Röhre, sodass sie bei einer längeren Röhre abnimmt, und umgekehrt. Denken Sie zum Beispiel an einen Hahn, aus dem das Wasser mit relativ großer Geschwindigkeit ausströmt. Wenn Sie einen sehr langen Gartenschlauch daran anschließen, wird die ausströmende Wassermenge abnehmen.

Das Gesetz von Hagen-Poiseuille zeigt auch, wie stark die Strömungsrate vom Radius der Röhre abhängt: Sie ist direkt proportional zu seiner vierten Potenz. Dies bedeutet, dass sich die Strömungsrate um den Faktor 16 erhöht, wenn sich der Radius verdoppelt ($2^4 = 16$). Selbst kleine Änderungen des Radius können daher große Änderungen der Strömungsrate zur Folge haben. So führt beispielsweise eine Vergrößerung des Radius um nur 10 % zu einer Zunahme der Strömungsrate um 46 %! Tabelle 2.1 zeigt Beispiele für die Abhängigkeit der Strömungsrate vom Radius eines Rohres. Wer mit Spritzen und Nadeln vertraut ist, weiß, dass es mit kleineren Nadeln immer schwerer wird, ein Medikament zu injizieren.

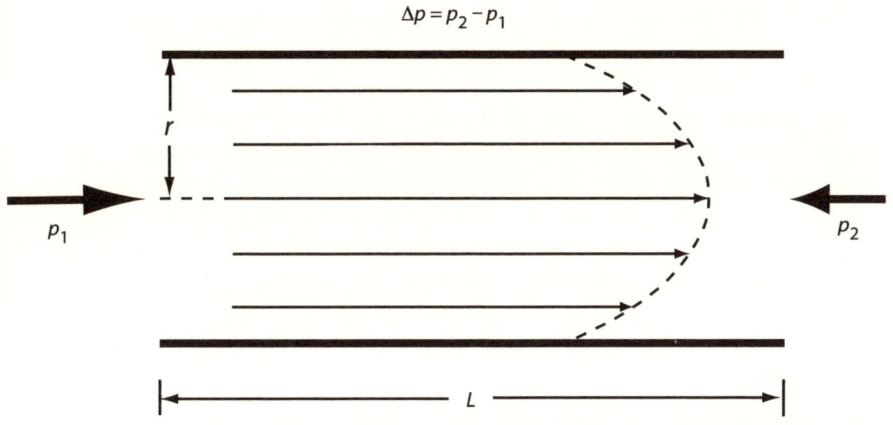

$$\Delta p = p_2 - p_1$$

p_1 \qquad p_2

L

Änderung des Radius in %	Multiplikationsfaktor für den Radius	Multiplikationsfaktor für die Strömungsrate	Änderung der Strömungsrate in %
+10	1,1	$(1,1)^4 = 1,46$	+46
+20	1,2	$(1,2)^4 = 2,07$	+107
−10	0,9	$(0,9)^4 = 0,66$	−34
−20	0,8	$(0,8)^4 = 0,41$	−59

Das Gesetz von Hagen-Poiseuille findet im Körper des Menschen vielfach Anwendung, und wir werden auf einige von ihnen im Folgenden noch genauer eingehen. Doch ich möchte zunächst ein Beispiel aus der Meteorologie anführen, bei dem dieses Gesetz zu einer qualitativen Beschreibung von Wind verwendet wird (obwohl er sich nicht durch eine Röhre bewegt). Die Druckdifferenz und die Länge im Gesetz von Hagen-Poiseuille können so kombiniert werden, dass wir das Gesetz umschreiben können:

$$Q = \pi r^4/8\eta \times \Delta p/L \qquad\qquad (10)$$

Der Ausdruck $\Delta p/L$ wird als Druckgradient bezeichnet. In dieser Darstellung des Gesetzes ist die Flussrate direkt proportional zum Druckgefälle. Vielleicht haben

Sie schon einmal gehört, dass Meteorologen dieses Wort verwenden. An einem sehr windigen Tag sprechen Meteorologen davon, dass ein großes Druckgefälle besteht. Wenn sich ein Hochdruckgebiet in einem bestimmten geographischen Bereich sehr nahe bei einem Tiefdruckgebiet befindet, ist das Druckgefälle zwischen ihnen relativ groß. Dies führt zu einer hohen Strömungsrate der Luft, was wiederum starke Winde zur Folge hat.

Anwendungen auf den Körper

Wir sind nun so weit, dass wir uns genauer ansehen können, wie sich das Wissen über Druck und Fluide auf den Körper des Menschen anwenden lässt. Der menschliche Körper ist sehr kompliziert, und nicht alle von uns betrachteten physikalischen Prinzipien lassen sich perfekt auf ihn anwenden. Dennoch ergibt sich in vielen Fällen eine hervorragende Übereinstimmung mit den Theorien und Gleichungen, die wir besprochen haben. Wir werden uns zunächst dem Blutkreislauf und dem Blutdruck zuwenden und uns dabei die Funktion des Herzens und den Blutstrom genauer ansehen. Als speziellere Anwendung betrachten wir die Injektion eines Medikaments in den Blutstrom. Anschließend gehen wir auf andere Teile des Körpers ein, in denen Druck eine wichtige Rolle spielt, wie z. B. die Lungen, das Auge, die Blase, die Knochen sowie eine Reihe von weiteren Beispielen.

Blutkreislauf und Blutdruck

Wenn wir an den Blutkreislauf denken, denken wir normalerweise an das Herz, die Arterien, die Venen und die Bewegung des Blutes durch den Körper. Der Blutkreislauf besteht aus zwei Hauptteilen: dem *Körper-* und dem *Lungenkreislauf*. Der Körperkreislauf ist das primäre Transportsystem des Blutes zu den meisten Teilen des Körpers, während der Lungenkreislauf dazu dient, das Blut mit Sauerstoff anzureichern. In beiden Fällen fließt das Blut vom Herzen durch Arterien, Kapillaren und Venen und anschließend zurück zum Herzen.

Für den größten Teil der folgenden Darstellung kann das Kreislaufsystem als ein geschlossenes System von Schläuchen und Röhren betrachtet werden. Diese Betrachtungsweise trifft nicht ganz zu, weil es einen ständigen Austausch von Flüssigkeiten und Gasen zwischen dem Körper, einschließlich seines Kreislaufsystems, und seiner Umgebung gibt. Außerdem sind Arterien und Venen elastisch, sodass Änderungen ihrer Form den Blutstrom zeitweilig beeinflussen können. Die von uns vorher betrachteten physikalischen Theorien sind in kürzeren Zeiträumen, oder wenn die Durchschnittswerte für längere Zeiträume zugrunde gelegt werden, jedoch durchaus anwendbar. Die Vorstellung eines geschlossenen Systems impliziert, dass die Flussrate des Blutes durch den Körper konstant ist. Das Herz liefert den Anfangsdruck und bewegt das Blut, wie eine Pumpe, durch das System.

Da Blut eine viskose Flüssigkeit ist, bedarf es eines ständigen Druckabfalls entlang des Kreislaufsystems, damit es fließen kann. Mit anderen Worten: Entlang des gesamten Weges, den das Blut durch den Körper nimmt, wird eine ständige Druckdifferenz aufrechterhalten. Im Körperkreislauf verlässt das Blut das Herz, fließt durch die Aorta, von dort in die größeren Arterien, durch kleine, als Arteriolen bezeichnete Arterien und schließlich in die Kapillaren. Auf seinem Rückweg zum Herzen fließt das Blut von den Kapillaren durch kleinere, als Venolen bezeichnete Venen, dann durch die größeren Venen und schließlich durch die *vena cava* oder Hohlvene, bevor es wieder das Herz erreicht. Entlang dieses Weges ist der Druck in der Aorta am größten, in der Hohlvene am niedrigsten.

Nach dem Gesetz von Hagen-Poseuille ist die Strömungsrate eines Fluids umgekehrt proportional zur Länge des Rohres. Der Weg, den das Blutes durch den Körperkreislauf zurücklegen muss, ist länger, da er ein wesentlich größeres System ist. Der Lungenkreislauf ist kürzer, da das Blut hier nur vom Herzen zur Lunge und wieder zurück fließen muss. Daher bietet der längere Körperkreislauf dem Blutstrom einen größeren Widerstand, weshalb in diesem Fall ein höherer Anfangsdruck aufrechterhalten werden muss. Dieser Druck liegt im Bereich von 80 bis 120 mm Hg. Der Lungenkreislauf bietet einen geringeren Widerstand, sodass der Anfangsdruck, der hier auftrechterhalten werden muss, niedriger ist. Er liegt im Bereich von 10 bis 25 mm Hg.

Wenn Sie Ihre Finger unterhalb des Daumens auf ein Handgelenk oder an den Hals legen, können Sie Ihren Pulsschlag fühlen, wenn Sie mit den Fingern in der Nähe einer größeren Arterie drücken. Sie können den Pulsschlag fühlen, da es beim Schlagen des Herzens zu einer kleinen Druckänderung kommt, die aufgrund einer geringfügigen Erweiterung und anschließenden Kontraktion der Arterienwand spürbar ist. Ein ähnliches Beispiel lässt sich beobachten, wenn Sie Ihre Hand auf einen Luftballon legen, während jemand anderes ihn abwechselnd drückt und wieder loslässt: Sie spüren dann, dass sich der Ballon etwas ausdehnt und anschließend wieder zusammenzieht. Der Pulsschlag ist ein Beispiel für das Prinzip von Pascal. Wenn Sie zählen, wie viele Pulsschläge in einer bestimmten Zeitspanne erfolgen, können Sie Ihre Pulsrate ermitteln. Ihre Pulsrate steigt bei körperlicher Anstrengung und fällt im Ruhezustand wieder ab.

Wenn Sie einen Arzt aufsuchen, misst er oder sie häufig Ihren Blutdruck. Der Druck wird als ein Zahlenpaar angegeben, wobei der höhere Wert zuerst genannt wird. Ein Beispiel wäre „120 zu 80", geschrieben als 120/80. Die Einheiten der Werte sind Millimeter Quecksilbersäule (mm Hg). Die Druckwerte entsprechen keinen absoluten, sondern von einem Messgerät ermittelten Werten, weil das verwendete Gerät (ein Blutdruckmessgerät) über eine Anzeige verfügt, die den normalen Atmosphärendruck mit dem Wert null angibt. Zu beachten ist ferner, dass diese Werte den Druck in einer Hauptarterie des Körperkreislaufs messen, an einer Stelle des Arms, die sich in etwa auf der Höhe des Herzens befindet. Die für den Lungenkreislauf typischen Druckwerte liegen zwischen 10 und 25 mm Hg, geschrieben als 25/10, was nur einem Bruchteil des Drucks im Körperkreislauf entspricht.

Der höhere Druckwert tritt auf, wenn sich der Herzmuskel zusammenzieht. Denken wir noch einmal an das Boyle'sche Gesetz, obwohl wir es in diesem Fall statt auf ein Gas auf eine Flüssigkeit anwenden. (Dies ist eigentlich nicht ganz angemessen, da das Boyle'sche Gesetz für Gase aufgestellt wurde. Doch kann es dazu dienen, den prinzipiellen Zusammenhang zu veranschaulichen.) Wenn sich das Herz zusammenzieht, verringert sich sein Volumen. Diese Abnahme des Volumens führt zu einer Erhöhung des Drucks. Der größere Druckwert wird als *systolischer Druck* bezeichnet. Der Ausdruck „systolisch" leitet sich von dem griechischen Ursprungswort *systole* ab, das die Bedeutung „Zusammenziehung" oder „Kontraktion" hat.[1] Der systolische Druck ist der Blutdruck zum Zeitpunkt der Kontraktion des Herzens.

Der niedrigere Wert entspricht dem Druck bei entspanntem Herzen. Zu diesem Zeitpunkt ist das Herzvolumen leicht vergrößert, was einen Abfall des Blutdrucks zur Folge hat. Der niedrigere Wert wird als *diastolischer Druck* bezeichnet. Der Ausdruck „diastolisch" leitet sich von dem griechischen Ursprungswort *diastole* ab, das die Bedeutung „Ausdehnung" hat.[2] Der diastolische Druck ist der Blutdruck zum Zeitpunkt der Entspannung des Herzens. Ich habe zwar das Boyle'sche Gesetz verwendet, um die Änderung des Blutdrucks zu erklären, doch eigentlich ist es auf Flüssigkeiten nicht anwendbar. Eine alternative Möglichkeit, diese Zusammenhänge zu betrachten, besteht darin, Pascals Prinzip darauf anzuwenden. Man kann die Kontraktion des Herzens als Anwendung eines externen Drucks auf das geschlossene Blutkreislaufsystem ansehen. Dieser zusätzliche Druck wird durch das gesamte Blut verteilt. Er erzwingt die Öffnung und Schließung von Klappen in den Gefäßen, was dazu führt, dass Blut fließt oder dass sein Fluss angehalten wird. Mit der Entspannung des Herzens fällt der äußere Druck weg, und der Blutdruck fällt drastisch ab.

Wie ich bereits erwähnt habe, pumpt das Herz das Blut sowohl durch den Körper- als auch durch den Lungenkreislauf. Das Herz umfasst vier verschiedene Binnenräume: die linke Kammer, die rechte Kammer, den linken Vorhof und den rechten Vorhof. Das Blut fließt aus der linken Kammer durch die Aorta in den Körperkreislauf und kehrt zum rechten Vorhof zurück. Anschließend fließt es in die rechte Kammer, über die Lungenarterie in die Lunge und kehrt dann über die Lungenvene zum linken Vorhof zurück. Das Blut verlässt nun den linken Vorhof und strömt in die linker Kammer. Damit hat es die Reise durch beide Kreisläufe beendet und tritt sie nun erneut an. Eine Übersichtszeichnung des Herzens, die den Blutstrom durch seine verschiedenen Kammern zeigt, finden Sie in Abbildung 2.4.

Der Blutstrom durch das Herz wird durch die Druckänderungen gesteuert, die aus der Kontraktion und anschließenden Entspannung des Herzmuskels resultieren. Das Blut fließt durch vier „Einwegventile" in die bzw. aus den beiden Vorhöfen und Kammern. Zwei dieser als Klappen bezeichneten Ventile trennen die Vorhöfe von ihren Kammern. Sie werden als *atrioventrikuläre Klappen* bezeichnet. Die rechte atrioventrikuläre Klappe ist die *Trikuspidalklappe*, die linke die *Mitralklappe*. Bei entspanntem Herzen hängen die Segel dieser Klappen lose in einem geöffneten Zustand, sodass das Blut aus den Vorhöfen in die beiden Kammern fließen kann. Wenn die Kammern sich zusammenziehen, wird das Blut durch den erhöhten Druck gegen diese Segel geschoben, wodurch sich die beiden atrioventrikulären Klappen schließen.

Die beiden anderen Klappen, die als Taschenklappen (auch *Semilunarklappen*) bezeichnet werden, sind die *Aortenklappe* und die *Pulmonalklappe*. Diese beiden

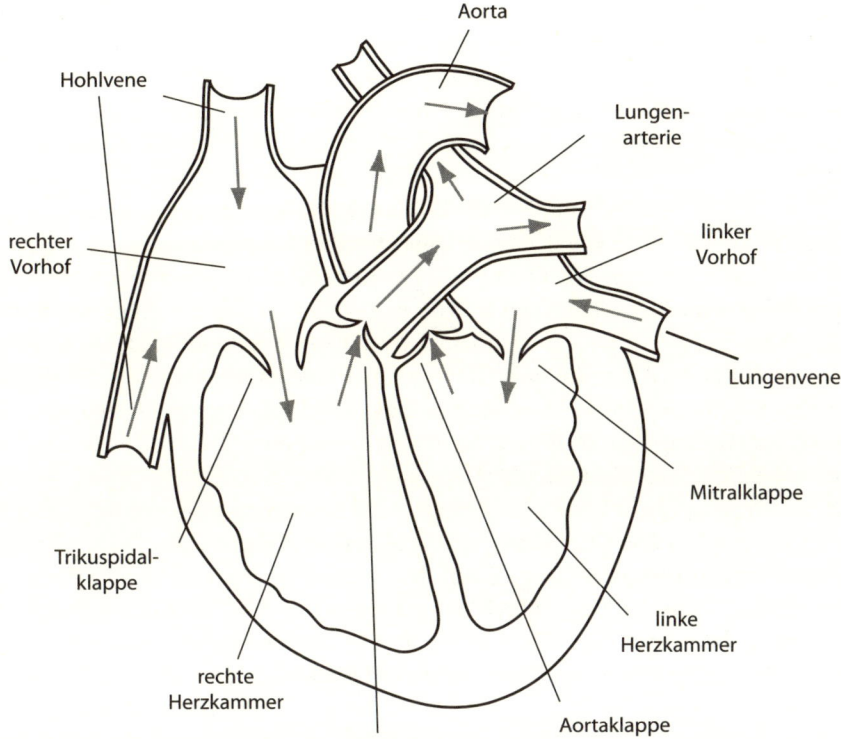

Aorta

Hohlvene

Lungen-
arterie

rechter
Vorhof

linker
Vorhof

Lungenvene

Mitralklappe

Trikuspidal-
klappe

linke
Herzkammer

rechte
Herzkammer

Aortaklappe

Lungenklappe

◄ Abb. 2.4

Das Herz und sein Blutfluss. Sauerstoffarmes Blut fließt in den rechten Vorhof und von dort durch die Trikuspidalklappe in die rechte Herzkammer. Während sich der Herzmuskel zusammenzieht, strömt Blut durch die Lungenklappe in die Lungenarterie und zu den Lungen. Sauerstoffreiches Blut fließt von den Lungen durch die Lungenvene in den linken Vorhof und anschließend durch die Mitralklappe in die linke Herzkammer. Mit der nächsten Kontraktion des Herzens fließt Blut durch die Aortaklappe in die Aorta und damit in den Körperkreislauf.

Klappen sind im entspannten Zustand des Herzens geschlossen. Wenn sich die Herzkammern zusammenziehen, steigt der Druck in den Kammern über den Druck in der Aorta und der Lungenarterie, sodass sich die beiden Klappen öffnen und das Blut in die Aorta und die Lungenarterie strömen kann. Wenn der Herzmuskel wieder erschlafft, sinkt der Druck in den Herzkammern sehr schnell auf null. Daher kann das Blut in den beiden Arterien zurückfließen, wodurch sich beide Klappen schließen.

Abbildung 2.5 zeigt eine grafische Darstellung des Blutdrucks in der Aorta als Funktion der Zeit über mehrere Zyklen der Kontraktion und Entspannung des Herzens. Der systolische Druck entspricht dem höchsten und der diastolische Druck dem niedrigsten Wert. Zu einem geringfügigen Druckanstieg nach dem Erreichen des systolischen Drucks kommt es, wenn sich die Aortaklappe schließt. (Dieser Punkt des Diagramms wird als dikrotische Kerbe bezeichnet.)

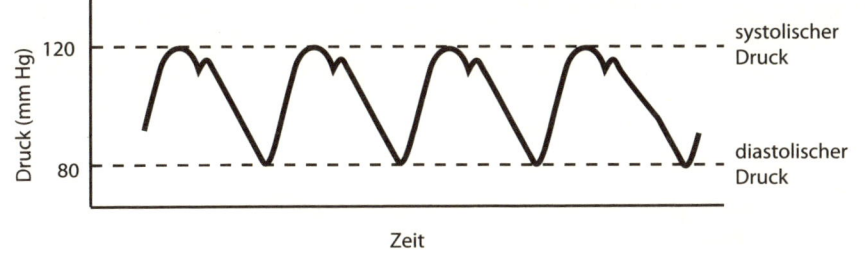

systolischer
Druck

diastolischer
Druck

Zeit

◄ Abb. 2.5

Blutdruck in der Aorta als Funktion der Zeit über mehrere Zyklen der Kontraktion und Entspannung des Herzens.

Die vertrauten Doppelschlagtöne des Herzens entsprechen dem Schließen der Herzklappen. Der erste Herzton ist zu Beginn des schnellen Anstiegs bis zum systolischen Druck hörbar, wenn sich die beiden atrioventrikulären Klappen schließen. Der zweite Herzton ist hörbar, wenn sich der Herzmuskel wieder entspannt, wodurch sich die beiden Taschenklappen (die Aorten- und die Pulmonalklappe) schließen.

Das Herz ist so aufgebaut, dass für beide Kreisläufe der richtige Druck erzeugt werden kann. Die linke Herzkammer liefert für den Körperkreislauf einen Druck von annähernd 120 mm Hg. Dieser Wert kann bei Patienten mit erhöhtem Blutdruck höher sein. Die rechte Herzkammer erzeugt den Druck für den Lungenkreislauf, der bis zu 25 mm Hg betragen kann. Da für den Körperkreislauf ein höherer Druck benötigt wird, hat die linke Herzkammer eine andere Form als die rechte. Der Querschnitt der linken Herzkammer ist kreisförmig. Dies ist wichtig, da eine runde Form für die gleichmäßigere Verteilung des höheren Drucks ideal ist. Außerdem verfügt die linke Kammer des Herzmuskels über eine dickere Wand, die den höheren Druck aushalten und sich stärker zusammenziehen kann, um den höheren Druck zu erzeugen. Der Querschnitt der rechten Herzkammer ist nicht kreisförmig, sondern hat eine eher sichelartige Form. Die Muskelwand der rechten Kammer ist weniger dick, sodass im Lungenkreislauf nur ein geringerer Druck erzeugt wird.

Entlang des Weges, den das Blut durch den Körper nimmt, muss der Druck ständig abfallen. Im Körperkreislauf sinkt der Druck von der Aorta über die Arterien, bis das Blut die Kapillaren erreicht, in denen der Druck etwa 20 bis 30 mm Hg beträgt. Das Blut fließt von dort weiter durch die Venen zur Hohlvene, in der der Druck fast bis auf 0 mm Hg abfällt. Abbildung 2.6 zeigt eine grafische Darstellung des Blutdrucks an verschiedenen Stellen des Körperkreislaufs. Der gemessene Blutdruck kann je nach der Körperstellung eines Menschen recht starken

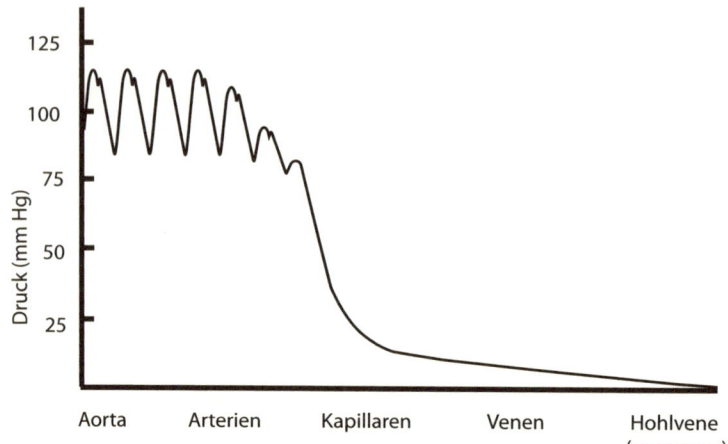

Abb. 2.6 ▲

Typische Blutdruckwerte an verschiedenen Stellen entlang des Körperkreislaufs.

Schwankungen unterliegen, da der Druck in einer Flüssigkeit durch ihr Gewicht verursacht sein kann (vgl. Gleichung (1): $p = \rho g h$).

So kann beispielsweise bei einer stehenden Person der Blutdruck am Fußgelenk wesentlich größer und der Blutdruck im Kopf kleiner als in der Aorta sein (Abb. 2.7). Beträgt der Abstand vom Herzen zum Fußgelenk beispielsweise 1,2 m, so ist der Blutdruck um fast 100 mm Hg höher:

$$p = \rho g h = (1050 \ \text{kg/m}^3)(9,8 \ \text{m/s}^2)(1,2 \ \text{m}) = 12,300 \ \text{Pa} = 93 \ \text{mm Hg}$$

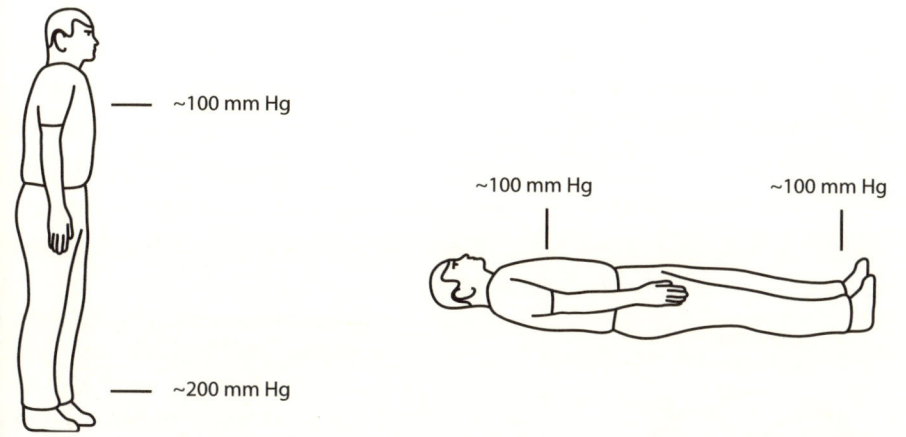

Abb. 2.7

Abhängigkeit des Blutdrucks in den großen Arterien von der Körperstellung einer Person. Im Stehen ist ein Teil des Blutdrucks an den Fußgelenken auf das Gewicht des Blutes zurückzuführen, weshalb er sehr hoch sein kann. Legt sich die Person hin, entfällt dieser zusätzliche Druck.

Diese Erhöhung des Blutdrucks kann zu einer Schwellung in den Fußgelenken und Füßen führen, wenn die Person für einen längeren Zeitraum steht. Wenn sie die Füße hochlegt, fällt der zusätzliche Druck fort und die Schwellung geht zurück.

Der Blutdruck wird normalerweise mit Hilfe eines speziellen Blutdruckmessgeräts ermittelt. Hierbei handelt es sich um eine aufblasbare Manschette, die auf der Höhe des Herzens um den Oberarm gelegt wird. Auf diese Weise werden Änderungen aufgrund des vertikalen Abstands auf ein Minimum reduziert. Doch wie wird der Blutdruck eigentlich gemessen? Die Manschette wird aufgeblasen, bis der Druck groß genug ist, um den Blutstrom im Arm (in der Arterie des Oberarms) abzuklemmen. Dieser Druck ist höher als der systolische Druck. Der Arzt oder das Pflegepersonal senkt daraufhin langsam den Druck in der Manschette, während er oder sie mit einem auf die Innenbeuge des Ellbogens gelegten Stethoskop den Blutstrom abhört. Sinkt der Wert unter den systolischen Druck, beginnt das Blut wieder durch die Arterie zu fließen, obwohl der Querschnitt der Arterie noch recht klein ist. Aus der Gleichung für die Strömungsrate (8) folgt, dass das Blut mit ziemlich hoher Geschwindigkeit fließt. Dies führt zu einer turbulenten Strömung, die ein erkennbares Geräusch erzeugt.

Wenn der durch die Manschette ausgeübte Druck weiter abfällt, wird der Querschnitt der Arterie größer, sodass der Blutfluss sich verlangsamt, bis er laminar wird. Das Strömungsgeräusch ist dann nicht mehr hörbar. Der Druck, bei dem dieser Fall eintritt, ist der diastolische Druck. Die Manschette ist eine nicht-invasive Methode der Blutdruckmessung. Invasive Methoden können zwar auch verwendet werden, sie erfordern jedoch, dass mit einer Nadel oder Kanüle direkt in eine Arterie gestochen wird.

Die Fließgeschwindigkeit des Blutes

Da das Kreislaufsystem ein geschlossenes System ist, sollte die Strömungsrate des Blutes im gesamten System konstant sein. Diese Annahme spielt eine wichtige Rolle, da sich die Fließgeschwindigkeit des Blutes mit dem Querschnittsbereich des Kreislaufsystems in den verschiedenen Abschnitten ebenfalls verändert.

Der Querschnittsbereich der Aorta beträgt bei einem Erwachsenen normalerweise etwa 3 cm², und da die Fließgeschwindigkeit des Blutes in der Aorta ungefähr 30 cm/s entspricht, ergibt sich eine Strömungsrate von 90 cm³/s. Nach der Strömungsgleichung (8) oder

$$A_1 v_1 = A_2 v_2$$

nimmt die Strömungsgeschwindigkeit ab, wenn sich der Querschnittsbereich vergrößert. Genau dasselbe geschieht entlang des Blutkreislaufs.

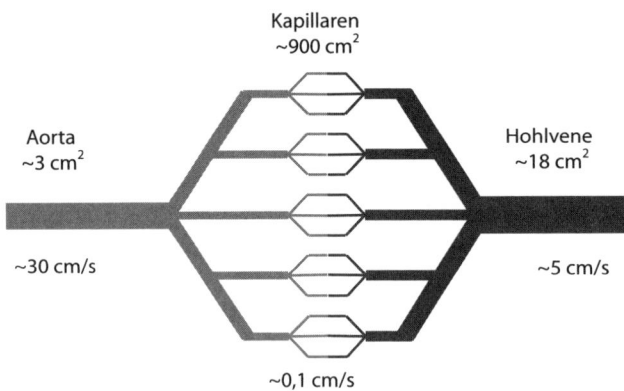

Der Gesamtquerschnitt der Arterien nimmt im Vergleich zur Aorta zu, und der Gesamtquerschnitt der Kapillaren ist noch größer. Obwohl eine einzelne Kapillare nur einen winzigen Durchmesser hat, gibt es so viele von ihnen (viele Milliarden), dass der Gesamtquerschnitt sehr groß ist (Abb. 2.8). Die Fließgeschwindigkeit des Blutes in den Kapillaren ist so gering, weil der Gesamtquerschnittsbereich der Kapillaren so groß ist. Diese geringe Geschwindigkeit ist sehr wichtig, da in den Kapillaren der Gasaustausch zwischen dem Blut und dem Gewebe stattfindet, durch das es fließt.

Während das Blut von den Kapillaren in die Venen und schließlich in die Hohlvene fließt, nimmt der Gesamtquerschnitt der Blutgefäße ab, wodurch sich die Fließgeschwindigkeit des Blutes wieder erhöht.

Tabelle 2.2 enthält eine Übersicht über den Gesamtquerschnittsbereich, die Blutgeschwindigkeit und die Strömungsrate an verschiedenen Stellen des Blutkreislaufs. Die Tabelle vergleicht theoretische Werte, um zu veranschaulichen, wie sich die Fließgeschwindigkeit des Blutes ändert. In Wirklichkeit kommt es an verschiedenen Stellen des Blutkreislaufs zu einigen Änderungen, da die Blutgefäße elastisch sind. Die Ergebnisse sind jedoch in qualitativer Hinsicht korrekt und können mit Hilfe dieses grundlegenden physikalischen Prinzips erklärt werden.

Abb. 2.8

Abhängigkeit der Blutgeschwindigkeit vom Gesamtquerschnitt der Blutgefäße. Die Fließgeschwindigkeit ist in der Aorta und der Hohlvene größer als in den Kapillaren, da deren Gesamtquerschnittsbereich so viel größer ist.

Beispiel der intravenösen Injektion eines Medikaments

Im folgenden Beispiel werden verschiedene Theorien, mit denen wir uns in diesem Kapitel beschäftigt haben, zusammengefasst. Das zu lösende Problem lautet: In welcher Höhe muss ein Beutel mit einem Medikament aufgehängt werden, damit es einem Patienten in einem bestimmten Zeitraum durch eine intravenöse Kanüle verabreicht werden kann? Abbildung 2.9 veranschaulicht dieses Beispiel. Das Medikament gelangt durch eine in eine Vene eingestochene Nadel in den Blutstrom. (Normalerweise wird eine Injektionsnadel in der Ellenbeuge, auf der Oberseite des Handgelenks oder oben auf der Hand in eine Vene gestochen.) Man verwendet eine Vene, weil der Blutdruck darin relativ gering ist: etwa 10 bis 20 mm Hg. Würde eine Arterie angestochen, so wäre der Druck so groß, dass das Blut buchstäblich herausspritzen würde. Man müsste dann für längere Zeit einen äußeren Druck anwenden, um die Blutung zu stoppen.

Das Medikament liegt normalerweise in flüssiger Form vor und befindet sich in einem Plastikbeutel, und wir nehmen an, dass es ein Volumen von 500 cm³ hat. Der Beutel wird an einem Ständer oder Stab in einer bestimmten Höhe über der Nadel aufgehängt. Der Beutel ist mit der Nadel durch einen Plastikschlauch verbunden.

Nehmen wir an, eine Nadel der Standardgröße 20 (mit einem Innendurchmesser von etwa 0,6 mm) mit einer Länge von 5 cm wird verwendet und wir wollen das Medikament in 30 Minuten verabreicht haben. In welcher Höhe muss der Beutel hierfür aufgehängt werden? Wir berechnen zuerst die Strömungsrate:

$$Q = \Delta V/\Delta t = 500 \text{ cm}^3/30 \text{ min} = 0{,}278 \text{ cm}^3/\text{s}$$

Als Nächstes verwenden wir das Gesetz von Hagen-Poseuille, um die Druckdifferenz entlang der Nadel zu berechnen. Bei dieser Problemstellung ist die Nadel derjenige Faktor, der die Strömungsrate begrenzt. Mit anderen Worten: Verglichen mit dem Durchmesser des Schlauches zwischen Beutel und Nadel ist die Nadel so klein, dass die Strömungsrate des Medikamentes nicht durch den Schlauch, sondern allein durch die Nadel begrenzt wird. Wenn wir das Gesetz von Hagen-Poseuille nach Δp auflösen, erhalten wir folgende Gleichung:

$$\Delta p = 8\eta LQ/\pi r^4$$

Setzen wir nun in diese Gleichung die Werte für die Länge und den Radius der Nadel sowie den Wert für Q ein und verwenden wir für die Viskosität des Medikaments einen dem des Wassers ähnlichen Wert (0,001 Pascalsekunde), so ergibt sich für Δp = 4400 Pa = 33 mm Hg.

Abschnitt	Gesamtquerschnitt	Geschwindigkeit des Blutes	Strömungsrate
Aorta	3 cm²	30 cm/s	90 cm³/s
Arterien	100 cm²	0,9 cm/s	90 cm³/s
Kapillaren	900 cm²	0,1 cm/s	90 cm³/s
Venen	200 cm²	0,45 cm/s	90 cm³/s
Hohlvene	18 cm²	5 cm/s	90 cm³/s

◄ **Tab. 2.2**

Vergleich des Blutstroms an den verschiedenen Stellen des Körperkreislaufs

Wenn der Druck in der Vene 20 mm Hg beträgt, muss der Druck an der Öffnung der Nadel 33 mm Hg höher sein, d. h. 53 mm Hg. Dieser Druck wird erreicht, indem man den Beutel in einer bestimmten Höhe über der Nadel aufhängt, die durch die Gleichung

$$h = p/\rho g$$

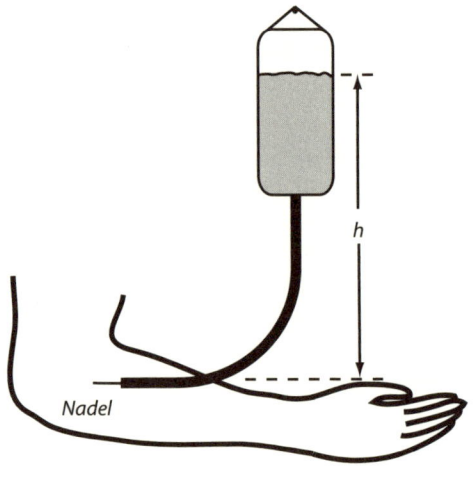

Nadel

angegeben wird. Für eine intravenös verabreichte Flüssigkeit mit einer dem Wasser ähnlichen Dichte (1 g/cm³ = 1000 kg/m³) beträgt die errechnete Höhe etwa 0,7 bis 0,8 m über dem Arm. Dieser Wert entspricht der normalerweise für Infusionen verwendeten Höhe. Oft wird der Beutel mit dem Medikament noch höher aufgehängt, und zur Steuerung der Strömungsrate, mit der das Medikament verabreicht wird, wird eine Rollklemme verwendet.

Es gibt mehrere Abwandlungen dieses Problems, die man noch betrachten könnte. Eine entstünde zum Beispiel dadurch, dass man statt eines Medikaments eine Bluttransfusion verabreichte. Blut hat eine etwas größere Dichte als Wasser und eine höhere Viskosität. Außerdem könnte man unterschiedliche Nadelgrößen oder Strömungsraten betrachten. Eine weitere Variation des Grundproblems sind Fälle, in denen die Verabreichung des Medikaments oder die Transfusion sehr schnell erfolgen müssen. In einer solchen Situation sollte die Strömungsrate wesentlich größer sein. Hierzu ist es erforderlich, dass der Druckunterschied entlang der Nadel ebenfalls deutlich größer ist. Eine praktische Lösung dieses Problems bestünde darin, dass man zur Erhöhung des Drucks (unter Anwendung von Pascals Prinzip) den Beutel zusammendrückt.

Das Beispiel der Herzkranzgefäße

Das Gesetz von Hagen-Poiseuille lässt sich auch auf Verengungen der Herzkranzgefäße anwenden. Die Herzkranzgefäße versorgen den Herzmuskel mit Blut, damit er normal arbeiten kann. Wenn die Herzkranzgefäße verengt oder verstopft sind, kann das Blut nicht normal zum Herzen fließen. Das Herz wird in diesem Fall nicht ausreichend mit Nährstoffen versorgt und der Gasaustausch kann nicht im erforderlichen Umfang stattfinden. Ein Herzinfarkt kann die Folge sein. Die Verengung der Arterien kommt durch die Ablagerung von Cholesterin auf ihren Innenoberflächen zustande. Über einen längeren Zeitraum können diese Ablagerungen zu einer hochgradigen Blockierung führen, wie in Abbildung 2.10 dargestellt ist.

Erinnern wir uns daran, dass nach dem Gesetz von Hagen-Poiseuille der Durchmesser eines Rohres derjenige Parameter ist, von dem die Strömungsrate am stärksten abhängt. Wenn sich die Herzkranzgefäße nur um einen geringen Betrag verengen würden, sagen wir um 10 % ihres Radius, so würde sich die Strömungsrate um mehr als 30 % verringern (siehe Tabelle 2.1). Um diese Verringerung der Flussrate auszugleichen, muss der Druckunterschied entlang der Arterien erhöht werden. Diese Zunahme des Druckes ist eine der Ursachen für hohen Blutdruck.

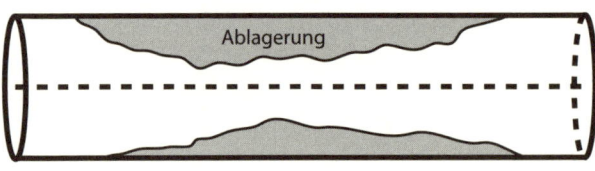

Ablagerung

Es gibt mehrere medizinische Verfahren, mit denen sich die Blutzufuhr zum Herzmuskel wiederherstellen lässt. Eines dieser Verfahren ist die Bypass-Operation. Hierbei wird ein größerer Venenabschnitt aus einem anderen Teil des Körpers, normalerweise aus einem Bein, mit dem blockierten Herzkranzgefäß so verbunden, dass der Blutstrom den blockierten Abschnitt der Arterie umgehen kann. Dieses Verfahren wird seit Jahrzehnten durchgeführt und wird auch heute noch verwendet.

Ein weiteres Verfahren, das sehr häufig eingesetzt wird, ist die Ballonangioplastie. Bei diesem Verfahren wird ein längerer Schlauch (ein Katheter) in das Herzkranzgefäß eingeführt und ein Ballon aufgeblasen, der das Cholesterin gegen die Arterienwand drückt. Häufig wird auch ein sogenannter Stent aus Metall, der helfen soll, sie nach der Aufweitung offen zu halten, in der Arterie zurückgelassen. Es handelt sich dabei um ein kleines, maschendrahtähnliches Metallgitter, das seine Form ändert, wenn der Ballon aufgeblasen wird.

Um die Ablösung des auf den Innenoberflächen der Herzarterien bereits abgelagerten Cholesterins zu unterstützen und den Cholesterinspiegel im Blut zu senken, wodurch einer Verengung der Herzarterien vorgebeugt werden soll, können Medikamente eingesetzt werden. Bei einigen Medikamenten, den sogenannten Blutverdünnungsmitteln, könnte man annehmen, dass sie die Viskosität des Blutes verringern, was nach dem Gesetz von Hagen-Poseuille eine Zunahme der Strömungsrate erwarten lässt. Blutverdünner ändern jedoch die Viskosität des Blutes nicht. Sie dienen lediglich dazu, eine Gerinnung des Blutes zu verhindern, und verändern somit nicht die Strömungseigenschaften des Blutes.

Es gibt noch viele weitere Themen im Zusammenhang mit dem Blutdruck und dem Blutstrom durch den Körper, die wir genauer betrachten könnten, doch nun wollen wir uns einigen anderen Beispielen und damit Organen zuwenden, bei denen Druck ebenfalls eine Rolle spielt.

Druck in anderen Organen des Körpers

Die Lungen, das Auge, das Gehirn, die Blase und die Knochen sind Organe und Teile des Körpers, für die Druck eine wichtige Rolle spielt. Um normal funktionieren zu können, muss in ihnen ein bestimmter Druck herrschen. Von der Norm abweichende Druckverhältnisse können Probleme zur Folge haben, die möglicherweise eine medizinische Abhilfe erforderlich machen.

Die Lunge

Während der Atmung gelangt Luft in die Lungenflügel (*Einatmung*) und verlässt sie dann wieder (*Ausatmung*). Da die Luft ein Fluid ist, muss ein Druckunterschied bestehen, damit Luft in die Lunge strömen bzw. sie wieder verlassen kann. Bei der Einatmung muss der Druck in der Lunge unter den atmosphärischen Druck sinken, damit die Luft der Umgebung in die Lunge strömt. Bei der Ausatmung muss der Druck in der Lunge größer sein als der atmosphärische Druck, sodass die Luft aus der Lunge strömt. Damit sich der Druck in der Lunge ändern kann, muss sich das Volumen der Lunge ändern.

Das physikalische Grundprinzip, das hier zur Anwendung kommt, ist das Boyle'sche Gesetz (pV = konstant). Dieses Gesetz besagt, dass der Druck und das Volumen eines Gases in einem umgekehrt proportionalen Verhältnis zueinander stehen, solange die Temperatur und die Menge des Gases konstant bleiben. Wenn das Volumen eines eingeschlossenen Gases zunimmt, nimmt sein Druck ab. Nimmt hingegen sein Volumen ab, so steigt sein Druck.

Damit der Druck in der Lunge zu- oder abnehmen kann, muss sich das Volumen der Lunge oder, genauer gesagt, des Brustraums ändern. Zur Änderung des Volumens müssen Muskeln der Leibeshöhle Strukturen bewegen, die die Lunge umgeben. Zu diesen Muskeln gehört auch das Zwerchfell, ein großer kuppelförmiger Muskel, der mit dem unteren Rand der Brustraums verbunden ist. Andere Muskeln können die Stellung der Rippen und des Brustbeins so ändern, dass sich das Volumen des Brustkorbs dadurch ändert.

Bei der normalen Einatmung bewegt sich das Zwerchfell nach unten und flacht sich dabei ab, sodass das Volumen des Brustraums zunimmt. Andere Muskeln, deren Kontraktion zu einer Erweiterung des Brustkorbes führt, sind ebenfalls daran beteiligt. Durch diese Zunahme des Volumens sinkt der Druck in der Lunge auf etwa 4 mm Hg unterhalb des Atmosphärendrucks. Wenn die Luftröhre offen ist, strömt Luft in die Lunge, bis der Atmosphärendruck erreicht ist. Ist dies der Fall, ist die Einatmung beendet. An einer tiefen oder forcierten Einatmung nach körperlicher Anstrengung oder bei Personen mit einer obstruktiven Atemwegserkrankung sind zusätzliche Muskeln im Hals, Brustkorb und Rücken beteiligt. Dies führt zu einer größeren Volumenzunahme, einem geringeren Druck und einem schnelleren Luftstrom in die Lunge. Bei Personen, die an Asthma leiden, bewirken Medikamente wie beispielsweise Salbutamol eine Erweiterung der Luftwege, wodurch eine forcierte Einatmung erleichtert wird.

Bei der Ausatmung entspannt sich das Zwerchfell und bewegt sich nach oben in Richtung des Brustraums. Weitere Muskeln entspannen sich, sodass die Rippen des Brustkorbs in ihre normale Stellung zurückkehren. Hierdurch verkleinert sich das Brustraumvolumen, und der Druck in der Lunge nimmt zu. Der erhöhte Druck (etwa 4 mm Hg oberhalb des Atmosphärendrucks) hat zur Folge, dass Luft aus der Lunge strömt, bis der Atmosphärendruck erreicht ist. Bei einer forcierten Ausatmung werden Muskeln im Bauch und weitere Muskeln eingesetzt, um für eine Zunahme des Drucks das Volumen des Brustraumes schneller zu verringern, sodass die Luft schnell ausgestoßen werden kann.

Beim Husten und Niesen sind die Öffnungen im Rachen bzw. in der Nase geschlossen, sodass keine Luft entweichen kann, während der Druck drastisch ansteigt. Entspannen sich die Muskeln, um den Luftweg zu öffnen, entweicht die Luft mit so hoher Geschwindigkeit, das häufig Sekrete aus der Lunge oder Nase mit ausgeworfen werden.

Das Auge

Der Druck innerhalb des Auges wird als *intraokularer* oder Augeninnendruck bezeichnet. Er beträgt normalerweise zwischen 10 und 20 mm Hg. Wenn der Druck zu gering ist, kann das Auge kollabieren. Ist der Druck im Inneren des Auges zu groß, kann dies zu einer als Glaukom bezeichneten Schädigung des Sehnervs führen.

Das Auge besteht aus mehreren wichtigen Komponenten: der *Hornhaut*, dem *Kammerwasser*, der *Linse*, dem *Glaskörper* und der *Netzhaut*. Die Bedeutung dieser Komponenten für den Sehvorgang wird in Kapitel 6 genauer erläutert; für die Erörterung des intraokularen Drucks sind sie ebenfalls wichtig.

Die Hornhaut ist die äußere Oberfläche der Vorderseite des Auges, durch die das Licht in das Augeninnere gelangt. Das Kammerwasser ist eine klare Flüssigkeit. Sie füllt den Raum zwischen der Hornhaut und der Linse, die von Ligamenten oder Bändern in ihrer Position gehalten wird. Die Linse trennt den vorderen vom hinteren Teil des Auges, der den Glaskörper enthält. Der Glaskörper ist eine transparente, gelartige Flüssigkeit, die hilft, die äußere Form des Auges aufrechtzuerhalten. Er drückt gegen die Netzhaut und verhindert, dass sie sich vom Augenhintergrund ablöst.

Das Kammerwasser wird ständig produziert. Es tritt kontinuierlich in den vorderen Teil des Auges ein und fließt ständig daraus ab. In einem gesunden Auge halten sich Produktion und Abfluss des Kammerwassers die Waage. Der Glaskörper entsteht während der Embryonalentwicklung und wird später nicht mehr ersetzt, sondern bleibt für die Dauer des Lebens einer Person erhalten.

Zur Messung des Augeninnendrucks wird ein als *Tonometer* bezeichnetes Gerät verwendet. Der gemessene Druck basiert auf der Kraft, die erforderlich ist, um die Hornhaut zu biegen oder einzudrücken. Da die Hornhaut dem Kammerwasser aufliegt, das seinerseits mit dem Glaskörper in Verbindung steht, liefert die Messung den Wert des Augeninnendrucks. Die gemessenen Daten müssen sorgfältig ausgewertet werden, da sie von Faktoren wie der Biegsamkeit oder Dicke der Hornhaut beeinflusst werden können.

Wie bereits erwähnt wurde, halten sich Produktion und Abfluss des Kammerwassers normalerweise die Waage. Ist der Abfluss des Kammerwassers jedoch aus irgendeinem Grund eingeschränkt oder blockiert, kann durch zusätzliches Kammerwasser im vorderen Teil des Auges ein höherer Druck entstehen. Dieser höhere Druck kann dazu führen, dass der Glaskörper stärker auf die Netzhaut und damit auch auf die Blutgefäße drückt, die die Netzhaut und den Sehnerv versorgen. Dieser Zustand kann zu einer Schädigung des Auges und zur Erblindung führen. Eine Schädigung des Sehnervs wird als Glaukom bezeichnet. Ein erhöhter Augeninnendruck ist eine der Hauptursachen für die Entstehung dieser Erkrankung.

In der Regel wird ein erhöhter Augeninnendruck medikamentös behandelt, mit Augentropfen, die die Produktion des Kammerwassers verlangsamen (wie z. B. mit dem Betablocker Timolol) oder die den Abfluss des Kammerwassers verstärken (wie z. B. cholinerge Drogen oder Alphablocker). Der geringere Druck hilft das Risiko zu verringern, dass es zu einer Schädigung des Sehnervs kommt. Zu den sonstigen Behandlungsmethoden gehören die Laser- sowie konventionelle Chirurgie, die eingesetzt werden, um den Abfluss des Kammerwassers zu verbessern.

Das Gehirn

Das Gehirn ist ein Teil des zentralen Nervensystems, zu dem auch das Rückenmark gehört. Es dient dem Körper als elektronisches Steuerungssystem und als Gedächtnisspeicher. Die Komplexität und Flexibilität des Gehirns sind erstaunlich. Da es für den Körper derart wichtige Funktionen erfüllt, ist das Gehirn mehrfach geschützt, unter anderem durch den Schädel, durch eine Reihe von als Hirnhäute bezeichneten Gewebemembranen sowie durch die Rückenmarksflüssigkeit.

Der *Schädel* ist eine komplexe Struktur, die aus den eigentlichen Schädel- und den Gesichtsknochen besteht. Der Schädel schützt das Gehirn, indem er es vollständig umschließt. Wenn es darin zur Ansammlung von Flüssigkeit oder irgendwelchen Schwellungen kommt, erhöht sich daher der Druck im Gehirn.

Die *Hirnhäute* sind ein System aus drei Membranen, die das Gehirn umhüllen und Rückenmarksflüssigkeit enthalten. Die Hirnhäute verbinden das Gehirn mit dem Schädel, halten verschiedene Teile des Gehirns getrennt und steuern die Bewegung der Rückenmarksflüssigkeit.

Die *Rückenmarksflüssigkeit* ist eine wässerige Flüssigkeit, die das Gehirn und das Rückenmark umgibt. Sie stellt eine stoßdämpfende Schicht dar und erlaubt es dem Gehirn im Schädel zu „schwimmen". Hierdurch wird das Gehirn vor mechanischen Verletzungen geschützt. Außerdem schützt die Rückenmarksflüssigkeit das Gehirn dadurch, dass sie den Blutstrom reguliert und Hormone verteilt. Das Gehirn enthält jederzeit etwa 150 ml Rückenmarksflüssigkeit. Sie wird ständig produziert und muss auch fortlaufend abgeführt werden.

Druck innerhalb des Gehirns, sogenannter *intrakranialer* Druck, kann als Folge verschiedener Ursachen entstehen: aufgrund des Druckes, den der Schädel auf das Gehirn ausübt, oder aufgrund des Vorhandenseins von Flüssigkeiten wie Blut und Rückenmarksflüssigkeit. Normalerweise beträgt der Druck im Gehirn etwa 50 bis 180 mm H_2O (was etwa 4 bis 13 mm Hg entspricht). Er kann sich jedoch je nach Körperposition oder Aktivität einer Person ändern.[3, 4]

Ein erhöhter Hirninnendruck kann schädliche Folgen haben. Ein erhöhter Druck im Gehirn kann sich als Folge von Schwellungen verursachenden Verletzungen, raumfordernden oder die Bewegung der Rückenmarksflüssigkeit blockierenden Tumoren, anderen Krankheiten mit derselben Wirkung oder aufgrund eines erhöhten Blutdrucks ergeben. Um den Druck zu verringern, muss durch geeignete medizinische Maßnahmen interveniert werden.

Eine der häufigsten Ursachen für einen erhöhten Hirninnendruck ist die Überproduktion von Rückenmarksflüssigkeit oder die Blockierung ihrer Abflusswege (analog zu der Situation, die sich durch einen Stau der Kammerflüssigkeit im Auge ergeben kann). Die anormale Ansammlung von Rückenmarksflüssigkeit im Gehirn wird als *Hydrozephalus* (Wasserkopf) bezeichnet. Bei Neugeborenen kann der erhöhte Druck zur Vergrößerung des Kopfes führen, da die Schädelknochen bei ihnen noch nicht vollständig verbunden und der Knorpel zwischen ihnen noch dehnbar ist. Bei älteren Kindern und Erwachsenen kann dieser Zustand zu einer Schädigung des Gehirns und zahlreichen neurologischen Problemen führen, unter anderem zu Kopfschmerzen, Doppelsichtigkeit und Persönlichkeitsveränderungen. Normalerweise besteht die Behandlung eines Hydrozephalus in der Implantation eines Ableitungssystems, durch das die aufgestaute Rückenmarksflüssigkeit in einen anderen Teil des Körpers abfließen kann, von wo aus sie absorbiert werden kann.

Traumatische Kopfverletzungen können zum Reißen von Gefäßen und inneren Blutungen oder zu Schwellungen führen. In beiden Fällen kann es zu einem Anstieg des intrakranialen Drucks kommen. Die Behandlung einer Blutung macht einen chirurgischen Eingriff erforderlich, um das angesammelte Blut zu entfernen und die Enden der gerissenen Gefäße wieder miteinander zu verbinden. Hirnschwellungen werden mit Medikamenten zur Linderung von Entzündungen des geschädigten Gewebes oder durch eine Verringerung des Blutvolumens im Gehirn behandelt.

Die Blase

Das Harnsystem besteht aus mehreren Organen, wozu auch die Nieren und die Blase gehören. Die Nieren filtern Abfallstoffe aus dem Blut und erzeugen den Urin, der diese Stoffe aus dem Körper befördert. Die Blase dient als vorübergehender Speicher, in dem sich der Urin sammelt, bis er durch die Harnröhre aus dem Körper ausgeschieden wird. Ob Urin aus dem Körper ausgeschieden werden kann oder nicht, wird durch Schließmuskeln gesteuert.

Die Blase ist ein elastisches Hohlorgan, das den Harn bis zu seiner Ausscheidung aufnimmt. Wenn die Blase leer ist, hat sie ein relativ geringes Volumen. Im gefüllten Zustand kann sie jedoch ein Volumen von 500 ml oder mehr haben. Je mehr Harn sich in der Blase befindet, desto größer ist ihr Innendruck. Wenn sich etwa 200 ml Harn in der Blase angesammelt haben, hat sie sich so weit ausgedehnt, dass bestimmte Nerven dem Gehirn diesen Zustand signalisieren und es besteht Harndrang. Wenn die betreffende Person die Blase zu diesem Zeitpunkt nicht leert, lässt der Harndrang normalerweise eine Zeitlang nach, bis sich weitere 200 ml darin angesammelt haben und die Blase voll ist.

Der Druck in der leeren oder nahezu leeren Blase liegt zwischen 0 und 10 cm H_2O oder etwa 7 mm Hg (gemessener, nicht absoluter Wert). Während sich die Blase füllt, wird bei einem Druck von etwa 30 cm H_2O (22 mm Hg)[5] der Punkt erreicht, ab dem Harndrang entsteht.

Betrachten wir zwei Beispiele für die Auswirkung von Druck auf die Blase: die mit der Schwangerschaft einhergehenden Veränderungen bei Frauen und eine vergrößerte Prostata des Mannes. Schwangere Frauen geben oft an, dass sie recht häufig Harndrang verspüren. Eine einfache Anwendung von Pascals Prinzip hilft uns, den Grund hierfür zu verstehen. Wenn das ungeborene Kind im Leib der Mutter eine bestimme Größe erreicht hat, drückt es (natürlich ohne dies zu merken) auf die Blase seiner Mutter. Dieser externe Druck auf die eingeschlossene Flüssigkeit führt zu einer Erhöhung des Drucks in der gesamten Blase, sodass sie so weit gedehnt wird, dass der für die Entstehung des Harndrangs erforderliche Druck überschritten wird. Das Gehirn empfängt also das Signal, dass es Zeit für eine Entleerung der Blase ist. Manchmal ist der Druck so groß, dass Harn die Schließmuskeln unkontrolliert passiert. Diese Unfähigkeit, den Harnfluss zu kontrollieren, die man als *Inkontinenz* bezeichnet, ist bei Erwachsenen ein anormaler Zustand.

Beim Mann wird die Harnröhre direkt unterhalb der Blase von der Prostata umschlossen. Wenn die Prostata vergrößert ist, kann es sein, dass sie auf die Harnröhre drückt, die dadurch so stark verengt werden kann, dass die Blase nur unvollständig entleert werden kann. In manchen Fällen kann der Druck in der Blase dadurch einen Wert von bis zu 100 cm H_2O (etwa 70 mm Hg) erreichen. Der Harn kann nur dann aus der Blase ausgeschieden werden, wenn er den von der Prostata ausgeübten Druck überwindet. Der Harnfluss wird daher in der Regel bereits gestoppt, bevor die Blase vollständig geleert werden kann. Die Blase füllt sich dann weiter und der Mann verspürt erneut Harndrang. Die Unfähigkeit, die Blase vollständig zu entleeren, wird als *Harnverhalt* bezeichnet. Sie wird normalerweise mit speziellen Medikamenten behandelt, die die Harnröhre dehnen. Hierdurch vergrößert sich ihr Radius und der Druck, der erforderlich ist, um die Harnröhre geöffnet zu halten, verringert sich.

Knochen

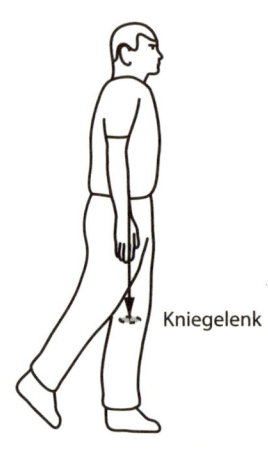

Kniegelenk

Der Druck in Festkörpern wird häufig als Belastung (oder Spannung) bezeichnet. Sie denken bei diesem Ausdruck wahrscheinlich meistens an Überarbeitung, Müdigkeit und übermäßige Auslastung. Vielleicht haben Sie schon einmal von einer „Belastungsfraktur" gehört, zu der es kommen kann, wenn ein Knochen wiederholt größeren Kräften ausgesetzt ist. Sie tritt am häufigsten im Fuß oder Fußgelenk von Sportlern auf, die auf harten Oberflächen laufen oder springen. Zu schwerwiegenderen Frakturen oder Knochenbrüchen kommt es, wenn wesentlich größere Kräfte in sehr kurzer Zeit auf einen Knochen einwirken, wie etwa bei einem Autounfall oder Sturz.

Knochen und Gelenke sind großen Druckkräften ausgesetzt. Nehmen wir zum Beispiel an, eine 80 kg schwere Person steht auf einem Bein (vgl. Abb. 2.11). Wenn das Kniegelenk eine Fläche von etwa 1,6 cm^2 hat, beträgt der Druck auf das Gelenk etwa 50 kg/cm^2. (Auf das Kniegelenk wirken nur 94 % des Gewichts, 6 % des Gewichts befinden sich unterhalb des Gelenks.) Wenn eine Person läuft, wirkt ein noch größerer Druck auf das Kniegelenk ein.

Gesunde Knochen brechen, wenn der darauf einwirkende Druck größer als 1000 kg/cm^2 ist. Wenn ein Football-Spieler einen Runningback attackiert und im vollen Lauf sein eigenes Gewicht (oder eine noch größere Kraft) mit seinem Schienbein auffängt, kann es sein, dass die dabei auftretende Kraft so groß ist, das es zu einem Knochenbruch kommt. Schlägt der Schädel des Fahrers bei einem Autounfall auf das Lenkrad, kann es sein, dass ein Schädelbruch die Folge ist.

Die Knochenmineraldichte, oder die Dichte der Knochenmasse, ist ein Maß für die Stärke von Knochen und ihre Fähigkeit, einem Gewicht oder Druck standzuhalten. Zur Bestimmung der Knochendichte werden hauptsächlich zwei Methoden verwendet: die duale Röntgenstrahlabsorptionsmessung (DEXA = *dual energy x-ray absorptiometry*) und die quantitative rechnergestützte Tomographie (QCT = *quantitative computed tomography*). Mit der DEXA-Methode lässt sich die Dichte in einem Querschnittsbereich des Knochens messen. Die QCT-Methode misst die Volumendichte. Die Messungen werden normalerweise an der Wirbelsäule oder Hüfte durchgeführt, manchmal jedoch auch an der Ferse, einem Finger oder dem Handgelenk.

Mit zunehmendem Alter nimmt die Menge des Kalziums in den Knochen ab und sie werden anfälliger für Frakturen. Die maximale Knochendichte hat ein Mensch im Alter von etwa 20 Jahren. Eine Osteoporose liegt vor, wenn die Knochendichte signifikant verringert ist. Bei betroffenen Personen besteht ein hohes Frakturrisiko. Die *Osteopenie* ist ein Frühstadium der Osteoporose. Die Parameter, die mit der Fähigkeit eines Materials, einem Bruch zu widerstehen, in Zusammenhang stehen, sind der Kompressions- und der Elastizitätsmodul (oder Young'scher Modul).

Weitere Beispiele

Es gibt zahlreiche andere Beispiele, bei denen Druck im Körper des Menschen eine Rolle spielt, es sollen jedoch nur noch zwei weitere kurz erwähnt werden. Das eine steht mit dem Tauchen in Zusammenhang, das andere mit dem Schneiden von Geweben.

Ein Taucher ist einem großem Druck ausgesetzt, wenn er oder sie unter die Wasseroberfläche taucht. Der Druck wirkt auf den gesamten Körper, einschließlich der Lunge und des Blutes. Sämtliche auf eine Person einwirkenden Druckkräfte hängen nicht nur vom Atmosphärendruck ab, wenn sie sich außerhalb des Wassers befindet, sondern ebenso von dem durch die Formel ρgh festgelegten Druck aufgrund des Wassergewichts. Schwimmt ein Taucher zurück zur Wasseroberfläche, dehnt sich die Luft in seiner Lunge aus, was ihn dazu zwingt, während des Auftauchens ständig auszuatmen. Außerdem dehnen sich kleine Bläschen von Stickstoff und verschiedenen Edelgasen im Blutstrom aus, während der Taucher aus der Tiefe aufsteigt. Dies kann zu einer Blockierung des Blutstroms im Kreislaufsystem führen und große Schmerzen, eine schwere Erkrankung oder sogar den Tod zur Folge haben. Man bezeichnet diesen Zustand als *Taucherkrankheit*. Um dieses Problem zu vermeiden, müssen Taucher bei der Rückkehr zur Wasseroberfläche in verschiedenen Tiefen mehrere Minuten lang verweilen, damit ein ausreichender Gasaustausch stattfinden kann.

Damit ein Messer Gewebe durchtrennen kann (bei einem Unfall oder in der Chirurgie), muss die auf das Gewebe einwirkende Kraft nicht sehr groß sein. Wenn das Messer sehr scharf ist, ist die Oberfläche der Klingenkante sehr klein. Eine relativ geringe Kraft, die auf einen sehr kleinen Bereich einwirkt, kann einen sehr hohen Druck verursachen, der zum Durchtrennen von Geweben ausreicht. Stellen Sie sich beispielsweise vor, Sie würden eine Kraft von 0,450 kg auf die Spitze eines Messers anwenden, das einen Durchmesser von nur 0,5 mm hat. Der sich dadurch ergebende Druck beträgt etwa 210 kg/cm^2 oder ungefähr 210 atm und ist mehr als groß genug, um Gewebe zu schneiden.

Zusammenfassung

Druck ist eine zum Verständnis des Körpers wichtige physikalische Größe. Druck ist erforderlich, damit das Blut durch den Körper fließen und seine zahlreichen Funktionen erfüllen kann. Andere Organe und Systeme des Körpers nutzen das Vorhandensein oder die Bewegung von Fluiden zur Erfüllung bestimmter Aufgaben. Selbst feste Strukturen des Körpers wie die Knochen sind Druckkräften ausgesetzt. Wir haben uns einige grundlegende Abläufe im Körper des Menschen angeschaut, bei deren Erklärung Druck eine Rolle spielt, und das Verständnis in einigen Fällen etwas weiter vertieft. Viele dieser Bereiche werden von Medizinern und Wissenschaftlern intensiv erforscht, um die gesundheitlichen Probleme einzelner Patienten erfolgreich behandeln zu können.

Energie, Arbeit und Stoffwechsel III.

Energie spielt in unserem Alltag in vieler Hinsicht eine wichtige Rolle. Autos benötigen Energie, um uns an unsere Ziele bringen zu können. Unsere Häuser verbrauchen Energie, wenn sie im Winter geheizt und im Sommer gekühlt werden. Unsere Körper benötigen Energie, um sich bewegen, arbeiten und ihre Temperatur aufrechterhalten zu können. Manchmal ist es uns zu warm, und unser Körper muss Wärmeenergie abgeben, um abkühlen zu können. Wir entnehmen die von uns benötigte Energie der Nahrung. Wenn wir zu viel essen, speichert unser Körper die überschüssige Energie als Fett.

Sämtliche Vorgänge in unserem Körper verbrauchen Energie. Auf makroskopischer Ebene benötigen wir Energie um laufen, einen Ball werfen oder Treppen hinaufsteigen zu können. Auf mikroskopischer Ebene wird Energie benötigt, damit chemische Reaktionen stattfinden, Zellen oder Zellteile bewegt, ja selbst Schmerzen empfunden werden können. *Energie ist als die Fähigkeit definiert, Arbeit zu verrichten.* In diesem Kapitel werden wir der Frage nachgehen, welcher Zusammenhang im Körper des Menschen zwischen Arbeit und Energie besteht. Dabei werden wir, um nur einige zu nennen, auf folgende Themen eingehen: die Energie in der Nahrung, die Regulation der Körpertemperatur, die Gewichtskontrolle durch Diäten und körperliche Anstrengung.

Arbeit

Wie ich soeben in Erinnerung gerufen habe, ist Energie als die Fähigkeit definiert, Arbeit zu verrichten. Doch wie so viele, ist auch diese Definition ergänzungsbedürftig. Tatsächlich verfügen auch Gegenstände über Energie, und zwar in mehreren verschiedenen Formen. Der Gegenstand kann diese Energie verwenden, um Arbeit an einem anderen Gegenstand zu verrichten. Arbeit wird verrichtet, wenn von einem Objekt eine Kraft auf ein anderes einwirkt und das zweite Objekt sich bewegt. Arbeit wird nur verrichtet, wenn die Wirkung der Kraft von einer Bewegung begleitet wird. Wenn Sie einen Baseball werfen oder gegen einen Fußball treten, verrichten Sie an dem Ball Arbeit.

Arbeit erfordert das Vorhandensein einer Kraft. Sie erinnern sich vielleicht noch an das erste Bewegungsgesetz von Newton, nach dem ein Gegenstand sich auch bewegen kann, wenn keine Kräfte darauf einwirken. In diesem Fall wird keine Arbeit verrichtet, weil hierzu Kräfte im Spiel sein müssen. Befand sich der Gegenstand jedoch zunächst in Ruhe, musste eine Kraft aufgewendet werden, um ihn in Bewegung zu versetzen. Um den Gegenstand in Bewegung zu versetzen, wurde Arbeit daran verrichtet. Wenn die Bewegung des Gegenstandes angehalten werden soll, muss ebenfalls Arbeit daran verrichtet werden.

Angenommen, Ihr Benzintank ist leer, und Sie müssen ihren Wagen zur nächsten Tankstelle schieben. Wenn Sie gegen den Wagen drücken und er sich zu bewegen beginnt, verrichten sie Arbeit an dem Wagen. Wenn Sie gegen den Wagen drücken, und er bewegt sich nicht, verrichten Sie keine Arbeit an dem Wagen. Sie werden vielleicht sehr erschöpft sein, Arbeit haben Sie an dem Wagen jedoch nicht verrichtet. Allerdings wird in Ihrem Körper Arbeit verrichtet, weshalb Sie ermüden.

Die von einer Kraft an einem Gegenstand verrichtete Arbeit kann positiv oder negativ sein, oder sie kann den Wert null haben. Wenn Sie einen Baseball werfen, verrichten Sie positive Arbeit daran; wenn Sie ihn fangen, negative Arbeit. Ob der Wert der Arbeit positiv oder negativ ist, hängt von der Richtung der Bewegung des Gegenstandes relativ zur Bewegung der darauf einwirkenden Kraft ab. Wenn die Richtung der Bewegung identisch ist mit der Bewegung der Kraft, oder zumindest teilweise, wird positive Arbeit an dem Gegenstand verrichtet. Ist hingegen die Richtung der Kraft der Richtung der Bewegung vollständig oder teilweise entgegengesetzt, wird negative Arbeit verrichtet. Erfolgt die Bewegung in einer Richtung und die Ausübung der Kraft im rechten Winkel zu dieser Richtung, wird keine Arbeit verrichtet. Diese Situation liegt vor, wenn Sie auf einer waagerechten Oberfläche gehen, während Sie einen Baseball in der Hand halten. Sie üben auf den Ball eine nach oben gerichtete Kraft aus, die Bewegung erfolgt jedoch im rechten Winkel zur Richtung dieser Kraft, d. h. zur Seite. In diesem Fall verrichten Sie keine Arbeit an dem Ball.

Der Betrag der geleisteten Arbeit W ist definiert als das Produkt aus der Größe der aufgewendeten Kraft F, der Entfernung d, über die sich der Gegenstand bewegt, und des Kosinus des Winkels θ zwischen der Richtung der Kraft und der Richtung der Bewegung. Die entsprechende Gleichung lautet:

$$W = Fd \cos \theta \qquad (1)$$

Der Winkel θ reicht von 0° bis 180°. Liegt der Winkel zwischen der aufgewendeten Kraft und der Bewegungsrichtung zwischen 0° und 90°, so ist die verrichtete Arbeit positiv (da der Kosinus für Winkel in diesem Bereich positiv ist). Liegt der Winkel zwischen 90° und 180°, ist die verrichtete Arbeit negativ (denn der Kosinus für Winkel in diesem Bereich ist negativ). In Fällen, in denen der Winkel genau 90° beträgt, hat die Arbeit den Wert null, weil der Kosinus von 90° null ist.

Denken wir noch einmal an den sich in Ruhe befindenden Wagen. Sie erinnern sich vielleicht daran, was wir in Kapitel 1 gesehen haben: dass mehrere Kräfte auf den Wagen einwirken. Sie drücken in der Bewegungsrichtung des Wagens, die Reibungskraft wirkt in der entgegengesetzten Richtung, und es sind noch zwei weitere Kräfte wirksam: das nach unten gerichtete Gewicht des Wagens und die nach oben gerichtete Normalkraft (Abb. 3.1). Nach der weiter oben gegebenen Definition der Arbeit verrichten Sie positive Arbeit an dem Wagen, die Reibungskraft (die der

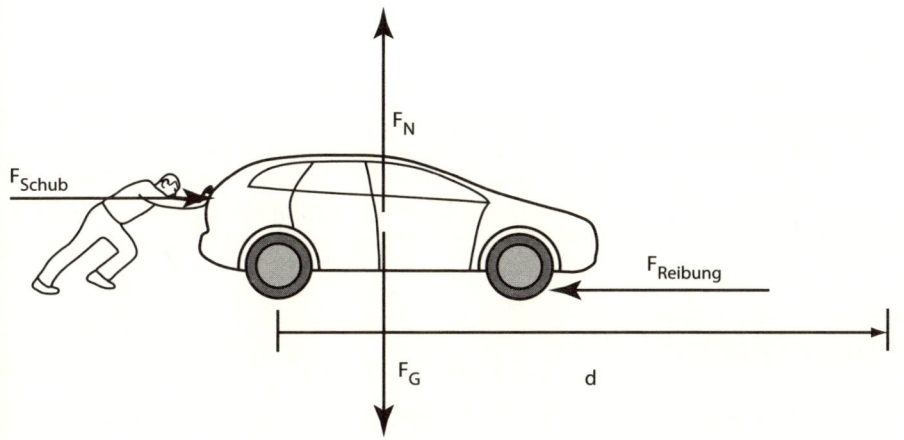

◀ **Abb. 3.1**

An einem Wagen, der sich um den Abstand *d* nach rechts bewegt, verrichtete Arbeit. Die Kraft F_{Schub} verrichtet positive Arbeit, und die Reibungskraft $F_{Reibung}$ verrichtet negative Arbeit. Die Normalkraft F_N und das Gewicht F_G leisten keine Arbeit, da ihre Wirkungsrichtung im rechten Winkel zur Bewegungsrichtung des Wagens stehen.

Boden liefert) verrichtet negative Arbeit, und das Gewicht und die Normalkraft leisten keine Arbeit, da ihre Wirkungsrichtungen mit der Bewegungsrichtung des Wagens einen rechten Winkel bilden.

Wirken mehrere Kräfte auf einen Gegenstand, so kann im Prinzip die von jeder Kraft verrichtete Arbeit einzeln berechnet werden. Wenn diese Werte addiert werden, erhalten wir die sogenannte *Nettoarbeit*. Die mathematische Schreibweise dieser Definition lautet:

$$W_{Netto} = W_1 + W_2 + W_3 + \dots \tag{2}$$

Die Nettoarbeit lässt sich anhand der obigen Definition auch bestimmen, wenn man die Nettokraft in die Formel einsetzt:

$$W_{Netto} = F_{Netto} \, d \cos \theta \tag{3}$$

Diese Formel erlaubt eine Reihe von Schlussfolgerungen. Erstens: Führt die Nettokraft zu einer Beschleunigung des Gegenstandes, so wirkt sie in der allgemeinen Richtung der Bewegung des Objekts, und die verrichtete Arbeit ist positiv. Zweitens: Bremst die Nettokraft den Gegenstand ab, wirkt sie der allgemeinen Richtung der Bewegung des Objekts entgegen, und die verrichtete Arbeit ist negativ. Drittens: Steht die Nettokraft im rechten Winkel zur Bewegungsrichtung, hat die Nettokraft den Wert null (und führt zu einer seitlichen Bewegung des Objekts). Hat schließlich die Nettokraft den Wert null, so ändert sich der Bewegungszustand des Gegenstandes nicht (Newtons erstes Gesetz) und es wird keine Nettoarbeit verrichtet.

Die Definition der Arbeit lässt sich auf makroskopischer Ebene, zum Beispiel auf die Bewegung von Körperteilen, und auf mikroskopischer Ebene anwenden, wie etwa auf chemische Reaktionen oder Zellbewegungen. Bei chemischen Reaktionen kommt es zur Bewegung von Elektronen und Ionen, wenn Kräfte darauf einwirken. Bei Zellbewegungen bewegen sich Zellkomponenten in die bzw. aus einer Zelle oder es bewegen sich einzelne Zellen, wenn Kräfte auf sie wirken.

Energie

Es gibt zwei Formen der Energie, die bei der Bewegung und wechselseitigen Einwirkung von Gegenständen eine Rolle spielen: die *kinetische* und *potentielle* Energie. Viele der anderen Energieformen, die es sonst noch gibt, basieren auf diesen beiden Formen. Im Folgenden sollen zunächst die kinetische und potentielle Energie genauer betrachtet und anschließend die anderen Energieformen erläutert werden.

Kinetische Energie

Kinetische Energie ist die Energie der Bewegung. Ein Gegenstand, der sich in Bewegung befindet, verfügt über kinetische Energie. Die kinetische Energie hängt von der Masse und der Geschwindigkeit eines Objekts ab. Sie wird mathematisch durch folgende Formel ausgedrückt:

$$K = 1/2mv^2 \tag{4}$$

Hierbei entspricht K der kinetischen Energie des Objekts und v seiner Geschwindigkeit. Je größer die Masse eines Objekts ist, desto größer ist seine kinetische Energie. Eine Bowlingkugel verfügt über mehr kinetische Energie als ein Wasserball, der sich mit derselben Geschwindigkeit bewegt. Außerdem nimmt mit der Geschwindigkeit eines Objekts seine kinetische Energie ebenfalls zu: Ein Tennisball verfügt nach dem Aufschlag bei einer Geschwindigkeit von 160 km/h über mehr Energie als ein mit 90 km/h gespielter Ball (Abb. 3.2).

Kinetische Energie kann Arbeit verrichten, wenn das sich bewegende Objekt gegen ein anderes Objekt drückt oder daran zieht. Ein sich bewegender Hammer kann einen Nagel einschlagen, eine Abrissbirne ein Gebäude zertrümmern und

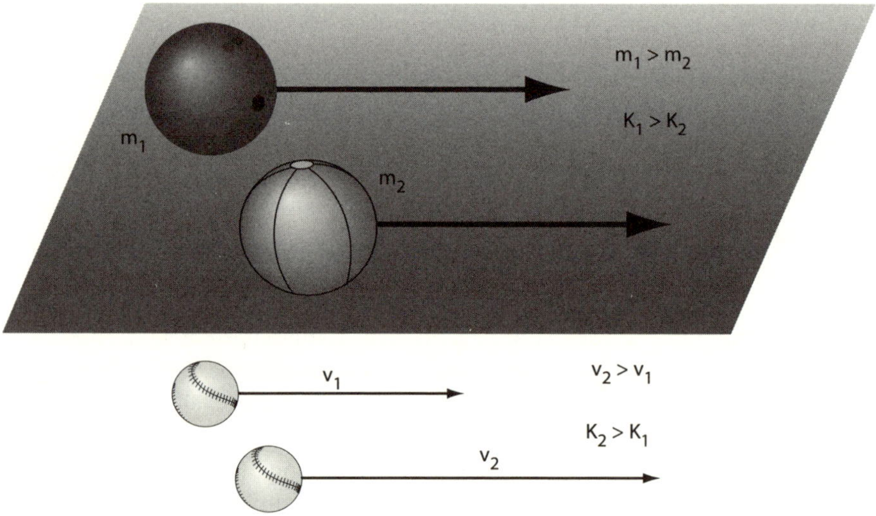

Abb. 3.2 ▶

Kinetische Energie. Wenn sich eine Bowlingkugel und ein Wasserball mit derselben Geschwindigkeit bewegen, verfügt die Bowlingkugel über mehr kinetische Energie K_1, da ihre Masse m_1 größer ist als die Masse m_2 des Wasserballs, der die kinetische Energie K_2 hat. Von zwei identischen Fußbällen verfügt derjenige, der sich mit der höheren Geschwindigkeit v_2 bewegt, über mehr kinetische Energie K_2 als der sich mit der Geschwindigkeit v_1 bewegende Ball, der über die kinetische Energie K_1 verfügt.

ein sich bewegender PKW kann eine Leitplanke eindrücken. Jedes dieser Objekte verfügt über kinetische Energie und verrichtet Arbeit – auch Arbeit, die nicht nützlich ist, ist Arbeit.

Objekte, die über kinetische Energie verfügen, können nicht nur Arbeit verrichten, sondern die kinetische Energie eines Objekts ändert sich auch, wenn Nettoarbeit daran verrichtet wird. Wenn Nettoarbeit an einem Objekt verrichtet wird und diese Arbeit einen positiven Wert hat, beschleunigt sich das Objekt. Wenn es sich schneller bewegt, nimmt seine kinetische Energie zu. Dies geschieht, wenn Sie einen Baseball werfen. Ist die an einem Objekt verrichtete Nettoarbeit negativ, verlangsamt es sich, zum Beispiel wenn Sie einen Basefall fangen. Wird keine Nettoarbeit an einem Objekt verrichtet, ändert sich seine Geschwindigkeit nicht, sodass seine kinetische Energie konstant bleibt. Wenn Sie einen PKW schieben und er bewegt sich mit einer konstanten Geschwindigkeit, ist die dabei verrichtete Arbeit positiv, und sie hebt die negative Arbeit der Reibungskraft auf. Die Nettoarbeit hat in diesem Fall den Wert null, und die kinetische Energie des Wagens ändert sich nicht.

Dieser Zusammenhang zwischen der Nettoarbeit und der kinetischen Energie lässt sich als *Arbeit-Energie-Theorem* ausdrücken. Es besagt, dass die an einem Objekt verrichtete Nettoarbeit der Änderung seiner kinetischen Energie entspricht, oder

$$W_{\text{Netto}} = \Delta K \tag{5}$$

Ist die Nettoarbeit positiv, nimmt die kinetische Energie zu, ist sie negativ, nimmt sie ab. Wenn die Nettoarbeit den Wert null hat, kommt es zu keiner Änderung der kinetischen Energie.

Möglicherweise sind Sie jetzt ein wenig verwirrt, was den Zusammenhang von Arbeit und Energie betrifft. Denken Sie stets daran, dass die kinetische Energie eines Objekts ein Maß für seine Fähigkeit ist, Arbeit an anderen Objekten zu verrichten. Wird an einem Objekt Nettoarbeit verrichtet, so kann sich seine kinetische Energie ändern.

Es ist ihnen vielleicht aufgefallen, dass Arbeit und Energie aufgrund der zwischen ihnen bestehenden Äquivalenz dieselbe Maßeinheit haben müssen. Dies ist in der Tat der Fall. Es gibt viele verschiedene Einheiten für die Energie. Die wissenschaftliche Standardeinheit ist das Joule, abgekürzt J. Das Joule entspricht dem Produkt von Newton (Kraft) und Meter (Entfernung) und von Kilogramm (Masse) und dem Meterquadrat pro Sekundequadrat (dem Quadrat der Geschwindigkeit), in Symbolschreibweise:

$$1\,J = 1\,N\,m = 1\,kg\,m^2/s^2$$

Zu den sonstigen Einheiten für die Energie gehören das Erg und das Kilopondmeter. Wenn wir den Wärmeaustausch zwischen Objekten und die Speicherung von Energie in Nahrungsmitteln besprechen, werden wir noch weitere Einheiten kennen lernen, wie zum Beispiel die Kalorien, Kilokalorien und die britische Wärmeeinheit BTU (British thermal unit; 1 BTU = 1055 J).

Potentielle Energie

Als potentielle Energie bezeichnet man die Positions- oder Konfigurationsenergie. Die potentielle Energie eines Objekts kommt dadurch zustande, dass es mit anderen Objekten durch die Schwerkraft, durch chemische Bindungen oder elektrische Kräfte in Wechselwirkung tritt. Ein Objekt mit potentieller Energie verfügt über die Fähigkeit, Arbeit zu verrichten, selbst wenn es zum aktuellen Zeitpunkt keine Arbeit verrichtet. Alternativ kann man sich potentielle Energie auch als gespeicherte Energie oder Arbeit vorstellen.

Zu den Formen der potentiellen Energie gehören die Gravitationsenergie sowie die mechanische und elektrische Spannungsenergie. Die potentielle Gravitationsenergie eines Objekts hängt von seiner vertikalen Position relativ zur Erdoberfläche ab und wird von der Schwerkraft verursacht, die auf das Objekt einwirkt. Mechanische Spannungsenergie tritt in Federn auf und hängt davon ab, wie stark die Feder im Vergleich zu ihrer Ruhe- oder Gleichgewichtslänge gedehnt oder zusammengedrückt wurde. Die elektrische Spannungsenergie einer elektrischen Ladung hängt von ihrer Position relativ zu anderen elektrischen Ladungen ab. Sie wird durch elektrische Kräfte bewirkt, die von anderen Ladungen ausgehen und auf die Ladung einwirken.

Für jede Form der potentiellen Energie lässt sich ein Größenwert bestimmen. Im Folgenden möchte ich jedoch die Formel für die auf der Schwerkraft basierende potentielle Energie erläutern, da sie mit der makroskopischen Bewegung des menschlichen Körpers auf der Erdoberfläche am engsten verbunden ist. Die potentielle Gravitationsenergie U hängt von der Masse des Objekts m, der Beschleunigung der Schwerkraft g und der vertikalen Position h relativ zur Erde ab. Ihre Gleichung lautet:

$$U = mgh \qquad (6)$$

U = mgh

h

Der Parameter h kann unterschiedlich interpretiert werden. Für unsere Zwecke werden wir annehmen, dass es sich dabei um den vertikalen Abstand des Objekts von einem Referenzpunkt handelt, als der häufig die Erdoberfläche dient (Abb. 3.3). Aus der Formel geht hervor, dass die potentielle Gravitationsenergie mit der Höhe des Objekts zunimmt. Ein Objekt, das sich 10 Meter über der Erdoberfläche befindet, verfügt über eine zehnmal größere potentielle Gravitationsenergie als ein Objekt, das sich nur einen Meter über dem Boden befindet. Das Objekt, welches sich 10 Meter über der Erdoberfläche befindet, kann mehr Arbeit verrichten als das nur einen Meter über der Erde befindliche Objekt.

Was ist nun der genaue Zusammenhang zwischen potentieller Energie und Arbeit? Wenn ein Objekt aus einer bestimmten Höhe fallen gelassen wird, wandelt sich die potentielle in kinetische Energie um. Kommt es mit einem anderen Objekt in Berührung, so kann es Arbeit daran verrichten. Eine Ramme ist beispielsweise

Hals über Kopf

ein Gerät, das dazu verwendet wird, lange Pfähle aus Holz, Beton oder Stahl in den Boden zu treiben, um bei schlechtem Untergrund oder für ein großes Gebäude ein Fundament anzulegen. Hierzu wird ein schwerer Gegenstand über den Pfahl gehoben und dann darauf fallen gelassen. Die auf diese Weise auf den Pfahl ausgeübte Kraft treibt ihn in die Erde. Ein weiteres, schmerzhaftes Beispiel wäre es, wenn Sie eine Bowlingkugel auf Ihren Fuß fallen ließen. Die Kugel würde eine große Kraft auf Ihren Fuß ausüben und vielleicht sogar mehrere Knochenbrüche verursachen.

Ein Objekt, das über eine potentielle Energie verfügt, kann nicht nur Arbeit verrichten, sondern es kann auch Arbeit daran verrichtet werden. Befindet sich ein Objekt im freien Fall, so verrichtet die Schwerkraft Arbeit daran, indem sie es nach unten zieht und dadurch seine Beschleunigung verursacht, die eine Änderung seiner kinetischen Energie zur Folge hat. Soll ein Objekt gehoben werden, muss von der darauf angewendeten Kraft zur Überwindung der Schwerkraft Arbeit verrichtet werden. Dies ist eine für den menschlichen Körper wichtige Bedingung: Um ein Objekt zu heben oder auch nur eine Treppe hochzusteigen, muss der Körper Energie aufwenden, da die Schwerkraft überwunden und an einem Objekt Arbeit verrichtet werden muss. Dabei macht es keinen Unterschied, ob ein Objekt oder der Körper selbst gehoben wird. Dieser Zusammenhang wird uns wiederbegegnen, wenn wir uns mit körperlicher Anstrengung und der in der Nahrung gespeicherten Energie beschäftigen.

Andere Formen von Energie

Es gibt zahlreiche andere Energieformen, von denen mehrere auf irgendeine Weise auf die kinetische oder potentielle Energie zurückführbar sind.

Als *mechanische Energie E* ist die Summe der kinetischen und potentiellen Energie definiert, geschrieben als:

$$E = K + U \tag{7}$$

Diese Gleichung beschreibt die Energie eines sich in Bewegung befindenden Objekts und berücksichtigt die Energie, die mit seiner Position oder Konfiguration gegeben ist. Angenommen, Sie lassen eine Kugel fallen, die sich anfänglich in Ruhe befindet, sodass die Schwerkraft die einzige darauf wirkende Kraft ist. Die Kugel verfügt anfänglich über keine kinetische Energie, sodass die mechanische Energie der anfänglichen potentiellen Schwereenergie entspricht, da der Faktor K in Gleichung (7) den Wert null hat. Während die Kugel fällt, nimmt die potentielle Energie ab und die kinetische Energie zu. In dem Augenblick vor dem Auftreffen auf den Boden ist seine potentielle Energie null und ihre mechanische Energie entspricht ihrer kinetischen Energie, denn der Faktor U in Gleichung (7) ist null. Dieses Beispiel veranschaulicht das Prinzip der *Erhaltung der mechanischen Energie*, denn sie bleibt während des gesamten Vorgangs konstant, obwohl die Werte der potentiellen und kinetischen Energie sich ändern. Der Abnahme der potentiellen entspricht die Zunahme der kinetischen Energie. Wenn die Kugel auf den Boden auftrifft, ist die mechanische Energie nicht mehr konstant, da nun der Boden eine weitere Kraft (die Normalkraft) auf die Kugel ausübt und sie bremst und ihren Fall beendet.

Elektrische Energie steht mit der Bewegung und Position elektrischer Ladungen in Zusammenhang und hat daher ebenfalls etwas mit kinetischer und potentieller Energie zu tun. Die elektrische potentielle Energie, die auf die wechselseitige Einwirkung von Ladungen zurückführbar ist, habe ich bereits erwähnt. Wenn zwei positive (oder negative) Ladungen aufeinander zu bewegt und dann losgelassen werden, fliegen sie auseinander, da sie sich gegenseitig abstoßen. Die Kräfte, die sie auf einander ausüben, sind die Ursache ihrer Bewegung. Die potentielle Energie, über die sie anfänglich verfügen, wird in kinetische Energie umgewandelt. Eine negative und eine positive Ladung bewegen sich jedoch aufeinander zu, weil sie sich gegenseitig anziehen: Die negative Ladung zieht an der positiven und die positive Ladung an der negativen. (Erinnern Sie sich an das dritte Newton'sche Gesetz: actio = reactio.) Daher ist die potentielle Energie für gleiche Ladungen am größten, wenn der Abstand zwischen ihnen sehr klein ist, während es sich bei ungleichen Ladungen umgekehrt verhält.

Die *innere Energie* steht im Zusammenhang mit der Bewegung und Position der Atome und Moleküle, aus denen ein Gegenstand besteht. Befindet sich ein Baseball im Ruhezustand auf dem Boden, verfügt er aus makroskopischer Perspektive über keine kinetische und keine potentielle Schwereenergie. Da die Atome und Moleküle in seinem Inneren sich bewegen und miteinander in Wechselwirkung stehen, verfügt er jedoch über innere Energie. Bei dieser inneren Energie handelt es sich um eine Kombination aus kinetischer und potentieller Energie, allerdings auf der Ebene der Moleküle und Atome.

Wärme ist Energie, die sich aufgrund eines Temperaturunterschieds im Übergang von einem Objekt auf ein anderes befindet. Sie wird vom wärmeren auf das kältere Objekt übertragen. Wenn Wärme auf ein Objekt übertragen wird, nimmt seine innere Energie zu, sodass die Moleküle und Atome über mehr Energie verfügen. Dies kann zur Erhöhung der Temperatur des Objekts oder dazu führen, dass es zu einem Phasenübergang kommt (z. B. wenn Wasser zu kochen beginnt). Wird einem Objekt Wärme entzogen, nimmt seine innere Energie ab, sodass seine Temperatur sinkt oder ein Phasenübergang erfolgt (z. B. wenn Wasser gefriert).

Bei *chemischer Energie* handelt es sich um potentielle Energie, die in chemischen Bindungen gespeichert ist. Aufgrund der zwischen Atomen, Elektronen und Protonen wirkenden elektrischen Kräfte ist zur Aufrechterhaltung ihrer Konfiguration Energie erforderlich. Während einer chemischen Reaktion kann ein Teil dieser Energie als kinetische Energie freigesetzt werden, was dazu führen kann, dass sich das Objekt bewegt oder erwärmt. Eine besonders schnelle chemische Reaktion kann zu einer Explosion führen, wie beispielweise bei der Verbrennung von Benzin. Die Energie, die wir zum Gehen, Laufen, Heben von Objekten und zum Leisten von Arbeit benötigen, holen wir uns aus der Nahrung. Im Inneren unseres Körpers wird diese Energie zur Bewegung von Zellen und zur Aufrechterhaltung verschiedener Funktionen verwendet.

Zu den sonstigen Energieformen gehört die *elektromagnetische Energie*, wie das Licht, auf das wir zum Sehen angewiesen sind, und die ultraviolette Strahlung, die uns Sonnenbrände bescheren kann, sowie die für medizinische Untersuchungen verwendeten Röntgenstrahlen. Die Energie in Schallwellen (*akustische Energie*) wird zur sprachlichen Kommunikation verwendet. Diese Wellen werden beim Sprechen durch die Vibration der Stimmbänder erzeugt und im Ohr in mechanische Schwingungen umgewandelt, die uns das Hören ermöglichen. *Kernenergie*, d. h. die von Atomkernen abgestrahlte Energie, kann zur Behandlung von Krebs eingesetzt werden, aber auch selbst die Ursache von Krebs sein.

Die Erhaltung der Energie

Bei der Erörterung von Prinzipien der Energie ist es wichtig, den Unterschied zwischen *offenen* und *geschlossenen* Systemen verstanden zu haben. Ein offenes System ist ein System, das mit seiner Umgebung Energie und Materie austauschen kann, während dies bei einem geschlossenen System nicht möglich ist. Eines der Grundprinzipien der Physik besagt, dass Energie nicht verloren geht. Dies bedeutet, dass die Gesamtenergie eines geschlossenen Systems konstant bleibt. Energie kann zwar von einer Form in eine andere umgewandelt werden, ihr Gesamtbetrag bleibt jedoch immer erhalten. Wenn ein System geschlossen oder isoliert ist, steht es in keinem Wirkungsverhältnis mit irgendetwas außerhalb seiner selbst. Ist ein System hingegen offen, kann es mit seiner Umgebung Energie austauschen. Wenn ein System nicht geschlossen ist, können wir es oft so erweitern, dass diejenigen Objekte dazugehören, die mit dem ursprünglichen System im Energieaustausch stehen. Das Universum kann in seiner Gesamtheit als ein geschlossenes System angesehen werden.

Das Prinzip der Energieerhaltung ist für den menschlichen Körper von großer Bedeutung. Die meisten der bislang erwähnten Energieformen werden vom Körper des Menschen verwendet. Die aus der Nahrung freigesetzte Energie, die in Form potentieller chemischer Bindungsenergie darin enthalten ist, erlaubt uns die Verrichtung mechanischer Arbeit. Um normal funktionieren zu können, erhält unser Körper eine ziemlich konstante Temperatur aufrecht. Wenn wir uns körperlich sehr anstrengen, kann es sein, dass wir überschüssige Wärmeenergie erzeugen, die unser Körper irgendwie loswerden muss. Essen wir zu viel, so wird die in der Nahrung enthaltene Energie als Fettgewebe gespeichert. Wie die gesamte Energie, die unser Körper dazu einsetzt, seine verschiedenen Funktionen auszuführen und auf die Gegenstände in seiner Umgebung einzuwirken, verbraucht wird, lässt sich genauestens erklären.

Leistung

Leistung ist definiert als die in einer bestimmten Zeit erledigte Arbeit. Mathematisch wird dieser Zusammenhang ausgedrückt als

$$P = W/t \tag{8}$$

Da die Einheiten von Arbeit und Zeit das Joule bzw. die Sekunde sind, ist die Einheit der Leistung Joule pro Sekunde, die zu Watt umbenannt wurde, abgekürzt W.

Daher gilt: 1 J/s = 1 W. Es gibt noch eine Reihe anderer Einheiten für Leistung, wie etwa die Pferdestärke (PS) für Motoren und Maschinen, wobei gilt: 1 PS = 746 W, und Kilokalorien pro Sekunde oder Minute oder Stunde, mit denen die Nahrungsaufnahme oder die Stoffwechselrate des Körpers beschrieben wird.

Während der Begriff Leistung mit Hilfe des Begriffs der Arbeit definiert ist, wird er auch verwendet, wenn von der Rate die Rede ist, mit der Energie von einer Form in eine andere umgewandelt wird. So wandelt eine 100-Watt-Glühbirne beispielsweise elektrische Energie mit einer Rate von 100 Joule pro Sekunde in Licht und Wärme um. Die Leistung größerer elektrischer Geräte, wie z. B. von Kühlschränken, wird häufig in der Einheit Kilovoltampere angegeben. Ein Kilovoltampere entspricht einem Kilowatt.

Wirkungsgrad

Eine alternative Art, die Umwandlung von Energie zu beschreiben, verwendet den Begriff der Effizienz oder des Wirkungsgrades. Der Wirkungsgrad wird normalerweise mit Hilfe von Arbeitsertrag und aufgewendeter Energie definiert:

$$\text{Wirkungsgrad} = \text{Arbeitsertrag}/\text{Energieaufwand} \times 100\,\% \tag{9}$$

Motoren, Maschinen, Apparate und andere Geräte werden in der Regel nach ihrer Effizienz bewertet. Diese Bewertung besagt, wie gut ein Gerät, im Vergleich zu der von ihm verbrauchten Energie, seine Aufgabe erfüllt.

Effizienz lässt sich auch anhand der Leistung definieren: durch Vergleich der Eingangsleistung P_{Ein} zur Ausgangsleistung P_{Aus}. Mathematisch lässt sich dies ausdrücken als:

$$\text{Effizienz} = P_{Aus}/P_{Ein} \times 100\,\% \tag{10}$$

Im Fall des menschlichen Körpers liegt der Wirkungsgrad, je nach der besonderen Aktivität, normalerweise bei unter 20 %. Wenn eine Person Arbeit mit einer Effizienz von 20 % verrichtet, so wendet sie fünfmal so viel Energie auf, wie zur Verrichtung der Arbeit erforderlich ist. Derjenige Anteil der Energie, der nicht zur Verrichtung der Arbeit verwendet wird, wird normalerweise in Wärmeenergie umgewandelt. Im Gegensatz dazu verfügen Elektromotoren über einen Wirkungsgrad im Bereich von 80 bis 90 %, obwohl PKWs, ähnlich wie der Körper des Menschen, Wirkungsgrade von 20 % haben.

Temperatur und Wärme

Wenden wir uns nun der Wärmeenergie und dem Temperaturbegriff zu, denn beide sind für das Verständnis der normalen Funktion des menschlichen Körpers von Bedeutung.

Temperatur

Temperatur ist ein Maß für die relative Wärme oder Kälte eines Gegenstandes. Wenn sich ein Gegenstand wärmer als ein anderer anfühlt, so hat er eine höhere Temperatur als der andere Gegenstand. Da die Temperatur eine relative Größe ist, verwenden wir Temperaturskalen, um ihre Messung zu quantifizieren. Zu den am häufigsten verwendeten Temperaturskalen gehören die Skalen von Fahrenheit, Celsius und Kelvin. Die normale Körpertemperatur beträgt 37 °C, 98,6 °F oder 310 K. Bei Atmosphärendruck gefriert Wasser bei 0 °C, 32 °F oder 273 K und kocht bei 100 °C, 212 °F oder 373 K (Abb. 3.4). Zur Umrechnung einer Temperaturangabe in Fahrenheit T_F in eine Angabe in Celsius T_C verwenden wir die folgenden Gleichungen:

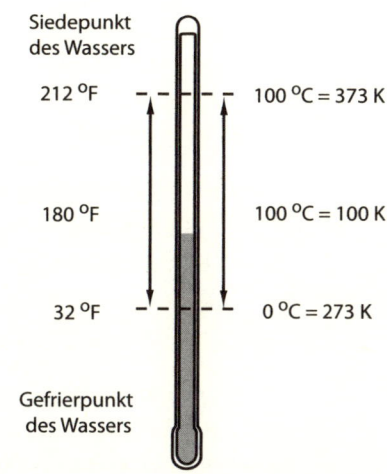

$$T_F = 9/5\ T_C + 32 \tag{11}$$

und

$$T_C = 5/9\ (T_F - 32) \tag{12}$$

Zur Umrechnung einer Temperaturangabe in Celsius T_C in eine Angabe in Kelvin T_K verwenden wir die Gleichung:

$$T_K = T_C + 273 \tag{13}$$

Die Kelvinskala ist eine absolute Skala. Dies bedeutet, dass sie mit null beginnt und keine negativen Werte hat. Frühe Hinweise auf diese absolute Skala fand man bei Untersuchen von Gasen, bei denen der Druck eines eingeschlossenen Gases gemessen wurde, während man die Temperatur senkte. Man stellte fest, dass mit sinkender Temperatur der Druck ebenfalls abfiel. An einem bestimmten Punkt kondensiert das Gas zu einer Flüssigkeit und der Druck sinkt auf null. Oberhalb dieses Drucks besteht jedoch eine lineare Abhängigkeit des Drucks von der Temperatur. Zieht man eine gerade Linie und verlängert sie bis zu dem Punkt, an dem die Temperatur auf null sinkt, so stellt man fest, dass dies bei −273 °C geschieht. Dieser Punkt wurde zum absoluten Nullpunkt der Kelvinskala.

Temperaturänderung

Die relativen Größen eine Grades der Fahrenheit-, Celsius- und Kelvinskala können miteinander verglichen werden. Da es zwischen dem Siede- und dem Gefrierpunkt von Wasser 180 Grade der Fahrenheitskala gibt (212 −32 = 180), jedoch nur 100 Celsiusgrade, umfasst ein Celsiusgrad einen größeren Temperaturbereich als

▲ Abb. 3.4

Thermometer zeigen die Temperatur eines Gegenstandes an. Die Abbildung zeigt einen Vergleich des Siede- und Gefrierpunktes von Wasser in den Skalen von Celsius (°C), Fahrenheit (°F) und Kelvin (K) sowie des *Temperaturunterschieds* zwischen diesen beiden Punkten in der jeweiligen Skala.

ein Grad Fahrenheit. Hieraus ergibt sich, dass zwischen einer Temperaturänderung in der Celsiusskala, ΔT_C, und einer Temperaturänderung in der Fahrenheitskala, ΔT_F, die folgende Beziehung besteht:

$$\Delta T_C = 5/9 \, \Delta T_F \tag{14}$$

Ein Grad Celsius hat denselben Umfang wie ein Grad Kelvin, sodass eine Temperaturänderung in der Celsiusskala einer Temperaturänderung in der Kelvinskala, ΔT_K, entspricht bzw.:

$$\Delta T_C = \Delta T_K \tag{15}$$

Obwohl die Einheiten für die Temperatur und die Temperaturänderung bei den Fahrenheit- und Celsiusskalen leicht voneinander abweichen, ist die Einheit auf der Kelvinskala für beide identisch (K).

Wärme

Weiter oben hatten wir Wärme als Energie definiert, die sich aufgrund eines Temperaturunterschieds im Übergang von einem Objekt auf ein anderes befindet. Strahlt ein Objekt Wärmeenergie ab, so nimmt seine innere Energie ebenfalls ab. Wird die Wärme von einem anderen Objekt aufgenommen, so steigt dessen innere Energie. Die Wärme geht von dem einen auf das andere Objekt über, bis die Temperatur beider Objekte identisch ist. Dies bedeutet nicht, dass die innere Energie beider Objekte dieselbe ist, denn diese hängt von der *Art* und *Menge* des Materials der beiden Objekte ab.

Besteht die Möglichkeit eines Wärmeaustauschs zwischen zwei Objekten, so sagt man, dass sie sich in *thermischem Kontakt* befinden. Ein physischer Kontakt ist dazu nicht erforderlich. Dies ist zum Beispiel bei der Wärmeübertragung der Sonne auf die Erde der Fall. Haben beide Objekte dieselbe Temperatur, so findet zwischen ihnen keine Nettoübertragung von Wärmeenergie statt, und sie befinden sich in einem *thermischen Gleichgewicht*.

Stellen Sie sich beispielsweise vor, auf dem Tisch in Ihrem Zimmer steht eine kalte Dose eines Erfrischungsgetränks. Das Getränk ist sehr wahrscheinlich kälter als ihr Zimmer, sodass Wärmeenergie vom Zimmer auf das Getränk übertragen wird, wodurch sich seine Temperatur erhöht. Stünde stattdessen eine Tasse mit heißem Kaffee in ihrem Zimmer, wird Wärmeenergie vom Kaffee auf die Luft im Zimmer übertragen, und er wird kälter. Während die Zimmerluft Wärme aufnimmt oder verliert, ändert sie gleichzeitig ihre Temperatur. Sie können dies feststellen, indem Sie ihre Hände in die Nähe der Dose oder Tasse bringen. Die Zimmertemperatur wird sich jedoch nur geringfügig ändern, da die Luftmenge in dem Zimmer im Vergleich zum Volumen der Dose oder Tasse so viel größer ist. Außerdem befindet sich in dem Zimmer vielleicht eine Quelle warmer oder kalter Luft, die dazu dient, die Zimmertemperatur konstant zu halten.

Wird Wärmeenergie von einem Objekt aufgenommen oder abgestrahlt, kommt es normalerweise zu einer Temperaturänderung. Dies ist jedoch nicht immer der Fall, da die Temperaturänderung des Objekts einen Phasenübergang bewirken kann. Wenn beispielsweise

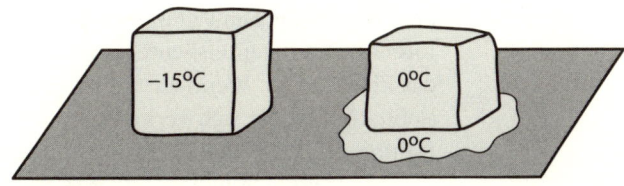

ein Eiswürfel mit einer Temperatur von 0 °C Wärmeenergie aufnimmt, beginnt er bei der Temperatur von 0 °C zu Wasser zu schmelzen (Abb. 3.5). Befindet sich ein Topf mit Wasser am Siedepunkt von 100 °C, steigt seine Temperatur nicht weiter, obwohl Sie ihm ständig weitere Wärmeenergie zuführen (Abb. 3.6).

Durchläuft ein Objekt während einer Erwärmung oder Abkühlung eine Temperaturänderung und einen Phasenübergang, finden beide Änderungen nacheinander statt. Im Gefrierfach meines Kühlschranks herrscht ständig eine Temperatur von −15 C. Wenn ich einen Eiswürfel in Zimmertemperatur bringe, wird Wärme aus dem Zimmer auf den Eiswürfel übertragen. Wenn die von dem Eiswürfel aufgenommene Wärme gleichmäßig darin verteilt wird, erwärmt sich der gesamte Würfel, bis er eine Temperatur von 0 °C erreicht. Wird weitere Wärmeenergie aufgenommen, beginnt der Eiswürfel zu schmelzen. Seine Temperatur bleibt bei 0 °C, während das Eis bei 0 °C zu Wasser wird (wiederum so lange, wie die Wärmeenergie sich gleichmäßig darin verteilt) (siehe Abb. 3.5). Danach erwärmt sich das Wasser (das geschmolzene Eis), bis es die Zimmertemperatur erreicht hat.

Eine ähnliche Situation liegt vor, wenn ich Spaghetti kochen möchte. Ich fülle einen Topf mit Wasser von etwa 20 °C und stelle ihn auf die Herdplatte. Die Platte wird sehr heiß, sodass Wärmeenergie von der Platte über den Boden des Topfes in das Wasser gelangt. Zunächst erwärmt sich das Wasser von 20 °C bis auf 100 °C, wenn die Wärmeenergie gleichmäßig im Wasser verteilt wird. Danach beginnt es zu kochen und seine Temperatur bleibt bei 100 °C, während es kocht (siehe Abb. 3.6). Wenn der Wasserdampf eingefangen werden könnte, würde seine Temperatur in dem Maße weiter ansteigen, wie weitere Wärmeenergie aufgenommen würde. Normalerweise verteilt er sich jedoch einfach in der Umgebung. In Kraftwerken wird mit heißem Dampf Elektrizität erzeugt.

Doch was hat all dies mit dem Körper des Menschen zu tun? Der Körper des Menschen unterliegt keinem Phasenübergang, sondern lediglich einer Temperaturänderung. Doch andere Stoffe, die mit dem Körper in Kontakt kommen, können natürlich einem Phasenübergang ausgesetzt sein. Angenommen, Sie haben sich das Fußgelenk verstaucht und legen einen Eisbeutel darauf, um den Schmerz zu

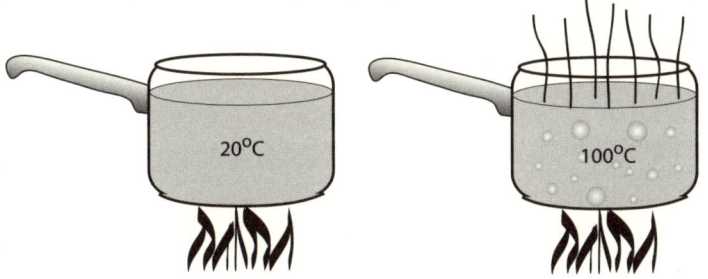

▲ Abb. 3.5

Wärmeübertragung auf einen Eiswürfel. Ein aus einem Tiefkühlschrank genommener Eiswürfel muss sich, da seine Temperatur unter dem Gefrierpunkt liegt, zunächst auf 0 °C erwärmen. Nimmt der Eiswürfel anschließend weitere Wärmeenergie auf, schmilzt das Eis und wird zu Wasser mit einer Temperatur von 0 °C.

◄ Abb. 3.6

Wärmefluss in einem Topf mit Wasser. Wenn einem Topf auf dem Herd Wärmeenergie zugeführt wird, erhitzt er sich, bis das Wasser kocht. Eine weitere Wärmezufuhr resultiert dann in keiner weiteren Erwärmung, sondern das kochende Wasser behält die Temperatur von 100 °C.

lindern und die Schwellung zu verringern. In diesem Fall wird Wärmeenergie aus Ihrem Fuß auf den Eisbeutel übertragen, wodurch sich Ihr Fußgelenk abkühlt und das Eis schmilzt. Wenn auf Ihrem Herd ein geschlossener Topf kochendes Wasser steht, können Sie sich verbrennen, wenn Sie den Deckel abheben und der heiße Dampf mit Ihrer Haut in Berührung kommt.

Eine weitere Situation, bei er es zu einem Phasenübergang kommt, ist die Verdunstung von aus der Haut oder den Luftwegen, besonders der Mundhöhle, austretender Feuchtigkeit. Wasser verdunstet, wenn es vom flüssigen in den gasförmigen Zustand übergeht. Während kochendes Wasser ebenfalls vom flüssigen in den gasförmigen Zustand übergeht, geschieht die Verdunstung deutlich unterhalb des Siedepunktes. Dennoch ist Verdunstung ein Vorgang, der mit einer Abkühlung einhergeht, denn die Wassermoleküle, die die flüssige Phase verlassen, nehmen einen Teil ihrer Energie mit. Hierdurch verringert sich die innere Energie des zurückbleibenden Wassers und seine Temperatur sinkt. Auch die Wärmeenergie des Körpers kann die zur Verdunstung benötigte Energie liefern. Die Absonderung von Schweiß, die anschließend zu seiner Verdunstung führt, ist eine sehr wichtige Funktion zur Regulierung der Körpertemperatur.

Da es sich bei Wärme um eine bestimmte Form der Energie handelt, werden eine Reihe verschiedener Energieeinheiten dafür verwendet. Die wissenschaftliche Einheit ist das Joule (J). Sie erleichtert es, die Wärmeenergie mit anderen Formen der Energie und mit quantitativen Angaben zum Umfang von Arbeit zu vergleichen.

Zu den sonstigen, häufig verwendeten Einheiten für die Wärmeenergie gehören die Kalorie (cal) und die Kilokalorie (kcal). Eine Kilokalorie entspricht 1000 Kalorien und 4186 J. Zur Angabe der in Nahrungsmitteln enthaltenen Energie wird in englischsprachigen Ländern „Calorie" mit einem großen „C" verwendet. Sie ist mit einer Kalorie nicht identisch, sondern tatsächlich entspricht eine Calorie einer Kilokalorie oder 1000 Kalorien. Dies kann etwas verwirrend sein und es ist wichtig, diesen Unterschied und seine korrekte Verwendung zu kennen. Zusammenfassend können wir daher feststellen:

1 kcal = 1000 cal = 1 Cal = 4186 J

Eine Kilokalorie ist als die Wärmemenge definiert, die erforderlich ist, um die Temperatur von 1 kg Wasser um ein Grad Celsius oder ein Grad Kelvin zu erhöhen (genauer: von 14,5 °C auf 15,5 °C bei einem Druck von einer Atmosphäre). Eine Kalorie ist als diejenige Wärmemenge definiert, die benötigt wird, um die Temperatur von 1 g Wasser um ein Grad Celsius oder ein Grad Kelvin zu erhöhen (wiederum von 14,5 °C auf 15,5 °C bei einem Druck von einer Atmosphäre).

Spezifische und latente Wärme

Die Wärmemenge, die man benötigt, um die Temperatur eines bestimmten Materials zu erhöhen oder zu verringern, oder die Wärmemenge, die erforderlich ist, um einen bestimmten Stoff zu schmelzen oder zu verdampfen, lässt sich anhand von zwei Parametern angeben: der spezifischen und der latenten Wärme. Die spezifische Wärme c eines Stoffes wird mit Hilfe der dem Objekt zugeführten oder entzogenen Wärmemenge Q, geteilt durch seine Masse m und die Änderung seiner Temperatur ΔT definiert:

$$c = Q/m\Delta T \tag{16}$$

Diese Gleichung lässt sich umstellen zu:

$$Q = mc\Delta T \tag{17}$$

Die spezifische Wärme von Wasser ist 1 kcal/(kg °C), da die Temperatur von einem Kilogramm Wasser sich um ein Grad ändert, wenn ihm 1 kcal Wärmeenergie hinzugeführt oder entzogen wird. Die durchschnittliche spezifische Wärme von menschlichem Gewebe beträgt etwa 0,84 kcal/(kg °C), obwohl es Unterschiede zwischen Fett- und Muskelgewebe, dem Blut und den Organen gibt. Die spezifische Wärme verschiedener Gewebearten ist in Tabelle 3.1.[1,2,3] aufgeführt. Wasser hat eine relativ hohe spezifische Wärme, weshalb es sich nur langsam erwärmt oder abkühlt. Heiße Lebensmittel, die sehr viel Wasser enthalten, wie beispielsweise eine Pizza oder eine gekochte Kartoffel, enthalten eine große Wärmemenge und Sie können sich daran die Zunge verbrennen. Der hohe Wasseranteil des menschlichen Körpers verhindert, dass er zu schnell auskühlt oder sich erwärmt.

◀ **Tab. 3.1**

Spezifische Wärme menschlicher Gewebe
Quellenangaben:
T. R. Gowrishankar, Donald A. Stewart, Gregory T. Martin, and James C. Weaver. 2004. Transport lattice models of heat transport in skin with spatially heterogeneous, temperature- dependent perfusion. *BioMedical Engineering OnLine* 3: 42.
D. A. Torvi and J. D. Dale. 1994. A finite element model of skin subjected to a flash fire. ASME J. Biomech. Eng. 116: 250–255.
† Quellenangabe: K. Giering, I. Lamprecht, O. Minet, and A. Handke. 1995. Determination of the specific heat capacity of healthy and tumorous human tissue. *Thermochimica Acta* 251: 199–205.

Gewebe	Spezifische Wärme (J/(kg K))	Spezifische Wärme (kcal/(kg °C))
Oberhaut (Epidermis)*	3590	0,86
Lederhaut (Dermis)*	3300	0,79
subkutanes Gewebe*	2675	0,64
Blut*	3770	0,90
Leber†	3620	0,86
Lunge†	3890	0,93
Muskel†	3540 bis 3800	0,85 bis 0,91
Durchschnitt	3500	0,84

Als latente Wärme L bezeichnet man die Wärmemenge, die einer bestimmten Masse eines Stoffes hinzugefügt oder entzogen werden muss, um eine Phasenumwandlung herbeizuführen. Mathematisch wird die latente Wärme ausgedrückt als

$$L = Q/m \tag{18}$$

oder

$$Q = mL \tag{19}$$

Das Wort *latent* hat die Bedeutung „verborgen", was darauf hinweist, dass es zu keiner Temperaturänderung kommt, während einem Objekt, das eine Phasenumwandlung erfährt, Wärmeenergie hinzugefügt oder entzogen wird. Es gibt zwei Arten latenter Wärme: eine, die sich auf den Übergang von fest zu flüssig bezieht und als latente Schmelzwärme bezeichnet wird, L_f, sowie eine andere, die sich auf den Übergang von flüssig zu gasförmig bezieht und als latente Verdampfungswärme, L_v, bezeichnet wird.

Die latente Schmelzwärme von Wasser beträgt 80 kcal/ kg und seine latente Verdunstungswärme 540 kcal/ kg. Mit anderen Worten: Um 1 kg Wasser (1 Liter) einer Temperatur von 0 °C in Eis umzuwandeln, müssen ihm 80 kcal Wärmeenergie entzogen werden, oder um 1 kg Eis mit einer Temperatur von 0 °C in Wasser umzuwandeln, müssen ihm 80 kcal Wärmeenergie hinzugefügt werden. Ferner verfügt 1 kg Wasserdampf einer Temperatur von 100 °C über 540 kcal mehr Wärmeenergie als 1 kg flüssiges Wasser mit der Temperatur 100 °C. Diese Tatsache erklärt, warum man sich so leicht verbrennen kann, wenn man mit heißem Wasserdampf in Kontakt kommt: Er enthält so viel Energie.

Nun gefriert oder kocht der menschliche Körper normalerweise nicht, auch wenn wir uns manchmal so aufregen können, dass es unser Blut zum Kochen bringt! Wenn ein Körperteil extrem niedrigen Temperaturen ausgesetzt ist, kann dies jedoch zu Erfrierungen oder Frostbeulen führen. Dies geschieht meistens an den Händen, den Füßen, der Nase oder den Ohren, wo die Zirkulation des warmen Blutes bei extremer Kälte eingeschränkt ist. Wenn der Körper überhitzt ist, zum Beispiel bei einem Fieber oder als Folge von übermäßiger Anstrengung, reagiert er darauf mit der Absonderung von Schweiß. Die Wärmemenge, die zu seiner Verdunstung benötigt wird, ist dieselbe, die kochendem Wasser zugeführt werden muss, um es in Wasserdampf umzuwandeln. Daher wird dem Körper bei der Verdunstung von Schweiß eine große Wärmemenge entzogen.

Die Erhaltung der Wärmeenergie

Im Zusammenhang von Wärmeenergie und Thermodynamik ist die *Kalorimetrie* ein wichtiges Thema. Hierbei handelt es sich um eine Technik, bei der zwei oder mehr Objekte mit unterschiedlicher Temperatur von der Umgebung isoliert und miteinander in thermischen Kontakt gebracht werden. Die Wärmeenergie fließt von den wärmeren zu den kälteren Objekten, bis sie dieselbe Temperatur haben und kein weiterer Nettowärmeaustausch mehr zwischen ihnen erfolgt. (Sie befinden sich dann in einem thermischen Gleichgewicht.) Die Grundvoraussetzung ist hierbei das Prinzip der Energieerhaltung: Die von den wärmeren Objekten abgegebene entspricht der von den kälteren Objekten aufgenommene Wärmeenergie. Hierbei handelt es sich um einen scheinbar einfachen Gedanken, doch dieses Konzept erlaubt die Bestimmung physikalischer Eigenschaften eines Objekts, wie zum Beispiel seiner Masse, Temperatur oder spezifischen Wärme.

Bei ihrer Anwendung auf den Körper des Menschen ist die Kalorimetrie eine Methode, mit der der Energiefluss innerhalb des Körpers oder zwischen dem Körper und Gegenständen der Außenwelt verfolgt werden kann. Kehren wir noch einmal zu dem Beispiel des Eisbeutels auf dem geschwollenen Fußgelenk zurück. Das Prinzip der Erhaltung der Energie besagt, dass die Wärmemenge, die dem Fußgelenk entzogen wird, der Wärmemenge entspricht, die der Eisbeutel aufnimmt. Wenn Sie sich an dem aus einem kochenden Wassertopf entweichenden Dampf verbrennen, so muss die von ihrer Haut aufgenommene Wärmeenergie der Wärmemenge entsprechen, die der Dampf abgibt, während dieser sich abkühlt und/oder kondensiert. Die hier beschriebene Methode erlaubt die Vorhersage, eine wie große Hautfläche betroffen sein könnte, oder wie viel Eis oder Wasserdampf zu der Abkühlung oder Verbrennung geführt hat. Es lässt sich dann auch berechnen, wie lange etwa der Eisbeutel aufgelegt bleiben sollte bzw. welchen Grad eine Verbrennung haben wird.

Schauen wir uns nun ein konkretes Beispiel an, um zu zeigen, wie diese Methode eingesetzt werden kann. Nehmen wir an, Sie haben sich das Fußgelenk verstaucht und man rät Ihnen, die Verletzung durch das Auflegen eines Eisbeutels zu behandeln. Das Eis kühlt das Gewebe einschließlich der Blutgefäße, die sich dadurch zusammenziehen. Hierdurch nimmt der Blutfluss ab, was zum Rückgang der Schwellung und des Blutergusses führt. Gehen wir weiter davon aus, dass die Masse des abzukühlenden Bereichs 0,250 kg beträgt und dass der Eisbeutel, der eine Temperatur von 0 °C hat, den Bereich von der normalen Körpertemperatur (37 °C) auf 5 °C abkühlt. Mit Hilfe der spezifischen Wärme von Gewebe (0,84 kcal/(kg °C)) können wir aufgrund des Prinzips der Energieerhaltung berechnen, wie viel Eis benötigt wird:

$$Q_{\text{dem Fuß entzogen}} = Q_{\text{vom Eis aufgenommen}},$$
$$|mc\Delta T|_{\text{Fuß}} = |mL_f|_{\text{Eis}},$$
$$(0{,}25 \text{ kg}) (0{,}84 \text{ kcal/(kg °C)}) (37°C - 5°C) = m_{\text{Eis}} (80 \text{ kcal/kg}),$$
$$m_{\text{Eis}} = 0{,}084 \text{ kg}$$

Dies entspricht 0,084 Liter oder 84 Milliliter oder etwa sechs Eiswürfeln aus meinem Kühlschrank. Bei der Lösung dieses Problems haben wir eine Reihe idealisierender Annahmen gemacht, die in Wirklichkeit nicht zutreffen: Die Gesamtfläche des Fußgelenks kühlt sich nicht im selben Maße ab, die Hautoberfläche kann sich bis fast auf 0 °C abkühlen, das Innere des Fußgelenks kann wärmer als 37 °C sein, häufig wird mehr Eis verwendet und nicht alles Eis kommt mit der Haut in Berührung, der Eisbeutel nimmt Wärme aus der Umgebung auf usw. Dennoch veranschaulicht dieses Gedankenexperiment sehr gut, mit welchen Zahlen man bei einer Anwendung des Prinzips der Energieerhaltung in einem typischen Fall rechnet.

Methoden des Wärmeflusses

Wir haben bisher besprochen, wie einem Objekt Wärmeenergie zugeführt oder entzogen werden kann. Mit welchen verschiedenen Methoden lässt sich dies erreichen? Es gibt drei Methoden der Übertragung von Wärmeenergie: *Konduktion*, *Konvektion* und *Strahlung*. Die verschiedenen Arten, einem Objekt Wärme zuzuführen oder zu entziehen, basieren auf diesen drei Methoden. Häufig ist mehr als eine dieser Methoden an einer Übertragung von Wärmeenergie beteiligt. Wir werden uns im Folgenden einige Beispiele genauer ansehen.

Als Konduktion bezeichnet man die Methode der Wärmeübertragung, bei der Wärmeenergie als Ergebnis der Wechselwirkung und Kollision zwischen den Atomen und Molekülen in einem Objekt durch dieses Objekt fließt. Hat eine Seite eines Gegenstandes eine höhere Temperatur als die andere, so bewegen sich die Atome und Moleküle auf dieser Seite mit einer größeren Geschwindigkeit, indem sie in einer relativ konstanten Position hin und her schwingen. Dies gilt besonders für Festkörper. Während ihrer Schwingung interagieren und kollidieren diese Atome und Moleküle mit den Atomen und Molekülen in ihrer Nähe. Sie verleihen ihnen dadurch zusätzliche Energie, die zur Erhöhung ihrer Temperatur führt. Diese kollidieren nun ebenfalls mit den Atomen und Molekülen in ihrer Nähe und verleihen diesen mehr Energie. Während die Wärmeenergie durch das Objekt fließt, wiederholt sich dieser Vorgang. Wird an einem Ende des Objekts eine relativ hohe und am anderen eine relativ niedrige Temperatur aufrechterhalten, kommt es zu einem kontinuierlichen, gleichmäßigen Wärmefluss (Abb. 3.7). Konduktion kommt auch in Flüssigkeiten und Gasen vor, am leichtesten beobachten lässt sie sich jedoch in Festkörpern, besonders Metallen. Wenn Sie beispielsweise einen metallenen Löffel in einen Topf mit kochendem Wasser halten, würde sich sein außerhalb des Wassers befindliches Ende so stark erwärmen, dass Sie sich daran verbrennen könnten.

Das Grundprinzip der Wärmeübertragung in Fluiden (Flüssigkeiten und Gasen) ist die Konvektion. Dabei handelt es sich um die Bewegung wärmerer Teile des Fluids in einen kühleren Bereich. Das Ergebnis ist, dass „warme" Atome und Moleküle mit „kalten" Atomen und Molekülen kollidieren, hierdurch mehr Energie auf sie übertragen und auf diese Weise ihre Temperatur erhöhen. Eine Konvektion kann als natürlicher Vorgang erfolgen oder erzwungen werden.

Zu einer natürlichen Konvektion kommt es, wenn ein warmes Fluid, das eine geringere Dichte hat, nach oben steigt, da es einen stärkeren Auftrieb als ein kaltes Fluid hat. Ein Topf mit Wasser fängt schließlich an zu kochen, weil die Wärmeenergie durch natürliche Konvektion darin verteilt wird (Abb. 3.8). Ein Heizkörper kann ein Zimmer erwärmen, weil die warme Luft in seiner Nähe nach oben steigt und sich mit der kälteren Luft vermischt. Wird warme oder kalte Luft von einem Ventilator bewegt, handelt es sich um eine erzwungene Konvektion, z. B. bei der Erwärmung oder Kühlung eines Hauses oder anderen Gebäudes oder wenn ein elektronisches Gerät wie ein Computer oder Videorekorder von einem Lüfter gekühlt wird. Konvektionsöfen sind ein weiteres Beispiel. In solchen Öfen wird die warme Luft durch ein Gebläse verteilt.

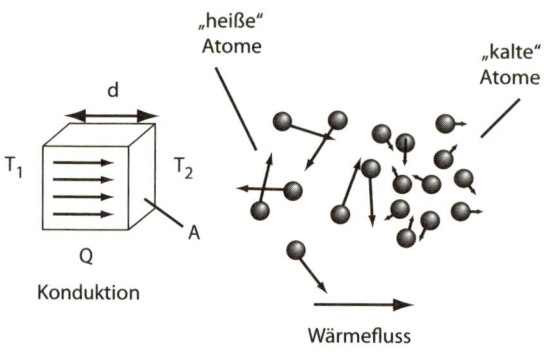

„heiße" Atome

„kalte" Atome

Konduktion

Wärmefluss

Abb. 3.7 ▲

Konduktion von Wärmeenergie. Die Wärmeübertragung Q durch ein Objekt mit Hilfe von Konduktion hängt vom Wärmeunterschied $T_1 - T_2$ zwischen den Seiten des Objekts, vom Querschnittsbereich A, von der Dicke d des Objekts sowie von seiner Wärmeleitfähigkeit ab. Bei der Konduktion kommt es zum Zusammenstoß von schnellen, „heißen" mit langsamen, „kalten" Molekülen, wodurch auf diese Energie übertragen wird. Dadurch, dass sich dieser Vorgang fortsetzt, kommt es zum Wärmefluss durch das Objekt.

Strahlung ist eine Art der Wärmeübertragung, die stattfindet, ohne dass die
Wärme dabei durch ein Objekt fließt. Die
Strahlungsenergie der Sonne gelangt durch
das Vakuum des Weltraums auf die Oberfläche der Erde. Wärmeenergie wird von
der Sonne auf die Erde übertragen, ohne
dass sich ein Medium zwischen ihnen befindet (Abb. 3.9). Wenn Sie Ihre Hände in
die Nähe einer brennenden Glühbirne halten, spüren Sie die abgestrahlte Wärme.

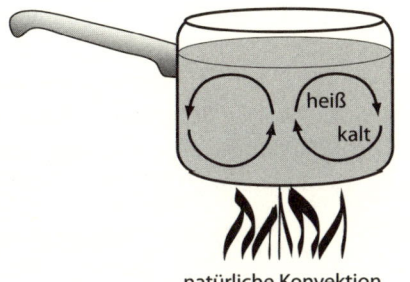

◀ Abb. 3.8

Konvektion von
Wärmeenergie.
Wärmefluss
durch Konvektion
kommt in Fluiden
(Flüssigkeiten und
Gasen) vor, wenn
sich warme mit
kalten Molekülen
vermischen.
Konvektion kann
entweder aufgrund
einer natürlichen
Durchmischung
stattfinden oder
erzwungen werden,
z. B. wenn ein
Heizgerät warme
Luft in ein kaltes
Zimmer bläst, um es
aufzuwärmen.

Zwar geben auch kältere Objekte Strahlungsenergie ab, doch gibt es einen Netto-
wärmestrom vom wärmeren zum kälteren Objekt.

Bei verschiedenen Vorgängen finden häufig mehrere Formen der Wärmeübertragung gleichzeitig statt. Schauen wir uns noch einmal das Beispiel des kochenden Wassertopfs an. Für das Wasser im Topf ist Konvektion die Hauptform
der Wärmeübertragung (obwohl auch Konduktion stattfindet). Das Wasser über
dem Boden des Topfes erwärmt sich, steigt aufgrund seiner verringerten Dichte
nach oben und vermischt sich mit dem kälteren Wasser nahe der Oberfläche. Das
kältere Wasser bewegt sich zum Boden des Topfes, erwärmt sich und steigt dann
auf und vermischt sich mit dem kälteren Wasser. Dieser Prozess hält an, bis alles
Wasser im Topf die Temperatur 100 °C hat. Wenn das Wasser am Topfboden nun
noch weitere Wärmeenergie aufnimmt, wird es zu Wasserdampf, der in Form von
Gasblasen zur Oberfläche steigt.

Doch wie wird der Boden des Topfes eigentlich selbst erhitzt? Die Außenseite
des Topfbodens ist wesentlich heißer, da sie die Heizplatte des Herds berührt. Die
Innenseite des Topfbodens hat die Temperatur des Wassers, sodass Wärmeenergie
durch den Metallboden von der Herdplatte zur Innenseite des Topfes und so auf
das Wasser übertragen wird, das den Topfboden berührt. Durch Konduktion erwärmt sich das Wasser, und diese Erwärmung führt dann zu einer Konvektion.
Ich erinnere mich noch daran, wie ich vor ein paar Jahren das Wasser aus einem
Topf gekochter Spaghetti abschütten wollte. Dabei griff ich in das Spülbecken, um
etwas herauszuholen, und mein Arm berührte den Topfboden. Die Folge war eine
schwere Verbrennung. Die Narbe habe ich heute noch.

Bei einer sehr heißen Ofenplatte oder vor einem
brennenden Kamin können Sie die Wärmeübertragung in allen drei Formen beobachten. Die Wärmestrahlung können Sie spüren, wenn Sie Ihre Hände
in die Nähe der Wärmequelle halten. Halten Sie Ihre
Hände über die Wärmequelle, so können Sie feststellen, dass durch Konvektion warme Luft aufsteigt, und
die Wärmeleitung durch Konduktion können Sie fühlen, wenn Sie einen metallenen Gegenstand mit der
Wärmequelle in Kontakt bringen.
Man kann die Menge der durch Konduktion übertra-
genen Wärmeenergie anhand des folgenden Modells

▼ Abb. 3.9

Wärmestrahlung. Zu
einer Wärmeüber-
tragung durch
Strahlung kommt
es, wenn elektroma-
gnetische Strahlung
von einem heißen
Objekt abgegeben
und von einem
kalten Objekt aufge-
nommen wird.

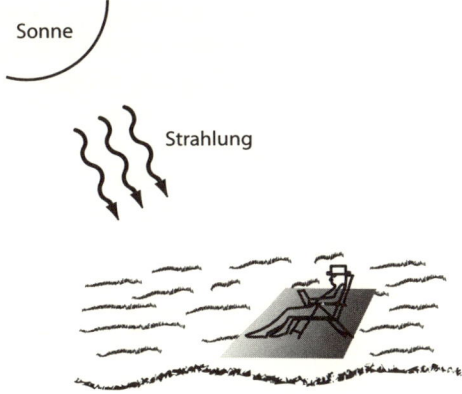

berechnen. In welchem Umfang Wärmeenergie durch ein Objekt eines bestimmten Stoffes übertragen wird (Q/t), hängt von mehreren Parametern ab: vom Wärmeunterschied ΔT zwischen den Seiten des Objekts, vom Querschnittsbereich A, von der Dicke d des Objekts, durch das die Wärme geleitet wird, sowie von seiner *Wärmeleitfähigkeit* k, die von der Art des Stoffes abhängt. Mathematisch kann man dieses Modell durch folgende Gleichung ausdrücken:

$$Q/t = k \times A\Delta T/d \qquad (20)$$

Dieser Gleichung lässt sich entnehmen, dass der Wärmefluss umso stärker ist, je größer der Temperaturunterschied ist (bei fehlendem Temperaturunterschied fließt keine Wärmeenergie). Außerdem zeigt sie, dass ein größerer Querschnittsbereich und ein kleiner Abstand einen stärkeren Wärmefluss zur Folge haben. Materialien mit einer hohen Wärmeleitfähigkeit, wie zum Beispiel Metalle, leiten die Wärme sehr gut, während Isolatoren eine sehr niedrige Wärmeleitfähigkeit haben. Im Folgenden werden wir ein Beispiel hierfür im menschlichen Körper kennen lernen.

Energie und der Körper

Wir sind nunmehr beim Hauptthema dieses Kapitels angelangt: der Rolle der Energie im Körper des Menschen. Wir haben uns eine Zeitlang mit einer Reihe grundlegender physikalischer Theorien beschäftigt und einige von ihnen mit dem Körper des Menschen in Beziehung gesetzt. In den folgenden Erläuterungen werden wir diese Energiebegriffe anhand zahlreicher Beispiele auf makroskopischer und mikroskopischer Ebene anwenden.

Eines der wichtigsten physikalischen Prinzipien, das man sich stets vor Augen halten sollte, ist der Grundsatz von der Erhaltung der Energie. Er besagt, dass Energie weder geschaffen noch zerstört, sondern nur von einer Form in eine andere umgewandelt werden kann. In einer alternativen Form besagt dieser Grundsatz, dass die Gesamtenergie eines geschlossenen Systems konstant bleibt. In einer dritten Form besagt er, dass jegliche Energie, die einem System zugeführt wird oder das System verlässt, berücksichtigt werden muss, wenn man nach der Größe der Gesamtenergie fragt. Erinnern wir uns daran, dass Energie und Arbeit eng zusammenhängen: Wenn ein Objekt Arbeit verrichtet, verliert es Energie. Wird Arbeit an einem Objekt verrichtet, so nimmt seine Energie zu. Arbeit spielt also ebenfalls eine wichtige Rolle.

Wendet man das Prinzip von der Erhaltung der Energie auf den menschlichen Körper an, so ergibt sich als Grundsatz, dass die vom Körper aufgenommene Energie der Energie entspricht, die der Körper aufwendet oder abgibt. Nahrung ist die Energiequelle unseres Körpers. Der Körper verwendet diese Energie zur Verrichtung von (makroskopischer und mikroskopischer) Arbeit, wandelt sie in Wärme um und/oder speichert sie längerfristig als Fett oder kurzfristig in Form von Glykogen, um sie für seine Zellen verwenden zu können.

Wenn wir uns mit der Energie des Körpers beschäftigen, seiner Aufnahme und Abgabe von Energie, ziehen wir keine externen Energiequellen in Betracht, sofern wir dies nicht ausdrücklich feststellen. Nehmen wir an, ein Aufzug hebt eine Person vom ersten in den vierten Stock eines Gebäudes. In diesem Fall verrichtet der Aufzug an der Person Arbeit. Die Person verfügt während der Bewegung über kinetische Energie und gewinnt potentielle Gravitationsenergie. Doch diese Arbeit ist dem Körper äußerlich. Steigt die Person hingegen selbst die Treppen vom ersten in den vierten Stock, verrichtet sie Arbeit. Der Körper verwendet Energie, um diese Arbeit leisten zu können. Sie stammt aus der Nahrung, die die Person zu sich genommen hat. Eine weitere externe Energiequelle liegt vor, wenn jemand ein Heizgerät verwendet, um nicht zu frieren, da in diesem Fall vom Körper Wärme aufgenommen wird. Außerdem berücksichtigen wir keine unverdaute Nahrung, da sie dem Körper keine Energie liefert.

Energie aus der Nahrung

Unsere Nahrung ist die Energiequelle unseres Körpers, die es ihm ermöglicht, Arbeit zu verrichten und seine normalen Funktionen auszuführen. Die Nahrungsenergie ist eine in chemischen Bindungen gespeicherte potentielle Energie. Die Einheit für die in Nahrungsmitteln enthaltene Energie ist die Kalorie. Dieses Wort hat zwei Bedeutungen. Es kann damit eine Kalorie (1 cal, eine kleine Kalorie) oder eine Kilokalorie (1 kcal, eine große Kalorie) gemeint sein. Eine große Kalorie entspricht daher 1000 kleinen Kalorien. Der von mir soeben gegessene Schokoladenriegel enthielt, nach seiner Verpackung, 130 kcal. Ein großer Hamburger „mit allem, was dazugehört" kann bis zu 1000 kcal enthalten, doch ein Diätgetränk enthält 0 kcal. Nebenbei bemerkt, basieren die meisten auf der Verpackung von Lebensmitteln angegebenen Nährwerte auf einer Diät von 2000 kcal pro Tag.

Die Energie in Lebensmitteln stammt aus drei verschiedenen Quellen: aus Kohlenhydraten, Lipiden (Fetten) und Proteinen (Eiweißen), die insgesamt als Nährstoffe bezeichnet werden. Diese drei Nährstoffe machen den größten Teil dessen aus, was wir zu uns nehmen, wenn wir Lebensmittel essen. Zu den sonstigen Nährstoffen gehören Vitamine und Mineralien, die nur in sehr geringen Mengen benötigt werden, und Wasser, das für viele verschiedene Funktionen des Körpers wichtig ist. Die Nährstoffe in der Nahrung werden für das Wachstum des Körpers, zur Erhaltung seiner Gesundheit, für seine Reparatur und zur Verrichtung von Arbeit verwendet.

Kohlenhydrate (Zucker, Stärke und Fasern) werden fast ausschließlich aus Pflanzen gewonnen. Zucker und Stärke werden verdaut, um sie in Glukose umzuwandeln, die von den Zellen zur Herstellung von Adenosintriphosphat (ATP) verwendet wird. ATP ist eine chemische Verbindung, die ihre Energie freisetzt, um sie den Zellen des Körpers zur Verfügung zu stellen. Fasern nehmen wir in zwei Formen zu uns: in einer unlöslichen, die uns hilft, Endprodukte des Stoffwechsels auszuscheiden, und in einer löslichen, die uns hilft, den Cholesterinspiegel des Blutes zu senken. Ein Gramm Kohlenhydrate erzeugt im Körper etwa 4 kcal Energie.

Lipide oder Fette haben mehrere Verwendungszwecke im Körper des Menschen. Sie helfen unter anderem bei der Aufnahme und Speicherung von Vitaminen

(A, D, E und K), schützen die Organe, fungieren als Wärme-Isolator und liefern Energie. Triglyzeride dienen als Energiequelle. Hierzu zählen gesättigte Fettsäuren aus tierischen Produkten sowie ungesättigte Fettsäuren aus pflanzlichen Produkten. Aus einem Gramm Fett kann der Körper etwa 9 kcal Energie gewinnen.

Proteine sind wichtige Komponenten der Körpergewebe (Muskel, Haut etc.) und werden für das Wachstum und die Reparatur des Körpers benötigt. Obwohl Kohlenhydrate und Lipide die Hauptenergiequellen des Körpers sind, liefern auch Proteine etwas Energie. Ein Gramm Proteine liefert, wie ein Gramm Kohlehydrate, etwa 4 kcal Energie.

Die Energie in Kohlenhydraten lässt sich am schnellsten und die in Fetten am langsamsten freisetzen. Ernährungsfachleute und -wissenschaftler empfehlen, dass der Kalorienbedarf einer Person zu etwa 50 bis 60 % aus Kohlehydraten, zu etwa 20 bis 30 % aus Fetten und zu etwa 15 bis 20 % aus Proteinen gedeckt werden sollte.

Vom Körper verrichtete Arbeit

Wer Arbeit verrichten will, muss Energie aufwenden. Wenn Sie Ihren Rucksack heben, durch das Zimmer gehen oder eine Treppe hinaufsteigen, verrichten sie Arbeit. Dies sind Beispiele von Arbeit, die dem Körper extern ist, auf makroskopischer Ebene. Arbeit wird jedoch auch auf mikroskopischer Ebene verrichtet, während das Blut, Zellen und Moleküle in unserem Körper von Kräften bewegt werden. Außerdem wird Arbeit verrichtet, wenn wir unsere Arme und Beine und andere Teile unseres Körpers bewegen.

Die Arbeit, die wir auf makroskopischer Ebene verrichten, ist wenig beeindruckend. Schauen wir uns eine kurze Berechnung an, um zu verstehen, warum dies so ist. Stellen wir uns vor, eine 70 kg schwere Person geht über eine Treppe vom ersten in das zweite Stockwerk eines Gebäudes und legt dabei eine vertikale Entfernung von 3 m zurück. Der Betrag der dabei von der Person verrichteten Arbeit entspricht der potentiellen Energie ihres Körpers im zweiten Stockwerk verglichen mit dem ersten:

$$W = U = mgh = 70 \text{ kg} \times 9{,}8 \text{ m/s}^2 \times 3 \text{ m} \approx 2060 \text{ J} \approx 0{,}5 \text{ kcal}$$

Mit anderen Worten: Die Person verbraucht nur eine halbe Kilokalorie an Energie (Abb. 3.10). Das scheint ein eher geringer Betrag zu sein. Nach dieser Rechnung müssten Sie 200 Stockwerke hochsteigen, um die 100 kcal Energie des Schokoriegels, den Sie soeben gegessen haben, in Arbeit umzuwandeln.

Gewichtheben, Laufen, Treppensteigen und Radfahren sind Beispiele für körperliche Anstrengungen, die Menschen unternehmen, um Kalorien zu verbrennen. Diese Formen körperlicher Bewegung beanspruchen, was die Verrichtung der damit auf makroskopischer Ebene verbundenen mechanischen Arbeit betrifft, nur wenig Energie. Aus Tabellen, die zeigen, wie viel Energie bei diesen Anstrengungen tatsächlich aufgewendet wird, geht jedoch hervor, dass der Umfang dieser Energie wesentlich größer ist. Wenn Sie eine Stunde lang Treppen steigen, verbrennen Sie etwa 400 bis 600 kcal. Der genaue Betrag hängt davon ab, wie sehr Sie sich dabei anstrengen. Legen Sie kleine Pausen ein? Bieten Sie alle Kräfte auf, oder steigen Sie die Treppen in gemütlicher Ruhe? Nach den entsprechenden Tabellen müssten Sie zum Verbrennen der 100 kcal eines Schokoriegels 10 bis 15 Minuten land Treppen steigen. Wenn es etwa 15 Sekunden dauert, ein Stockwerk höher zu steigen, würden Sie, um die 100 kcal zu verbrauchen, statt der 200 Stockwerke nur 40 bis 60 Stockwerke erklimmen müssen.

Es muss also noch irgendwelche andere Arbeit verrichtet werden, und dies ist in der Tat der Fall. Um die Treppen hinaufsteigen zu können, müssen Sie Ihre Arme und Beine schwingen und sie energisch zum Einsatz bringen. Außerdem wird im Inneren des Körpers zur Bewegung des Bluts, zur Aus- und Einatmung, zur Bewegung von Partikeln in die bzw. aus den Zellen und zum Abbau von Nährstoffen Arbeit auf mikroskopischer Ebene verrichtet.

Diese intern verrichtete Arbeit erfordert den größten Teil der vom Körper eingesetzten Energie und führt zur Erzeugung von Wärme. Der Wirkungsgrad der Muskeln bei der Bewegung der Arme, Beine und anderer Körperteile entspricht weniger als 20 %, die übrigen etwa 80 % der Energie werden in Wärme umgewandelt. Selbst wenn sich eine Person in Ruhe befindet und keinerlei externe Arbeit verrichtet, wandelt der Körper ständig Energie in Wärme um.

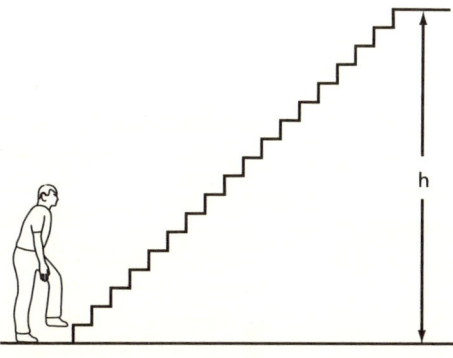

Stoffwechsel

Als *Stoffwechsel* bezeichnet man die biochemischen Reaktionen im Körper, die Energie verbrauchen, um Stoffe im Körper auf- oder abzubauen, wie beispielsweise Moleküle, Zellen, Proteine, Gewebe und sogar Nährstoffe. Die Stoffwechselrate oder der Energieumsatz entspricht dem Umfang der vom Körper verbrauchten Energie und kann mit Hilfe eines Kalorimeters gemessen werden. Hierzu wird die Person vollständig in Wasser eingetaucht und der Temperaturanstieg des Wassers gemessen. Nach dem Grundsatz der Erhaltung der Wärmeenergie muss der Betrag der vom Körper abgegebenen Wärme der Wärme entsprechen, die das Wasser aufnimmt. Anhand dieser Daten lässt sich die Stoffwechselrate errechnen.

Der Umfang, in dem der Körper im Ruhezustand Energie in Wärme umwandelt, wird als *Grundumsatz* bezeichnet. Der Energieumsatz ist zur Aufrechterhaltung der Atmung und des Blutkreislaufs erforderlich. Geringfügige Unterschiede ergeben sich, wenn zusätzlich noch Nahrung verdaut wird. Für einen erwachsenen Mann von 70 kg Körpergewicht beträgt der Grundumsatz etwa 70 Kilokalorien pro Stunde (kcal/h). Der Grundumsatz einer 70 kg schweren erwachsenen Frau beträgt ungefähr 60 kcal/h.[4] Dies bedeutet, dass der Mann und die Frau, wenn sie keine externe Arbeit verrichten, in 24 Stunden etwa 1700 kcal bzw. 1500 kcal verbrennen. Es gibt verschiedene Faktoren, die sich auf den Grundumsatz auswirken. Hierzu gehören das Geschlecht einer Person, ihr Alter und die Größe ihrer Körperoberfläche. Der Grundumsatz von Männern ist größer als der von Frauen, weil sie mehr Muskeln haben. Kinder und Teenager haben einen höheren Grundumsatz, da sie zusätzliche Energie für das Wachstum benötigen. Große und schlanke Menschen haben eine höhere Stoffwechselrate, da ihre Körperfläche im Vergleich zu ihrem Gewicht größer ist als bei kleinen, rundlichen Personen.

Der *Gesamtumsatz* berücksichtigt sämtliche vom Körper zur Ausführung seiner Funktionen verbrauchte Energie, einschließlich der internen und externen Arbeit. Wenn sich eine Person körperlich anstrengt, kann der Gesamtumsatz einen ziemlich hohen Wert erreichen. Wenn eine Person für ihren Grundumsatz täglich bereits 1700 kcal verbrennt, so kann der tatsächliche tägliche Energiebedarf, berücksichtigt man die verschiedenen Aktivitäten während des Tages, bei etwa 2500 kcal liegen. Die extern verrichtete Arbeit kann, wie wir gesehen haben, nur eine sehr geringe Energiemenge erfordern. Die deutliche Erhöhung des Energiebedarfs beruht auf der internen Arbeit, die für die Bewegung des Blutes, die Atmung, die Verdauung, die Aufrechterhaltung einer konstanten Körpertemperatur und die Bewegung der Körperteile verrichtet werden muss. Wenn ein Mensch beim Treppensteigen durchschnittlich 500 kcal pro Stunde verbrennt, so verbrennt er im Ruhezustand immer noch 70 kcal pro Stunde. Die restliche Energie wird aufgrund der erhöhten Aktivität benötigt.

Wärme und Körpertemperatur

Wenn ein so großer Betrag der von uns aufgenommenen Energie in Wärme umgewandelt wird: Was geschieht dann damit? Ist unsere Körpertemperatur nicht relativ konstant? Sollte sich die Temperatur unseres Körpers, da ihm ständig Wärme zugeführt wird, nicht immer weiter erhöhen? Wie könnten wir dann jemals frieren? Diese Fragen können wir beantworten, wenn wir verstanden haben, wie der Körper durch die Abgabe und Erzeugung von Wärme seine Temperatur reguliert.

Eine wichtige Funktion des Körpers ist die Aufrechterhaltung seines inneren Milieus bzw. einer *Homöostase*. Als Homöostase bezeichnet man den Zustand, in dem die inneren Bedingungen des Körpers im Zeitverlauf gegenüber den äußeren Bedingungen relativ stabil bleiben, während diese sich ständig ändern können. Die normale Körpertemperatur ist sehr stabil und beträgt typischerweise etwa 37 °C. Sie schwankt bei körperlicher Anstrengung und Krankheit nur um wenige Grad. Tatsächlich entspricht dieser Wert der Temperatur des Körpers in seinem Inneren, d.h. im Schädel sowie im Brust- und Bauchraum. Die Temperatur der Peripherie des Körpers, die hauptsächlich aus seiner Haut besteht, unterliegt – je nach Außentemperatur – ziemlich großen Schwankungen. Die Temperatur der Umgebung des Körpers kann zwar von der Kälte des Winters bis zur Hitze des Sommers drastischen Schwankungen unterliegen, das Körperinnere hat jedoch eine nahezu konstante Temperatur. Wenn ein Mensch stirbt und die internen Prozesses des Körpers zum Erliegen kommen, wird keine Wärme mehr erzeugt, und die Temperatur des Körpers ändert sich. Anhand dieser Temperaturänderung lässt sich der Zeitpunkt des Todes bestimmen. In Episoden von Kriminalfilmen wird diese Technik häufig angewandt.

Dass der Körpers seine Temperatur konstant halten kann, ist für viele der in ihm ablaufenden Vorgänge äußerst wichtig. Der Körper steuert seine eigene Temperatur, wenn es zu einem Ungleichgewicht zwischen der Erzeugung und dem Verlust von Wärme kommt. Die wichtigste Wärmequelle des Körpers sind die Stoffwechselprozesse in seinen Hauptorganen, d. h. in der Leber, im Herz, im Gehirn und in den Skelettmuskeln. Die Bewegung der Skelettmuskeln bei körperlicher Aktivität kann zu einer drastischen Zunahme der erzeugten Körperwärme führen. Abgegeben wird die Körperwärme auf unterschiedliche Weise, hauptsächlich durch die Haut: durch Konduktion, Konvektion und Strahlung sowie durch Verdunstung. Normalerweise erfolgt die Wärmeabgabe durch eine Kombination dieser verschiedenen Vorgänge.

Bei unserer Betrachtung der Abgabe von Körperwärme wollen wir zunächst externe Aktivitäten unberücksichtigt lassen. Wir gehen davon aus, dass die Lufttemperatur in der Umgebung des Körpers geringer ist als die normale Körpertemperatur. Erstens kommt es zu einem Wärmeverlust durch Konduktion, wenn die Temperatur der inneren Organe und des zirkulierenden Blutes höher ist als die Temperatur der Haut. Zu einem Wärmeverlust durch Konvektion kommt es zweitens, wenn sich die kühlere Luft bei ihrem Kontakt mit der Haut erwärmt. Sie steigt daraufhin auf und bewegt sich von der Haut weg, wo sie durch kühlere Luft ersetzt wird. Drittens spielt auch der Wärmeverlust durch Strahlung (im infraroten Bereich) eine Rolle, der auftritt, wenn ein Objekt, das wärmer als seine Umgebung ist, Wärme abstrahlt. Schließlich ist auch noch die Verdunstung zu nennen, die durch die Haut, den Mund und die Lungen erfolgt, wenn Wasser vom flüssigen in den gasförmigen Zustand übergeht, nicht weil es kocht, sondern weil die Wassermoleküle im Kontakt mit diesen Geweben genug kinetische Energie (Vibrationsenergie) gewinnen, um die flüssige Phase verlassen und in Wasserdampf übergehen zu können. Von diesen verschiedenen Formen des Wärmeverlusts kommen Konduktion und Konvektion für etwa 20 %, die Abstrahlung von Energie für etwa 50 % und die Verdunstung für den Rest des Gesamtwärmeverlusts auf.

Unter normalen Bedingungen beträgt die Verlustrate der Wärmeenergie des Körpers ungefähr 100 J pro Sekunde oder 100 W. Dies bedeutet, dass der Körper etwa gleich viel Wärme abgibt wie eine 100-Watt-Glühbirne (Abb. 3.11). Bei der Planung von Heiz- und Kühlsystemen für Gebäude sollte man, um die Temperatur genau kontrollieren zu können, berücksichtigen, wie viele Personen sich in einem Gebäude befinden werden.

Der Umfang der Wärmeabgabe oder -aufnahme durch die angeführten Vorgänge hängt von zahlreichen Bedingungen ab. Man kann Wärmeenergie verlieren, indem man in kaltem Wasser schwimmt, kaltes Wasser trinkt oder kalte Luft einatmet. Der Körper nimmt Wärme auf, wenn wir uns heiß duschen oder ein warmes Bad nehmen. Der Umfang des Wärmeaustausches durch Konvektion kann bei einer vollständig oder weniger bekleideten Person höchst

▼ **Abb. 3.11**

Abgabe von Wärme. Normalerweise gibt ein Mensch pro Sekunde 100 J an Wärmeenergie ab. Dies entspricht in etwa der Wärmemenge, die eine Glühbirne von 100 Watt an ihre Umgebung abgibt.

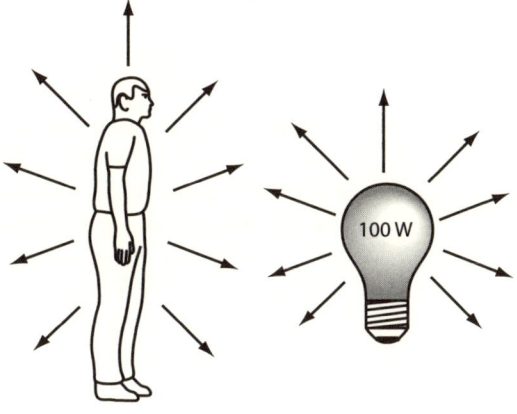

unterschiedlich sein. Wenn wir an einem kalten Tag ein Jackett tragen, hilft uns dies zu verhindern, dass an unserer Haut erwärmte Luft sich sogleich wieder verteilt. Wenn wir uns abkühlen, indem wir uns vor einen Ventilator stellen, so ist dies ein Fall von *erzwungener* Konvektion. Strahlungsenergie der Sonne kann uns aufwärmen, wenn sie auf unsere Haut trifft, zum Beispiele wenn wir ein Sonnenbad nehmen. Der Wärmeverlust durch Verdunstung erhöht sich, wenn die Luftfeuchtigkeit gering ist, oder wenn Wasser auf die Haut gesprüht und anschließend Luft darüber geblasen wird. Der Wärme-Index und der Wind-Kälte-Faktor helfen uns, die effektive Wärmeabgabe oder -aufnahme unter atmosphärischen Bedingungen anzugeben.

Wenn der Körper Wärme erzeugen, aufnehmen und verlieren kann: Wie gelingt es ihm dann, seine eigene Temperatur zu regulieren? Bestimmte Hirnbereiche, insbesondere der Hypothalamus, empfangen Signale von Wärmerezeptoren im Inneren des Körpers und an seiner Peripherie. Wenn die Körpertemperatur zu niedrig ist, fordern diese Signale den Körper auf, mehr Wärme zu produzieren bzw. den Wärmeverlust zu verringern, ist die Temperatur des Körpers dagegen zu hoch, seine Fähigkeit zur Wärmeabgabe zu verbessern.

Es gibt verschiedene Methoden, mit denen der Körper den Umfang der erzeugten Wärme erhöhen bzw. der abgegebenen Wärme reduzieren kann. Eine besteht darin, die Blutgefäße in der Haut zusammenzuziehen, wodurch der Blutstrom nahe der Körperoberfläche vermindert wird. Hierdurch verringert sich der Wärmeverlust durch Konduktion, Konvektion und Strahlung. Eine weitere Methode ist das Zittern: Das Gehirn veranlasst die Skelettmuskulatur zu unfreiwilligen Bewegungen, wodurch Wärme erzeugt wird. Darüber hinaus können bestimmte chemische Stoffe in den Blutstrom abgegeben werden, die die Stoffwechselrate erhöhen. Alle diese Methoden sind von unserem Willen unabhängig. Wir können jedoch auch bewusste Maßnahmen ergreifen, wie zum Beispiel wärmere Kleidung anziehen, uns in eine Decke wickeln, eine heiße Flüssigkeit trinken, ein warmes Bad nehmen und uns mehr bewegen. Wenn die Körpertemperatur zu hoch ist, lässt sich die Wärmeabgabe auf verschiedene Art und Weise erhöhen. Der Körper kann die Blutgefäße in der Haut erweitern. Hierdurch wird der Blutstrom nahe der Körperoberfläche verstärkt, was dazu führt, dass mehr Wärme aus dem Körperinneren an seine Oberfläche fließt, von wo aus sie in die Umgebung abgegeben werden kann. Außerdem kann es sein, dass der Körper mehr Schweiß produziert als sonst, sodass mehr Schweiß verdunsten kann. Auch ein kühles Bad oder eine kalte Dusche können helfen, die Körpertemperatur zu senken.

Verliert der Körper seine Fähigkeit, Wärmeenergie abzugeben oder zu produzieren, so kommt es zu einer *Hyperthermie* (Überhitzung) oder *Hypothermie* (Unterkühlung). Diese Zustände können schwerwiegende gesundheitliche Folgen haben und sogar zum Tod führen, wenn sie nicht behandelt werden. Vielleicht haben Sie schon einmal eine erhöhe Körpertemperatur (Hyperthermie) erlebt, als sie krank waren und deshalb ein Fieber hatten. Ein Fieber ist die Folge einer Entzündung oder einer anderen ernsthaften Erkrankung oder Verletzung. Man nimmt an, dass die erhöhte Körpertemperatur die Produktion weißer Blutkörperchen unterstützt, die infizierte Zellen vernichten. Außerdem stellt die höhere Temperatur des Körpers eine für Bakterien ungünstige Umgebung dar und führt dazu, dass sie vermehrt absterben. Ein Fieber wird manchmal behandelt, weil es sehr unangenehm sein, einen schnelleren Puls zur Folge haben, sowie dazu führen kann, dass der Körper austrocknet. Ein zu hohes Fieber kann zu Krämpfen, Halluzinationen und sogar zu einer Schädigung des Gehirns führen.

Spezifische Wärme und die Wärmeleitfähigkeit des Körpers

Stellen wir uns das folgende Beispiel vor: Jemand hat ein hohes Fieber und seine Körpertemperatur muss gesenkt werden, um zu verhindern, dass er Krämpfe bekommt oder sein Gehirn Schaden nimmt. Angenommen, eine 70 kg schwere Person mit einem Fieber von 40 °C wird in eine Wanne mit kühlem Wasser von 20 °C gelegt, damit ihre Körpertemperatur auf den Normalwert von 37 °C gesenkt werden kann. Die Menge der Wärmeenergie, die ihr entzogen werden muss, berechnet sich nach der Formel $Q = mc\Delta T$, wobei die durchschnittliche spezifische Wärme des menschlichen Körpers 0,84 kcal/(kg °C) oder 3500 J/(kg °C) beträgt:

$Q = mc\Delta T$,
$Q = (70 \text{ kg})[0,84 \text{ kcal/(kg °C)}](40°C – 37°C)$,
$Q = 176 \text{ kcal} \approx 740\,000 \text{ J}$

In diesem Fall erfolgt die Wärmeabgabe hauptsächlich durch Konduktion. Das mathematische Modell [Gleichung (20)], das weiter oben für die Konduktionsrate vorgeschlagen wurde, lautete:

$Q/t = k \times A\Delta T/d$

Die durchschnittliche Wärmeleitfähigkeit des menschlichen Körpers beträgt 0,20 J/(m s °C) und die durchschnittliche Hautoberfläche einer 70 kg schweren Person 1,8 m^2.[5, 6] Die Konduktion erfolgt in der Regel durch den äußeren Teil der Körperoberfläche, wobei das Körperinnere eine höhere Temperatur hat als die Oberfläche des Körpers. Für unsere Berechnung nehmen wir an, dass die Dicke des Gewebes, durch das die Wärme fließt, etwa 1 cm oder 0,01 m beträgt. Wenn wir diese Werte in die Formel einsetzen, erhalten wir folgende Gleichung:

$Q/t = 0,20 \times (1,8)(20)/0,01 = 720 \text{ W}$

Wenn der Gesamtbetrag der Wärme, die dem Körper entzogen werden soll, 740 000 J beträgt und wenn die Wärme mit einer Rate von 720 Watt (1 Watt = 1 Joule pro Sekunde) entzogen wird, dauert es über 1000 Sekunden oder etwa 17 Minuten, um die Körpertemperatur auf den gewünschten Wert zu senken.

Ich gebe zu, dass die in diesem Beispiel gemachten Grundannahmen problematisch sind: Die Person wird weiterhin Wärme produzieren, die durchschnittliche Dicke, Körperoberfläche und andere Werte könnten andere Werte haben, die Wassertemperatur wird sich wahrscheinlich erhöhen usw. Doch diese Berechnung liefert uns eine realistische Lösung unseres Problems. Würde ein Patient mit einem hohen Fieber in eine Wanne mit kühlem Wasser gelegt, so würde man erwarten, dass seine Körpertemperatur innerhalb von 15 bis 20 Minuten auf einen zuträglicheren Wert absinkt.

Energieungleichgewicht

Lebensmittel sind die Hauptenergiequelle des Körpers. Energie wird aufgebraucht und geht verloren, wenn wir Arbeit verrichten oder Wärme erzeugen. Hält die über die Nahrung zugeführte Energie dem Energieverlust durch Arbeit und die Wärmeabgabe die Waage, so bleibt das Körpergewicht des betreffenden Menschen relativ konstant. Befinden sich jedoch Energieaufnahme und -abgabe in einem Ungleichgewicht, nimmt das Körpergewicht zu oder ab.

Sie wissen vielleicht aus eigener Erfahrung, dass es für die meisten Menschen leichter ist, zuzunehmen als ihr Gewicht zu reduzieren. Das Essen und Trinken von Lebensmitteln, die sehr viele Kohlenhydrate und Fette enthalten, kann zu einer Gewichtszunahme und möglicherweise zu Fettleibigkeit führen. Die überschüssigen Kalorien werden in Fett umgewandelt und im Körper gespeichert. Mit zunehmendem Alter kann sich die Stoffwechselrate eines Menschen verringern, sodass weniger Energie benötigt wird als in jüngeren Jahren.

Eine Gewichtszunahme ist jedoch nicht in jedem Fall schlecht. Für Kinder, die heranwachsen und sich körperlich entwickeln, hat die Zunahme des Gewichts wesentliche Bedeutung. Schwangere nehmen zu, wenn ihr ungeborenes Kind wächst und seine Gestalt annimmt. Einige Menschen, die untergewichtig sind, können durch eine Diät oder durch körperliche Übungen Gewicht zunehmen. Durch Gewichtheben vergrößern sich beispielsweise der Umfang und das Gewicht des Muskelgewebes.

Ein Gewichtsverlust kann zur Förderung einer guten Gesundheit notwendig oder das Ergebnis einer Krankheit sein. Eine geplante Verringerung des Gewichts lässt sich am besten durch eine kalorienärmere Diät und vermehrte körperliche Bewegung erzielen. Es gibt zahlreiche Diätpläne, die vorsehen, dass man weniger Kohlenhydrate und/oder Fette zu sich nimmt. Zu den sonstigen Methoden der Gewichtsreduzierung gehören Medikamente zur Dämpfung des Hungergefühls oder zur Erhöhung des Stoffwechsels. Extreme Methoden sind Operationen zur Verkleinerung des Magens oder zur Entfernung von Fettgewebe (Fettabsaugung).

Zusammenfassung

Ich habe versucht zu erklären, welche Rolle Arbeit, Energie und Wärme im Körper des Menschen spielen. Was auf molekularer Ebene bei der Aufspaltung der großen Moleküle der Kohlenhydrate, Fette und Proteine geschieht, ist Thema umfangreicher Kurse in Biochemie und Ernährungslehre. Auch die Themenbereiche körperliche Bewegung, Gewichtsverlust und allgemeine Gesundheit können sehr viel ausführlicher studiert werden. Ich hoffe, dass Sie diese Themen nach den Erläuterungen dieses Kapitels nun leichter selbstständig vertiefen können.

Singen Sie gerne – in einem Chor, einer Rockband oder unter der Dusche? Spielen Sie ein Musikinstrument, zum Beispiel eine Trompete, Flöte, Gitarre oder Geige? Hören Sie gerne Musik – im Radio, in einem Konzert oder auf ihrem MP3-Player? Warum erzeugen eine Flöte und eine Posaune, eine Geige und eine Gitarre unterschiedliche Klänge? Warum verlieren wir mit zunehmendem Alter die Fähigkeit, hohe Frequenzen zu hören?

Vor vielen Jahren sagte mir eine Verwandte, der wichtigste Fortschritt, den die Zukunft uns bringen werde, werde die „Kommunikation" sein. Ich verstand damals nicht wirklich, was sie meinte (es gab ein Kommunikationsproblem zwischen uns), weil ich annahm, sie rede von technischen Fortschritten, und ich konnte mir nicht vorstellen, was besser sein könnte als der genehmigungsfreie Mobilfunk, den es ja schon gab.

Obwohl es zahlreiche Arten der Kommunikation gibt, mit Handys, über das Internet, durch Zeitungen und sogar stumme Gesten, ist einer der wichtigsten Sinne des Menschen sein Gehör oder die Fähigkeit des menschlichen Körpers, Schallwellen wahrzunehmen. In diesem Kapitel werden wir die grundlegenden Eigenschaften von Schallwellen erläutern und erklären, wie das menschliche Ohr funktioniert. Außerdem werden wir besprechen, wie der menschliche Körper und technische Geräte Schallwellen erzeugen, und auf Themen wie Lautstärke, Gehörschutz, die Bilddarstellung durch Ultraschall und Cochlea-Implantate eingehen.

Wellen

Schall ist ein Beispiel für eine Welle. Wellen sind Zustandsänderungen, die sich durch einen bestimmten Bereich des Raumes bewegen. Es gibt zahllose Beispiele für Wellen: Die Wellen der Brandung der Ozeane oder die Wellen die sich bilden, wenn Sie einen größeren Stein in einen ruhigen See werfen. In Seilen oder Schnüren lässt sich eine Welle sehr leicht dadurch erzeugen, dass man ein Ende mit der Hand schnell auf und ab bewegt. In einer Spiralfeder entsteht eine Welle, wenn man sie zwischen den Händen hin und her bewegt (Abb. 4.1.c).

Bei einer Welle kann es sich entweder um eine einzelne Zustandsänderung handeln, die zu einem bestimmten Zeitpunkt erfolgt, oder um eine Serie von Zustandsänderungen, die sich wiederholen und als *periodische Welle* bezeichnet werden (Abb. 4.1). Normalerweise schlägt in der Brandung des Meeres in regelmä-

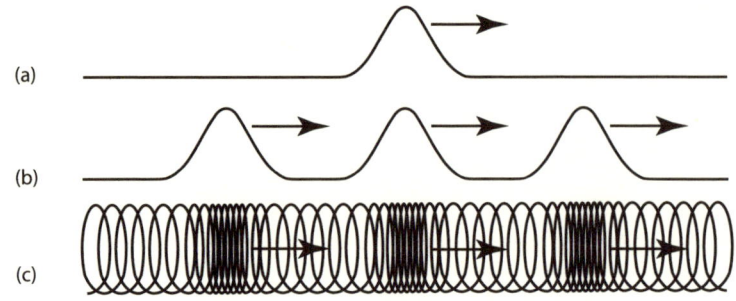

Abb. 4.1 ▶

Wellenbewegung. (a) Eine einzelne Welle, die sich entlang eines Seils oder einer Schnur bewegt. (b) Eine periodische Welle, die aus einer Reihe von Wellen mit gleichem Zeitabstand besteht und sich entlang eines Seils oder einer Schnur bewegt. Sowohl (a) als auch (b) sind Transversalwellen, weil die Partikel, aus denen das Seil besteht, sich senkrecht zur Fortpflanzungsrichtung der Welle (nach rechts) auf und ab bewegen. (c) Eine periodische Welle, die sich durch eine Spiralfeder bewegt. Hierbei handelt es sich um eine Longitudinalwelle, da sich die Partikel in der Feder parallel (nach links und rechts) zur Fortpflanzungsrichtung der Welle (nach rechts) bewegen.

ßigen Abständen eine Welle nach der anderen auf den Strand. Wenn Sie mehrere kleine Steine in einen See fallen lassen, einen nach dem anderen in gleichen Zeitabständen, erzeugen Sie eine periodische Welle. Wenn Sie ein Seil immer wieder auf und ab bewegen, können Sie eine Reihe von Wellen darin erzeugen. Wenn Ihre Handbewegungen den entsprechenden zeitlichen Abstand haben, schwingen die Wellen segmentweise, sodass sie nicht das Seil entlang zu wandern scheinen, sondern in ihrer jeweiligen Position bleiben. Man bezeichnet dies als eine *stehende Welle*. Eine der einfachsten stehenden Wellen lässt sich beobachten, wenn zwei Personen jeweils ein Ende eines Springseils festhalten und es auf und ab oder immer im Kreis bewegen.

Schallwellen sind periodische Wellen. Wenn eine Gitarrensaite gezupft wird, schwingt sie mehrere Sekunden lang hin und her. Die schwingende Saite ist keine einfache Welle, sondern eine periodische Welle. Sie verliert nach einigen Sekunden Energie und muss erneut gezupft werden, wenn sie weiterschwingen soll. Der Schall, den die schwingende Gitarrensaite erzeugt, ist ebenfalls periodisch. Seine Lautstärke nimmt mit der Schwingungsdauer ab, nimmt aber wieder zu, wenn die Saite erneut gezupft wird. Wenn Sie mit den Händen klatschen, mit einem Hammer auf einen Nagel schlagen oder einen Gegenstand auf den Boden fallen lassen, dann klingt das dadurch verursachte Geräusch scheinbar wie eine einfache Welle, in Wirklichkeit handelt es sich jedoch um eine komplizierte periodische Welle, die nur eine kurze Zeit andauert.

Während sich eine Welle durch einen bestimmten Raumabschnitt bewegt, bewegt sich auch das Material (oder Medium), durch das sie sich fortpflanzt. (Elektromagnetische Wellen, wie beispielsweise das sichtbare Licht, können sich auch durch ein Vakuum bewegen, wir werden sie jedoch in diesem Kapitel nicht besprechen.) Manchmal bewegt sich das Medium zusammen mit der Welle fort, zum Beispiel wenn Wasserwellen auf den Strand rollen. In den meisten Fällen bewegt sich das Medium über eine kurze Strecke und kehrt in seine Ausgangsposition zurück, wenn sich die Welle vorbeibewegt hat. Die Welle pflanzt sich durch das Medium weiter fort, doch das Material oder Medium bewegt sich nicht mit. Ein Beispiel hierfür ist eine Wasserwelle, die durch das Fallenlassen kleiner Steine entstanden ist. Wenn Sie ein kleines Insekt oder einen anderen auf der Wasseroberfläche schwimmenden Gegenstand beobachten könnten, würden Sie sehen, wie sie auf und ab schwingen, dabei jedoch mehr oder weniger an derselben Stelle bleiben. Ein weiteres Beispiel ist ein sehr schnell geschütteltes Seilende: Die Welle bewegt sich das Seil entlang, die Partikel, aus denen es besteht, tun dies nicht.

Eine Welle ist entweder eine *transversale* oder eine *longitudinale* Welle, je nach der Bewegungsrichtung ihres Mediums. Bewegt sich das Material senkrecht zur Fortpflanzungsrichtung der Welle auf und ab, handelt es sich um eine Transversalwelle; bewegt es sich hingegen nach links und rechts (parallel zur Fortpflanzungsrichtung der Welle), so handelt es sich um eine Longitudinalwelle. Springseile, Gitarrensaiten und Wasserwellen sind Beispiele für Transversalwellen (Abb. 4.1b). Eine Spiralfeder ist ein Beispiel für eine Longitudinalwelle (Abb. 4.1c). Auch der Schall, auf den wir im Folgenden noch genauer eingehen werden, ist eine Longitudinalwelle.

Stellen Sie sich eine „Welle" in einem Fußballstadion vor. Um die Welle zu starten, stehen einige Leute in einem bestimmten Abschnitt der Zuschauertribüne auf und setzen sich anschließend wieder hin. Wenn einige weitere Fans direkt neben ihnen dies ebenfalls tun und sich der Vorgang um das gesamte Stadion fortsetzt, kann man eine Transversalwelle beobachten. Die Zuschauermenge ist in diesem Beispiel das Medium und die Einzelpersonen sind seine Partikel. Während sich die Welle seitlich fortpflanzt, bewegen sich ihre Partikel senkrecht zur Bewegungsrichtung der Welle auf und ab.

Stellen wir uns nun eine Variante dieser Welle vor. Angenommen, die Personen, die die Welle gestartet haben, würden sich nach rechts bewegt haben, bis sie ihrem Nachbarn an die Schulter stoßen, und sich dann wieder aufrecht hingestellt haben. Der angestoßene Nachbar tut nun dasselbe, und der Nächste ebenfalls usw. – um das ganze Stadion herum. Dies wäre ein Beispiel für eine Longitudinalwelle: Die Partikel bewegen sich nach links und rechts, während sich die Welle seitlich um das Stadion fortpflanzt.

Einfache harmonische Schwingung

Periodische Schwingungen werden von oder in Gegenständen erzeugt, die wiederholte Schwingungen ausführen. Sie folgen in der Regel den Gesetzen der sogenannten *einfachen harmonischen Schwingung*. Wenn eine einfache harmonische Schwingung vorliegt, zeichnet sich die Bewegung des schwingenden Gegenstandes durch mehrere Eigenschaften aus. Erstens befindet sich der Gegenstand in der Ruheposition vor Beginn der Schwingung in seiner Gleichgewichtsposition. Wenn er zu schwingen beginnt, bewegt er sich zwischen zwei Positionen auf beiden Seiten dieser Gleichgewichtsposition. Die maximale Bewegung des schwingenden Gegenstandes bezeichnet man als *Amplitude* der Schwingung. Wenn kein Energieverlust auftritt, schwingt das Objekt weiter, ohne dass sich die Amplitude ändert.

Zweitens durchläuft das Objekt in einem bestimmten Zeitraum mehrere Bewegungszyklen. Die Anzahl der Schwingungen pro Zeiteinheit wird als *Frequenz* und die Länge der Zeit für eine Schwingung als *Periode* bezeichnet. Die Periode T ist der Kehrwert der Frequenz f oder:

$$T = 1/f \tag{1}$$

Bei hohen Frequenzen ist die Periode kurz. Dies bedeutet, dass das Objekt sehr schnell hin und her schwingt. Bei niedrigen Frequenzen benötigt das Objekt für einen Bewegungszyklus mehr Zeit. Die Frequenz wird normalerweise in Hertz (Hz) angegeben. Ihre Einheit ist s^{-1} bzw. 1/s. Dies bedeutet, dass die Länge der Periode in Sekunden angegeben wird.

Bei Schallwellen steht die Amplitude mit der Lautstärke und die Frequenz mit der Tonhöhe in Zusammenhang. Wenn Sie eine Gitarrensaite nur leicht anzupfen, erzeugt sie einen leisen Ton. Zupfen Sie sie hingegen heftiger daran, ist der Ton wesentlich lauter. Die Lautstärke des erzeugten Tons ist in jedem Fall direkt proportional zur Amplitude der schwingenden Saite. Wenn Sie an einer der dickeren Saiten einer Gitarre zupfen, ist ihre Frequenz niedriger als diejenige einer der dünneren Saiten. Der von einer dickeren Saite erzeugte Ton hat eine geringere Höhe als der von einer dünneren Saite abgegebene Ton.

Die Geschwindigkeit einer periodischen Schwingung, die sich durch ein Material bewegt, hängt von den Eigenschaften des Materials, von der Frequenz oder Periode, die davon abhängt, wie schnell das Material schwingt, sowie von einer als *Wellenlänge* bezeichneten Eigenschaft ab. Die Wellenlänge entspricht dem Abstand zwischen zwei aufeinanderfolgenden Wellenbergen, wie etwa dem Abstand zwischen zwei Wellenbergen auf dem Meer oder zwischen den höchsten Punkten von zwei Wellen in einem schwingenden Seil.

Diese Größen (Geschwindigkeit, Frequenz, Periode und Wellenlänge) hängen untereinander zusammen: Durchläuft eine Welle eine vollständige Schwingung in einem Zeitraum, der einer Periode entspricht, legt sie eine Entfernung zurück, die einer Wellenlänge entspricht, und dies hängt davon ab, wie schnell sie sich bewegt. Legt man die einfache Beziehung zugrunde, dass die Geschwindigkeit der Wegstrecke geteilt durch die Zeit entspricht, lässt sich leicht zeigen, dass die Geschwindigkeit v der Welle der Wellenlänge λ geteilt durch die Periode T (oder multipliziert mit der Frequenz f) entspricht. Als mathematische Gleichung wird diese Beziehung normalerweise in folgender Form ausgedrückt:

$$v = f\lambda \qquad\qquad\qquad (2)$$

Die Geschwindigkeit hängt von den Eigenschaften des Mediums ab. Sie bleibt konstant, solange sich das Medium nicht ändert. Dieser Zusammenhang verdeutlicht daher, dass die Länge einer Welle abnehmen sollte, während ihre Frequenz zunimmt.

Die Geschwindigkeit von Schallwellen in der Luft ist relativ konstant und beträgt 340 m/s. Bei geringen Frequenzen ist die Wellenlänge daher größer, bei höheren hingegen kleiner. Häufig besteht zwischen der Größe des zur Schallerzeugung verwendeten Gerätes und der Höhe der Frequenz ein Zusammenhang. Ein großes Musikinstrument wie eine Tuba erzeugt Töne mit einer geringen Frequenz, während kleinere Instrumente wie eine Pikkoloflöte oder eine andere kleine Flöte Töne mit hoher Frequenz erzeugen. Ein weiteres Beispiel ist das Klavier: Die niedrigeren Töne werden von längeren Saiten erzeugt, die höheren Töne von kürzeren Saiten.

Allerdings liegen die Dinge, was die Beziehung zwischen Größe und Frequenz betrifft, wie so oft, nicht ganz so einfach. Denn die Geschwindigkeit einer Welle in einem Objekt hängt von anderen seiner Eigenschaften ab. So hängt die Frequenz einer Klaviersaite zum Beispiel auch davon ab, wie fest sie gespannt wurde und welchen Durchmesser sie hat. Wenn wir die Stimmbänder des Menschen besprechen, wird uns diese Beziehung wiederbegegnen.

Wir wollen diesen Zusammenhang anhand von zwei Beispielen erläutern: einer schwingenden Feder und einer schwingenden Saite. Um eine einfache Feder zu dehnen, ist eine bestimmte Kraft erforderlich. Wenn an die Feder eine Masse gehängt wird, schwingt das Masse-Feder-System mit einer Frequenz, die durch folgenden Ausdruck gegeben wird:

$$f = 1/2\pi \times \sqrt{k/m} \qquad (3)$$

Hierbei entspricht k der Federkonstanten und m der Masse des an die Feder gehängten Objekts Die Federkonstante steht mit ihrer Dehnbarkeit in Zusammenhang. Eine Spiralfeder kann mit geringem Kraftaufwand gedreht werden, sie hat demnach eine hohe Dehnbarkeit. Sie hat daher nur eine kleine Federkonstante. Eine Wagenfeder, die mit der Achsel jedes Reifens verbunden ist, ist eine äußerst starre Feder, da es großer Kräfte bedarf, um sie zu dehnen oder zu komprimieren. Sie hat demnach eine große Federkonstante. Der obigen Formel können wir entnehmen, dass die Frequenz bei einer großen Federkonstante und einer kleinen Masse hoch ist, bei einer kleinen Federkonstanten und einer großen Masse jedoch niedrig.

Für eine schwingende Saite gibt folgende Gleichung ihre niedrigste oder Grundfrequenz an:

$$f = 1/2L \times \sqrt{T/\mu} \qquad (4)$$

Hierbei entspricht L der Länge der Saite, T ihrer Spannung und μ ihrer linearen Dichte (Masse pro Länge). Aus dieser Gleichung lässt sich entnehmen, dass die Frequenz umso höher ist, je kürzer die Saite, je stärker sie gespannt und je dünner sie ist. Wenn Sie sich ein Klavier anschauen, werden Sie feststellen, dass die höheren Töne von kürzeren, stärker gespannten und dünneren Saiten und die niedrigeren von längeren, weniger stark gespannten und dickeren Saiten erzeugt werden. Die Saiten einer Gitarre oder Geige haben alle dieselbe Länge. Bei diesen Instrumenten werden die niedrigeren Töne von dickeren und die höheren Töne von dünneren Saiten erzeugt. Vielleicht haben Sie selbst schon einmal eine Gitarre gestimmt; dann wissen Sie, dass Sie die Tonhöhe auch ändern können, indem Sie die Saiten stärker oder weniger spannen.

Wir haben uns gefragt, warum Schall eine Wellenstruktur hat und was eine periodische Welle ist. Als Nächstes wollen wir der Frage nachgehen, warum Schall eine Longitudinalwelle ist.

Druckwellen

Wenn wir behaupten, dass Schall eine Longitudinalwelle ist, müssen wir uns daran erinnern, dass sich bei einer Longitudinalwelle die Partikel, aus denen das Medium besteht, in dem sich der Schall fortpflanzt, parallel zur Richtung der Schallwelle bewegen (Abb. 4.1c). Eine alternative Bezeichnung für eine Schallwelle, wenn sie sich in einem Gas (z. B. der Luft) fortpflanzt, ist „Druckwelle". Dieser Begriff ist zutreffend, weil die Moleküle, wenn sie sich hin und her bewegen, manchmal näher beieinander und manchmal weiter voneinander entfernt sind. Wenn sich Moleküle aufeinander zu bewegen, führt dies dazu, dass sich die Zahl der Moleküle in einem bestimmten Raumabschnitt erhöht. Wenn dies geschieht, steigt der Druck genauso, als wenn Luft in einen Reifen gepumpt wird. Wird der Abstand zwischen den Molekülen größer, als dies normalerweise der Fall ist, nimmt der Druck ab. Daher kommt es zu einer alternierenden Reihe von Bereichen, in denen der Druck größer (Bereiche *verdichteter* Luft) oder kleiner (Bereiche *verdünnter* Luft) als der normale Atmosphärendruck der Luft ist, in der sich die Welle fortpflanzt (Abb. 4.2). Die Zu- und Abnahme des Drucks ist eine einfache Anwendung des Gesetzes für ideale Gase, das wir in Kapitel 2 erläutert haben. Es lautet:

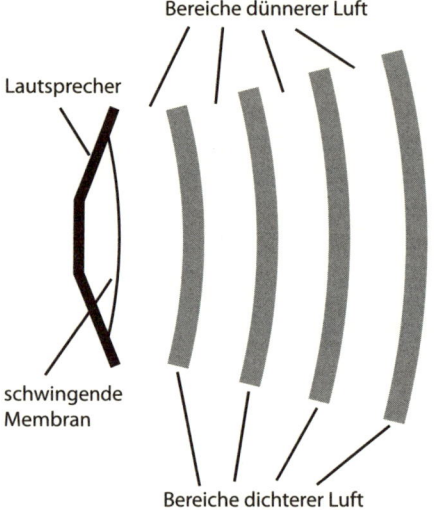

Bereiche dünnerer Luft

Lautsprecher

schwingende Membran

Bereiche dichterer Luft

$$pV = Nk_B T \qquad (5)$$

Wenn die Anzahl der Moleküle N in einem bestimmten Raumbereich mit dem Volumen V zunimmt, so nimmt auch der Druck darin zu, und umgekehrt.

Schallwellen treten jedoch nicht nur in Gasen auf. Sie können sich auch durch Flüssigkeiten und Festkörper fortbewegen. Vielleicht haben Sie beim Schwimmen schon einmal erlebt, dass ein Freund versucht hat, mit Ihnen unter Wasser zu sprechen. Das klingt zwar sehr merkwürdig, kann aber verstanden werden. U-Boote und Schiffe verwenden Schallwellen, um festzustellen, ob sich in ihrer Nähe abgetauchte Objekte befinden. Durch Festkörper werden Schallwellen ebenfalls weitergeleitet. Vielleicht haben Sie aus zwei Plastikbechern und einer Schnur schon einmal ein „Telefon" gebastelt. Wenn ein Freund in den einen Becher spricht, können Sie ihn verstehen, wenn Sie den anderen Becher bei gespannter Schnur an Ihr Ohr halten. Bei normalen Telefonen (Festnetzanschlüssen) werden jedoch keine Schallwellen übertragen, sondern die Schallwellen werden vom Telefon des Sprechers in elektrische Signale übertragen. Diese werden über Telefonkabel zur Gegenseite übertragen, wo sie für den Hörer wieder in akustische Signale zurückverwandelt werden.

Wenn sich eine Schallwelle durch eine Flüssigkeit oder einen Festkörper bewegt, bewegen sich die Moleküle und Atome parallel zur Richtung der Schallwelle hin und her, da es sich auch hier um eine Longitudinalwelle handelt. Es ist jedoch nicht sinnvoll zu sagen, dass es sich bei einer Schallwelle in Flüssigkeiten und Festkörpern um eine Druckwelle handelt. Aufgrund der starken Bindungskräfte, die zwischen ihnen wirken, kehren die Moleküle und Atome schnell wieder in ihre normale Position zurück.

Da Schallwellen an die Bewegung von Atomen und Molekülen gebunden sind, kann Schall sich nicht durch ein Vakuum bewegen. Ohne ein Medium kann sich kein Schall fortpflanzen. Befinden sich in einem bestimmten Raumabschnitt keine Atome oder Moleküle, kann keine Druckwelle entstehen.

Selbst ein Vakuum ist niemals perfekt: Es ist immer eine kleine Anzahl von Molekülen vorhanden. Da jedoch nur so wenige Moleküle vorhanden sind, kann es zu keinen Druckunterschieden kommen, die groß genug wären, um die Bewegung einer Welle zu ermöglichen.

Die Schallgeschwindigkeit

Schall pflanzt sich in unterschiedlichen Materialien mit unterschiedlicher Geschwindigkeit fort. Einer der wichtigsten Faktoren, die sich auf die Schallgeschwindigkeit auswirken, ist die Elastizität des Mediums. Festkörper sind in der Regel ziemlich elastisch, weshalb Schall sich in ihnen am schnellsten fortbewegt. Stahl ist hochelastisch und ermöglicht daher eine der höchsten Schallgeschwindigkeiten: etwa 5100 m/s oder 18 360 km/h. Flüssigkeiten sind weniger elastisch als Festkörper; Schall pflanzt sich in ihnen daher langsamer fort. Im Wasser beträgt die Schallgeschwindigkeit etwa 1500 m/s oder 5400 km/h.

In Gasen hängt die Schallgeschwindigkeit bei Atmosphärendruck von der Masse der Moleküle und der Temperatur des Gases ab. Gasmoleküle mit einer geringeren Masse reagieren schneller (lassen sich leichter beschleunigen), wenn eine Kraft darauf einwirkt. In leichteren Gasen wie Helium ist die Schallgeschwindigkeit höher als in schwereren wie zum Beispiel der Luft (die zum größten Teil aus Stickstoff und Sauerstoff besteht). Bei 0 °C beträgt die Schallgeschwindigkeit in Helium 972 m/s (3500 km/h) im Vergleich zu 331 m/s (1192 km/h) in der Luft. Bei höheren Temperaturen bewegen sich Gasmoleküle schneller, wodurch sie auch eine höhere Schallgeschwindigkeit ermöglichen. Für ein bestimmtes Gas nimmt die Schallgeschwindigkeit mit seiner Temperatur zu. In der Luft beträgt die Schallgeschwindigkeit bei 0 °C 331 m/s (1192 km/h) und bei 20 °C 343 m/s (1235 km/h).

Das Reisen mit Überschallgeschwindigkeit (in der Luft) war um die Mitte des letzten Jahrhunderts eines der Ziele des technischen Fortschritts. Der Pilot des ersten Flugzeugs, das am 14. Oktober 1947 die Schallmauer durchbrach, war Chuck Yeager. Gegen Ende der 1950er Jahre wurden Überschallgeschwindigkeiten routinemäßig erreicht. In meiner Kindheit, in den 1960er Jahren, wohnte ich 30 Meilen von einem Luftwaffenstützpunkt entfernt, und die Flugbahn der Jets lag oft in der Nähe meiner Heimatstadt. Ich erinnere mich noch lebhaft an den lauten Überschallknall, wenn wieder einmal ein Jet vorbeiflog.

An Land wurde die Schallmauer zum ersten Mal am 13. Oktober 1997 durchbrochen, fast genau 50 Jahre nach Chuck Yeagers Flug. Ein britisches Team durchbrach die Schallmauer mit seinem von einem Düsentriebwerk angetriebenen Wagen (dem ThrustSSC) in der Black-Rock-Wüste von Nevada gleich zweimal. Um den offiziellen Überschallgeschwindigkeitsrekord zu Land aufzustellen, musste das Team die Schallmauer zuerst in einer Richtung und dann innerhalb einer Stunde in der anderen Richtung durchbrechen. Doch die zweite Fahrt begann erst eine Stunde und 50 Sekunden nach dem Start der ersten, sodass die Regeln nicht eingehalten worden waren. Die gemessenen Geschwindigkeiten betrugen 759,333 mph (1222,027 km/h) und 766,609 mph (1233,736 km/h), beide also sehr knapp oberhalb der Schallgeschwindigkeit![1]

Erzeugung von Schall

Sie erinnern sich vielleicht daran, dass ich weiter oben erwähnt habe, *dass Objekte Schallwellen erzeugen*, zum Beispiel wenn eine Gitarrensaite gezupft, in eine Tuba geblasen oder mit einem Hammer ein Nagel eingeschlagen wird. Wie genau wird dieser Schall erzeugt?

Schallwellen in Gasen werden auch als Druckwellen bezeichnet. Bereiche, in denen der Abstand zwischen den Molekülen sehr klein ist, werden als Verdichtungen, und Bereiche mit größeren Molekülabständen als Verdünnungen bezeichnet.

Wenn ein Gegenstand (etwa eine Gitarrensaite) schwingt, so drückt und zieht er gegen bzw. an der Luft, die ihn umgibt. Wenn er gegen die Luft drückt, nimmt der Druck zu, wenn es daran zieht, nimmt der Druck ab. Dies ist das Grundprinzip jeglicher Erzeugung von Schallwellen. Wenn sich ein Objekt mechanisch bewegt, drückt es auf und zieht an der Luft in seiner Umgebung, und auf diese Weise entsteht eine Druck- oder Schallwelle. Wenn eine Gitarrensaite schwingt, drückt und zieht sie auf die bzw. an der Luft, die sie umgibt, in verschiedenen Richtungen, sodass die Schallwellen von der Gitarrensaite in alle Richtungen ausgehen. Dies ist der Ursprung der Schallwellen, von dem aus sie sich gleichmäßig in alle Richtungen bewegen. (Wir werden den Ursprung von Schallwellen später noch genauer betrachten.) Schwingt die Gitarrensaite in ihrer Grundfrequenz (d. h. ihrer niedrigsten Frequenz), so erzeugt sie eine Schallwelle dieser Frequenz. Abbildung 4.3a zeigt eine *einfache* periodische Schallwelle, die von einem vibrierenden Objekt, wie z. B. von einer Gitarrensaite, erzeugt wird. Normalerweise schwingt die gesamte Gitarre, einschließlich des Resonanzbodens, mit einer Mischung verschiedener Frequenzen, sodass der von der Gitarre erzeugte Klang aus zahlreichen Frequenzen besteht. Die daraus resultierende Schallwelle wird auch als *komplexe Welle* bezeichnet. (Abb. 4.3b).

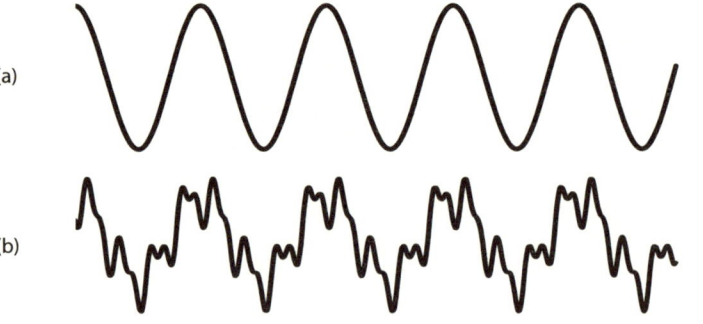

(a) einfache harmonische Welle

(b) komplexe harmonische Welle

Der Lautsprecher einer Stereoanlage ist wesentlich komplexer als eine Gitarrensaite, doch das Prinzip der Schallerzeugung ist mehr oder weniger dasselbe. Eine Membran, die aus Karton oder Plastik besteht, ist über einen kreisförmigen Ring oder ein Rohr gespannt und mit einem Magnet verbunden. Der Magnet wird von elektromagnetischen Kräften bewegt, die von einer Kabelspule erzeugt werden, und er versetzt die Membran in Schwingung. Die Membran drückt gegen oder zieht an der angrenzenden Luft und erzeugt auf diese Weise eine Schallwelle. Verschiedene Teile des Lautsprechers haben unterschiedliche Größen und sind unterschiedlich dick, sodass sie mit unterschiedlichen Frequenzen schwingen. Die größeren Teile des Lautsprechers erzeugen die tiefen Töne, die kleineren die höheren Töne. Größere Lautsprecher, die man auch als „Woofer" bezeichnet, sind am besten geeignet, um einen hochqualitativen Klang bei niedrigen Frequenzen zu erzeugen. Kleine Lautsprecher, die man auch als „Tweeters" bezeichnet, werden zur Erzeugung höherer Frequenzen verwendet. Ein Lautsprecher ist keine Punktquelle von Schall. Er gibt den Schall stärker in eine Richtung ab, da sich die Schallwellen mit größerer Intensität durch den Bereich direkt vor dem Lautsprecher fortpflanzen.

Der Klang, der erzeugt wird, wenn man mit einem Hammer einen Nagel einschlägt, ist noch komplizierter. Jedoch gilt dasselbe Grundprinzip. Wenn das System aus Hammer und Nagel schwingt, wirken auf die umgebende Luft Druck- und Zugkräfte ein und erzeugen auf diese Weise eine Druckwelle. Die Vibrationen des aus Hammer und Nagel bestehenden Systems dauert zwar nur einen kurzen Zeitraum, doch erweist er sich im Vergleich zur Periode der erzeugten Welle als relativ lang. So liegen beispielsweise die vom menschlichen Gehör am häufigsten wahrgenommenen Frequenzen zwischen 100 und 5000 Hz. Diesen Frequenzen entsprechend Perioden von 10 bis 0,2 Millisekunden. Wenn der auf den Nagel einschlagende Hammer mit diesem 100 bis 200 ms Kontakt hat, besteht der von dem System aus Hammer und Nagel erzeugte Schall aus vielen Wellenlängen. Wenn diese Frequenzen gemischt werden, erzeugen sie eine komplexe Welle.

Schallwahrnehmung

Die Wahrnehmung von Schall ist in ihrer einfachsten Form das Gegenteil seiner Erzeugung. Trifft eine Schall- oder Druckwelle auf ein Objekt, drückt sie wiederholt gegen das Objekt und zieht daran und versetzt es auf diese Weise in Schwingung. Ist diese Schwingung messbar, kann die Schallwelle wahrgenommen werden.

Schallwellen werden hauptsächlich durch zwei Methoden erkannt: durch ein Mikrofon oder das menschliche Ohr. Ein einfaches Mikrofon besteht aus einer Plastik- oder Papiermembran, die über einen kreisförmigen Ring oder ein rundes Rohr gespannt ist, welche mit einem Magnet verbunden ist, der sich durch einen aufgewickelten Draht bewegt. (Erinnert Sie das an etwas?) Auf diese Weise werden elektrische Signale erzeugt und von einem elektrischen Gerät registriert. Dieses Gerät speichert diese Signale oder wandelt sie zur Weitergabe an einen Lautsprecher um. Da Mikrofone und Lautsprecher sich so ähnlich sind, kann ein Mikrofon als Lautsprecher und ein Lautsprecher als Mikrofon verwendet werden, obwohl die Tonqualität in beiden Fällen deutlich vermindert ist.

Das Trommelfell ist im Prinzip eine Membran, die in Schwingung versetzt wird, wenn eine Schallwelle auf sie trifft. Wir werden dieses Thema im Folgenden noch ausführlicher besprechen.

Die Erzeugung und Erkennung von Schall durch den menschlichen Körper

Doch wie erzeugen wir Menschen eigentlich Schallwellen? Wir tun es auf unterschiedliche Weise: indem wir in die Hände klatschen, mit den Füßen auf den Boden stampfen, die Fingergelenke überdehnen oder rülpsen. Wenn wir sprechen oder singen, verwenden wir unsere Stimmbänder. Dies sind zwei Membranen, die in Schwingung versetzt werden, wenn sich Luft an ihnen vorbeibewegt. Das Grundprinzip besteht auch hier darin, dass ein Objekt vibriert und dabei gegen die Luft in seiner Umgebung drückt oder daran zieht und auf diese Weise eine Druckwelle erzeugt.

Wie nehmen Menschen Schallwellen wahr? Grundsätzlich geschieht dabei Folgendes: Eine Druckwelle drückt gegen das Trommelfell und zieht daran. Das Trommelfell ist mit anderen Teilen des Ohres verbunden, die schließlich ein elektrisches Signal erzeugen, das an das Gehirn gesendet wird. Bevor wir uns der Physiologie des Sprechens und Hörens ausführlicher zuwenden, wollen wir zuvor noch einige weitere Aspekte von Schallwellen betrachten, die für den menschlichen Körper wichtig sind.

Das Tonfrequenzspektrum

Schallwellen entstehen, wenn vibrierende Objekte Druckwellen in der Luft erzeugen. Allerdings können nicht alle Schallwellen vom menschlichen Ohr wahrgenommen werden, sondern nur solche, deren Frequenzen im Bereich zwischen 20 und 20 000 Hz liegen. Man bezeichnet diesen Bereich als hörbaren Bereich des Tonfrequenzspektrums. Schallwellen, deren Frequenzen niedriger als 20 Hz sind, liegen im Infraschallbereich, Frequenzen oberhalb von 20 000 Hz im Ultraschallbereich. Abbildung 4.4 veranschaulicht diese Frequenzbereiche. Das menschliche Ohr ist für Frequenzen im Bereich von 500 bis 6000 Hz am empfindlichsten.

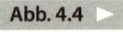
Abb. 4.4 ▶

Das Tonfrequenzspektrum. Es reicht vom Infraschallbereich über den hörbaren Bereich bis zum Ultraschallbereich. Der Ultraschallbereich hat eine Obergrenze von etwa 1 Gigahertz.

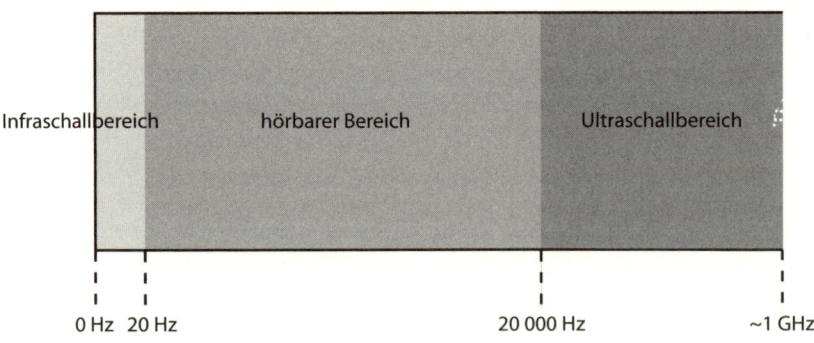

Im Ultraschallbereich können Schallwellen mit Frequenzen von bis zu einer Milliarde Hertz, oder einem Gigahertz (1 GHz), erzeugt werden. Hunde und Katzen können Frequenzen bis zu 27 000 Hz wahrnehmen, während Delphine und Fledermäuse Frequenzen von bis zu 100 000 Hz hören können. Medizinische Ultraschallgeräte erzeugen Schallwellen mit Frequenzen von bis zu 20 MHz. Ultraschallfrequenzen werden in der Regel leicht absorbiert, weshalb sie keine längeren Entfernungen zurücklegen.

Es gibt Hinweise darauf, dass Elefanten und andere große Tiere Schallwellen im Infraschallbereich erzeugen können, um sich untereinander zu verständigen. Frequenzen in diesem Bereich treten auch bei Erdbeben, bei Vulkanausbrüchen und größeren Wetterereignissen auf. Vibrationen im Infraschallbereich können von Menschen mit ihrem Körper gefühlt werden. Manchmal führt dies zu Übelkeit oder Druck auf den Körper, wenn die Amplitude der Wellen groß genug ist.

Schallwellen im Infraschallbereich werden nicht so leicht absorbiert und können über große Entfernungen übertragen werden. Aus diesem Grund können wir, wenn auf der Straße ein Auto mit laufendem Radio an uns vorbeifährt, die tiefen Töne leichter hören als die hohen. Elefanten können mit Schallwellen im Infraschallbereich über Entfernungen von bis zu 8 Kilometer miteinander kommunizieren. Wenn die Schallgeschwindigkeit bei einer Lufttemperatur von 20 °C 343 m/s entspricht, so liegt die Wellenlänge (mit der entsprechenden Frequenz) der Schallwellen im hörbaren Bereich zwischen 17 m (bei 20 Hz) und etwa 17 mm (bei 20 000 Hz). Im Vergleich dazu hat das Trommelfell einen Durchmesser von etwa 10 mm, und der zum Trommelfell führende Gehörkanal ist etwa 25 bis 26 mm lang. Er hat einen Durchmesser von 6 bis 8 mm.

Die meisten von Musikinstrumenten erzeugten Frequenzen liegen im Frequenzbereichs eines Klaviers. Der niedrigste Ton auf einem Klavier hat eine Frequenz von 27,5 Hz, der höchste von 4186 Hz. Das mittlere C hat eine Frequenz von 261,6 Hz und der Kammerton A eine Frequenz von 440 Hz. Im Vergleich dazu reicht der Frequenzbereich einer typischen männlichen Bassstimme von 70 bis 1050 Hz und einer typische weibliche Sopranstimme von 220 bis 1000 Hz. Der Frequenzbereich einer Geige reicht von 20 bis 2300 Hz, einer Gitarre von 80 bis 700 Hz, einer Trompete von 160 bis 1000 Hz, einer Querflöte von 260 bis 2300 Hz und einer Pikkoloflöte von 600 bis 4200 Hz.

Alle diese Instrumente erzeugen Schallwellen, indem sie ein Objekt in Schwingung versetzen. Bei der menschlichen Stimme sind es die Stimmbänder, die in Schwingung versetzt werden. Bei einem Klavier, einer Gitarre oder Geige werden die Saiten durch das Anschlagen, Zupfen oder den Bogenstrich in Vibration versetzt. Bei einer Trompete und anderen, mit den Lippen geblasenen Rohrblattinstrumenten erzeugt die vibrierende Lippe eine stehende Welle in der Luft im Inneren des Horns. Bei einer Flöte wird dadurch, dass ein Luftstrom an einem Loch vorbeigeführt wird, inner- und außerhalb des Lochs ein Wiederholungsmuster zirkulierender Luft erzeugt, was zur Vibration führt. Bei Rohrblattinstrumenten, wie zum Beispiel einer Klarinette oder einem Saxophon, wird der Ton dadurch erzeugt, dass man ein Rohrblatt durch einen Luftstrom in Vibration versetzt. Die Frequenzen dieser Instrumente lassen sich dadurch verändern, dass man entweder die Spannung der Stimmbänder oder einer Saite ändert, oder indem man die Länge der Röhre ändert, wie zum Beispiel bei einer Trompete, Flöte oder Klarinette.

Anatomie und Physiologie der Spracherzeugung

Was ist, aus physiologischer Sicht, an der Schall- oder Spracherzeugung beteiligt? Die menschlichen Sprachlaute werden hauptsächlich dadurch erzeugt, dass sich Luft an den Stimmbändern vorbeibewegt. Wir werden uns zunächst kurz anschauen, wie diese Bewegung herbeigeführt wird, und dann genauer auf die Stimmbänder eingehen.

Die Bewegung der Luft wird durch die Organe des Atmungssystems bewirkt. Die Luft wird von der Lunge bereitgestellt, die sich füllt und leert, wenn sich das Zwerchfell bewegt. Dieses Thema wurde bereits in Kapitel 2 behandelt, doch werden wir auf einige der dort erläuterten Zusammenhänge hier noch einmal zurückkommen.

Erinnern wir uns zunächst daran, dass das zur Atmung verwendete Zwerchfell ein großer kuppelförmiger Muskel ist, der am unteren Rand des Brustraums befestigt ist und den Brust- vom Bauchraum trennt. Wenn wir einatmen, bewegt sich das Zwerchfell nach unten und flacht sich dabei ab. Hierdurch kommt es zu einer Vergrößerung des Brustraumvolumens, sodass der Druck darin abfällt und Luft von außerhalb des Körpers in die Lungen strömt. Bei der Ausatmung entspannt sich das Zwerchfell und bewegt sich nach oben. Hierdurch verkleinert sich das Volumen des Brustraums und der Druck in seinem Inneren nimmt zu, was zur Folge hat, dass die Luft aus den Lungen nach außen gepresst wird.

Abb. 4.5 ▼

Anatomie von
Kehlkopf, Luftröhre
und Lungen

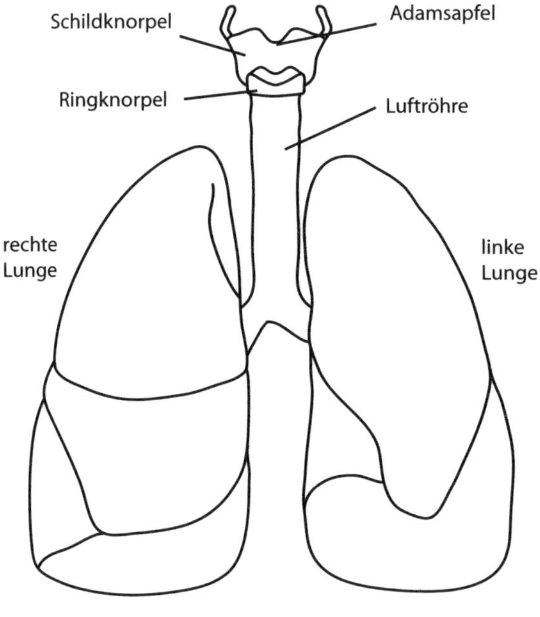

Während der normalen Atmung dauern Ein- und Ausatmung ungefähr gleich lang. Durchschnittlich atmet ein Mensch etwa 12- bis 15-mal pro Minute, sodass ein Atemzyklus etwa 4 bis 5 Sekunden dauert. Während körperlicher Anstrengungen kann sich die Atemfrequenz auf 40 bis 50 Atemzüge pro Minute erhöhen. Wenn jemand spricht, ist die Einatmungszeit relativ kurz, manchmal nicht mehr als eine halbe Sekunde, sodass der Sprecher schnell Luft holen und weiterreden kann. Während des Sprechvorgangs atmet die Person aus, und die Ausatmung kann 5 bis 10 Sekunden lang dauern. Verzögert ein Sprecher die erneute Einatmung, kann er den Sprechvorgang wesentlich länger fortsetzen. Trainierte Sänger können einen Ton bis zu 1 Minute lang halten. Nebenbei sei bemerkt, dass es auch möglich ist, während der Einatmung zu sprechen. Dies kann jedoch sehr anstrengend sein und lässt sich nicht so lange fortsetzen wie das Sprechen während der Ausatmung.

Schildknorpel
Adamsapfel
Ringknorpel
Luftröhre
rechte Lunge
linke Lunge

Damit Sprache erzeugt werden kann, muss sich Luft aus den Lungen durch die Luftröhre in den Kehlkopf bewegen, in dem sich die Stimmbänder oder Stimmlippen befinden (Abb. 4.5). Der Kehlkopf wird auch als Adamsapfel bezeichnet. Diese Bezeichnung spielt auf die Schöpfungsgeschichte der Bibel an, in der Adam von den verbotenen Früchten isst. Obwohl die Bibel keine genaue Auskunft darüber gibt, um welche Frucht es sich dabei gehandelt hat, wird normalerweise angenommen, es sei ein Apfel gewesen. Die Bezeichnung Adamsapfel geht auf die Vorstellung zurück, dass Adam ein Stück Apfel im Hals stecken blieb und nach vorne auf dem Hals hervortrat.

Der Kehlkopf ist nicht nur an der Spracherzeugung beteiligt, sondern er schützt auch die Luftröhre. Beim Schluckvorgang bewegt sich der Kehlkopf nach oben hinter den Zungengrund, sodass, was geschluckt werden soll, durch die Speiseröhre in den Magen gelangen kann. Wenn Lebensmittel in die Luftröhre gelangen, setzt ein Reflex ein. Der Kehlkopf schließt die Luftröhre und öffnet sie dann plötzlich wieder, sodass ein schneller Luftstrom die Nahrung oder andere Fremdkörper aus der Luftröhre befördern kann.

Der Kehlkopf ist eine Röhre von etwa 5 cm Länge und besteht aus mehreren Knorpeln. Die größten von ihnen sind der bogenförmige Schildknorpel und der ringförmige Ringknorpel (siehe Abb. 4.5). Der Schildknorpel bildet eine schildförmige Struktur auf der Vorderseite und entlang der Seiten des Kehlkopfs. Er schützt den Kehlkopf und bietet ihm Halt. Die Vorderseite des Schildknorpels steht aus dem Hals hervor und bildet den Adamsapfel. Der Ringknorpel verstärkt den unteren Rand des Kehlkopfes und ist mit der Luftröhre verbunden. Die Knorpel und die Stimmbänder werden durch Knochen, Muskeln und Ligamente bewegt.

Die Stimmbänder, die auch als Stimmlippen bezeichnet werden, sind zwei flache dreieckige Muskeln, die in der Öffnung des Kehlkopfes aufgespannt sind (Abb. 4.6). Sie sind an der Vorderseite miteinander und mit der Innenseite des Schildknorpels verbunden. Auf der Rückseite sind die beiden Bänder mit den Stellknorpeln verbunden, die ihrerseits mit dem Ringknorpel verbunden sind. Mit Hilfe dieser Knorpel können die beiden Bänder geöffnet und geschlossen und kann ihre Spannung geändert werden, um ihre Schwingungsfrequenz zu ändern. Man bezeichnet die Stimmbänder und die Öffnung zwischen ihnen als Stimmritze.

Die Stimmbänder können unter verschiedenen Bedingungen geöffnet und geschlossen werden. Wenn die Stimmbänder entspannt sind, ist die Stimmritze geöffnet. Dies ist bei normaler Atmung, oder wenn jemand flüstert, der Fall. Während körperlicher Anstrengung ist die Stimmritze geschlossen, zum Beispiel wenn

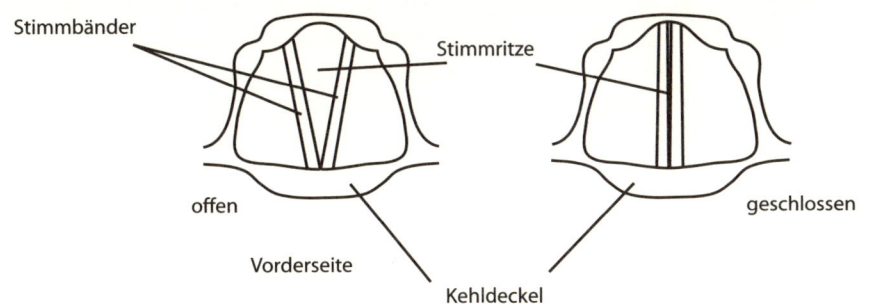

◀ **Abb. 4.6**

Schematische Zeichnung der Stimmbänder und der Strukturen, zwischen denen sie aufgespannt sind, links im geöffneten und rechts im geschlossenen Zustand.

jemand einen schweren Gegenstand hebt. Beim Husten wird die Stimmritze geschlossen und dann plötzlich wieder geöffnet, wodurch es zu einem plötzlichen starken Luftstrom kommt. Während des Sprechens kann die Stimmritze kurzzeitig geschlossen sein, bevor sie sich wieder öffnet. Auf diese Weise entstehen Glottallaute, wie zum Beispiel wenn wir die Buchstaben e oder o bilden.

Die Schwingung der Stimmbänder erzeugt einen Ton, dessen Frequenz und Lautstärke variieren können. Erinnern wir uns an folgende Gleichung aus Kapitel 2:

$$f = 1/2L \times \sqrt{T/\mu} \tag{6}$$

Sie besagt, dass die Frequenz einer vibrierenden Saite von der Spannung der Saite und ihrer Massendichte (oder Dicke) abhängt. Wir können diesen Zusammenhang auch auf die Stimmbänder übertragen. Zunächst hängt die Frequenz und die Tonhöhe der Stimme von der Spannung der Stimmbänder ab.

Im gespannten Zustand schwingen sie schneller und der entstehende Ton ist höher. Wenn sie weniger Spannung aufweisen, schwingen sie langsamer und die resultierende Tonhöhe ist niedriger. Zweitens hängt die Frequenz auch von der Größe der Stimmbänder ab. Männer haben normalerweise dickere Stimmbänder, weshalb sie eine tiefere Stimme haben. Eine Frauenstimme hat eine höhere Tonlage, weil die weiblichen Stimmbänder dünner sind und schneller schwingen.

Es gibt noch einen weiteren Faktor, der zur Höhe einer Stimme beiträgt. Erinnern wir uns daran, dass größere Objekte in der Regel Töne mit niedrigerer Frequenz, kleinere Objekte hingegen Töne mit höherer Frequenz erzeugen. Die Frequenz der Stimme hängt von der Länge der Stimmbänder ab. Männer haben normalerweise einen größeren Kehlkopf mit längeren Stimmbändern, woraus folgt, dass sie eine tiefere Stimme haben. Die Stimmbänder von Frauen sind normalerweise kürzer, da sie einen kleineren Kehlkopf haben, weshalb sie höhere Töne singen können.

Wie laut eine Stimme ist, hängt von der Amplitude ab, mit der die Stimmbänder vibrieren. Kommt ein starker Luftstrom aus der Lunge, so ist die Amplitude der Schwingung groß und der resultierende Ton laut. Während wir flüstern, strömt nur wenig Luft aus unserer Lunge.

Doch warum werden die Stimmbänder in Schwingung versetzt, wenn Luft an ihnen vorbeiströmt? Der Luftstrom hilft, die Bänder offenzuhalten, indem er sie nach oben und weg von der Luftröhre in Richtung auf die Mundhöhle drückt. Die Spannung der Stimmbänder bewirkt, dass sie zurückgezogen werden. Sie könnten in einem Gleichgewichtszustand verharren, ohne zu vibrieren, wenn es den Bernoulli-Effekt nicht gäbe. Der *Bernoulli-Effekt* besagt, dass es in einem Bereich, in dem sich die Luft schnell bewegt, zu einer Verringerung des Luftdrucks kommt. Hieraus resultiert ein Nettodruck, der die Stimmbänder nach unten zur Luftröhre hin drückt, wodurch sich der Luftstrom geringfügig verlangsamt. Dies hat zur Folge, dass die Druckverringerung nachlässt und sich die Stimmbänder wieder nach oben bewegen. Dieser Vorgang wiederholt sich immer wieder und führt so zur Schwingung der Stimmbänder.

Dieser Effekt lässt sich sehr einfach demonstrieren, indem man ein dünnes Stück Plastikfilm, wie zum Beispiel ein Bonbonpapier, oder ein Grasblatt zwischen die gegeneinander gehaltenen Daumen spannt und dann darauf bläst. Wenn man stark genug bläst, lässt sich auf diese Weise ein ziemlich lautes Geräusch erzeugen, dessen Frequenz man ändern kann, indem man die Spannung des Films variiert.

Direkt oberhalb der Stimmbänder befindet sich ein weiteres Membranenpaar, das man als Taschenbänder oder falsche Stimmbänder bezeichnet. Beim Sprechen spielen sie normalerweise keine Rolle, doch schützen sie die eigentlichen Stimmbänder und helfen die Stimmritze beim Schluckvorgang zu verschließen.

Wenn die Stimmbänder vibrieren, erzeugen sie einen Ton, der normalerweise aus mehreren Frequenzen besteht, die gemeinsam eine komplexe periodische Welle bilden. Der oberhalb des Kehlkopfs gelegene Rachen, der Mund und die Nasenhöhle tragen dazu bei, dass die Schallwellen so verstärkt und geändert werden, dass eine Stimme eine bestimmte Qualität bekommt. Diese kleinen Unterschiede in der Qualität geben einer Stimme ihren individuellen Klang, sodass wir unterscheiden können, ob unser bester Freund zu uns spricht, unsere Mutter uns ruft oder ein Sprachsynthesizer eine menschliche Stimme simuliert. Eine Fülle von Informationen über die menschliche Stimme und das Sprechen im Allgemeinen sowie über Probleme, die hiermit in Zusammenhang stehen, findet man auf der folgenden Webseite: www.nidcd.nih.gov/health/voice.[2]

Anatomie und Physiologie des Hörens

Wie nimmt der menschliche Körper Schallwellen wahr? Welches sind, aus anatomischer und physiologischer Sicht, die für den Hörvorgang wichtigsten Teile des Ohres? Der wichtigste Faktor bei der Schallerzeugung ist ein vibrierendes Objekt, das gegen die Luft in seiner Umgebung drückt und daran zieht und auf diese Weise eine Druckwelle erzeugt. Für den Hörvorgang muss also das Gegenteil gelten: Eine Druckwelle muss auf ein Objekt auftreffen (das Trommelfell) und es in Schwingung versetzen. Dies sind die gleichen wesentlichen Merkmale wie bei einem Lautsprecher oder Mikrofon. Schauen wir uns also nun das Ohr etwas genauer an.

Das Ohr besteht aus drei Teilen: dem äußeren Ohr, dem Mittelohr oder der Paukenhöhle und dem Innenohr (Abb. 4.7). Das äußere Ohr hat die Funktion,

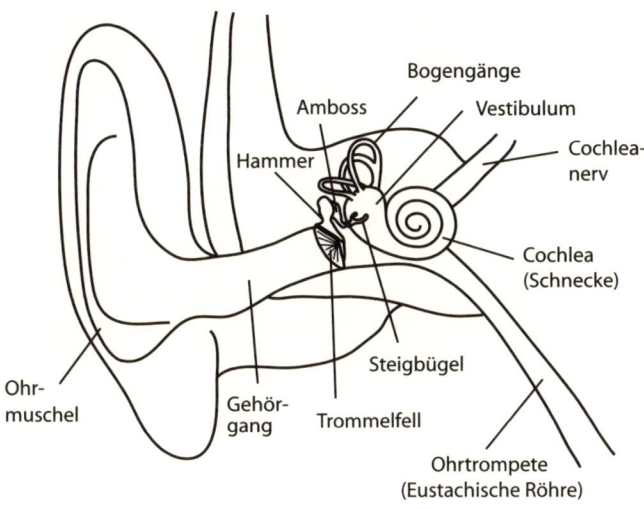

Schallwellen zu sammeln und sie zum Trommelfell zu leiten, das Mittelohr überträgt die mechanischen Schwingungen des Trommelfells auf das Innenohr, und das Innenohr wandelt diese mechanischen Schwingungen dann in elektrische Signale

um, die über den Hörnerv an das Gehirn weitergeleitet werden. Das Gehirn deutet diese Signale schließlich als Geräusche und Töne.

Das äußere Ohr besteht aus zwei Teilen: der Ohrmuschel und dem Gehörgang. Die Ohrmuschel ist der sichtbare Teil des Ohres, und sie ist normalerweise gemeint, wenn wir vom Ohr sprechen. Die Funktion der Ohrmuschel besteht darin, Schallwellen in den Gehörgang zu leiten. Es ist eine weitere wichtige Funktion der Ohrmuschel, die Richtung zu erkennen, aus der die Schallwellen kommen. Der Gehörgang hat eine ungefähr zylindrische Form, ist etwa 25 bis 26 mm lang und hat einen Durchmesser von 6 bis 8 mm. Das äußere Ende des Gehörganges, das in die Ohrmuschel mündet, ist offen. Das innere Ende des Gehörganges ist durch das Trommelfell verschlossen. Der Gehörgang lässt sich mit einer Orgelpfeife vergleichen: Er enthält eine Luftsäule, die in Schwingung versetzt werden kann. Auf dem Weg von der Ohrmuschel zum Trommelfell werden die Schallwellen außerdem verstärkt. Das Trommelfell hat Drüsen, die Ohrenschmalz produzieren, der hilft, das Ohr zu schützen, indem Fremdkörper wie kleine Insekten oder Schmutz ferngehalten werden.

Das Mittelohr besteht aus dem Trommelfell und drei kleinen Knochen, die als *Gehörknöchelchen* bezeichnet werden. Es enthält außerdem die Öffnung der *Eustachischen Röhre*, die man auch als *Ohrtrompete* bezeichnet. Sie verbindet das Mittelohr mit dem Rachenraum. Sie hat die Funktion, den Druck im Mittelohr dem atmosphärischen Druck anzugleichen, wozu sie sich beim Gähnen oder Schlucken kurzzeitig öffnet. Diesen Druckausgleich können wir manchmal als ein Knacken im Ohr hören, zum Beispiel während des Landeanflugs im Flugzeug oder wenn wir über eine sehr hohe Bergstraße fahren. Die Ohrtrompete dient auch dazu, Schleim aus dem Innenohr abfließen zu lassen. Es kommt gelegentlich vor, dass sie verstopft ist, wodurch Bakterien im Mittelohr eingeschlossen werden. Dies kann zu einer Infektion mit einer Entzündung führen. Vor allem Kinder leiden häufig an Mittelohrentzündungen. Treten schwere Mittelohrentzündungen häufiger auf, kann durch einen chirurgischen Eingriff ein Röhrchen in das Trommelfell eingesetzt werden, um den Druckausgleich auf diese Weise zu ermöglichen. Wenn das Mittelohr bei einem Erwachsenen blockiert ist, kann ein Arzt das Trommelfell mit einer Nadel durchstechen und dahinter festsitzenden Schleim absaugen.

Im Englischen wird das Trommelfell auch als „*tympanic membrane*" bezeichnet. Erinnern Sie sich daran, dass wir bereits über vibrierende Membranen gesprochen haben, die entweder Schall erzeugen, wie die Stimmbänder oder ein Lautsprecher, oder Schall aufnehmen, wie zum Beispiel ein Mikrofon. Das Trommelfell ist nicht flach, sondern hat zum äußeren Ohr hin eine konkave und zum Mittelohr hin eine konvexe Oberfläche. Es gleich in etwa einem stark abgeflachten Konus.

Die Gehörknöchelchen sind kleine, miteinander verbundene Knochen. Der erste von ihnen wird als *malleus* bezeichnet. Er hat die Form eines Hammers, dessen „Griff" mit dem höchsten Punkt des konusförmigen Trommelfells verbunden ist. Der nächste Gehörknochen ist der *incus*, der die Form eines Ambosses hat. Der dritte Gehörknochen wird als *stapes* bezeichnet. Er hat die Form eines Steigbügels (wie man ihn zum Reiten verwendet). Die Fußplatte des Steigbügel liegt auf dem ovalen Fenster, welches die Öffnung zum Innenohr darstellt.

Die Gehörknöchelchen haben die Funktion, die mechanischen Schwingungen des Trommelfells auf das Innenohr zu übertragen. Die Form und Anordnung der Gehörknöchelchen erzeugt (durch den Steigbügel) einen Druck auf das ovale Fenster, der etwa zwanzigmal größer ist als der Druck auf das Trommelfell, das mit dem Amboss verbunden ist. Diese Druckerhöhung ist erforderlich, damit in der Flüssigkeit des Innenohres eine Wellenbewegung erzeugt werden kann.

Das Innenohr besteht aus drei Hauptteilen: der *Cochlea*, dem *Vestibulum* und den *Bogengängen*. Bei allen dreien handelt es sich tatsächlich um Hohlräume oder Kanäle im Schläfenbein und nicht um selbstständige Strukturen. Das Vestibulum und die Bogengänge dienen der Aufrechterhaltung des Körpergleichgewichts. Sie enthalten eine Flüssigkeit, die auf die Bewegungen des Kopfes reagiert. Die Cochlea ist eine kleine, mit Flüssigkeit gefüllte Kammer. Sie enthält den Cochlea-Nerv, der für den Hörvorgang unerlässlich ist. Da das Vestibulum und die Bogengänge am Hörvorgang nicht beteiligt sind, wird auf sie im Folgenden nicht weiter eingegangen.

Die Cochlea hat die Form einer Spirale. Ihr Name stammt von dem lateinischen Wort für „Schnecke", da sie wie ein Schneckenhaus aussieht. Der größte Teil der Spirale befindet sich in der Nähe des ovalen Fensters, und ihre Spitze ist der innerste Teil der gewundenen Struktur. Die Cochlea besteht aus drei voneinander getrennten Kammern. Die äußeren beiden Kammern sind an ihrem Endpunkt miteinander verbunden, und die innere Kammer, der Cochlea-Gang, verläuft durch ihre gesamte Länge bis zum Endpunkt. Die drei Kammern sind durch Membranen voneinander getrennt. Eine dieser Membranen, die *Basilarmembran*, hat eine wichtige Funktion während des Hörvorgangs.

Wenn sich der Steigbügel hin und her bewegt, erzeugt er eine Druckwelle in der Flüssigkeit einer der beiden äußeren Kammern. Diese Druckwelle kann den gesamten Weg bis zum Endpunkt der Cochlea zurücklegen, von wo aus sie durch die andere äußere Kammer zur Basis zurückgelangt. Bei Frequenzen im hörbaren Bereich (20 – 20 000 Hz) nehmen die Druckwellen eine Abkürzung von der ersten Kammer durch den Cochlea-Gang in die zweite Kammer. Auf diesem Weg versetzen die Druckwellen die Basilarmembran in Schwingung.

Die Basilarmembran besteht aus Fasern unterschiedlicher Länge (Abb. 4.8), die unterschiedliche Resonanzfrequenzen haben. An der Basis des Cochlea-Gangs sind die Fasern kurz. Sie werden in Richtung auf den Endpunkt der Cochlea zunehmend länger. Die kurzen Fasern reagieren am besten auf hohe und die längeren auf niedrige Frequenzen. Die vibrierenden Fasern erregen Haarzellen (Stereocilien oder Mikrovilli), die Teil des spiralförmigen *Corti'schen Organs* sind, das mit dem Hörnerv verbunden ist. Die durch die Biegung dieser Cilien erzeugten elektrischen

Schematische Darstellung der Basilarmembran (im gestreckten Zustand). Sie besteht aus zahlreichen Fasern, die im rechten Winkel zu ihrer Länge angeordnet sind. Sie werden in Reaktion auf die Reizung durch Schallwellen in Schwingung versetzt. Normalerweise ist die Basilarmembran in der Cochlea aufgerollt.

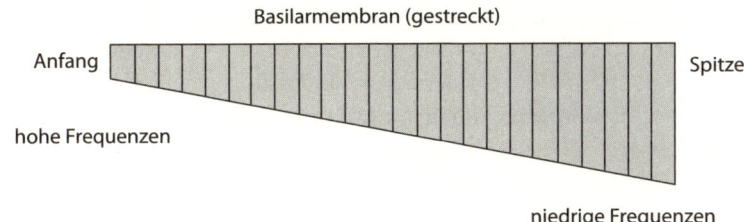

Basilarmembran (gestreckt)

Anfang   Spitze

hohe Frequenzen

niedrige Frequenzen

Impulse werden an das Gehirn weitergeleitet, wo sie als Geräusche oder Töne gedeutet werden.

Die obigen Erläuterungen geben lediglich eine knappe Beschreibung des Hörvorgangs. Wer sich mit dem Thema ausführlicher beschäftigen möchte, kann weitere Einzelheiten in einem Physiologielehrbuch nachlesen.[3]

Hörprobleme

Da der Hörvorgang aus zahlreichen Zwischenschritten besteht, können eine Reihe verschiedener Probleme auftreten, die die normale Hörfähigkeit eines Menschen beeinträchtigen. Erinnern wir uns daran, dass Schallwellen in das äußere Ohr und von dort zum Trommelfell gelangen müssen, wo sie in mechanische Schwingungen umgewandelt und von den Mittelohrknochen verstärkt werden. Dadurch wird auf die Flüssigkeit im Innenohr ein Druck ausgeübt. Dies wiederum führt zur Schwingung der Cochlea-Membran und der Haarzellen, die schließlich zur Erregung des Hörnervs führen. Ein Hörverlust ist die Abnahme der Fähigkeit, Schallwellen aufzunehmen und zu verarbeiten. Seine Ursache kann mit jedem der verschiedenen Zwischenschritte des Hörvorgangs zusammenhängen.

Eine Überproduktion von Ohrenschmalz ist die erste Ursache, die man ausschließen muss, da es den Gehörgang blockieren kann. Manche Menschen produzieren zu viel Ohrenschmalz. Sie müssen sich ihre Ohren häufig reinigen lassen, möglicherweise mehrmals im Jahr. Auch Tumore und ein anormales Knochenwachstum können Schallwellen blockieren. Wassersportler können durch Wasser, das im Gehörgang festsitzt, eine Infektion bekommen. Hierdurch kann es zu einer Schwellung der Gewebe kommen, sodass sich der Schall nicht ungehindert durch den Hörkanal fortpflanzen kann.

Ein durchstochenes oder gerissenes Trommelfell kann ebenfalls zu einem Hörverlust führen, da es im beschädigten Zustand nicht normal schwingen kann. Wenn jemand einem sehr lauten Geräusch ausgesetzt ist, wie zum Beispiel einer Explosion, kann dies zur Beschädigung des Trommelfells führen. Durch ein gerissenes Trommelfell können außerdem Bakterien in das Mittelohr gelangen, wo sie eine Infektion verursachen können.

Im Mittelohr können verschiedene Probleme auftreten, die einen Hörverlust zur Folge haben. Bei einer Mittelohrinfektion kommt es zur Ansammlung von Flüssigkeit hinter dem Trommelfell, sodass es nicht normal schwingen kann. Eine Flüssigkeitsansammlung kann außerdem die Schwingung der Gehörknöchelchen beeinträchtigen. Wenn die Ohrtrompete blockiert ist, kann es ebenfalls zu einer Mittelohrentzündung kommen, die verhindert, dass Schleim normal abfließen kann. Dies kann bei einer Erkältung auftreten oder wenn die Mandeln, die sich im oberen Rachenraum befinden, geschwollen sind. Auch ein anormales Wachstum im Mittelohr, eine sogenannte *Otosklerose*, kann die normale Funktion der Gehörknöchelchen beeinträchtigen. Plötzliche Luftdruckschwankungen, zum Beispiel bei Änderungen der Höhe eines Flugzeugs, können vorübergehend zu einem unangenehmen Luftdruck im Mittelohr und zu einem Hörverlust führen.

Am häufigsten liegt die Ursache eines Hörverlust in der Cochlea, wenn die in der Flüssigkeit des Innenohres erzeugten Druckwellen die Hörnerven nicht erregen können. Haarzellen können durch ein sehr lautes Geräusch oder auch dadurch zerstört werden, dass jemand über längere Zeit lauten Geräuschen ausgesetzt ist, wie zum Beispiel bei Rockkonzerten, beim Rasenmähen oder in der Nähe von Flugzeugmotoren. Auch während des normalen Alterungsprozesses kommt es zu einem allmählichen Verlust von Haarzellen. Ferner können Medikamente und Tumore zu einer Beschädigung der Cochlea führen, ebenso wie die Degeneration von Nerven und Krankheiten wie die Hirnhautentzündung.

Und schließlich kann die Ursache des Hörverlustes auch im Gehirn liegen. Ein Verlust der Schallwahrnehmung kann durch eine Schädigung des primären auditorischen Kortex in den Schläfenlappen des Gehirns oder der Hörbereiche im Hirnstamm hervorgerufen werden. Eine sehr lesenswerte Darstellung der mit dem Hörverlust zusammenhängenden Themen findet man auf der folgenden Webseite: www.mayoclinic.com/health/hearing-loss/DS00172.[4]

Schallintensität

Alle Schallwellen transportieren Energie. Vielleicht haben sie schon einmal Werbespots gesehen, in denen eine Frau mit solcher Kraft einen hohen Ton singt, dass ein Glas zerspringt. Die Energie wird auf das Glas übertragen und führt zu einer so starken Schwingung, dass es zerbricht. Diese Energieübertragung wird auch deutlich, wenn eine Schallwelle auf das Trommelfell trifft und es in Schwingung versetzt. Bei sehr lauten Geräuschen kann es sogar zu einem Riss des Trommelfells kommen.

Statt die Energiemenge in einer Schallwelle zu messen, ist es üblicher, ihre *Intensität* zu bestimmen. Die Intensität I ist definiert als der Energiebetrag E der Schallwelle, der eine Einheitsfläche A pro Zeiteinheit t trifft. Die Energie pro Zeit ist die Leistung P. Mathematisch kann man die Intensität daher durch folgende Gleichung ausdrücken:

$I = P/A$

Typische Einheiten für die Intensität sind Watt pro Quadratmeter (W/m²) oder Watt pro Quadratzentimeter (W/cm²).

Die Schallintensität steht mit der Lautstärke einer Schallwelle in Beziehung. Es gibt zwei Werte, die hierbei als Referenzpunkte dienen: die Hörschwelle, die mit

$I_0 = 10^{-12} \text{ W/m}^2$

angegeben wird, und die Schmerzgrenze, die mit

$I_p = 1{,}0 \text{ W/m}^2$

angegeben wird. Die Hörschwelle entspricht der Intensität, ab der Schall gerade wahrgenommen werden kann. Die Schmerzgrenze ist der Punkt, ab dem die

Lautstärke des Schalls normalerweise beginnt, Schmerzen zu verursachen.[5] Es ist wichtig, hierbei zu bedenken, dass Schall individuell verschieden wahrgenommen wird, sodass die Schallintensität, ab der jemand hören kann oder Schmerzen zu empfinden beginnt, variieren kann. Außerdem hängt die Intensität, ab der jemand hören kann oder ein Geräusch als schmerzhaft empfindet, von der Frequenz ab. Töne mit Frequenzen am unteren und oberen Ende des hörbaren Bereichs müssen, um gehört werden zu können, normalerweise eine Intensität haben, die oberhalb der Hörschwelle liegt. Die für I_0 und I_p angegebenen Werte werden in der Akustik und in der Audiologie weithin verwendet.

Abb. 4.9 ▶

Schall wird von einer punktförmigen Quelle in alle Richtungen gleichmäßig abgestrahlt. Wenn die punktförmige Quelle eine Leistung der Stärke P hat, so tritt in einem Abstand R von dieser Quelle die Leistung durch eine imaginäre Kugel mit der Oberfläche $4\pi R^2$. Die Intensität I entspricht dann $P/(4\pi R^2)$, sodass sie mit $1/R^2$ abnimmt.

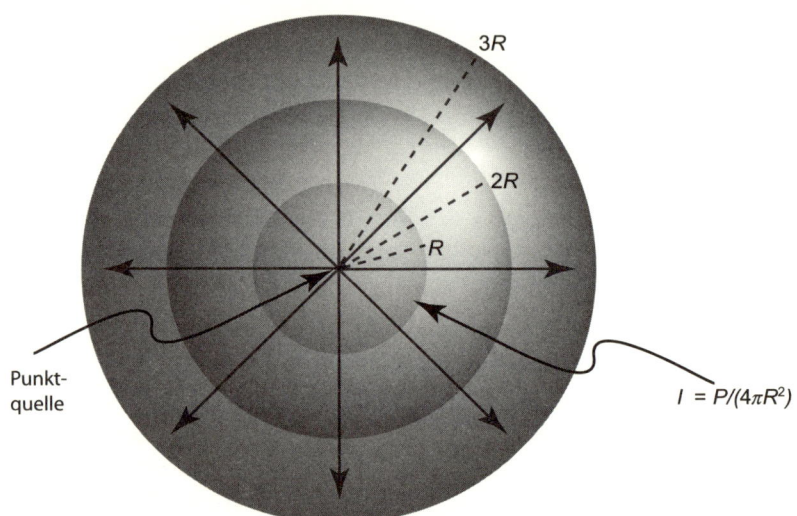

Eine Methode, die man verwenden kann, um die Schallintensität zu bestimmen, besteht darin, das Objekt als punktförmige Quelle des Schalls zu betrachten. Wenn jemand in die Hände klatscht oder mit einem Trommelstock auf einen Beckenteller schlägt, oder wenn ein Hammer auf einen Nagel trifft, kann man sich den Ursprung des Schalls als punktförmige Quelle vorstellen. Bei einer punktförmigen Quelle wird die Energie in alle Richtungen gleichmäßig abgegeben (siehe Abb. 4.9). Der Bereich, in den der Schall ausstrahlt, ist die Oberfläche einer imaginären Kugel. Daher lässt sich die Intensität in einem bestimmten Abstand R von der punktförmigen Quelle anhand der folgenden Gleichung berechnen:

$$I = P/A = P/(4\pi R^2)$$

Hierbei entspricht $4\pi R^2$ der Oberfläche einer Kugel mit dem Radius R.

Dieser Gleichung lässt sich entnehmen, dass die Intensität des Schalls abnimmt, wenn der Abstand des Beobachters zur Schallquelle größer wird. Dies entspricht auch unserer Erfahrung. Wenn wir jemanden nur undeutlich verstehen, treten wir ihm näher. Ist uns der Klang eines Lautsprechers bei einem Rockkonzert zu laut, treten wir weiter zurück. Wenn in Ihrem Garten der Blitz einschlägt, hören Sie einen sehr lauten Donnerschlag. Schlägt der Blitz jedoch in mehreren Kilometern

Entfernung ein, so ist der Donner wesentlich leiser oder möglicherweise gar nicht hörbar.

Gleichung (8) entspricht einem sogenannten *Abstandsgesetz*, gemäß dem die Intensität umgekehrt proportional zum Quadrat des Abstands ist. Dies bedeutet, dass sich die Intensität auf ein Viertel des ursprünglichen Werts verringern würde, wenn der Abstand zur Schallquelle verdoppelt wird. Würde sich der Abstand verdreifachen, würde sich die Intensität auf ein Neuntel (1/9) des ursprünglichen Werts verringern. Im umgekehrten Fall, wenn man den ursprünglichen Abstand zur Schallquelle halbiert, würde sich die Intensität um das Vierfache erhöhen.

Es gibt andere Schallquellen, die stärker gerichtet sind. So verwenden beispielsweise Cheerleader ein Megafon, das eine konische Form hat, um ihre Rufe in eine bestimmte Richtung zu lenken. Lautsprecher haben verschiedene Bauweisen, die den Klang auf sehr unterschiedliche Weise abstrahlen. Die Art des eingesetzten Lautsprechers hängt vom Verwendungszweck ab: Für ein Stereosystem in einem kleinen Zimmer, für ein Soundsystem in einem Auditorium oder bei einem Open-Air-Konzert oder für ein Warnsystem, das vor schweren Unwettern warnen soll, bestehen unterschiedliche Anforderungen.

Schallintensitätspegel

Stellen wir uns zwei Töne vor, von denen einer eine zehnmal höhere Schallintensität hat als der andere. Wir würden vermuten, dass der eine Ton zehnmal so laut ist wie der andere. Tatsächlich ist es jedoch so, dass der eine Ton für die menschliche Wahrnehmung nur etwa zweimal so laut ist wie der andere.

Aufgrund dieser Wahrnehmungsunterschiede verwendet man zur Messung der Lautstärke eine andere Methode. Statt der Schallintensität misst man den *Schallintensitätspegel*. Dem Intensitätspegel liegt ein logarithmischer Maßstab zugrunde, der die Intensität in eine Größenordnung umwandelt, die mit der Lautstärke enger korreliert ist. Der Intensitätspegel L_I ist definiert als:

$$L_I = 10 \log (I/I_0)$$

Hierbei steht I_0 für die Hörschwelle mit dem Wert 10^{-12} W/m^2. Die Einheit des Intensitätspegels ist das Dezibel, abgekürzt als dB.

In dieser Definition dient die Hörgrenze als Referenzpunkt, weil die Hörgrenze einen Intensitätspegel von 0 dB hat. Anhand der mathematischen Gleichung ergibt sich Folgendes: Wenn die Intensität eines bestimmten Tons derjenigen der Hörgrenze entspricht, d. h., wenn $I = I_0$, gilt $I/I_0 = 1$, denn der Logarithmus von 1 ist null, und auch 10 mal null bleibt null.

Der hörbare Bereich erstreckt sich von der Hörgrenze (10^{-12} W/m^2, 0 dB) bis zur Schmerzgrenze und darüber hinaus. Die Schmerzgrenze ist als 1 W/m^2 definiert, was einem Intensitätspegel von 120 dB entspricht. Der Intensitätspegel eines normalen Gesprächs beträgt 50 bis 60 dB, eines leisen Flüsterns 20 dB und eines Rockkonzerts 110 bis 120 dB. Wenn Menschen für längere Zeit lauten Geräuschen von über 90 dB ausgesetzt sind, können schwere Hörschäden entstehen.

Bestimmte Arbeitsplätze machen es erforderlich, dass Menschen über längere Zeit lauten Geräuschen ausgesetzt sind, z. B. in einem Maschinenraum, in der Nähe von Flugzeugen oder bei der Verwendung von lauten Rasenmähern. An solchen Arbeitsplätzen ist es häufig vorgeschrieben, Hörschutzmaßnahmen zu ergreifen, wie zum Beispiel Ohrenstöpsel zu verwenden oder geräuschminimierende Kopfhörer zu tragen. Wir werden auf dieses Thema gleich noch etwas genauer eingehen.

Eine interessante Eigenschaft der Schallintensität und des Schallintensitätspegels zeigt sich beim Vergleich von zwei Tönen. Für jeden Multiplikationsfaktor von 10 für die Intensität ergibt sich ein Additionsfaktor von 10 für den Intensitätspegel. Wir können uns dies anhand der mathematischen Definition der Schallintensität verdeutlichen, indem wir die Differenz zwischen zwei Schallintensitäten, $\Delta L_1 = L_{I1} - L_{I2}$, berechnen:

$$\Delta L_1 = L_{I1} - L_{I2} = 10 \log (I_1/I_0) - 10 \log (I_2/I_0)$$

oder

$$\Delta L_1 = 10 \log (I_1/I_2) \tag{9}$$

Wenn daher $I_1/I_2 = 10$ (ein Multiplikationsfaktor von 10), gilt $\Delta L_1 = 10$ db (ein Additionsfaktor von 10), oder $I_1/I_2 = 1000$ (drei Multiplikationsfaktoren von 10), gilt $\Delta L_1 = 30$ db (drei Additionsfaktoren von 10).

Umgekehrt gilt, dass jeder Erhöhung des Intensitätspegels um 10 dB eine zehnfache Erhöhung der Intensität entspricht. Dies lässt sich zeigen, indem wir die obige Formel für ΔL_1 nach I_1/I_2 auflösen. Wir erhalten das Ergebnis:

$$I_1/I_2 = 10^{\Delta L_1/10} \tag{10}$$

So ist beispielsweise ein Intensitätspegel von 40 dB zehnmal intensiver als ein Intensitätspegel von 30 dB. Der Unterschied des Intensitätspegels zwischen einer Schallquelle von 92 dB und einer von 72 dB beträgt 20 dB, sodass die erste hundertmal intensiver als die zweite ist. Die Formel lässt sich auch auf eine Verringerung des Schallintensitätspegels anwenden. Wenn zum Beispiel $\Delta L_1 = -30$ db, gilt $I_1/I_2 = 1/1000$.

Ohrenstöpsel

In den meisten Apotheken kann man Ohrenstöpsel kaufen. Ihr Hersteller versprechen, dass sie die „Lärmbelästigung" verringern oder Schnarchgeräusche unterdrücken. Ihre eigentliche Funktion besteht darin, die Intensität des auf das Trommelfell treffenden Schalls zu verringern, indem sie Schallwellen beim Eintritt in den Gehörkanal absorbieren. Ohrenstöpsel werden entweder aus weichem Schaum oder verformbarem Wachs hergestellt, um in den Gehörgang eingesetzt werden zu können. Ohrenstöpsel aus Schaumstoff, der nach dem Zusammendrücken nur langsam seine ursprüngliche Form wieder annimmt, sind am wirksamsten, wenn sie korrekt in den Gehörkanal gesteckt werden. Ohrenklappen-ähnliche Hörschutzgeräte trägt man wie Kopfhörer und sind noch effektiver.

Ein wichtiges Merkmal von Ohrenstöpseln ist ihre *Schalldämpfungsrate*. Die Schalldämpfungsrate von Ohrenstöpseln ist ein Maß dafür, wie wirksam sie den Umfang der in das Ohr gelangenden Schallwellen reduzieren. Typische Angaben reichen von 12 bis 33 db. Die Schalldämpfungsrate gibt an, wie stark der Intensitätspegel des Schalls, der auf das Trommelfell trifft, reduziert wird. Mit andern Worten: Eine Schalldämpfungsrate von 29 db bedeutet, dass $\Delta L_1 = -29$ db entspricht. Wenn wir diesen Wert in Gleichung (10) einsetzen erhalten wir: $I_1/I_2 = 0{,}00126 = 1/794$. Dies bedeutet, dass die Intensität des Schalls, der das Trommelfell erreicht, auf etwa ein Achthundertstel (1/800) seines ursprünglichen Werts reduziert wird. Bei Ohrenstöpseln mit einer Schalldämpfungsrate von 33 db beträgt der Wert für $I_1/I_2 = 1/2000$.

Tatsächlich handelt es sich bei der Schalldämpfungsrate um einen Durchschnittswert, der aus Messungen bei verschiedenen Frequenzen des hörbaren Bereichs ermittelt wird. Die US-Regierung hat durch ihre Behörde für Berufssicherheit und Gesundheit in Übereinstimmung mit den Normen der amerikanischen Standardisierungsorganisation (ANSI) Gesetze und Vorschriften erlassen, die festlegen, wie die Schalldämpfungsraten (und andere Bewertungsmaßstäbe) ermittelt werden müssen.[6]

Ohrenstöpsel sind ein Beispiel für eine passive Methode der Geräuschverminderung. Es gibt jedoch auch Methoden, die Geräusche aktiv unterbinden, bevor sie in den Gehörkanal gelangen können. Eine dieser Methoden basiert auf einer wichtigen Eigenschaft von Wellen, die sich beobachten lässt, wenn sie sich überlappen. Wenn sie in Phase miteinander schwingen, d. h., wenn ein Wellenberg einer Welle mit dem einer anderen zur Deckung kommt, bilden sie eine größereWelle. Wenn sie nicht in Phase schwingen, sodass ein Wellenberg der einen Welle mit einem Wellental der anderen Welle zur Deckung kommt, heben sich die beiden Wellen gegenseitig auf. Geräuschminimierende Kopfhörer erkennen Schallwellen elektronisch und erzeugen phasenverschobene Schallwellen. Wenn die erkannten und erzeugten Schallwellen kombiniert werden, heben sie sich gegenseitig auf, sodass das ursprüngliche Geräusch nicht mehr in den Gehörgang gelangen kann.

Schalldruckpegel

Ein weiterer Maßstab, der zum Vergleich von Schallwellen herangezogen wird, ist der *Schalldruckpegel*. Erinnern wir uns daran, dass die Intensität einer Welle für den Umfang der Energieübertragung pro Fläche steht und in Watt pro Quadratmeter angegeben wird (W/m^2). Der in Dezibel angegebene Schallintensitätspegel vergleicht die Intensität einer bestimmten Schallwelle mit der Schallintensität an der Hörschwelle. Beide Ausdrücke verwenden das Wort „Intensität" und haben mit Energie zu tun. Doch wie wir gesehen haben, ist eine Schallwelle zugleich eine Druckwelle, die aus einander abwechselnden Bereichen höheren (Verdichtungen) und geringeren (Verdünnungen) Drucks besteht. Verglichen mit dem Druck der Atmosphäre, in dem sich der Schall fortpflanzt, sind die tatsächlichen Druckunterschiede sehr klein. Der Atmosphärendruck beträgt etwa 101 300 Pa (Pascal). Die Abweichung von diesem Wert beträgt an der Hörschwelle nur 2×10^{-15} Pa, während die Abweichung an der Schmerzgrenze etwa 20 Pa entspricht.

Der Schalldruckpegel vergleicht die Druckabweichung einer Schallwelle mit der Druckabweichung an der Hörschwelle. Die mathematische Gleichung ist derjenigen für den Schallintensitätspegel sehr ähnlich:

$$L_{\mathrm{p}} = 10 \log (p^2/p_0^{\,2}) = 20 \log (p/p_0)$$

Hierbei entspricht $p_0 = 2 \times 10^{-15}$ Pa der Hörschwelle. Die Einheit ist auch hier wieder der Dezibel (dB). Wie die Gleichung zeigt, ist die Schallintensität proportional zum Quadrat des Schalldrucks, sodass der Schallleistungspegel an der Hörschwelle 0 dB und an der Schmerzgrenze 120 dB beträgt, ebenso wie dies für den Schallintensitätspegel gilt.

Lärm

Das Wort „Lärm" bezeichnet normalerweise ein unerwünschtes Geräusch oder Geräusche, die sehr laut und unangenehm sind. Es gibt verschiedene Synonyme für Lärm und verwandte Wörter. Eines von ihnen ist „weißes Rauschen". Ein weißes Rauschen kommt dadurch zustande, dass zufällige Schallfrequenzen durchschnittlich in etwa gleicher Intensität auftreten. Die typische Form dieses Geräuschs entspricht einem Rauschen, das ein Wasserfall erzeugt, der in ein großes Becken fällt (wie zum Beispiel die Niagarafälle). Das Geräusch kann so laut sein wie ein Wasserfall oder eher leise, wie zum Beispiel eine Klimaanlage oder ein Ventilator, der Luft durch ein Zimmer bläst. Man hört diese Art von Geräusch auch häufig, wenn man einen Radiosender sucht und sich der Empfänger zwischen zwei Stationen befindet. Geräte, die ein weißes Rauschen künstlich erzeugen, können helfen andere Geräusche zu verdecken, sodass jemand schlafen oder sich auf seine Arbeit konzentrieren kann.

Andere Geräusche, die als Lärm betrachtet werden, können wohldefinierte Frequenzen aufweisen, sind aber häufig ärgerlich oder unerwünscht. Rasenmäher, Gebläse zum Entfernen von Laub, Automotoren, Sirenen von Polizeiwagen, das Feedback von Soundsystemen, ja sogar viele gleichzeitig durcheinander redende Personen erzeugen sehr charakteristische, häufig auch laute Geräusche mit Frequenzen in einem Bereich, den wir als unangenehm empfinden. Um die Intensität des in den Gehörkanal gelangenden Schalls zu reduzieren, können in diesen Fällen Ohrenstöpsel oder geräuschunterbindende Kopfhörer erforderlich sein.

Hörgeräte

Wenn jemand einen Hörverlust erlitten hat, kann ein Hörgerät gute Dienste leisten. Die frühesten Hörgeräte bezeichnete man als Hörrohre. Sie wurden aus Holz geschnitzt bzw. aus Meeresmuscheln oder Tierhörnern angefertigt. Sie hatten eine breite Öffnung und wurden zum anderen Ende hin zunehmend schmaler. Die breite Öffnung wurde auf die Schallquelle gerichtet und das schmale Ende in das Ohr gesteckt. Der Schall wurde durch diesen „Trichter" in das Ohr gelenkt. Sie haben wahrscheinlich schon einmal eine improvisierte Version einer Ohrröhre verwendet. Der Trichtereffekt stellt sich auch ein, wenn Sie eine hohle Hand an die Ohrmuschel halten, um besser hören zu können.

Zusätzlich zu diesen frühen Hörgeräten wurden auch Gebäude sowie manche Gegenstände so gebaut, dass sie ein deutlicheres Hören ermöglichten. Kunstvolle Möbel mit einem den Schall reflektierenden Aufbau oder Gebäude mit einem kuppelförmigen Gewölbe unterstützen die Reflektion von Schallwellen. Ich habe schon mehrere Parlamentsgebäude besichtigt, in denen der Reiseleiter auf die Stellen hinwies, an denen Geräusche, insbesondere Gespräche, am besten gehört werden können. Man baute sogar lange Rohre in Gebäude ein, um damit die Gespräche anderer Parteien belauschen zu können. Elektronische Mikrofone tauchten im späten 19. und frühen 20. Jahrhundert auf. Im Jahr 1933 wurde ein Gerät zur Übertragung von Schallwellen durch den Schädel erfunden. Die Schallleitung in Knochen wird auch heute noch verwendet.

Viele moderne Hörgeräte verstärken den Schall auf elektronischem Weg. Ein Hörgerät sammelt Schallwellen mit Hilfe eines Mikrofons (oder mehrerer Mikrofone) und wandelt sie in elektrische Signale um. Diese Signale werden dann an einen Lautsprecher weitergeleitet, der daraus Schallwellen mit einer größeren Intensität erzeugt. Bei manchen Hörgeräten bleibt bei der Schallverstärkung die Frequenz der Originalgeräusche erhalten. Andere Geräte modifizieren (bzw. modulieren) den Schall, je nachdem, wie er erzeugt wird und welche besonderen Anforderungen er erfüllen soll. Hierzu ändern sie die Frequenz des Schalls oder filtern unerwünschte Geräusche heraus.

Cochlea-Implantate sind von herkömmlichen Hörgeräten sehr verschieden. Ein Patient, der ein Cochlea-Implantat benötigt, hat nur eine sehr eingeschränkte Hörfähigkeit oder kann sogar vollkommen taub sein. Die meisten Hörgeräte verstärken Geräusche, sodass eine Person sie hören kann, doch Cochlea-Implantate funktionieren auf eine andere Weise. Sie leiten elektrische Impulse, die das Gehirn als Töne und Geräusche interpretiert, direkt an den Hörnerv. Ein Cochlea-Implantat besteht aus einem Mikrofon, einem Sprachprozessor und einem Transmitter, die auf der Außenseite des Kopfes hinter dem Ohr befestigt sind, einem Empfänger direkt unter der Haut hinter dem Ohr und aus einem Elektrodenbündel, dass durch eine Operation in die Cochlea eingesetzt wird. Damit die neuen Geräusche vom Gehirn richtig verstanden werden, ist möglicherweise eine längere Therapie erforderlich. Auf den folgenden beiden Webseiten finden Interessierte weitere ausführliche Informationen zu diesem Thema: www.nidcd.nih.gov/health/hearing[7] und www.asha.org/public.[8]

Die Bilddarstellung mit Ultraschall

Das erste Bild ihres ungeborenen Kindes, das die meisten Eltern zu sehen bekommen, ist ein Ultraschallbild. Wegen der Unbedenklichkeit ihrer Verwendung wurden Schallwellen für die Bilddarstellung mit Ultraschall zu einem wichtigen Werkzeug für Ärzte und anderes medizinisches Personal, besonders im Bereich der Geburtshilfe. Röntgenstrahlen können gesundes Gewebe beschädigen und bei der Kernspintomographie werden Patienten sehr starken Magnetfeldern ausgesetzt. Daher wurde die Ultraschalltechnologie als sichere Methode entwickelt, um Bilder des Körperinneren darzustellen. Die Bilder sind zwar nicht von so hoher Qualität wie diejenigen, die sich mit der Computertomographie (Röntgenstrahlen) oder der Kernspintomographie erstellen lassen, doch sind mit der Ultraschallmethode wesentlich weniger Risiken verbunden.

Um ein Bild zu erzeugen, verwendet die Bedienungsperson ein handgeführtes Gerät, das Ultraschallwellen aussendet. Normalerweise liegen die verwendeten Frequenzen im Bereich von 1 bis 18 MHz. Die Schallwellen dringen in den Körper ein und treffen dabei auf die Grenzen zwischen den verschiedenen Körpergeweben. Einige der Wellen werden dabei zum Handgerät zurückreflektiert, während andere sich weiter durch die Gewebe fortpflanzen oder zu anderen Teilen des Körpers zerstreut werden, von wo aus wiederum einige zum Handgerät zurückreflektiert werden. Ultraschallwellen dringen nicht in Knochen ein, da sie leicht absorbiert werden. Sie sind jedoch sehr gut geeignet, um weiche Gewebe zu untersuchen.

Auf der Grundlage der Schallgeschwindigkeit in menschlichem Gewebe, die etwa 1500 m/s beträgt, berechnet das Ultraschallgerät, wie tief die Schallwellen in den Körper eindringen, und erstellt dann ein Bild der Gewebe. Das handgeführte Gerät kann an verschiedene Körperstellen und in unterschiedlicher Ausrichtung gehalten werden, sodass sich verschiedene Abschnitte des Körpers aus unterschiedlichen Winkeln darstellen lassen. Die erzeugten Bilder werden in Echtzeit auf einem Bildschirm angezeigt.

Da die Bilder in Echtzeit dargestellt werden, können auch Bewegungen der inneren Organe und sogar der Blutstrom untersucht werden. Doppler-Ultraschall ist eine neue Technik, mit der die Geschwindigkeit und Richtung des Blutes in Arterien gemessen werden kann. Auf diese Weise lassen sich Blutgerinnsel oder Veränderungen aufgrund von Gefäßablagerungen erkennen.

Die Auflösung der Bilder kann so hoch sein, dass sie nur Bruchteile eines Millimeters beträgt. Nehmen wir beispielsweise an, die Frequenz der Schallwellen betrage 3 MHz (3×10^6 Hz) und sie haben eine Geschwindigkeit von 150 m/s. Daraus ergibt sich, wenn wir die Gleichung $v = f\lambda$ zu Grunde legen, eine Wellenlänge von $\lambda = v/f = (1500 \text{ m/s})/3 \times 10^6 \text{ Hz} = 0{,}0005 \text{ m} = 0{,}5 \text{ mm}$. Bei einer Wellenlänge von 0,5 mm zeigt eine Ultraschalluntersuchung Einzelheiten ab dieser Größe oder sogar noch darunter. Um weitere Einzelheiten sichtbar zu machen, können Geräte mit höherer Frequenz verwendet werden, deren Wellen kürzere Längen haben. Die Verwendung dieser Geräte hat jedoch auch Nachteile, da Wellen mit höherer Frequenz nicht so tief in den Körper eindringen wie Wellen mit niedrigerer Frequenz.

Es gibt außer der Bilddarstellung noch weitere medizinische Anwendungen für Ultraschallwellen. Die Absorption von Ultraschall kann zu einer lokalen Erwärmung des Gewebes führen, um die Zellteilung zu begünstigen oder Schmerzen zu behandeln. Ultraschall kann auch bei chirurgischen Eingriffen eingesetzt werden, zum Beispiel zur Entfernung oder Zerstörung von Krebsgewebe. Er kann ferner zur Lithotripsie verwendet werden. Bei dieser Behandlungsmethode werden Nieren- oder Gallensteine mit Hilfe von Schallwellen im Ultraschallbereich zertrümmert.

Zusammenfassung

Der Gehörsinn ist ein wichtiger Sinn des menschlichen Körpers. Die Erzeugung und Erkennung von Schallwellen sind wichtige Kommunikationsmethoden. Für Personen, die nicht sprechen oder hören können, gibt es jedoch noch andere Kommunikationsmöglichkeiten: die Zeichensprache oder der Einsatz moderner Technologien. Aufgrund ihrer speziellen Eigenschaften sind Schallwellen auch bei Frequenzen außerhalb des von Menschen hörbaren Bereichs von Nutzen. Es ließe sich über dieses Thema noch sehr viel mehr sagen, als ich in diesem Kapitel ausführen konnte. Das Sprach- und Hörvermögen sind Gegenstand intensiver Studien verschiedener Fachleute, die hoffen, unser Wissen über Sprache und Hören durch neue Erkenntnisse weiter zu vertiefen, um zum Beispiel als Audiologen, Sprachtherapeuten oder Chirurgen Menschen mit Hör- und Sprachproblemen helfen zu können. Andere Wissenschaftler interessieren sich besonders für die Erzeugung und Erkennung von Schallwellen mit Hilfe elektronischer Geräte. Und schließlich gibt es noch Menschen, die ganz einfach davon begeistert sind, dass sie Musik genießen können, indem sie ein Instrument spielen, singen oder sich ein gutes Konzert anhören.

Elektrische Eigenschaften und das Zellpotential

Haben Sie schon einmal, nachdem Sie mit den Füßen über den Teppich geschlurft sind, einen Stromschlag bekommen, als Sie anschließend den Türgriff anfassten? Wenn ich aus meinem Wagen steige, bekomme ich beim Berühren der Tür fast jedesmal einen elektrischen Schlag. Normalerweise erklären wir diese Phänomene mit „statischer Elektrizität". Wenn wir uns ihre zahlreichen Verwendungsweisen im Alltag vergegenwärtigen, hat die Elektrizität etwas Beängstigendes, doch zugleich auch Faszinierendes an sich. Die Bedienungsanleitungen von elektrischen Geräten wie Computern oder Fernsehern warnen ausdrücklich vor der Gefahr, bei unsachgemäßer Bedienung einen Stromschlag zu bekommen, obwohl elektrische Signale ständig durch unseren Körper wandern und es uns ermöglichen, Wärme, Kälte, Schmerz, Hunger und Durst zu empfinden sowie verschiedene Geschmacksrichtungen (süß, sauer, salzig etc.), Geräusche und Licht wahrzunehmen und auf diese Empfindungen und Wahrnehmungen zu reagieren.

In diesem Kapitel werden wir uns mit einigen grundlegenden Prinzipien der Elektrizität vertraut machen und uns dann ansehen, wie sie das Verständnis von Funktionen des menschlichen Körpers ermöglichen. An fast allen Funktionen des Körpers, wie zum Beispiel seiner Bewegung, Wahrnehmung und Steuerung, sind elektrische Signale beteiligt. Wir werden das Nervensystem beschreiben und die Bewegung elektrischer Ladungen in Nervenzellen besprechen. Außerdem werden wir kurz auf die Messung elektrischer Vorgänge im Körper eingehen, die zur Diagnose des Gehirns, des Herzens und der Muskelaktivität verwendet werden.

Elektrische Ladung

Materie besteht aus Atomen, die ihrerseits aus Elektronen, Protonen und Neutronen aufgebaut sind. Elektronen und Protonen haben, im Gegensatz zu Neutronen, eine elektrische Ladung. Die elektrische Ladung eines Objekts wird als eine seiner grundlegenden Eigenschaften angesehen. (Masse ist eine weitere grundlegende Eigenschaft, die mit der Menge der Materie, aus der ein Objekt besteht, zusammenhängt.) Die Ladung eines Protons hat den spezifischen Wert $1,6 \times 10^{-19}$ Coulomb (C). Dieser Wert wird als fundamentale Einheit der Ladung bezeichnet. Das Coulomb ist die SI-Einheit[v] der Ladung. Zur Darstellung dieses Wertes wird häufig das Symbol e verwendet. Elektronen haben dieselbe Ladung wie Protonen, nur ist

v   Anmerkung des Übersetzers: SI ist die Abkürzung für „Système international d'unités" (Internationales Einheitensystem). Dieses metrische Einheitensystem wurde 1960 eingeführt und ist heute das am weitesten verbreitete Einheitensystem für physikalische Größen.

ihre Ladung negativ. Da $e = 1{,}6 \times 10^{-19}$ beträgt, ist die Ladung eines Protons $+e$, die Ladung eines Elektrons $-e$ und die eines Neutrons null.

Bei einer Ansammlung von zwei oder mehr Elektronen und/oder Protonen lässt sich die Gesamtladung durch die Addition der Einzelladungen ermitteln. Besteht eine Protonenansammlung aus 10 Protonen, beträgt ihre Ladung $+10e$. Eine Ansammlung aus fünf Protonen und fünf Elektronen hat die elektrische Ladung null und wird als elektrisch neutral betrachtet. Die Symbole q und Q werden zur Darstellung allgemeiner Ladungswerte verwendet, unabhängig davon, ob es sich um einzelne oder um eine Ansammlung von Ladungen handelt.

Atome sind normalerweise elektrisch neutral. Dies bedeutet, dass sie aus derselben Anzahl von Protonen und Elektronen bestehen. Die Anzahl der Neutronen spielt bei der Bestimmung der Ladung eines Atoms keine Rolle. Ein geladenes Atom wird als Ion bezeichnet. Seine Ladung resultiert aus der unterschiedlichen Anzahl seiner Protonen und Elektronen. Hat ein Ion eine positive Ladung, wird es als Kation bezeichnet, ist seine Ladung negativ, als Anion. So besteht beispielsweise die häufigste Form von Kalium, dessen chemisches Symbol K ist, aus 19 Protonen, 19 Elektronen und 20 Neutronen und ist somit elektrisch neutral. Wird eines der Elektronen entfernt, entsteht das Kalium-Kation K^+, das eine Ladung von $+e$ hat. Ein weiteres Beispiel ist Chlor (Cl), das im neutralen Zustand aus 17 Protonen, 17 Elektronen und 18 Neutronen besteht. In vielen chemischen Reaktionen nimmt Chlor ein zusätzliches Elektron auf und wird dadurch zum Chlor-Anion Cl^-.

In den meisten Fällen entsteht die Überschussladung eines Objekts durch die Aufnahme oder Abgabe eines Elektrons. Der Grund hierfür ist, dass Elektronen nicht so fest an ein Atom gebunden sind wie Protonen. Protonen werden im Atomkern sehr eng zusammengehalten, und es bedarf sehr vieler Energie, um sie zu trennen. Elektronen umkreisen den Atomkern mit Energien, die sehr viel kleiner sind, und sie lassen sich daher sehr viel leichter aus einem Atom entfernen. Metalle verfügen über eine sehr große Anzahl frei beweglicher Elektronen. Sie können sehr leicht entfernt oder weitere Elektronen leicht hinzugefügt werden. Physiker sprechen in diesem Zusammenhang manchmal von einem „Elektronenmeer". Werden isolierende Objekte gegeneinander gerieben, zum Beispiel wenn Sie mit ihren Füßen über einen Teppich schlurfen, können Elektronen von einem Objekt entfernt und auf ein anderes übertragen werden. Es gibt einige spezielle Situationen, die besonders in Experimenten der Hochenergiephysik auftreten, bei denen sich einzelne Protonen isoliert bewegen, doch kommt dies relativ selten vor.

Objekte können auch dadurch elektrisch aufgeladen werden, dass ihnen Ionen hinzugefügt oder entzogen werden. (Erinnern wir uns jedoch daran, dass ein Ion selbst dadurch entsteht, dass einem Atom Elektronen hinzugefügt oder entzogen werden.) Im Körper des Menschen kann es beispielsweise vorkommen, dass (positiv geladene) Kationen sich in einem bestimmten Bereich befinden und diesen insgesamt positiv aufladen und dass (negativ geladene) Anionen in einem anderen Bereich diesen insgesamt negativ aufladen. Ionenlösungen im Körper sind häufig elektrisch neutral, da sie die gleiche Konzentration positiver und negativer Ionen enthalten.

Die Gesamtladung q eines Objekts oder einer Ansammlung von Ladungen muss ein ganzzahliges Vielfaches von e sein, d. h. $q = \pm Ne$ oder $\pm e$, $\pm 2e$, $\pm 3e$,

±4*e* usw. Man kann dies auch so ausdrücken, dass man feststellt: Die Ladung ist quantisiert. Dies bedeutet, dass sie keine kontinuierliche Größe ist, sondern mit diskreten, getrennten Werten auftritt. Es gibt einige Fälle, in denen die Ladung den Wert ±1/3*e* oder ±2/3*e* hat, doch handelt es sich hierbei um die Ladung von als Quarks bezeichneten Teilchen. Es macht keinen Sinn, eine Nettoladung von $q = 1,0 \times 10^{-18}$ C zu erörtern, da $q/e = 6,25$ kein ganzzahliges Vielfaches von *e* ist. Es ist jedoch sinnvoll, von einer Nettoladung von $q = 1,0 \times 10^{-9}$ C zu reden, da q/e den Wert $6,25 \times 10^9$ hat und dies eine Ganzzahl (eine sehr große!) ist.

Wir werden manchmal von der Ladungsmenge reden, die sich durch die Membran eines Neurons (einer Nervenzelle) bewegt. Zur Bestimmung der Gesamtladung verwenden wir den Ausdruck $q = \pm Ne$. Angenommen, zwei Millionen (2×10^6) Natriumionen (Na^+), jeweils mit einer Ladung von +e, bewegen sich von einer Seite der Zellmembran auf die andere. Dann beträgt die bewegte Gesamtladung

$$q = +Ne = +2 \times 10^6 e = 2 \times 10^6 (1,6 \times 10^{-19} \text{ C}) = 3,2 \times 10^{-13} \text{ C}$$

Diese Änderung der Ladungsmenge einer Zelle erzeugt ein elektrisches Signal, das vom Gehirn erkannt werden kann, um eine bestimmte Aktion des Körpers herbei-zuführen.

Die Gesamtladung eines isolierten Systems bleibt konstant. Man bezeichnet dies als *Erhaltungssatz der Ladung*. Angenommen, Sie reiben einen aufgeblasenen Luftballon gegen Ihre Haare. Hierbei werden Elektronen von Ihren Haaren auf den Ballon übertragen. Der Ballon erhält dadurch eine negative Nettoladung, Ihre Haare eine positive Nettoladung, doch die Gesamtladung des aus dem Ballon und Ihren Haaren bestehenden Systems bleibt konstant. Die Ladung bleibt in sämt-lichen Situationen erhalten, sei es bei kleinen chemischen Reaktionen, einem gro-ßen Unwetter mit zahlreichen Blitzen oder der Entstehung von Sternen.

Elektrische Kraft

Woher wissen wir eigentlich, dass es positive und negative Ladungen gibt? Eine Antwort ergibt sich aus der Tatsache, dass zwischen Ladungen Kräfte wirken. La-dungen üben Kräfte aufeinander aus, und das Verhalten von Ladungen ist je nach Ladungstyp verschieden. Nachdem Sie einen Luftballon gegen Ihre Haare gerie-ben haben, können sie ihn an eine Wand heften, da bei der Reibung Ladungen übertragen wurden. Oder Sie können den geladenen Ballon über den Kopf hal-ten und spüren, wie sich Ihre Haare aufstellen, da sie von dem Ballon angezogen werden. Vielleicht haben Sie schon einmal, als sie die Wäsche aus dem Trockner genommen haben, einen Socken von einem Hemd „abziehen" müssen. Die beiden klebten zusammen, weil sie durch die Bewegung im Trockner elektrisch aufgela-den wurden.

Erinnern wir uns an das, was wir in Kapitel 1 gelernt haben: Wenn eine Kraft wirkt, müssen stets zwei Objekte im Spiel sein, die gegenseitig aufeinander Kräfte ausüben. Nach Newtons drittem Gesetz übt ein Objekt, auf das ein anderes Objekt

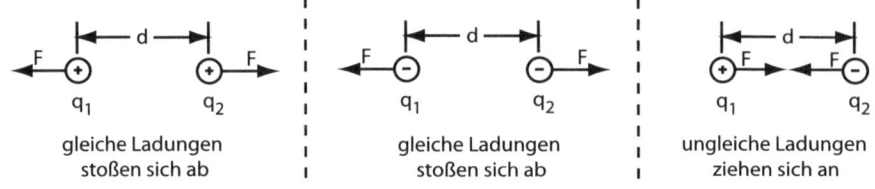

Abb. 5.1 ▶

Eigenschaften elektrischer Kräfte. Die elektrische Kraft zwischen einem Ladungspaar, q_1 und q_2, folgt dem Gesetz für Ladungen, welches besagt, dass gleiche Ladungen sich abstoßen und ungleiche Ladungen einander anziehen. Die Größe der Ladung wird anhand des Coulomb'schen Gesetzes ermittelt. Sie hängt vom Abstand zwischen den beiden Ladungen ab.

gleiche Ladungen stoßen sich ab

gleiche Ladungen stoßen sich ab

ungleiche Ladungen ziehen sich an

eine Kraft ausübt (actio), eine gleich große Kraft in entgegengesetzter Richtung auf das erste Objekt aus (reactio).

Elektrische Kräfte treten zwischen Ladungspaaren auf: zwischen zwei positiven, zwei negativen oder je einer positiven und einer negativen Ladung (Abb. 5.1). Diese Kräfte treten zwischen einzelnen Ladungen auf, wie zum Beispiel Protonen und Elektronen, oder zwischen Ladungsansammlungen, wie beispielsweise positiven und negativen Ionen, sowie zwischen elektrisch aufgeladenen Objekten wie Luftballons und Kleidungsstücken. Ladungen mit demselben Vorzeichen (positiv oder negativ) stoßen einander ab, während Ladungen mit unterschiedlichen Vorzeichen einander anziehen. (Gegensätze ziehen sich an.) Werden zwei positive Einzelladungen in die Nähe voneinander gebracht und dann losgelassen, fliegen sie auseinander. Das Gleiche gilt für negative Einzelladungen. Bringt man jedoch eine positive in die Nähe einer negativen Ladung und lässt sie dann los, bewegen sie sich aufeinander zu, denn sie ziehen sich gegenseitig an.

Die Größe der Kraft F zwischen zwei Ladungen hängt von der Größe der Ladungen, q_1 und q_2, sowie von dem Abstand d zwischen ihnen ab. Man kann sie sich anhand der folgenden mathematischen Gleichung vorstellen:

$$F = k \times |q_1 q_2| / d^2 \tag{1}$$

Hierbei steht k für die elektrische Konstante, die einen Wert von $9,0 \times 10^9$ N m²/ C² hat. Das Symbol für absolute Werte wird verwendet, um deutlich zu machen, dass die Vorzeichen der beiden Ladungen bei der Bestimmung der Größe der Kraft keine Rolle spielen. (Kraft ist eine Vektorgröße, und in der Physik wird die Richtung eines Vektors häufig durch ein positives oder negatives Vorzeichen angegeben. In diesen Erläuterungen geht es mir um die Größe der Kraft. Die Richtung werde ich angeben, wenn es erforderlich ist.) Gleichung (1) wird als Coulomb'sches Gesetz bezeichnet und die Kraft zwischen den Ladungen als Coulomb-Kraft.

Die oben angegebene Gleichung definiert die Kraft zwischen zwei beliebigen Ladungen. Es ist jedoch zu beachten, dass bei einer Ansammlung von Ladungen zwischen sämtlichen Ladungspaaren Kräfte auftreten. Auf jede Ladung wirken mehrere Kräfte, und aus der Kombination aller dieser Kräfte ergibt sich, ob sich die Ladung bewegt oder nicht. In einem Atom üben sämtliche Protonen und Elektronen, aus denen es aufgebaut ist, Kräfte aufeinander aus. In neutralen Atomen wirken diese Kräfte auf eine Weise, die es uns ermöglicht, das Atom als Einheit mit der Nettoladung null zu betrachten. Bei Ionen erlauben uns die Kräfte das gesamte Atom als einzelne Ladung der Größe $\pm e$, $\pm 2e$ etc. zu betrachten. Für größere Objekte mit Millionen oder Milliarden überschüssiger Ladungen trifft die Gleichung zu, wenn wir uns in genügend großem Abstand von dem Objekt befinden.

Schauen wir uns ein Beispiel an, das einen Bezug zum menschlichen Körper hat. Kohlenstoff ist ein im Körper vielfach vorhandenes Atom, dessen Kern aus sechs Protonen und sechs Neutronen besteht. Normalerweise sind mit einem Kohlenstoffatom sechs Elektronen verbunden, die entweder um seinen Kern kreisen oder mit anderen Atomen in chemischen Bindungen geteilt werden. Zwischen allen diesen Ladungen (Protonen und Elektronen) wirken zahlreiche elektrische Kräfte. Wir wollen nun jedoch die Kräfte zwischen den Kernen von zwei Kohlenstoffatomen genauer betrachten. Jeder Kern hat eine Ladung von $+6e$, und wir nehmen an, dass sie einen Abstand von 0,5 nm zueinander haben. Die Kraft, die die Kerne auf den jeweils anderen Kern ausüben, beträgt

$$F = k \times |q_1 q_2|/d^2$$
$$= (9,0 \times 10^9 \text{ N m}^2/\text{C}^2) \times [6(1,6 \times 10^{-19}\text{C})][6(1,6 \times 10^{-19}\text{C})] / (0,5 \times 10^{-9} \text{ m})^2$$
$$= 3,3 \times 10^{-8} \text{ N}.$$

Dies scheint eine sehr kleine Kraft zu sein, besonders, wenn man sie mit den auf größere Objekte einwirkenden Kräften vergleicht (ein paar Newton im Vergleich zu Tausenden von Newton). Wenn der Kern eines Kohlenstoffatoms sich jedoch unter dem Einfluss dieser Kraft bewegen könnte, wäre die Beschleunigung enorm, da die Masse des Kohlenstoffkerns sehr klein ist. Sie beträgt nur etwa 2×10^{-26} kg. (Erinnern Sie sich an das zweite Newton'sche Gesetz: $a = F/m$).

Angenommen, es gibt einen Bereich im menschlichen Körper, in dem sich eine große Anzahl positiver Ionen befindet, und einen anderen Bereich, der zahlreiche negative Ionen enthält. Wird ein positives Ion in den Raum zwischen diesen beiden Bereichen gebracht, wird es sich von dem positiv geladenen Bereich wegbewegen wollen, da eine abstoßende Kraft darauf wirkt. Zusätzlich wird es in die Richtung des negativ geladenen Bereichs gezogen, da sich Ladungen mit unterschiedlichen Vorzeichen anziehen (Abb. 5.2). Im Körper des Menschen sind die wichtigsten Ladungsträger Ionen wie Natrium (Na^+), Kalium (K^+) und Chlor (Cl^-). Sie tendieren dazu, sich auf unterschiedliche Bereiche zu verteilen, wie zum Beispiel innerhalb oder – getrennt durch eine Membran – außerhalb von Zellen. Die auf diese Ionen einwirkenden elektrischen Kräfte führen dazu, dass sie sich in die oder aus den Zellen bewegen. Innerhalb und außerhalb der Zelle befinden sich auch noch andere Ionen, auf die ebenfalls elektrische Kräfte wirken. Allerdings sind elektrische Kräfte nicht die einzige Ursache für die Ionenbewegung in die bzw. aus den Zellen des Körpers. Wir werden auf dieses Thema weiter unten noch detaillierter eingehen.

▼ **Abb. 5.2**

Die Richtung elektrischer Kräfte. Die elektrische Kraft F, die auf eine positive Ladung q wirkt, zeigt in Richtung des negativ geladenen Bereichs, weg vom positiv geladenen Bereich.

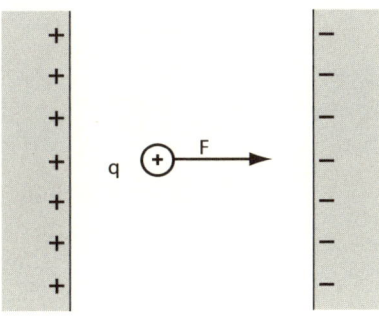

Elektrisches Feld

Die auf eine elektrische Ladung wirkende elektrische Kraft wird von einer anderen Ladung oder Ansammlung von Ladungen erzeugt, die sich außerhalb des Gesichtsfeldes befinden kann. Angenommen, die ursprüngliche Ladung würde entfernt. Die andere Ladung oder Ansammlung von Ladungen sei jedoch noch

Abb. 5.3 ▶

Elektrisches Feld und elektrische Kraft. Das elektrische Feld *E* in der Nähe einer Ladung zeigt von einer positiven Ladung weg und auf eine negative Ladung zu. Die auf eine positive Probeladung wirkende Kraft *F* zeigt in dieselbe Richtung wie das elektrische Feld.

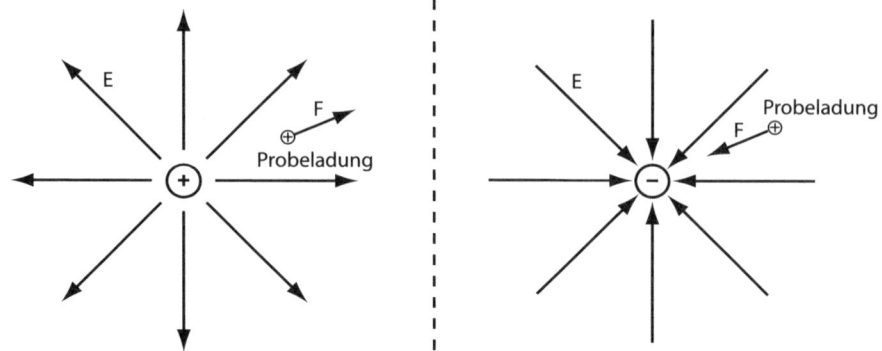

vorhanden, sodass, wenn man die Ladung entfernt, an der Stelle des Raumes etwas existieren muss: das *elektrische Feld*.

Ein elektrisches Feld wird von einer Ladung (oder Ansammlung von Ladungen) im Umfeld dieser Ladung (oder Ladungen) erzeugt. Diesem elektrischen Feld ist eine Richtung zugeordnet, die derjenigen Richtung entspricht, in die die elektrische Kraft auf eine positive Ladung, die sogenannte Probeladung, wirkt, wenn man sie in den Bereich um die ursprüngliche Ladung bringt (Abb. 5.3). Eine positive Probeladung wird von einer positiven Ladung abgestoßen und von einer negativen angezogen. Daher zeigt die Richtung des elektrischen Feldes von einer positiven Ladung weg und auf eine negative Ladung zu.

Der Begriff des elektrischen Feldes ist hilfreich, wenn wir zu verstehen versuchen, wie sich Ladungen im Körper des Menschen verhalten. Befindet sich auf der Außenseite einer Zellmembran eine Ansammlung positiver Ladungen und auf ihrer Innenseite eine Ansammlung negativer Ladungen, so existiert in der Membran ein elektrisches Feld, das von der Außen- zur Innenseite der Zelle gerichtet ist.

Befindet sich ein positives Natriumion (Na^+) in der Membran, wirkt darauf eine elektrische Kraft, die sie in das Zellinnere zieht. Die Existenz elektrischer Felder und Kräfte in den Nervenzellen ist unerlässlich für die Erklärung ihrer Funktionsweise. Der Zusammenhang zwischen einer Kraft und einem Feld lässt sich mathematisch sehr einfach beschreiben:

$$F = |q|\, E \tag{2}$$

Diese Gleichung besagt Folgendes: Wenn man eine Ladung q an einen Punkt bringt, an dem das elektrische Feld die Stärke E hat, wirkt auf die Ladung eine Kraft der Stärke F. Umgekehrt lässt sich, wenn die auf die Ladung q wirkende Kraft F bekannt ist, die Stärke E des elektrischen Feldes an der Stelle berechnen, an der sie auf die Ladung wirkt. Wie diese Gleichung verstanden wird, hängt davon ab, welche Größen in einer bestimmten Situation bekannt sind und welche errechnet werden muss. Dass der absolute Wert von q in die Gleichung eingesetzt wird, besagt, dass bei der Berechnung der Größe der Kraft das Vorzeichen der Ladung keine Rolle spielt. Das elektrische Feld einer einzelnen Ladung q lässt sich mathematisch folgendermaßen beschreiben:

$$E = k|q|/d^2 \tag{3}$$

Diese Gleichung besagt, dass das elektrische Feld in einem Abstand d von der Ladung q direkt proportional zu dieser Ladung ist: Je größer die Ladung ist, umso stärker ist das Feld. Wie bereits erläutert, ist das Feld von der Ladung weggerichtet, wenn die Ladung positiv ist, und zeigt in Richtung der Ladung, wenn es negativ ist.

Beachten Sie, dass die Gleichung (3) der Gleichung (1) für die Kraft zwischen zwei Ladungen ähnlich ist. Dies liegt daran, dass das gemäß Gleichung (3) erzeugte Feld die Ursache einer auf eine andere Ladung wirkenden Kraft darstellt. Nehmen wir beispielsweise an, Gleichung (3) würde für die Ladung q_1 geschrieben und in Gleichung (2) eingesetzt, doch Gleichung (2) soll die Kraft angeben, die auf eine zweite Ladung q_2 ausgeübt wird. Das Ergebnis ist Gleichung (1), die die Kraft angibt, die q_1 auf q_2 ausübt. Wir müssen uns jedoch das dritte Newton'sche Gesetz in Erinnerung rufen: Die Ladung q_2 übt auf Ladung q_1 eine gleich große Kraft aus. Gleichung (3) kann auch verwendet werden, um die Stärke des elektrischen Feldes zu berechnen, das von der Ladung q_2 erzeugt wird. Das Ergebnis kann in Gleichung (2) eingesetzt werden, um die Kraft zu berechnen, die auf q_1 wirkt.

Sie mögen all dies ein wenig verwirrend finden und denken, es würde Ihnen zu viel Mathematik aufgebürdet. Es gibt jedoch zwei wichtige Prinzipien, die wir uns merken müssen: (1) Ladungen erzeugen elektrische Felder und (2) auf eine in ein elektrisches Feld gebrachte Ladung wirkt eine Kraft. Das erste Prinzip gilt unabhängig von der Konfiguration der Ladung: Es kann sich dabei um ein einzelnes Elektron oder Proton, ein Ion oder um eine auf einen größeren Bereich, wie zum Beispiel eine Zelle oder einen Ballon, verteilte Ladung handeln. Das zweite Prinzip hilft uns zu ermitteln, ob eine Ladung bewegt werden wird oder nicht. Beide werden uns behilflich sein, wenn wir die elektrischen Eigenschaften des Körpers besprechen.

Potentielle elektrische Energie

Potentielle Energie ist eine an eine bestimmte Position oder Konfiguration gebundene Form der Energie. Ein Objekt verfügt über potentielle Energie, weil es mit anderen Objekten in seiner Umgebung in Wechselwirkung steht. In Kapitel 3 haben wir uns ausführlicher mit der potentiellen Gravitationsenergie beschäftigt. Hierbei handelt es sich um die Energie, die ein Objekt aufgrund der Gravitationskraft besitzt, die die Erde darauf ausübt. In diesem Kapitel wollen wir kurz auf die *potentielle elektrische Energie* eingehen. Dies ist die Energie einer Ladung (oder einer Ansammlung von Ladungen), die aus der Interaktion mit anderen Ladungen resultiert und auf die elektrischen Kräfte zurückzuführen ist, die darauf ausgeübt werden. Erinnern wir uns daran, dass Energie definiert ist als *Fähigkeit Arbeit zu verrichten*. Potentielle Energie kann Arbeit verrichten und in andere Energieformen, die Arbeit verrichten können, umgewandelt werden. Ladungen mit potentieller elektrischer Energie können über die Fähigkeit verfügen, sich zu bewegen, um Arbeit zu verrichten oder eine bestimmte Aufgabe zu erfüllen.

Angenommen, eine positive Ladung befindet sich an einem bestimmten Punkt, und Sie möchten eine andere positive Ladung in ihre Nähe bringen. Da die beiden Ladungen sich gegenseitig abstoßen, müssen Sie auf die zweite Ladung eine Kraft ausüben, um sie in die Nähe der ersten zu bringen: Sie müssen an der Ladung Arbeit verrichten. Die potentielle Energie der Ladungskonfiguration nimmt zu, während Sie die beiden Ladungen aufeinander zu bewegen. Wird die zweite Ladung plötzlich losgelassen, so bewegt sie sich von der ersten Ladung weg. Die potentielle Energie der ursprünglichen Konfiguration wird in die kinetische Energie der sich bewegenden Ladung umgewandelt: Die potentielle Energie nimmt ab, während die kinetische Energie zunimmt.

Für die beiden soeben beschriebenen Ladungen können wir eine mathematische Gleichung angeben, mit der sich die Größe der potentiellen Energie bestimmen lässt:

$$U = k \times (q_1 q_2)/d \tag{4}$$

Es wird Ihnen vielleicht aufgefallen sein, dass diese Gleichung der Gleichung für die Beschreibung der Kraft in Gleichung (1) (Coulomb'sches Gesetz) ähnlich sieht. Der Ausdruck für die potentielle elektrische Energie [Gleichung (4)] hat jedoch keine Symbole für absolute Werte, was bedeutet, dass die potentielle Energie, je nach dem Vorzeichen der Einzelladungen, positiv oder negativ sein kann. Genauer gesagt: Die potentielle Energie ist positiv, wenn beide Einzelladungen positiv oder negativ sind. Dies weist darauf hin, dass aufgrund der Abstoßungskräfte zwischen den Ladungen Arbeit verrichtet werden muss, um sie aufeinander zu zu bewegen. Wenn eine Ladung positiv ist und die andere negativ, ist die potentielle Energie negativ. Sie werden voneinander angezogen, und Sie müssen eine Kraft aufwenden, um sie getrennt zu halten. Erinnern Sie sich daran, dass die Zeichen für die absoluten Werte in Gleichung (1) benötigt werden, um die Stärke oder Größe der Kraft zu bestimmen.

Der andere Unterschied zwischen den beiden Ausdrücken besteht darin, dass die Coulomb-Kraft umgekehrt proportional zum Quadrat des Abstands zwischen den Ladungen ist, oder $F \propto 1/d^2$, während die potentielle Energie umgekehrt proportional zum Abstand ist, oder $U \propto 1/d$. In beiden Fällen wird, während der Abstand zwischen den Ladungen größer wird, die Kraft und die potentielle Energie immer kleiner. (Die Coulomb-Kraft nimmt wesentlich schneller ab.) Beachten Sie, dass die Kraft und die Energie beide gegen null gehen, wenn die beiden Ladungen einen sehr großen Abstand voneinander haben, weil sie dann kaum noch in Wechselwirkung stehen. Theoretisch müssten beide Ladungen unendlich weit voneinander entfernt sein, damit sie keine Kraft mehr aufeinander ausüben und über keine potentielle Energie verfügen. Dies gilt unabhängig davon, ob die Ladungen beide positiv oder beide negativ sind, oder ob sie umgekehrte Vorzeichen haben.

Bringt man sie in ein elektrisches Feld, bewegen sich Ladungen, weil elektrische Kräfte auf sie wirken. Sich selbst überlassen, bewegen sie sich in Richtung der *abnehmenden* potentiellen Energie. Um sie in Richtung *zunehmender* potentieller Energie zu bewegen, muss Arbeit an ihnen verrichtet werden. Ein Beispiel für potentielle Gravitationsenergie liegt vor, wenn Sie ein Objekt vom Boden aufheben, in eine bestimmte Höhe bringen und dann fallen lassen. Während Sie es heben, verrichten Sie Arbeit daran, und wenn Sie es loslassen, fällt es auf den Boden zurück. Dieses Beispiel ähnelt der Bewegung ungleich geladener elektrischer Ladungen (von denen eine positiv und die andere negativ ist). Sie müssen Arbeit an ihnen verrichten, um sie voneinander zu trennen; doch wenn Sie sie loslassen, bewegen sie sich aufeinander zu.

Ein weiteres Beispiel anhand von Objekten, die auf der Erdoberfläche vorkommen, ist ein mit Helium gefüllter Ballon. Sich selbst überlassen, bewegt sich dieser Ballon von der Erde weg nach oben. Man muss Arbeit daran verrichten, um ihn nach unten auf die Erde zu zu bewegen. Dieses Beispiel gleicht dem Zusammenbringen zweier positiver oder zweier negativer Ladungen. Sie müssen Arbeit daran verrichten, um sie zusammenzubringen. Doch wenn Sie sie loslassen, bewegen sie sich voneinander weg.

Könnte sich ein positives Ion in der Zellmembran eines Neurons frei bewegen, würde es sich von der Außenseite zur Innenseite der Zelle bewegen wollen. Der Grund hierfür ist, dass das positive Ion über eine größere potentielle Energie verfügt, wenn es sich außerhalb der Zelle in der Nähe anderer positiv geladener Ionen befindet. Es hat eine geringere Energie innerhalb der Zelle, wo es sich näher bei negativ geladenen Ionen befindet.

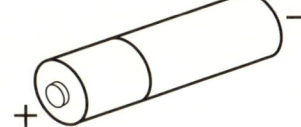

▼ **Abb. 5.4**

Die elektrische Potentialdifferenz, oder Spannung, wird zwischen dem positiven und negativen Pol gemessen. Bei einer Taschenlampen-batterie, wie etwa eine AA-, AAA- oder D-Batterie, beträgt die Spannung 1,5 Volt, während die Spannung einer Autobatterie 12 Volt beträgt.

Elektrisches Potential

Eine weitere für das Studium elektrischer Eigenschaften wichtige Größe wird als *elektrisches Potential* bezeichnet. Sie sind mit dieser Größe vielleicht schon vertraut, wenn auch nicht unter diesem Begriff. Ein anderes Wort, das für das elektrische Potential verwendet wird, ist Spannung, wie beispielsweise die in Volt angegebene Stärke einer Batterie. Eine Autobatterie hat eine Spannung von 12 Volt, eine Taschenlampe von 1,5 Volt (Abb. 5.4).

Elektrisches Potential ist nicht dasselbe wie potentielle elektrische Energie. Erinnern wir uns daran, dass die potentielle Energie einer Ladung das Ergebnis ihrer Wechselwirkung mit einer anderen Ladung oder Ansammlung von Ladungen ist. Wenn die erste Ladung entfernt wird, erzeugt die andere Ladung oder Ladungsansammlung ein Gebilde, das an dem Punkt vorhanden bleibt, an dem sich die ursprüngliche Ladung befand. Dieses „Objekt" (bzw. diese Entität) ist das elektrische Potential.

1,5 V
Taschenlampenbatterie

12 V
Autobatterie

Die Energie der ursprünglichen Ladung hängt von ihrer Größe ab: Je größer die Ladung ist, desto größer ist die Energie. Das elektrische Potential entfernt diese Abhängigkeit von der Ladungsgröße aus dieser Überlegung. Das elektrische Potential V ist definiert als die Energie U einer Ladung q geteilt durch die Ladung, oder

$$V = U/q \qquad (5)$$

Abb. 5.5 ▼

Änderungen des elektrischen Potentials. Das elektrische Potential nimmt an Stellen, die sich näher bei einer positiven Ladung befinden, zu und an Stellen, die sich näher bei einer negativen Ladung befinden, ab. In der untenstehenden Abbildung ist das Potential in der Nähe der positiven Ladung bei V_1 größer als an der Stelle V_2, jedoch ist V_1 kleiner als V_2, wenn sich V_1 näher bei einer negativen Ladung befindet. Für Stellen, die sich in immer größerem Abstand von einer negativen oder positiven Ladung befinden, geht das durch V_3 dargestellte elektrische Potential gegen null.

Diesem Ausdruck können wir entnehmen, dass die SI-Einheit *Volt* des elektrischen Potentials mit einem Joule pro Coulomb identisch ist. Daher gilt 1 V = 1 J/C. Beachten Sie, dass das Symbol für das elektrische Potential (V) identisch ist mit dem Symbol für die Einheit Volt. Manchmal begegnet Ihnen in anderen Büchern möglicherweise als Symbol für das elektrische Potential der Buchstabe *E*. Er steht für „EMF" oder elektromotorische Kraft (*electromotive force*), wobei es sich in Wirklichkeit nicht um eine Kraft, sondern um ein elektrisches Potential handelt.

Das elektrische Potential wird durch eine Ladung oder eine Ansammlung von Ladungen hervorgerufen, genau wie das elektrische Feld durch eine Ladung oder Ladungsansammlung verursacht wird. In mathematischer Form kann der Ausdruck für das elektrische Potential geschrieben werden als:

$$V = k \times q/d \tag{6}$$

Aus diesem Ausdruck geht hervor, dass das elektrische Potential in der Nähe einer positiven Ladung positiv und in der Nähe einer negativen Ladung negativ ist. In sehr großen Abständen von der Ladung (Abb. 5.5) hat das Potential den Wert null. Befindet sich eine Ansammlung positiver Ionen außerhalb einer Zelle und negativer Ionen in der Zelle, so hat die Außenseite ein positives elektrisches Potential im Vergleich zur Innenseite, die ein negatives Potential hat.

Die Aussage des letzten Satzes führt uns auf eine wichtige Tatsache: Das elektrische Potential ist eine Größe mit einem willkürlichen Referenzpunkt. Der Ort, an dem die Größe des elektrischen Potentials den Wert null hat, kann willkürlich festgelegt werden. In Gleichung (6) ist als Nullpunkt für das elektrische Potential derjenige Ort *gewählt* worden, für den *d* unendlich groß ist, d. h. ein Ort, der sich in sehr großer Entfernung von der Ladung befindet. Da sein tatsächlicher Wert willkürlich angenommen werden kann, sind wir häufiger an *Änderungen* des elektrischen Potentials zwischen zwei Raumstellen als an seinem Wert an einer der beiden Stellen interessiert. Der zur Beschreibung dieses Begriffs verwendete Ausdruck ist die *Potentialdifferenz*.

Das Konzept der Potentialdifferenz taucht im Zusammenhang zahlreicher Anwendungsbeispiele auf. Wahrscheinlich sind ihnen die Angaben AA oder AAA für 1,5-Volt-Batterien vertraut. Diese Batterien verfügen über ein positives Ende und ein negatives Ende. (Man spricht auch von den Polen einer Batterie.) Die Potentialdifferenz zwischen den beiden Polen

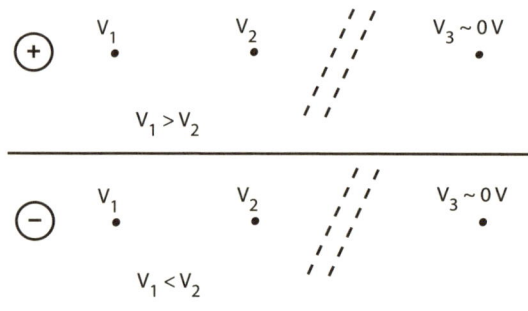

beträgt 1,5 Volt: Das elektrische Potential des positiven Pols liegt um 1,5 Volt höher als dasjenige des negativen Pols, bzw. das elektrische Potential des negativen Pols liegt um 1,5 Volt niedriger als dasjenige des positiven Pols. In vielen Anwendungen wird als Potential des negativen Pols der Wert 0 V angenommen (als „Erde" bezeichnet), sodass der positive Pol einen Wert von + 1,5 V hat. Manchmal wird der positive Pol mit der „Erde" von 0 V verbunden, wodurch das elektrische Potential des negativen Pols den Wert −1,5 V bekommt.

Bei einer Nervenzelle hat die Außenseite der Zelle ein höheres Potential als die Innenseite. Bei der Messung der an der Membran anliegenden Potentialdifferenz, die man auch als *Membranpotential* bezeichnet, dient die Außenseite der Zelle als Referenzpunkt oder Erde. Wir werden uns mit den Einzelheiten des Membranpotentials noch sehr viel genauer beschäftigen.

Elektrische Potentialdifferenz und potentielle Energie

Stellen wir uns vor, eine Ladung q bewege sich zwischen zwei Raumstellen, die eine Potentialdifferenz von ΔV haben (oder werde zwischen ihnen bewegt), wie zum Beispiel durch eine Zellmembran. Wenn wir Gleichung (5) entsprechend umstellen, können wir die Änderung der potentiellen Energie der Ladung folgendermaßen berechnen:

$$\Delta U = q\Delta V$$

Je nach dem Vorzeichen der Ladung und dem Vorzeichen von ΔV gewinnt oder verliert die Ladung Energie.

Erinnern wir uns daran, dass Objekte sich selbst überlassen dazu tendieren, sich von Bereichen höherer zu Bereichen niedrigerer potentieller Energie zu bewegen. Wenn die Ladung q positiv ist, wird sie sich in Richtung des abnehmenden elektrischen Potentials bewegen wollen, weg von positiven Ladungen und hin zu negativen. Ist q jedoch negativ, wird sie sich in Richtung des zunehmenden Potentials bewegen wollen, hin zu positiven Ladungen und weg von negativen Ladungen. In der Zellmembran bewegen sich positive Ionen vorzugsweise von der Außenseite der Zelloberfläche, wo sich eine positive Nettoladung mit einem relativ hohen elektrischen Potential befindet, zur Innenseite der Zelle, wo nur wenige positive Ladungen vorhanden sind und sich ein niedrigeres Potential befindet. Beachten Sie, dass diese Vorstellung der Bewegung zu Bereichen einer geringeren potentiellen Energie mit der Richtung der Kräfte, die auf dieser Ladungen einwirken, übereinstimmt.

Was geschieht, wenn ein Objekt so bewegt wird, dass seine potentielle Energie zunimmt? Hierzu muss von einer anderen Kraft Arbeit an dem Objekt verrichtet werden. Um zum Beispiel eine Bowlingkugel zu heben, müssen wir eine nach oben gerichtete Kraft darauf anwenden. Wenn wir sie vom Boden bis zu unserer Taille heben, verrichten wir positive Arbeit daran und die potentielle Gravitationsenergie der Kugel nimmt zu. Dasselbe Prinzip trifft auf Ladungen zu, deren potentielle elektrische Energie zunimmt, wenn sie bewegt werden: Es muss andere Kräfte geben, die ihre Bewegung bewirken. In der Zellmembran tendieren positive Ionen dazu, sich von der Außen- zur Innenseite zu bewegen (da die Innenseite ein geringeres elektrisches Potential hat). Während sie sich bewegen, verlieren sie potentielle elektrische Energie. Im normalen Ruhezustand ist das Membranpotential jedoch so eingestellt, dass positive Ionen, wenn sie gezwungen werden, sich von der Innen- zur Außenseite der Zelle zu bewegen (durch die sogenannte *Natrium-Kalium-Pumpe*), hierbei potentielle Energie gewinnen. Wenn eine Nervenzelle normal arbeitet, bewegen sich Ionen in beide Richtungen durch die Membran, gewinnen oder verlieren dabei Energie und erzeugen auf diese Weise ein Membranpotential, das sich im Laufe der Zeit verändert.

Kapazität

Angenommen, es befinden sich positive Ladungen in einem Bereich und negative Ladungen in einem anderen. Wir können bei dieser Konfiguration über das elektrische Potential und die potentielle elektrische Energie sprechen sowie über das elektrische Feld, das zwischen den Ladungen aufgebaut wird, und über die Kräfte, mit denen die Ladungen wechselseitig aufeinander einwirken. Aufgrund dieser Kräfte hat die Ladungsmenge, die in einer solchen Konfiguration gespeichert werden kann, in der Regel eine Obergrenze. Um die Ladungstrennung zu erreichen, wird häufig ein als *Kondensator* bezeichnetes Gerät verwendet.

Ein typischer Kondensator, der in vielen elektronischen Anwendungen eingesetzt wird, besteht aus zwei einander gegenüberliegenden Metallplatten, die durch einen kleiner Abstand voneinander getrennt sind. Der Kondensator wird geladen, wenn die beiden Platten mit den Polen einer Batterie verbunden werden: eine Platte mit dem negativen und die andere mit dem positiven Pol. Elektronen bewegen sich von der einen Platte zum positiven Pol der Batterie, wodurch die Platte eine positive Nettoladung bekommt. Vom negativen Pol der Batterie wandern Elektronen zu der anderen Platte, die so eine negative Nettoladung erhält. Tatsächlich hat die Gesamtladung des Kondensators den Wert null, wobei die Größe der positive Ladung auf der einen der Größe der negativen Ladung auf der anderen Platte entspricht.

Die auf einen Kondensator übertragene Ladung hängt von einer als *Kapazität* bezeichneten Eigenschaft ab. Die Kapazität eines Kondensators ist ein Maß seiner Fähigkeit, elektrische Ladung zu speichern. Je größer die Kapazität ist, desto größer ist die Ladungsmenge, die gespeichert werden kann. Die Kapazität hängt von den physikalischen Eigenschaften des Kondensators ab, wie beispielsweise von der Größe der Platten, vom Abstand zwischen ihnen sowie von dem Material, das sich zwischen ihnen befindet. Die Abhängigkeit der Kapazität von diesen verschiedenen Eigenschaften lässt sich durch folgende Gleichung ausdrücken:

$$C = \varepsilon \times A/d,$$

wobei C für die Kapazität, A für die Fläche der Platten und d für ihren Abstand steht. ε steht für die dielektrische Permittivität des Materials zwischen den Platten (Abb. 5.6). Auch wenn sich kein Material zwischen den Platten befindet, können sie eine Ladung speichern. Die dielektrische Permittivität wird dann als Permittivität des leeren Raumes bezeichnet. Sie hat einen Wert von $\varepsilon_0 = 8,85 \times 10^{-12}$ C^2/(N m^2). Die Beziehung zwischen ε und ε_0 wird durch die Gleichung

$$\varepsilon = \kappa \varepsilon_0 \tag{7}$$

angegeben, wobei κ als Dielektrizitätskonstante bezeichnet wird. Die Dielektrizitätskonstante des Vakuums beträgt 1, während diejenige menschlichen Gewebes im Bereich von 30 bis 80 liegt. Beachten Sie, dass bei größeren Werten der Dielektrizitätskonstante die Kapazität des Kondensators zunimmt.

Die Ladungsmenge, die ein Kondensator speichern kann ($+Q$ auf der einen und $-Q$ auf der anderen Platte) hängt nicht nur von der Kapazität C, sondern auch von der Spannung V der Batterie ab, mit der er verbunden ist. Folgende Gleichung drückt diesen Zusammenhang aus:

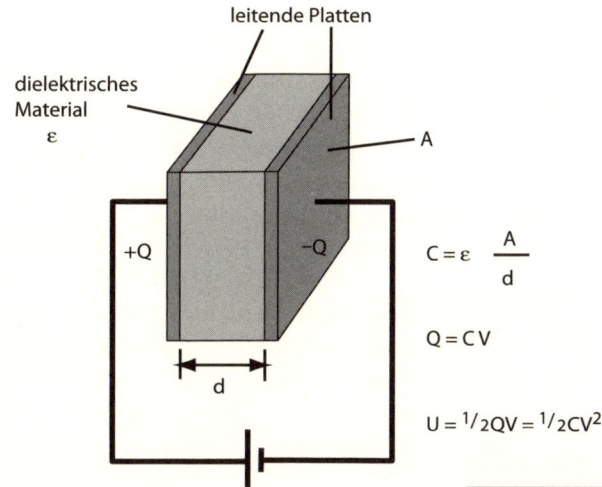

▲ Abb. 5.6

Eigenschaften eines Kondensators. Ein Kondensator speichert elektrische Ladung ($+Q$ auf der einen und $-Q$ auf der anderen Platte) und Energie U. Der Umfang der auf dem Kondensator gespeicherten Ladung oder Energie hängt von der Kapazität C des Kondensators ab, die durch seine physische Größe (seine Fläche A und die Stärke d) sowie durch die dielektrische Permittivität ε des Materials zwischen seinen beiden Platten bestimmt wird. Die Ladung und Energie des Kondensators hängen außerdem von der an den Kondensator angelegten Spannung V ab.

$$Q = CV \tag{8}$$

Aus dieser Gleichung geht hervor, dass mit der an den Kondensator angelegten Spannung die darauf gespeicherte Ladung zunimmt.

Im Körper des Menschen wird die Ladung auf den beiden Seiten der Zellmembran nicht durch das Anlegen einer Batterie erzeugt, sondern hier kommen die Ladungsunterschiede durch passive Prozesse zustande, wie die einfache Diffusion durch die Membran, durch Bindung an Proteinträgermoleküle, die durch die Membran diffundieren, durch die Bewegung durch Proteinkanäle in der Membran oder durch aktive, Energie (aus Adenosintriphosphat oder ATP) verbrauchende Prozesse, wie den Ladungstransport durch in die Membran eingebettete Proteine.

Ein Beispiel für einen Ladungstransportmechanismus ist die Natrium-Kalium-Pumpe (auf die wir später noch ausführlich eingehen werden). Die Größe der Ladung, um die es hierbei geht, lässt sich durch die Messung des Membranpotentials und die Bestimmung der Kapazität der Zellmembran errechnen.

Die potentielle elektrische Energie eines geladenen Kondensators hängt vom Umfang der darauf gespeicherten Ladung sowie von der daran anliegenden Spannung ab. Folgende Gleichung drückt diesen Zusammenhang aus:

$$U = \tfrac{1}{2}\,QV \tag{9a}$$

oder

$$U = \tfrac{1}{2}\,CV^2 \tag{9b}$$

Daher können wir den Gleichungen (8) und (9) entnehmen, dass ein Kondensator Ladung und Energie speichert. Die gespeicherte Energie steht zur Verrichtung von Arbeit an Ladungen zur Verfügung, die sich im Bereich zwischen den Platten des Kondensators befinden. Unter geeigneten Bedingungen kann die gespeicherte Energie auch bewirken, dass die gespeicherte Ladung sich bewegt, um Arbeit zu verrichten oder eine andere Aufgabe zu erfüllen.

Betrachten wir als ein Beispiel das Blitzlicht einer Kamera. Zur Aufladung eines Kondensators in der Kamera werden Batterien verwendet. Wenn der Knopf zur Aufnahme eines Bildes gedrückt wird, fließt Ladung aus dem Kondensator durch die Blitzlichtbirne und lässt sie für einen kurzen Moment hell aufleuchten. Die im Kondensator gespeicherte Energie wird in das vom Blitzlicht abgegebene Licht und in die von ihm ebenfalls abgegebene Wärme umgewandelt. Oder denken Sie an die blinkenden, orangenen Warnleuchten, die auf Straßenbaustellen verwendet werden, um den Verkehrsfluss zu lenken. Ein weiteres Beispiel ist eine elektrische Tastatur. Wenn eine Taste gedrückt wird, ändert sich der Abstand zwischen den Platten eines Kondensators. Hierdurch ändert sich die Kapazität, was seinerseits zur Folge hat, dass sich die gespeicherte Ladung bewegt.

Strom und Widerstand

Bei zwei weiteren Themen, die wir besprechen müssen, bevor wir uns erneut dem menschlichen Körper zuwenden, geht es um den Umfang der sich bewegenden Ladung, den man als *Strom* bezeichnet, sowie um eine Eigenschaft, die mit der Begrenzung des Ladungsstroms in Zusammenhang steht und die man als *Widerstand* bezeichnet. Strom ist definiert als die Ladungsmenge, die an einem bestimmten Punkt vorbei oder durch einen Draht fließt, geteilt durch die Zeit, die hierfür benötigt wird. Mathematisch lässt sich dieser Zusammenhang folgendermaßen ausdrücken:

$$I = q/t$$

Die Ladung kann aus Elektronen, Protonen und bzw. oder Ionen bestehen. In den meisten elektrischen Stromkreisen bewegen sich die Elektronen, aus denen sie bestehen, durch Drähte oder Kabel. In bestimmten Spezialexperimenten bewegen sich Protonenstrahlen durch Vakuumkammern oder -tunnel. Im Körper bewegen sich Ionen durch Zellmembranen. Die Einheit des Stroms ist das *Ampere* oder *Amp*, abgekürzt als A.

Häufig wird zum Betrieb von größeren elektrischen Geräten auch ein stärkerer Strom benötigt. So können zum Beispiel Taschenrechner und MP3-Player mit Strömen von wenigen Milliampere oder noch kleineren Strömen verwendet werden. Computer und Fernsehgeräte benötigen Ströme von ein paar Ampere, während zum Betrieb größerer Geräte, wie zum Beispiel von Kühlschränken oder Autos, Dutzende von Ampere oder noch stärkere Ströme erforderlich sind.

Widerstand ist eine Eigenschaft eines Bauelements, das den Fluss des elektrischen Stroms in einem Stromkreis begrenzt. Ein solches Bauelement wird daher als *Widerstand* bezeichnet. Widerstände können unterschiedliche Funktionen haben. Sie können dazu verwendet werden, (1) den elektrischen Strom zu begrenzen, (2) ein elektrisches Potential zu ändern oder (3) potentielle elektrische Energie in

Arbeit, Wärme oder Licht umzuwandeln. Die Einheit des Widerstands ist das *Ohm* oder Ω (griechischer Großbuchstabe Omega).

Der Wert des Widerstands hängt (ähnlich wie bei einem Kondensator) davon ab, wie das Bauelement angefertigt wurde: von dem Material, aus dem es besteht, von seiner Länge sowie von der Fläche A seines Querschnitts (Abb. 5.7). Diese verschiedenen Größen werden durch folgende Gleichung zueinander in Beziehung gesetzt:

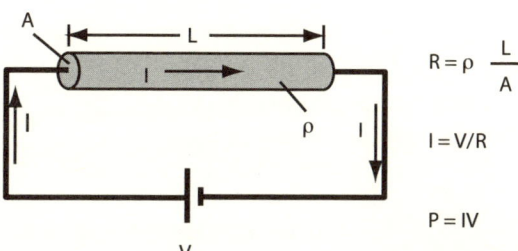

$$R = \rho\,(L/A),$$

wobei ρ dem *spezifischen Widerstand* des Materials entspricht. Der spezifische Widerstand ist eine Eigenschaft des Materials, welche zu einer weiteren Eigenschaft, seiner *Leitfähigkeit* σ, in Beziehung steht. Die Leitfähigkeit gibt an, wie gut ein Material den elektrischen Strom leitet. Es gilt: $\rho = 1/\sigma$. Metalle haben eine hohe Leitfähigkeit und daher einen geringen spezifischen Widerstand. Elektrische Isolatoren, wie zum Beispiel die meisten Plastikstoffe, verfügen über eine geringe Leitfähigkeit und haben daher einen hohen spezifischen Widerstand. Halbleiter haben eine mäßige elektrische Leitfähigkeit. Man kann sie in Stromleiter verwandeln, wenn ihnen (in einem als Doping bezeichneten Verfahren) bestimmte Atome hinzugefügt werden. Widerstände werden normalerweise aus Materialien mittlerer Leitfähigkeit hergestellt, obwohl man hochpräzise Widerstände normalerweise aus sehr langen Drähten anfertigt.

Der Strom I, der durch einen Draht fließt, hängt von der an dem Draht anliegenden Spannung V (oder der Potentialdifferenz entlang des Drahtes) und von dem Widerstand R gemäß folgender Gleichung ab:

$$I = V/R \tag{12}$$

Mit anderen Worten: Um einen Strom durch ein Kabel fließen zu lassen, muss eine Potentialdifferenz angelegt werden, die in einer Kraft resultiert, die auf die Elektronen des Metalls in dem Kabel einwirkt und ihre Bewegung verursacht. Die Elektronen erfahren einen bestimmten Widerstand ihres Flusses, sowohl aufgrund der Wechselwirkungen untereinander als auch wegen der zugrundeliegenden Atomstruktur des Materials. Man bezeichnet Gleichung (12) als das Ohm'sche Gesetz.

Wenn Ladungen sich durch ein elektrisches Potential bewegen, wird Energie benötigt, die sich – wie wir gesehen haben – anhand der Gleichung $U = qV$ ermitteln lässt. Wenn wir jedoch von Stromfluss reden, ist es die Energieverbrauchsrate oder die Leistung, worauf es ankommt. Erinnern wir uns daran, dass wir in Kapitel 3 Leistung als die in einem bestimmten Zeitraum geleistete Arbeit definiert haben oder als den Umfang, in dem Energie von einer Form in eine andere umgewandelt wird. Elektrische Leistung ist definiert als die Rate, mit der elektrische Energie in eine andere Form umgewandelt wird, zum Beispiel in Wärme, Licht oder Arbeit, etwa beim Betrieb eines Elektromotors. Außerdem wird elektrische

Eigenschaften eines Widerstands. Ein Widerstand lässt in einem Stromkreis eine bestimmte Stromstärke I zu, wenn dieser an eine Batterie mit der Spannung V angeschlossen ist. Der Widerstand R hängt vom spezifischen Widerstand ρ des Materials ab, aus dem er besteht, sowie von weiteren physikalischen Größen wie seiner Länge L und der Fläche A seines Querschnitts.

Leistung zur Beschreibung der Rate verwendet, mit der elektrische Energie produziert wird, beispielsweise in einer Batterie oder von einem Kraftwerk.

Die mathematische Gleichung, die die elektrische Leistung beschreibt, lässt sich von der Formel für elektrische Energie $U = qV$ ableiten. Teilt man beide Seiten dieser Gleichung durch die Zeit t, entspricht U/t der Leistung P und q/t dem Strom I. Daher gilt folgende Gleichung:

$$P = IV \qquad\qquad (13)$$

Sie besagt, dass die von einer Leistungsquelle gelieferte Leistung dem von dieser Quelle gelieferten Strom multipliziert mit dem elektrischen Potential der Quelle entspricht. Nehmen wir als Beispiel an, dass eine Autobatterie, die mit 12 V arbeitet, beim Start eines Autos eine Spannung von 60 A liefert. Dann entspricht die gelieferte Leistung 720 W.

Eine weitere Deutung der Gleichung (13) besagt, dass die von einem elektrischen Gerät verbrauchte Leistung dem Strom entspricht, der durch das Gerät fließt, multipliziert mit dem darauf angewendeten elektrischen Potential. So steht zum Beispiel auf der Kennungsmarke auf der Rückseite meines Taschenrechners, dass er mit 3 V und 60 μA arbeitet. Dies bedeutet, dass er Energie mit einer Rate von 180 μW oder 0,18 mW oder 0,00018 W verbraucht.

Elektrizität im Körper

Da wir uns nun mit den grundlegenden Prinzipien der Elektrizität vertraut gemacht haben, können wir uns wieder dem Körper des Menschen zuwenden. Zu den Themen, mit denen wir uns beschäftigen werden, gehören unter anderem die statische Elektrizität, der Stromfluss, der Widerstand der Haut, das Nervensystem und das Membranpotential.

Statische Elektrizität

Als statische Elektrizität bezeichnet man die auf einem Objekt angesammelte überschüssige Ladung. „Statisch" ist ein Wort, das anzudeuten scheint, dass sich die Ladungen nicht bewegen, was nicht unbedingt zutreffen muss. Manchmal befinden sie sich in Ruhe, zum Beispiel wenn zwei aneinanderhaftende Kleidungsstücke aus einem Trockner geholt werden („statische Haftung"). Wenn Sie hingegen mit den Füßen über einen Teppich schlurfen, kommt es zu einer Ansammlung statischer Elektrizität auf Ihrem Körper, und die Ladungen befinden sich hierbei in Bewegung. Wir sollten uns unter statischer Elektrizität einfach ein Ladungsungleichgewicht auf einem Gegenstand vorstellen.

Der Ladungsüberschuss kann auf unterschiedliche Weise zustande kommen, normalerweise geschieht dies jedoch dadurch, dass zwei Gegenstände gegeneinander gerieben werden. Mit den Füßen über einen Teppich schlurfen, vor dem Aussteigen auf einem Autositz herumrutschen, einen Luftballon gegen die Haare reiben oder sich an einem Plastikgeländer festhalten, während man Treppen hinabsteigt: Durch alle diese Aktivitäten erzeugt man statische Elektrizität, wie sie zwischen Kleidungsstücken entsteht, die in einem Trockner gegeneinander reiben. Zur Ansammlung überschüssiger Ladungen kommt es normalerweise am leichtesten an Tagen mit geringer Luftfeuchtigkeit, wenn Materialien wie Wolle, Gummi oder synthetische bzw. Kunststofffasern im Spiel sind. Alle diese Materialien, wie Sie sich gedacht haben werden, sind Isolatoren, d.h., sie leiten die Elektrizität normalerweise nicht. Die Übertragung der Ladung auf Ihren Körper erfolgt, wenn Sie sie berühren.

Die überschüssige Ladung auf Ihrem Körper kann so groß sein, dass er über ein hohes elektrisches Potential (eine Spannung) von bis zu 10 000 Volt oder mehr verfügt. Vielleicht haben Sie schon einmal eine Vorführung eines Van-de-Graaf-Generators gesehen, bei der eine Person auf einem Block aus Isoliermaterial steht und seine bzw. ihre Hände auf eine große Metallkugel legt. Wenn der Generator eingeschaltet wurde, reibt ein umlaufendes Band gegen einen Metalldraht und überträgt seine Ladung auf die Metallkugel und schließlich auch auf die Person (Abb. 5.8). Auf diese Weise können Spannungen von bis zu 100 000 Volt erzeugt werden.

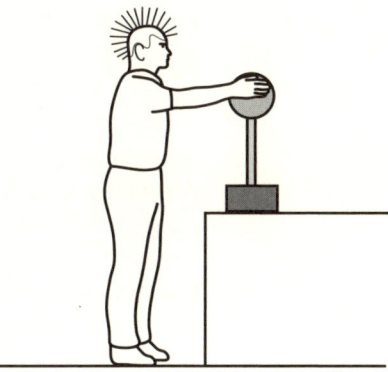

Die Ladung wird über den gesamten Körper verteilt, sodass Sie, wenn Sie mit einem Teil Ihres Körpers ein Metallobjekt wie z. B. einen Türgriff berühren, einen elektrischen Schlag spüren. Der Schock kommt nicht durch die Berührung des Türgriffs zustande, sondern durch den Ladungsstrom durch die Luft (die Entladung). Sie geschieht dadurch, dass die Ladung von Ihnen (mit hoher Spannung) auf den Türgriff (ohne oder mit nur geringer Spannung) überspringt. Der Stromschlag kann ziemlich schmerzhaft sein, sodass Sie vielleicht nervös oder ängstlich werden, wenn Sie Ihre Hand nach dem Türgriff ausstrecken. Ich bekomme beim Verlassen meines Autos so häufig einen Stromschlag, dass ich mit der Hand gegen den Türrahmen schlage, da der daraus resultierende Schmerz eine vertraute Empfindung ist und ich weiß, wann ich ihn spüren werde. Er überdeckt normalerweise den Schmerz (bzw. die Erwartung des Schmerzes), der aus dem zeitlich nicht genauer vorherzusehenden Stromschlag resultiert.

Die überschüssige Ladung auf stromleitenden Gegenständen befindet sich in der Regel an ihrer äußeren Oberfläche. Auch der Körper des Menschen kann im thematischen Zusammenhang von statischer Elektrizität und Ladungsungleichgewichten als stromleitender Gegenstand angesehen werden. Daher befindet sich die überschüssige Ladung auf der Haut und in den Haaren. Vielleicht haben Sie schon einmal gesehen, wie jemand mit langen Haaren einen Van-de-Graaff-Generator berührt: Ihm oder ihr stehen dann die Haare senkrecht auf dem Kopf. Die überschüssige Ladung des Kopfes sammelt sich normalerweise in den Haaren an. Bei den überschüssigen Ladungen handelt es sich höchstwahrscheinlich um Elektronen, die sich gegenseitig abstoßen, sodass die Haare, ähnlich wie die elektrischen Feldlinien um eine Ladung in Abbildung 5.3, der Person im wahrsten Sinne des Wortes „zu Berge stehen".

Der Körper als stromleitender Gegenstand

Weiter oben habe ich erwähnt, dass der Körper als stromleitender Gegenstand betrachtet werden kann, da er überschüssige Ladung auf sich verteilt. Doch was geschieht, wenn Sie einen stromführenden Draht berühren? Erhalten Sie einen Stromschlag? Dies hängt davon ab, wie groß das elektrische Potential oder wie hoch die Spannung des Drahtes ist, sowie davon, ob ihre Haut nass oder trocken ist. Der Körper leitet elektrischen Strom nicht so gut wie die Metalle Kupfer und Aluminium, jedoch besser als Plastik und Gummi. Der Grund für die elektrische Leitfähigkeit des Körpers besteht darin, dass das Wasser im Körper zahlreiche Ionen enthält (Na^+, K^+, Cl^- etc.), die sich bewegen, wenn sie elektrischen Feldern ausgesetzt werden. Reines, de-ionisiertes Wasser leitet keinen Strom.

Verschaffen wir uns eine Vorstellung von den Größenordnungen, um die es hier geht. Angenommen, Sie halten eine 1,5-Volt-Taschenlampenbatterie zwischen den Fingern. In diesem Fall erhalten Sie keinen Stromschlag, obwohl ein sehr geringer Strom durch ihre Finger fließt. Die typischen Widerstandswerte zwischen den Fingern der Hand betragen mehrere Tausend Ohm, was nach dem Ohm'schen Gesetz eine Stromstärke von weniger als einem Milliampere bedeutet. Würden Sie jedoch die Pole der Batterie über Drähte mit Ihrer Zunge verbinden, würden Sie wahrscheinlich ein leichtes Kribbeln spüren, weil in diesem Fall sehr viel mehr Strom fließen würde. Der stärkere Stromfluss ist darauf zurückzuführen, dass die Feuchtigkeit der Zunge den Stromwiderstand stark reduziert. Wenn Sie ein defektes Stromkabel eines Haushaltsgerätes anfassen, das mit einer Spannung von 230 Volt betrieben wird, würde der Stromfluss sehr viel stärker sein und eine schwere Verletzung zur Folge haben oder möglicherweise sogar tödlich sein.

Die meisten Menschen können einen Strom von nur 1 mA spüren, während geringere Ströme nicht wahrgenommen werden können und stärkere unterschiedliche Reaktionen hervorrufen. Muskelkontraktionen und der Verlust der Kontrolle über die Muskeln treten bei Stromstärken von etwa 10 bis 20 mA auf. Schmerzen werden ab Stromstärken von 50 mA wahrgenommen. Noch stärkere elektrische Ströme können zum Flimmern (zur Fibrillation) des Herzens und zum Tode führen. Tabelle 5.1 listet die Wirkungen von durch den Rumpf des Körpers fließenden elektrischen Stromschlägen von einer Sekunde Dauer auf.[1]

Diese verschiedenen Stärken des Stromflusses durch die Teile des Körpers hängen vom Widerstand und der Spannung entsprechend dem Ohm'schen Gesetz ab: $I = V / R$. Trockene Haut hat Widerstandswerte von 1000 bis 100 000 Ohm, während der Widerstand im Körperinneren zwischen 300 und 1000 Ω liegt. Die üblichen Werte für den Widerstand zwischen den beiden Händen, den Füßen und zwischen Hand und Fuß reichen von 500 bis 1500 Ω. Diese Werte hängen von der Länge, der Fläche des Querschnitts und der Leitfähigkeit der Gewebetypen und -schichten ab (Haut, Muskel, Knochen etc.), durch die der Strom fließt. Ich erinnere mich daran, dass mir während eines Kurses über die Elektrizitätslehre gesagt wurde, statt mit beiden immer nur mit einer Hand in ein elektrisches Gerät zu greifen. Wenn man einen Stromschlag bekäme, würde der Strom nur durch die Hand in dem Gerät fließen, und nicht von der einen Hand durch den Brustkorb (am Herzen vorbei) zur anderen. Der Dozent zeigte uns in diesem Kurs auch die

Narben, die er von Verbrennungen davongetragen hatte, als ein Strom durch seinen Zeigefinger und Daumen geflossen war.

Stromstärke (mA)	Wirkung
1	Wahrnehmungsgrenze
5	Stärkster harmloser Strom
10 bis 20	Beginn anhaltender Muskelkontraktionen, die während der Dauer des Stromschlags nicht gelöst werden können; die Kontraktion der Muskeln des Brustkorbs kann zu einer Unterbrechung der Atmung für die Dauer des Stromschlags führen.
50	Erreichen der Schmerzgrenze
100 bis 300+	Herzkammerflimmern; häufig mit tödlichem Ausgang
300	Beginn von Verbrennungen, je nach Stromstärke
6000 (6 A)	Beginn von anhaltenden Herzkammerkontraktionen und Atemstillstand; beide hören mit dem Ende des Stromschlags auf; der Herzschlag kann sich anschließend normalisieren; wird zu Defibrillation des Herzens verwendet.

◀ **Tab. 5.1**

Wirkungen eines elektrischen Stromschlags in Abhängigkeit von der Stromstärke Quelle: Paul Peter Urone. 2001. College Physics, zweite Auflage, 492–493. Pacific Grove, CA: Brooks / Cole. *Hinweis:* Die Angaben beziehen sich auf eine männliche Person mit durchschnittlichem Körperbau und Schlägen von 1 Sekunde Dauer mit 60 Hz Wechselstrom, die durch den Rumpf fließen. Die Werte für Frauen liegen 40 bis 20 % unter den aufgeführten Werten.

Das Nervensystem

Wir haben soeben gesehen, dass der Körper auf externe Elektrizitätsquellen, wie zum Beispiel auf Ladungsungleichgewichte (statische Elektrizität) und elektrische Stromschläge, auf unterschiedliche Weise reagieren kann. Im Körperinneren gibt es eine erstaunliche Vielzahl unterschiedlicher elektrischer Ladungen, die auf unterschiedliche Arten externer und interner Reize reagieren. Ihre Reaktion hilft dem Körper, viele unterschiedliche Aktivitäten zu steuern, einschließlich seiner Bewegung, seiner Empfindung und Regulation sowie das Denken und die Wahrnehmung von Gefühlen zu ermöglichen. Der Kontrollmechanismus für diese Aktivitäten wird als Nervensystem bezeichnete.

Das Nervensystem besteht aus Nervenzellen, oder Neuronen, die wichtige Kontroll- und Kommunikationsfunktionen haben. Das Nervensystem hat drei Hauptaufgaben. Erstens werden aus seiner Umgebung (externe Reize) und von den anderen Organsystemen (interne Reize) eintreffende Signale wahrgenommen oder registriert. Diese Funktion wird als *Aufnahme sensorischer Daten* bezeichnet. Zweitens verarbeitet das Nervensystem diese eintreffenden Informationen, um ihre Bedeutung zu verstehen und zu entscheiden, wie darauf reagiert werden sollte. Diese Funktion wird als *Integration* bezeichnet. Drittens löst das Nervensystem eine Reaktion des Körpers aus. Man bezeichnet dies als *motorische Reaktion*. Das Nervensystem empfängt also Informationen, verarbeitet diese und löst eine Reaktion darauf aus.[2] Wenn Sie zum Beispiel Ihre Hand auf eine heiße Ofenplatte legen, spüren Sie die Hitze, Ihr Nervensystem verarbeitet diese Information (heiße Ofenplatte bedeutet: die Hand wegziehen), und Sie bewegen Ihre Hand schnell aus der Gefahrenzone.

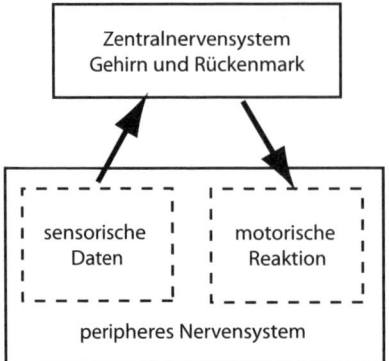

Abb. 5.9 ▲

Das Nervensystem
des Menschen
besteht aus dem
zentralen und dem
peripheren Nerven-
system. Sensorische
Nervenfasern
übertragen elek-
trische Signale an
das Zentralnerven-
system, das diese
Signale verarbeitet
und anschließend
Signale an motori-
sche Nervenfasern
sendet, um eine Re-
aktion auszulösen.

Das Nervensystem ist in zwei Hauptteile untergliedert: das *Zentralnervensystem* (ZNS) und das *periphere Nervensystem* (PNS) (Abb. 5.9). Das Zentralnervensystem besteht aus dem Gehirn und dem Rückenmark. Alle übrigen Teile gehören zum peripheren Nervensystem, das andere Bereiche wie zum Beispiel Muskeln, die Haut, das Herz und Drüsen versorgt. Das periphere Nervensystem besteht hauptsächlich aus Nerven für die sensorische Aufnahme von Daten und aus Nerven für die motorische Reaktion, die beide mit dem Zentralnervensystem (dem Rückenmark und Gehirn) kommunizieren. Es ist wichtig, diese beiden Funktionen des peripheren Nervensystems zu unterscheiden. Die sensorischen Daten werden von sensorischen Rezeptoren wahrgenommen, und sensorische Nervenfasern leiten die Signale an das Zentralnervensystem weiter. Das Zentralnervensystem verarbeitet und deutet die eingegangenen Signale, entscheidet, wie darauf zu reagieren ist, und löst ein Ausgangssignal aus. Dieses Signal wird entlang der motorischen Nervenfasern an die ausführenden Organe geleitet, wobei es sich um kontrahierende Muskeln oder Sekrete absondernde Drüsen handelt. Einige Bewegungen der Skelettmuskulatur unterliegen dem bewussten Willen, wie zum Beispiel die Laufbewegung der Beine. Andere Bewegungen erfolgen unwillkürlich, wie zum Beispiel der Herzschlag oder die Bewegung der Nahrung durch das Verdauungssystem. Die Sekretion von Drüsen ist ebenfalls unwillkürlich.

Das Nervensystem besteht aus zwei verschiedenen Nervengewebstypen: *Neurone* und Stützzellen (*Gliazellen*). Neurone sind Nervenzellen, die elektrische Signale von den sensorischen Rezeptoren zum Zentralnervensystem und vom Zentralnervensystem zu den ausführenden Organen leiten. Die Gliazellen bieten den Neuronen eine stützende Struktur und dienen ihrem Schutz. Außerdem helfen sie bei der Herstellung von Verbindungen, und sie sorgen für die Isolation bei der Signalübertragung in den Neuronen. Bestimmte Arten von Gliazellen sind um die Nervenfasern gewickelt und bilden eine sogenannte *Myelinscheide*.

Neurone

Neurone oder Nervenzellen sind große Zellen, die aus einem Zellkörper und zwei unterschiedlichen Arten von Fortsätzen bestehen: den sogenannten *Dendriten* und *Axonen*. Der Zellkörper enthält den Kern der Zelle und andere Komponenten, die Proteine herstellen, die Zellmembran erhalten und die Bewegung elektrischer Signale durch die Neurone steuern. Dendriten sind kurze, dünne und sich mehrfach verzweigende Ausläufer, die mit dem Zellkörper verbunden sind und eintreffende Signale von anderen Neuronen empfangen und an den Zellkörper weiterleiten. Ein Neuron hat nur ein Axon. Hierbei handelt es sich um einen langen Zellfortsatz, der elektrische Signale bis zu seinem Ende weiterleitet. Das Ende eines Axons kann mehrfach verzweigt sein und über mehrere Axonendigungen oder Nervenenden verfügen (Abb. 5.10). Empfangen diese Endpunkte elektrische Signale, setzen sie

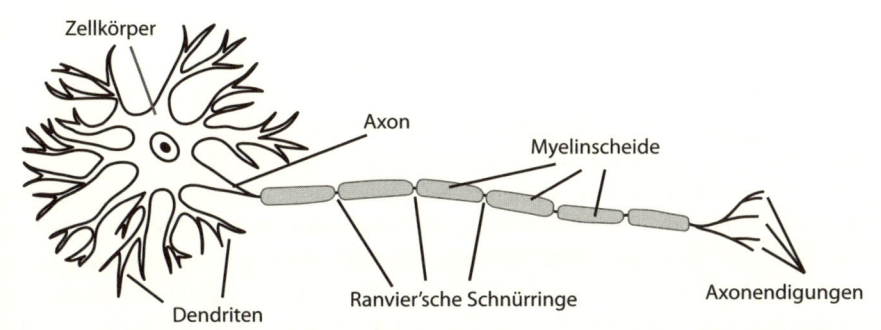

Zellkörper

Axon

Myelinscheide

Dendriten

Ranvier'sche Schnürringe

Axonendigungen

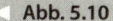

◄ **Abb. 5.10**

Eine Nervenzelle oder ein Neuron besteht aus einem Zellkörper, Dendriten und einem Axon. Die Dendriten nehmen elektrische Signale auf, die dann entlang des Axons zu den Nervenendigungen weitergeleitet werden. Die Nervenendigungen geben die Signale an andere Neurone oder an ausführende Organe weiter.

als Neurotransmitter bezeichnete chemische Stoffe frei, um mit anderen Neuronen oder Zellen zu kommunizieren. Die Verbindungen zwischen Neuronen oder zwischen Neuronen und anderen Zellen werden als *Synapsen* bezeichnet.

Neurone werden nach ihrer Struktur klassifiziert. Man teilt sie in multipolare, bipolare und unipolare Neurone ein. Multipolare Neurone verfügen über zahlreiche Dendriten und ein Axon, das einen Fortsatz des Zellkörpers darstellt. Bipolare Neurone haben nur einen Dendriten (mit zahlreichen Verzweigungen) und ein Axon. Erinnern Sie sich daran, dass Dendriten rezeptorische Bereiche des Neurons und die Endpunkte der Axone sekretorische Bereiche sind. Der Zellkörper unipolarer Neurone setzt sich lediglich in ein einzelnes Axon fort. Ein Ende des unipolaren Neurons ist der Rezeptorbereich (der tatsächlich manchmal als Dendrit bezeichnet wird); das andere Ende ist der sekretorische Bereich.

Neurone werden außerdem nach ihrer Funktion klassifiziert. Zu den funktionalen Klassen gehören sensorische Neurone, motorischen Neurone und Interneurone[3]. Sensorische Neurone leiten eingehende Signale an das Zentralnervensystem weiter. Fast alle sensorischen Neurone sind unipolar, wobei sich der rezeptorische Bereich im peripheren Nervensystem befindet, zum Beispiel in der Haut zur Wahrnehmung von Berührungsreizen oder Temperaturunterschieden. Bipolare Neurone sind ebenfalls sensorische Neurone, obwohl sie nur selten vorkommen und sich in speziellen Sinnesorganen befinden, wie zum Beispiel in Auge, Nase und Ohr.

Motorneurone leiten elektrische Signale vom Zentralnervensystem zu den ausführenden Organen (Muskeln und Drüsen). Es handelt sich hierbei um multipolare Neurone, deren Zellkörper sich im Zentralnervensystem und deren Axone sich im peripheren Nervensystem befinden, wie zum Beispiel in einem Muskel des Arms, um ihn als Reaktion auf die Berührung eines heißen Gegenstandes schnell zurückziehen zu können.

Interneurone befinden sich zwischen sensorischen Neuronen und motorischen Neuronen, entweder als Teil einer Kette oder als einzelne Neuronen. Interneurone sind fast ausschließlich multipolar. Die sensorischen Eingangsdaten an den Dendriten erzeugen ein elektrisches Signal, das zum Zellkörper weitergeleitet wird und von dort zum Axon. Mehr als 99 % der Neurone des Körpers sind Interneurone, die sich im Zentralnervensystem befinden.[4]

Jeder der fünf Sinne – der Tast-, Geschmacks-, Geruchs-, Gesichts- und Hörsinn – versorgt sensorische Neurone. Die elektrischen Signale der sensorischen

Eingangsdaten wandern zu den Nervenenden des Axons (den sekretorischen Bereichen), die sich im Zentralnervensystem befinden, wo sie ihre Informationen an Interneurone weiterleiten. Diese Signale werden dann zu anderen Neuronen weiterübertragen, entweder zu Interneuronen in einer Kette oder zu motorischen Neuronen. Sie enden schließlich in den Zellen ausführender Organe.

Bündel von Axonen im peripheren Nervensystem bezeichnet man als Nerven. Sie können ziemlich lang sein. Wenn sich beispielsweise ein Zellkörper im Rückenmark oder in seiner Nähe befindet, muss ein Axon ein 1 Meter oder noch länger sein, um bis zum Fuß zu reichen. Nach einem Nadelstich in den großen Zeh wandert ein Signal durch das lange Axon eines sensorischen Neurons zum Zentralnervensystem, dann durch ein Interneuron zu einem motorischen Neuron, und von dort schließlich durch dessen langes Axon weiter zu einem Muskel, damit Sie ihren Zeh von der Nadel wegziehen können.

Es ist ein wichtiges physikalisches Merkmal der Axone, dass sie in Myelinscheiden eingewickelt sind, wobei es sich um Zellen handelt (Schwann-Zellen). Jede dieser Hüllen ist nur etwa 1 mm lang, sodass jedes Axon von zahlreichen Myelinscheiden umwickelt ist. Zwischen den einzelnen Hüllen besteht eine Lücke von etwa 1 μm. Man bezeichnet diese Stellen als *Ranvier'sche Schnürringe* (siehe Abb. 5.10). Diese Hüllen und Schnürringe wirken sich auf die elektrische Leitfähigkeit der Axone aus.

Elektrische Eigenschaften des Neurons

Was genau sind nun diese elektrischen Signale, und wie bewegen sie sich durch die Neurone? Wie hängt all dies mit den verschiedenen Begriffen der Elektrizitätslehre zusammen, die wir zu Beginn dieses Kapitels kennengelernt haben? Wir werden nun die elektrischen Eigenschaften des Neurons genauer betrachten, einschließlich der Bewegung von Ladungen und des elektrischen Potentials in der Zelle. Wir werden auch sehen, dass einige Begriffe aus der Chemie, wie zum Beispiel die Diffusion und der molekulare Transport, zusätzlich eine wichtige Rolle spielen.

Die Bewegung eines elektrischen Signals entlang eines Axons lässt sich nicht mit der Bewegung von Strom im Kabel eines Haushaltsgeräts vergleichen. Der elektrische Strom in Kabeln besteht größtenteils aus Elektronen, die sich gemeinsam in Richtung des Kabels bewegen. An elektronischen Signalen im Körper sind hingegen Ionen beteiligt, die sich als Reaktion auf einen Reiz an einem bestimmten Punkt im rechten Winkel zur Richtung des Axons durch die Zellmembran bewegen. Die senkrechte Bewegung dieser lokalisierten Ionen hat eine Änderung im elektrischen Potential zur Folge, die dazu führt, dass sich Ionen in der Nähe durch die Membran bewegen. Es gibt auch eine Bewegung von Ladungen parallel zur Richtung des Axons, doch ohne die senkrechte Bewegung würde diese Parallelbewegung sehr schnell zum Erliegen kommen. Der Vorgang setzt sich über die Länge des Axons in ähnlicher Weise fort wie sich eine Welle oder ein Impuls entlang eines Seiles oder einer Metallfeder bewegt.

Das Membranpotential

Eine Zelle besteht aus einer Reihe unterschiedlicher Komponenten, doch wir werden uns hauptsächlich mit den Ladungen beschäftigen, die auf die Flüssigkeit auf der Innen- und Außenseite der Zelle verteilt sind, sowie mit der Bewegung der Ladungen durch die Zellmembran, die diese

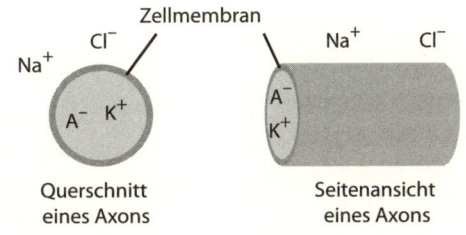

Ionen befinden sich auf der Innen- und Außenseite von Nervenzellen. Beispiele hierfür sind Natrium (Na^+), Chlor (Cl^-), Kalium (K^+) und andere negative Ionen (dargestellt durch A^-). Insgesamt sind die Zellen elektrisch neutral, doch können die Ionen auf elektrische und andere Kräfte reagieren.

Bereiche voneinander trennt. Beide Flüssigkeiten (auf der Innen- und Außenseite) sind elektrisch neutral, doch enthalten sie zahlreiche verschiedene Arten von Ionen (Abb. 5.11). Im Zellinneren herrscht normalerweise eine viel höhere Konzentration von Kaliumionen (K^+) als auf der Außenseite der Zelle. Die positive Ladung dieser Ionen wird durch große negativ geladene Protonen (A^-) ausgeglichen. Außerhalb der Zelle herrscht eine wesentlich höhere Konzentration von Natriumionen (Na^+) als innerhalb der Zelle. Diese positiven Ionen werden durch negativ geladene Chlorionen (Cl^-) und kleinere Mengen anderer Ionen ausgeglichen. Es gibt zwar noch andere Ionen und Moleküle in den Flüssigkeiten, doch die Kalium- und Natriumionen spielen die wichtigste Rolle beim Zustandekommen des elektrischen Potentials der Zelle.

Die Membran ist für diese verschiedenen Ionentypen unterschiedlich durchlässig (oder permeabel). Die Permeabilität hat mit der Fähigkeit eines Partikels zu tun, sich durch die Membran zu bewegen. Für die großen, negativ geladenen Proteine ist die Membran normalerweise undurchlässig, sodass sie sich nicht durch die Membran bewegen können. Hierdurch wird ihre Konzentration im Inneren der Zelle konstant gehalten. Die Membran ist für die Natriumionen etwas durchlässig, wesentlich durchlässiger als für die Kaliumionen, und für die Chlorionen fast völlig undurchlässig.

Aufgrund der höheren Konzentrationen der Kaliumionen im Inneren und der Natriumionen außerhalb der Zelle tendieren diese Ionen dazu, sich durch die Zellmembran zu bewegen. Diese Tendenz wird durch einen als Diffusion bezeichneten Vorgang verursacht: Partikel tendieren dazu, sich von Bereichen höherer Konzentration in Bereiche niedrigerer Konzentration zu bewegen (bzw. zu diffundieren). Die Konzentrationsdifferenz wird als Konzentrationsgradient (oder chemischer Gradient) bezeichnet. Wenn Sie den Verschluss einer Parfümflasche entfernen, verteilt sich der Geruch des Parfüms aufgrund der Diffusion schließlich im gesamten Zimmer. Aufgrund des Diffusionsprozesses tendieren Kaliumionen dazu, sich aus der Zelle zu bewegen, während Natriumionen versuchen, in das Zellinnere zu gelangen (Abb. 5.12). Aufgrund der

Diffusion der Ionen durch die Zellmembran aufgrund der Konzentrationsgefälle. Die Zellmembran ist für Natrium- (Na^+) und Kaliumionen (K^+) unterschiedlich permeabel. Es bewegen sich mehr Kaliumionen aus der Zelle als Natriumionen in die Zelle.

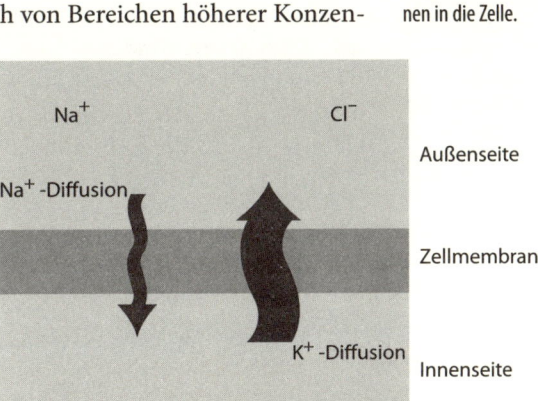

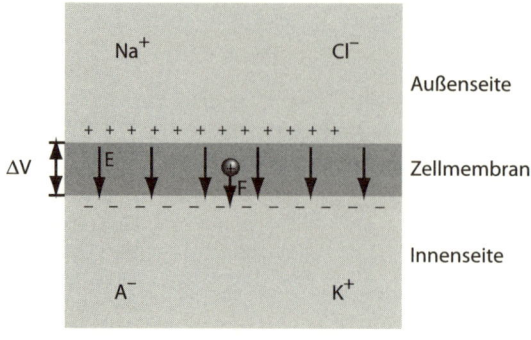

Na⁺   Cl⁻

Außenseite

ΔV E   F   Zellmembran

Innenseite

A⁻   K⁺

Abb. 5.13 ▲

Das Membranpotential. Im Ruhezustand befinden sich mehr positive Ladungen in der Nähe der Außenseite der Zellmembran als auf der Innenseite. Der Unterschied in der Anzahl der Ionen führt zu einer elektrischen Potentialdifferenz ΔV zwischen der Innen- und Außenseite der Zellmembran, die als Membranpotential bezeichnet wird. Das elektrische Feld *E* innerhalb der Membran zeigt zur Außenseite der Zelle. Positive Ladungen tendieren aufgrund der darauf einwirkenden elektrischen Kraft *F* dazu, sich zum Zellinneren zu bewegen.

unterschiedlichen Permeabilitätsgrade der Zellmembran für die verschiedenen Ionen ist die Tendenz der Kaliumionen zum Verlassen der Zelle größer als die Tendenz der Natriumionen, sich in das Innere der Zelle zu bewegen. Wenn sich mehr positive Ionen nach außen als nach innen bewegen, wird die Innenseite der Membran elektrisch negativer geladen als die Außenseite, wodurch eine elektrische Potentialdifferenz zwischen der Innen- und Außenseite der Membran entsteht (Abb. 5.13).

Die Existenz dieses Membranpotentials hat zur Folge, dass eine andere Kraft, eine elektrische Kraft, auf die Ionen einwirkt. Positive Ionen tendieren dazu, sich vom höheren elektrischen Potential zum niedrigeren zu bewegen: Man bezeichnet dies als elektrischen Gradienten. Der elektrische Gradient würde sowohl die Kalium- als auch die Natriumionen veranlassen, sich von der Außen- zur Innenseite der Zelle zu bewegen. Diese Richtung entspricht dem Konzentrationsgefälle für Natrium, dem Konzentrationsgradienten von Kalium ist sie jedoch entgegengesetzt.

Die Bewegung der Ionen durch die Zellmembran ergibt sich als Resultat dieser beiden Gradienten: des Konzentrations- und des elektrischen Gradienten. Bei diesen beiden Komponenten der Ionenbewegung handelt es sich um passive Transportmechanismen, da sie keinen Energieaufwand erfordern. Sich selbst überlassen würden sich die Ionenkonzentrationen inner- und außerhalb der Zelle schließlich aneinander angleichen. Da jedoch die Konzentrationen der Natriumionen im Inneren der Zelle und der Kaliumionen auf ihrer Außenseite relativ konstant sind, muss es einen Mechanismus geben, der Natriumionen aktiv aus der Zelle heraus- und Kaliumionen in die Zelle zurücktransportiert. Dieser Mechanismus wird als *Natrium-Kalium-Pumpe* bezeichnet, und er erfordert den Einsatz von Energie, die in Form von ATP (Adenosiontriphosphat) bereitgestellt wird. Einzelheiten über die Natrium-Kalium-Pumpe finden Sie in Physiologielehrbüchern.[5]

Als Ergebnis der Ionenbewegung, die durch den Konzentrationsgradienten, den elektrischen Gradienten und die Natrium-Kalium-Pumpe bewirkt wird, besteht ein kleiner Unterschied in der Anzahl der Ionen auf beiden Seiten der Membranoberfläche, der zu einem Unterschied des elektrischen Potentials führt. Die kleinere Anzahl der Kaliumionen auf der Innenseite im Vergleich zur Anzahl der Natriumionen auf der Außenseite bedeutet, dass auf der Innenseite ein geringeres elektrisches Potential als auf der Außenseite herrscht. Das elektrische Potential auf der Außenseite der Membran wird normalerweise als Referenzpunkt (oder null) für das Potential verwendet, was bedeutet, dass das Potential auf der Innenseite negativ ist. Im Gleichgewichts- oder Ruhezustand beträgt das Membranpotential etwa −70 mV, obwohl es für verschiedene Zelltypen zwischen −40 bis −90 mV schwankt.

Das Aktionspotential

Befindet sich die Zelle im Gleichgewichtszustand und ist eine Potentialdifferenz von –70 mV (das Ruhepotential der Membran) vorhanden, bezeichnet man die Membran als polarisiert. Unter verschiedenen Bedingungen können sich Ladungen in die oder aus der Zelle bewegen, was eine Änderung des Membranpotentials zur Folge haben kann. Wenn die Potentialdifferenz weniger negativ wird (sich auf 0 mV zubewegt) oder einen positiven Wert annimmt, spricht man von einer depolarisierten Zelle. Wird die Potentialdifferenz negativer (als –70 mV), bezeichnet man die Membran als hyperpolarisiert.

Änderungen des Membranpotentials treten auf, wenn sich Ionen auf als *Kanäle* bezeichneten Wegen durch die Membran bewegen. Bei diesen Kanälen handelt es sich um Proteine, die die Ionenbewegung unterstützen, wenn sie offen sind bzw. blockieren, wenn sie geschlossen sind. Einige Kanäle verfügen über ein Tor. Dies bedeutet, dass sie, wenn bestimmte chemische Stoffe an das Protein gebunden sind (von chemischen Bindungen oder Liganden abhängige Tore), wenn das Membranpotential einen bestimmten Wert hat (spannungsabhängige Tore) oder wenn die Membranstruktur geändert wird (von mechanischen Änderungen abhängige Tore), geöffnet oder geschlossen werden können. Andere Kanäle, wie zum Beispiel die zur Diffusion verwendeten, sind ständig offen. Die Kanäle sind insofern selektiv, als sie nur eine bestimmte Art von Ion durch die Membran lassen.

Wirkt auf ein Neuron ein Reiz, befindet sich die Zelle nicht mehr im Gleichgewichtszustand, und die mit Toren versehenen Kanäle öffnen sich. Hierdurch wird ein Ionenstrom durch die Membran ermöglicht, was zu einer Änderung des Membranpotentials führt. Die Größe der Potentialänderung hängt von der Stärke des Reizes ab.

Bei *abgestuften Potentialen* handelt es sich um lokale Änderungen des Membranpotentials, die direkt von der Stärke des Reizes abhängen. Auch Größe und Dauer der abgestuften Potentiale hängen von der Stärke des Reizes ab. Wirkt auf einen kleinen Bereich der Membran ein Reiz, öffnen sich bestimmte Tore, und Ionen strömen durch die Membran. In diesem Bereich wird die Membran depolarisiert (das Membranpotential ist positiver als das Ruhepotential). Dieser depolarisierte Bereich wirkt sich auf benachbarte Ionen in polarisierten Bereichen (mit einer dem Ruhepotential entsprechenden Ladungsverteilung) aus, was dazu führt, dass sich positive Ionen in diese neuentstandenen Bereiche mit einem geringeren Potential und negative Ionen sich in Bereiche mit einem höheren Potential bewegen. Diese Ladungsströme erfolgen parallel zur Membran entlang des Neurons. Während diese Bewegung parallel zur Membran erfolgt, diffundieren Ladungen jedoch senkrecht zu dieser Parallelbewegung zurück durch die Zellmembran. Diese Diffusion, oder dieses „Durchsickern", erzeugt einen sogenannten Kapazitätsstrom, da wir uns die durch die Membran getrennten Ladungen als geladenen Kondensator vorstellen können. Die den Raum zwischen den Ladungen auffüllenden Stoffe sind keine idealen Isolatoren, sodass wir uns die Membran als einen geladenen Kondensator vorstellen können, der vorübergehend Ladung speichert. Obwohl auf die benachbarten Ladungen ein Einfluss erfolgt und sich ein Strom parallel zur Membran bewegt, treten sehr viele Ionen durch die Membran, sodass das Ruhepotential sehr schnell wiederhergestellt wird und nur ein sehr kleiner Abschnitt des Axons betroffen ist.

Aktionspotentiale sind wesentlich stärker als abgestufte Potentiale. Wenn ein ausreichend starker Reiz erfolgt, kommt es zu einer umfangreichen Depolarisation, die zu einer Änderung des Membranpotentials von −70 mV zu +30 mV (Abb. 5.14) führt. Hieran schließt sich eine Repolarisierung an, bei der es zu einer geringfügigen Hyperpolarisation kommt (einem Potential, das negativer ist als das Ruhepotential), bevor sich die Membran wieder in ihrem (polarisierten) Ruhezustand befindet. Diese Änderungen geschehen in nur wenigen Millisekunden. Die Wirkung ist jedoch so stark, dass dieses Aktionspotential, oder dieser Nervenimpuls, über die gesamte Länge des Nervs weitergeleitet wird.

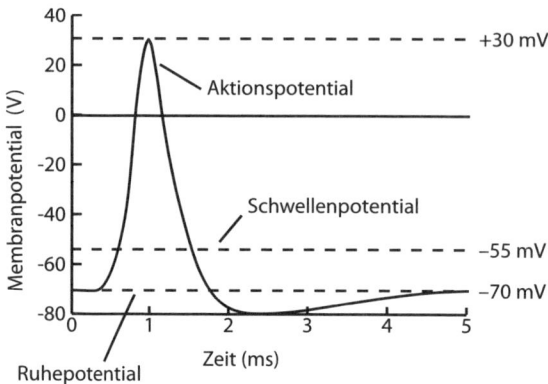

Nicht alle Reize führen zu einem Aktionspotential. Führt der Reiz zu einer Depolarisierung von mindestens 15 bis 20 mV oberhalb des Ruhepotentials, die etwa −55 bis −50 mV entspricht und als *Schwellenpotential* bezeichnet wird, kommt es zur Entstehung eines Aktionspotentials. Bei kleineren Depolarisationswerten kommt es zu einem abgestuften Potential.

Erinnern wir uns daran, dass sich nach einem Reiz einige der durch Tore verschlossenen Kanäle öffnen. Insbesondere Kanäle mit spannungsabhängigen Toren, die Natriumionen (Na^+) in das Zellinnere gelangen lassen, beginnen den Bereich, in dem die Reizung erfolgte, zu depolarisieren. Wenn so viel Natrium in die Zelle strömt, dass der Schwellenwert des Membranpotentials überschritten wird, öffnen sich immer mehr Natriumkanäle und lassen immer mehr Natrium ins Zellinnere. Dies hat zur Folge, dass das Membranpotential in kürzester Zeit über den Wert von 0 mV hinaus bis zu einem Wert von +30 mV ansteigt. Wenn dieser Zustand erreicht ist, beginnen sich die Natriumkanäle zu schließen, doch beginnen sich stattdessen K^+-Kanäle zu öffnen, wodurch Kaliumionen aus der Zelle strömen können. Man bezeichnet dies als Repolarisationsphase. Auch diese Phase ist nur sehr kurz. Die Polarisation schießt sogar etwas über ihr Ziel, das Ruhepotential von −70 mV, hinaus und führt kurzfristig zu einer Hyperpolarisation.

Obwohl die Vorzeichen des polarisierten Zustands wiederhergestellt sind, sind die Konzentrationen der Natrium- und Kaliumionen nun umgekehrt. Die Natrium-Kalium-Pumpe sorgt dafür, dass ihre ursprüngliche räumliche Verteilung – Natriumionen auf der Außen- und Kaliumionen auf der Innenseite der Membran – wiederhergestellt wird.

Wie weiter oben erläutert wurde, nimmt die Abfolge dieser Ereignisse nur wenige Millisekunden in Anspruch. Die Ionen bewegen sich schnell, die Ströme setzen schnell ein und hören ebenso schnell wieder auf, und die Zelle kehrt in einer sehr kurzen Zeit wieder in ihren Ruhezustand zurück. Erinnern wir uns jedoch daran, dass diese Änderungen auf den kleinen Bereich begrenzt sind, in dem der Reiz auftrat.

Dieses Aktionspotential wird entlang des Axons weitergeleitet. Das Aktionspotential führt in angrenzenden Bereichen zu Ionenbewegungen, dazu, dass sich die Tore von Ionenkanälen öffnen und schließen, und zu einem positiven Feedback-Mechanismus, aufgrund dessen sich das Aktionspotential von seinem Ursprungsort fortbewegt.

Mit welcher Geschwindigkeit sich das Aktionspotential entlang des Axons bewegt, hängt davon ab, ob es mit Myelinscheiden umgeben ist oder nicht. In Axonen ohne Myelinscheiden pflanzt sich ein Aktionspotential nur relativ langsam fort, da die Weiterleitung kontinuierlich über sämtliche Bereiche erfolgen muss. Man kann sich die aufeinanderfolgende Depolarisierung und Repolarisierung der Membranbereiche analog zur Bewegung einer Welle entlang eines Seils vorstellen. Bei Axonen, die von Myelinscheiden umgeben sind, wirkt das Myelin als Isolator und reduziert auf diese Weise die (durch Diffusion verursachten) Ladungsverluste. Dies führt dazu, dass sich der Ladungsfluss parallel zum Axon wesentlich schneller bewegt. Zu einer Ladungsverschiebung senkrecht zum Verlauf des Axons kommt es nur an den Ranvier'schen Schnürringen, wo sich kein Myelin befindet. Das Aktionspotential entsteht an diesem Punkt erneut, und seine Wirkung auf den angrenzenden, von Myelin umgebenen Bereich besteht darin, dass ein sich schnell fortpflanzender Strom zum nächsten Schnürring entsteht. Die einzelnen Schnürringe sind etwa 1 Millimeter voneinander entfernt. An jedem Schnürring entsteht ein neues Aktionspotential, und das elektrische Signal bewegt sich mit hoher Geschwindigkeit entlang des Axons von einem Schnürring zum nächsten. Man bezeichnet diese Art der Signalleitung als *saltatorische Leitung*.[6] Sie erreicht Geschwindigkeiten von 100 oder mehr Metern pro Sekunde. Dies ist deutlich schneller als die kontinuierliche Weiterleitung der Signale in Axonen ohne Myelinscheiden, die nur wenige Meter pro Sekunde beträgt.

Wenn ein Aktionspotential entstanden ist, ist es unabhängig von der Stärke des Reizes. Manche Reize sind jedoch stärker als andere. So macht es beispielsweise einen Unterschied, ob Sie einen Nadelstich in die Fußsohle bekommen oder ein einzelnes Haar über ihr Gesicht streicht. Die Reaktion wird sehr unterschiedlich ausfallen. Ist ein Reiz besonders stark, wird das Aktionspotential häufiger ausgelöst. Das Nervensystem deutet die hohe Frequenz als intensiven Reiz und reagiert entsprechend.

Auf die Entstehung eines Aktionspotentials und die Öffnung der Ionenkanäle folgt eine Phase, in der ein weiterer Reiz an derselben Stelle des Neurons zu keiner oder, wenn überhaupt, nur einer sehr schwachen Reaktion führt. Während der Depolarisation, wenn die Natriumkanäle geöffnet sind, bis sie sich wieder zu schließen beginnen, kommt es zu keiner Reaktion auf einen Reiz. Dieser Zeitraum wird als *absolute Refraktärphase* bezeichnet. Während der Repolarisierung, wenn sich die Natriumkanäle schließen und die Kaliumkanäle offen sind, führen schwache Reize zu keiner Reaktion. Sehr starke Reize können jedoch zur Entstehung eines neuen Aktionspotentials führen. Man bezeichnet diese Phase als *relative Refraktärphase*.

Es gibt noch andere, wichtige elektrische Eigenschaften von Axonen, sie können hier jedoch nicht eingehender behandelt werden. Anhand der Kapazität des Axons können sowohl die Energie als auch die Ladungsmenge, die zu beiden Seiten der Membran gespeichert ist, beschrieben werden. Wollen wir den Strom, der senkrecht und parallel zur Richtung des Axons fließt, und die Energie, die hierbei verbraucht wird, erklären, müssen wir auf den Widerstand des Axons zu sprechen kommen. Wenn Sie detailliertere Informationen zu diesen Themen suchen, ziehen Sie bitte das aufgelistete Referenzmaterial zu Rate.[7, 8, 9]

Die Interaktionen der Signale

Die bisherige Darstellung ging davon aus, dass ein einzelner Reiz ein Aktionspotential in einem einzelnen Neuron auslöst. Neuronen arbeiten jedoch in Gruppen zusammen, die ihrerseits wieder in größeren Gruppen zusammenarbeiten. Häufig gibt es mehrfache Rezeptorstellen, deren Neuronen mit anderen Neuronen verbunden sind und die sich in eine Reihe verschiedener Leitungsbahnen verzweigen. Dann wiederum gibt es Signale, die aus größeren Nervenbündeln oder von mehreren Regionen aus auf immer weniger Neuronen zusammenlaufen.

Es gibt Millionen von Neuronen im Zentralnervensystem. Sie integrieren sämtliche eingehenden Informationen, um sie zu verarbeiten und eine Reaktion an andere Bereiche weiterzuleiten. Die eingehenden Daten können aus den Nerven des peripheren Nervensystems stammen oder von anderen Neuronen innerhalb des Zentralnervensystems. Die ausgehenden Daten werden an andere Nerven im Zentralnervensystem oder an Nerven im peripheren Nervensystem weitergeleitet.

Haben Sie schon jemals ein Netzwerk aus Computern, Servern und anderen elektronischen Geräten in einem großen Zimmer voller informationstechnologischer Apparate gesehen? Oder haben Sie schon einmal versucht sich vorzustellen, wie das Internet aufgebaut ist? Einzelne Computer (mit ihren individuellen Komponenten) sind weltweit miteinander verbunden. Jeder von ihnen führt seine eigenen Aufgaben aus. Gruppen von Computern führen jedoch unterschiedliche Aufgaben aus, und Gruppen von Computergruppen erledigen wiederum noch andere Aufgaben. Sie verarbeiten ihre Daten entweder *seriell* oder *parallel*.

Unser Nervensystem ist einem solchen Netzwerk aus Computern sehr ähnlich. Es laufen ständig serielle und parallele Verarbeitungen darin ab. Reflexe sind ein Beispiel für eine serielle Verarbeitung, bei der eine schnelle Reaktion auf einen Reiz erfolgt, zum Beispiel wenn wir unsere Hand von einem heißen Ofen wegziehen. Unsere Fähigkeiten zu denken, zu fühlen und uns zu erinnern sind hingegen Beispiele für eine parallele Verarbeitung, bei der mehrere Reaktionen die Folge eines einzelnen Reizes sind. Stellen Sie sich vor, Sie sehen einen Apfelkuchen in einem alten Lebensmittelgeschäft in einem Dorf auf dem Land. Er könnte Sie an Ihre Kindheit erinnern oder daran, wie gern Sie Apfelkuchen gegessen haben, und es könnte sein, dass Sie sich überlegen, Sie sollten am Wochenende Äpfel pflücken gehen.

Anwendungen

Wir haben uns nun eine ganze Weile mit dem Nervensystem und der Weiterleitung von Nervenimpulsen beschäftigt. Es gibt jedoch noch andere elektrische Anwendungen, die mit dem menschlichen Körper in Zusammenhang stehen. Durch die Anwendung grundlegender Prinzipien der Elektrizitätslehre gewinnt man ein besseres Verständnis der Funktionsweise bestimmter elektronischer Geräte. Insbesondere möchte ich im Folgenden kurz auf das *Elektrokardiogramm* (EKG), das *Elektroenzephalogramm* (EEG), das *Elektromyogramm* (EMG) und den *Defibrillator* eingehen.

Ein EKG ist eine Aufzeichnung der elektrischen Signale, die als Folge der elektrischen Aktivität des Herzens entstehen. Während das Herz beim Pumpen des Blutes seinen Kontraktionszyklus durchläuft, führen die elektrischen Impulse, die das Herz zur Kontraktion und Entspannung veranlassen, auch zur Depolarisation und Repolarisation der zum Herzen führenden Nerven. Aufgrund der hierbei erzeugten elektrischen Felder kann das veränderliche Membranpotential in diesen Nerven in einigem Abstand von ihnen gemessen werden. Diese elektrischen Felder werden von Sonden registriert, die auf dem Körper angebracht sind. Normalerweise werden beim Erstellen eines EKGs 12 elektrische Sonden auf der Körperoberfläche befestigt (auf den Armen, den Beinen und über den Brustkorb verteilt). Diese Sonden messen im Zeitverlauf an verschiedenen Körperstellen Potentialunterschiede. Werden diese Signale kombiniert, lässt sich ein EKG daraus erstellen.

Das Herz besteht aus vier Kammern: dem linken und rechten Vorhof (den oberen Kammern) und dem linken und rechten Ventrikel (die unteren Kammern). Die Reihenfolge, in der diese einzelnen Kammern sich zusammenziehen und wieder entspannen, ist für den normalen Blutfluss von entscheidender Bedeutung. Das EKG misst den Zeitpunkt der elektrischen Impulse, die die Reihenfolge der Herzkammerkontraktionen steuern.

Ein Beispiel eines normalen EKGs ist in Abbildung 5.15 dargestellt. Es hat verschiedene charakteristische Merkmale. Die P-Welle entsteht, wenn die Nerven, die zur Kontraktion des rechten und linken Vorhofs führen, depolarisiert werden. Der QRS-Abschnitt des EKGs entspricht der Depolarisation der zu den Ventrikeln führenden Nerven und der anschließenden Kontraktion der Ventrikel. Die T-Welle deutet auf die Repolarisation der Nerven zu den Ventrikeln, nach der sich das Herz entspannt. Die Repolarisation der Vorhöfe wird durch den QRS-Abschnitt der Aufzeichnung verdeckt. Es gibt noch einige andere Merkmale von EKGs, die man gelegentlich beobachten kann, wie zum Beispiel eine U-Welle, die sich an die T-Welle anschließt. Sie ist ein Zeichen für die Repolarisation der *Purkinje-Fasern*, die die Koordination der Zeitgebung der Ventrikelkontraktion unterstützen.

Auch das Elektroenzephalogramm misst elektrische Aktivität im Körper. Bei der Messung eines EEGs werden Elektroden auf der Kopfhaut befestigt. Diese Elektroden können die elektrischen Felder erkennen, die dadurch entstehen, dass sich Ladungen in den Synapsen (Verbindungen) zwischen den Neuronen des Gehirns bewegen. Die dabei festgestellten und aufgezeichneten Muster bezeichnet man als

▼ **Abb. 5.15**

Das Elektrokardiogramm. Das EKG eines gesunden Herzsrhythmus wird mit Hilfe von Sonden ermittelt, die an der Körperoberfläche angebracht werden. Die Depolarisation und Repolarisation der zum Herzen führenden Nerven erzeugen elektrische Felder, die von den Sonden registriert werden. Der Punkt P des Diagramms entspricht der Depolarisation der Nerven, die zur Kontraktion des rechten und linken Vorhofs führen. Die Punkte Q, R und S entsprechen der Depolarisation der Nerven zu den Ventrikeln, die ihre Kontraktion verursacht. Die T-Welle entspricht der Repolarisation der Nerven zu den Ventrikeln.

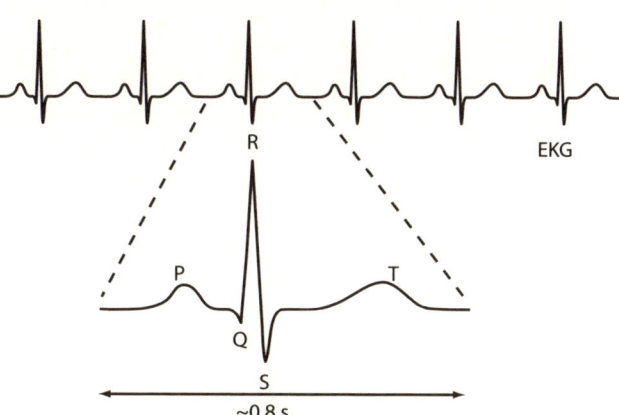

Hirnstromwellen (bzw. Hirnströme). Es gibt verschiedene Typen von Hirnstromwellen: Alpha-Wellen entsprechen einem entspannten Wachzustand. Beta-Wellen entsprechen einem Zustand gesteigerter Aufmerksamkeit, während Theta-Wellen, die bei Kindern häufig auftreten, bei Erwachsenen nur selten zu beobachten sind. Delta-Wellen treten im Tiefschlaf auf.

Ein Elektromyogramm zeichnet die Ergebnisse der Messung der elektrischen Aktivität in Muskeln auf. Wenn das Aktionspotential in einem Axon einen Muskel erreicht, führt dies zur Kontraktion dieses Muskels. Normalerweise sind zahlreiche Nerven (oder deren Enden) mit vielen Muskelzellen verbunden, die die Kontraktion des Muskels auslösen, damit ein bestimmter Teil des Körpers bewegt werden kann. Die aus der Stimulation eines Muskels resultierenden elektrischen Signale werden von Elektroden aufgezeichnet. Anhand eines EMGs lässt sich untersuchen, ob ein Muskel normal arbeitet oder nicht.

Ein Defibrillator ist ein Gerät, das man zur Wiederherstellung eines normalen Herzrhythmus verwendet. Dazu werden zwei großflächige Platten (sogenannte „Paddel") auf gegenüberliegenden Seiten des Herzens positioniert. Ein großer Kondensator wird aufgeladen und seine Ladung durch Knopfdruck an den Körper abgegeben. Dies geschieht, um dem Herzen einen Elektroschock zu versetzen und auf diese Weise einen anomalen Herzrhythmus (eine *Herzrhythmusstörung*) zu beenden. Der Elektroschock sollte stark genug sein, um die Nerven, die zu bestimmten, als Knoten bezeichneten Punkten laufen, zu depolarisieren, insbesondere den *Sinuatrial-Knoten* (SA-Knoten). (Dieser Knoten kontrolliert die Frequenz und den Rhythmus des Herzschlags.) Man hofft, dass hierdurch eine normale elektrische Sequenz wiederhergestellt wird, die mit einer Rückkehr zur normalen Kontraktion und Entspannung des Herzens einhergeht. Bei Defibrillatoren handelt es sich normalerweise um externe Geräte, doch für Patienten, die in der Vergangenheit Probleme mit Herzrhythmusstörung hatten, einschließlich ventrikulärer Tachykardie oder Kammerflimmern, müssen manchmal Defibrillatoren implantiert und mit dem Herzen verbunden werden.

Zusammenfassung

In diesem Kapitel über die elektrischen Eigenschaften des menschlichen Körpers wurden eine Reihe verschiedener physikalischer Theorien und Anwendungen vorgestellt. Die hier erörterten physikalischen Prinzipien finden in einfachen elektrischen Schaltkreisen, wie etwa Taschenlampen, und in komplizierten elektrischen Systemen wie Computern und Kraftwerken Anwendung. Bei der Betrachtung des menschlichen Körpers stellt man fest, dass sowohl in den einzelnen Nervenzellen als auch im Netzwerk des Nervensystems zahlreiche komplexe elektrische Vorgänge ablaufen. Ein Physiologe erzählte mir vor kurzem, dass der Ladungstransport in den Neuronen gegenwärtig zu den Bereichen intensivster Forschung zählt. Es sind also längst noch nicht alle Fragen beantwortet. Vielleicht können Ihnen die Erläuterungen dieses Kapitels zum Verständnis der grundlegenden Begriffe und Anwendungen dienen. Anschließend können Sie dann die hier behandelten Themenkreise weiter vertiefen.

Optik und Auge

VI.

Einer der wichtigsten Sinne des Menschen ist seine Fähigkeit zu sehen. Der weitaus größte Teil unserer Wahrnehmung der Welt und unseres Handelns in der Welt ist durch den Gesichtssinn vermittelt. Schon wenige Momente nach der Geburt können Babies menschliche Gesichter und Farben erkennen. Von den Wörtern auf einer gedruckten Seite bis zu den Gemälden in einem Museum und dem Ausdruck im Gesicht von Menschen haben visuelle Bilder einen tiefgreifenden Einfluss darauf, wie wir lernen, unser Leben gestalten und reagieren.

Bilder entstehen, wenn das Licht eines Objekts in das Auge fällt und auf die Netzhaut trifft. Wir können diesen Vorgang mit Hilfe grundlegender physikalischer Begriffe der geometrischen Optik beschreiben, insbesondere der Lichtbrechung und der Bilderzeugung durch Linsen. Wie können wir Buchstaben auf der Seite eines Buches sehen, das sich unmittelbar vor unseren Augen befindet, und dann aufschauen und eine Gebirgskette oder den Mond betrachten, die sich in großer Ferne von uns befinden? Warum brauchen so viele Menschen Kontaktlinsen oder Brillen? Was ist LASIK und wie hilft es, ein geringes Sehvermögen zu korrigieren? In diesem Kapitel werden wir uns mit diesen und anderen Fragen beschäftigen.

Elektromagnetische Wellen

Das sichtbare Licht gehört zu einer Art *elektromagnetischer Wellen*, die von uns Menschen wahrgenommen werden kann. Elektromagnetische Wellen bestehen aus elektrischen und magnetischen Feldern, die als Sinus- oder Kosinusfunktionen in Raum und Zeit variieren. Sie werden durch die Bewegung elektrischer Ladungen erzeugt.

Wir haben in Kapitel 5 das Phänomen des elektrischen Feldes erläutert, das durch elektrische Ladungen erzeugt wird. Eine Ladung kann eine elektrische Kraft auf eine andere Ladung ausüben, wenn die zweite Ladung irgendwo in die Nähe der ersten gebracht wird. Wird die zweite Ladung entfernt, bleibt ein elektrisches Feld im Raum um die erste Ladung bestehen.

Magnetische Felder sind elektrischen Feldern ähnlich. Sie sind darin unterschieden, dass eine elektrische Ladung ein elektrisches Feld unabhängig davon erzeugt, ob sie sich in Ruhe oder Bewegung befindet, während sich eine Ladung zur Erzeugung eines magnetischen Feldes bewegen muss. Magneten werden aus Materialien hergestellt, in denen sich die Elektronen auf kollektive Weise so um die

Kerne ihrer Atome bewegen, dass sie ein magnetisches Feld im gesamten Material erzeugen. Die Wirkung dieses Feldes reicht über den Magneten selbst hinaus. Am vertrautesten sind Ihnen magnetische Felder wahrscheinlich dadurch, dass Sie einmal zwei Magneten, die sich nah beieinander befanden, mit den Händen gehalten haben. Man kann dann die Anziehungs- und Abstoßungskräfte spüren, die zwischen den Nord- und Südpolen der Magneten wirksam sind.

Elektromagnetische Wellen kommen auf unterschiedliche Weise zu Stande. Radiowellen werden dadurch erzeugt, dass sich die Elektronen in der Antenne einer Radiostation hin und her bewegen. Wenn sich Elektronen in einem Atom von einem Zustand höherer zu einem Zustand niedrigerer Energie bewegen, geben sie häufig sichtbares Licht, ultraviolette Strahlung oder Röntgenstrahlen ab. Worauf es ankommt ist, dass sich die Elektronen bewegen.

In einer elektromagnetischen Welle schwingen die elektrischen und magnetischen Felder in einfacher harmonischer Bewegung hin und her, wie wir es in Kapitel 4 bei Schallwellen besprochen haben. Sie zeigen die typischen Eigenschaften von Wellen, einschließlich einer Wellenlänge, Amplitude und Geschwindigkeit.

Es gibt verschiedene Arten von elektromagnetischen Wellen, die sich hauptsächlich durch ihre Frequenz voneinander unterscheiden. Wie weiter oben beschrieben, bestehen alle elektromagnetischen Wellen aus elektrischen und magnetischen Feldern. Außerdem bewegen sich alle im Vakuum mit der gleichen Geschwindigkeit, die man als Lichtgeschwindigkeit bezeichnet und $c = 3 \times 10^8$ m/s = 300 000 km/s beträgt. (Der Buchstabe c in dieser Gleichung ist derselbe, der auch in Einsteins berühmter Gleichung $E = mc^2$, die Masse und Energie zueinander in Beziehung setzt, vorkommt.)

Die verschiedenen Arten elektromagnetischer Wellen bilden das sogenannte *elektromagnetische Spektrum*. Das elektromagnetische Spektrum umfasst einen Bereich von Frequenzen, die von den niedrigsten zu den höchsten in folgender Reihenfolge ansteigen: Radio- und Fernsehwellen, Mikrowellen, Infrarot- oder IR-Strahlung, sichtbares Licht, ultraviolette oder UV-Strahlung, Röntgenstrahlen und Gammastrahlen. Erinnern wir uns von der Erläuterung der Schallwellen daran, dass das Produkt aus Frequenz und Wellenlänge die Geschwindigkeit ergibt. Wenn daher alle elektromagnetischen Wellen die Geschwindigkeit des Lichts haben, so hängt ihre Wellenlänge von ihrer Frequenz ab. Die soeben angegebene Reihenfolge der verschiedenen elektromagnetischen Wellen entsprechend *zunehmender* Frequenz entspricht daher ihrer Reihenfolge entsprechend *abnehmender* Wellenlänge. Radio- und Fernsehwellen haben die größte Wellenlänge, die mit der Größe der von Radio- und Fernsehstationen verwendeten Antennen vergleichbar ist. Gammastrahlen haben die kürzeste Wellenlänge. Sie entspricht etwa der Größe eines Atomkerns. Die Wellenlängen des sichtbaren Lichtspektrums entsprechen ungefähr der Größe von Molekülen. In einem Kapitel über die Optik des Auges werden wir uns hauptsächlich mit dem sichtbaren Licht beschäftigen.

Ebenso wie Schallwellen über Energie verfügen, haben auch elektromagnetische Wellen eine bestimmte Energie. Die Energie der Schallwellen in einem Gas hängt von der Amplitude der Schwingung der Gasmoleküle ab. Bei elektromagnetischen Wellen steht die Energie E zur Frequenz f der Welle in einer Beziehung, die sich mathematisch durch folgende Gleichung ausdrücken lässt:

$$E = h f$$

Hierbei entspricht h der Planck'schen Konstante $h = 6{,}63 \times 10^{-34}$ J s. Demnach entspricht die Ordnung der verschiedenen Wellenarten (von Radio- und Fernsehwellen bis zu Gammastrahlen) ihrer Reihenfolge gemäß zunehmender Energie: Radio- und Fernsehwellen haben die geringste Energie, Mikrowellen, Infrarotstrahlung, sichtbares Licht, Ultraviolettstrahlung und Röntgenstrahlen haben zunehmend mehr Energie. Die höchste Energie haben Gammastrahlen.

Sichtbares Licht

In einem Kapitel über die Optik des Auges gilt das hauptsächliche Interesse dem sichtbaren Teil des Lichts. Sichtbares Licht gehört zum elektromagnetischen Spektrum, verfügt jedoch auch über sein eigenes Spektrum. Das Spektrum des Lichts besteht aus seinen verschiedenen Farben. In der Reihenfolge zunehmender Frequenz (oder abnehmender Wellenlänge bzw. zunehmender Energie) sind dies die Farben Rot, Orange, Gelb, Grün, Blau und Violett. Wie bereits erwähnt, bewegt sich das sichtbare Licht im Vakuum mit einer Geschwindigkeit von $c = 3 \times 10^8$ m/s. Der Bereich der Wellenlängen (im Vakuum) reicht von etwa 700 nm für rotes Licht (am Übergang zur Infrarotstrahlung) bis zu etwa 400 nm für violettes Licht (an der Grenze zum UV-Licht). Tabelle 6.1 listet die verschiedenen Farben und ihre jeweiligen Wellenlängenbereiche auf. Der Frequenzbereich für sichtbares Licht reicht von $4{,}3 \times 10^{14}$ Hz (Rot) bis zu $7{,}5 \times 10^{14}$ Hz (Violett), der Energiebereich von 1,8 bis 3,1 eV.

◀ Tab. 6.1

Wellenlängenbereiche elektromagnetischer Strahlung
Anmerkung: Das Spektrum des sichtbaren Lichts reicht von 400 bis 700 nm. Die Grenzen zwischen den verschiedenen Farben sind undeutlich, was bedeutet, dass angrenzende Farben fließend ineinander übergehen. So entspricht beispielsweise die Wellenlänge 500 nm einer blaugrünen Farbe. Selbst die Grenzen zwischen ultraviolettem, sichtbarem und infrarotem Licht sind etwas verschwommen. In manchen Texten gilt als sichtbares Spektrum des Lichts der Bereich von 380 nm bis 750 nm.

Farbe oder Art der Strahlung	Wellenlängenbereich
Ultraviolett	< 400 nm
Violett	400 – 440 nm
Blau	440 – 500 nm
Grün	500 – 560 nm
Gelb	560 – 590 nm
Orange	590 – 625 nm
Rot	625 – 700 nm
Infrarot	> 700 nm

Sichtbares Licht wird hauptsächlich dadurch erzeugt, dass sich Elektronen zwischen den verschiedenen Energiestufen in Atomen und Molekülen bewegen. Wenn eine elektrische Birne glüht, so kommt es bei einer Wolframlampe in deren Filament oder bei einer Leuchtstoffröhre in deren Gas zu einem Übergang von Elektronen von einem höheren in einen niedrigeren Energiezustand. Das Licht der Sonne wird durch den Übergang von Elektronen erzeugt, der durch die Wärmeenergie verursacht wird, die bei chemischen oder nuklearen Reaktionen entsteht. Bei diesen Reaktionen werden auch andere Arten elektromagnetischer Wellen erzeugt, wir können jedoch nur den sichtbaren Bereich wahrnehmen.

Der Energiebereich sichtbaren Lichts ist der Energie ähnlich, die erforderlich ist, um Elektronen in oder aus verschiedenen Energiezuständen in Atomen und Molekülen zu bringen. In einigen Fällen werden Elektronen völlig aus einem Atom- oder Molekülorbital „herausgeschlagen" und werden hierdurch zu sogenannten „freien" Elektronen. Dies ist ein für das menschliche Sehvermögen wichtiges Phänomen, weil die Netzhaut des Auges über spezielle Rezeptoren verfügt, die auf die Absorption verschiedener Farben des Lichts reagieren. Ihre Reaktion hat normalerweise damit zu tun, dass ein Elektron in einem Molekül angeregt oder daraus entfernt wird. Diese Elektronen erzeugen einen Strom, der vom Sehnerv wahrgenommen wird, der daraufhin ein elektrisches Signal an das Gehirn sendet, sodass es als optische Wahrnehmung gedeutet werden kann. Im Folgenden werden wir uns die Anatomie und Physiologie des Auges noch genau ansehen.

In der weiteren Erörterung des sichtbaren Lichts werde ich das Adjektiv „sichtbar" in der Regel weglassen. Wenn ich ab jetzt von Licht rede, so beziehe ich mich auf sichtbares Licht.

Wellen und Strahlen

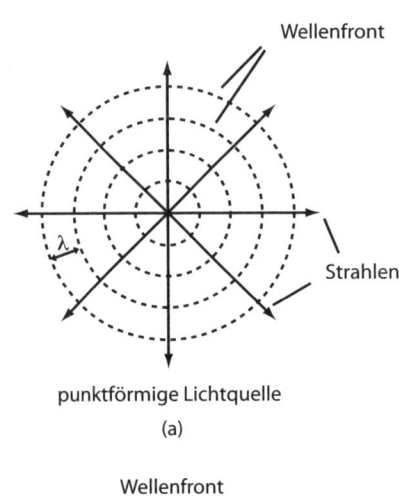

punktförmige Lichtquelle

(a)

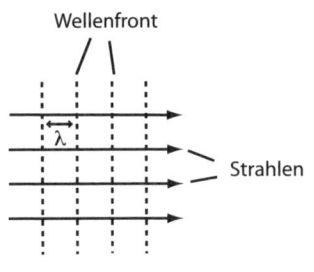

weit entfernte Lichtquelle

(b)

Das Licht ist, wie alle elektromagnetischen Wellen, eine Welle mit einer Frequenz und einer Wellenlänge. Wellen haben eine Reihe von Eigenschaften, von denen wir einige bereits in Kapitel 4 besprochen haben. Licht geht von einer Quelle aus, wie zum Beispiel der Sonne oder einer Kerze oder einer Glühbirne, und bewegt sich von dieser Quelle fort. Ebenso wie eine punktförmige Schallquelle Schallwellen erzeugt, die sich gleichmäßig in alle Richtungen bewegen, als bewegten sie sich durch eine imaginäre Kugel, kann auch Licht von einer Punktquelle erzeugt werden, wie etwa von einer kleinen Glühbirne oder einer kleinen brennenden Kerze. Man stellt sich dies als eine Reihe von Wellen vor, die sich von ihrem Ursprung wie konzentrische Kreise (in der Ebene) oder Sphären (im Raum) wegbewegen. Man bezeichnet diese Kreise oder Sphären als *Wellenfronten*. Der Abstand zwischen ihnen entspricht der Wellenlänge. Die Wellenfronten bewegen sich mit Lichtgeschwindigkeit von ihrer Quelle in alle Richtungen (Abb. 6.1a).

Wenn wir uns in der Nähe einer Lichtquelle befinden, sehen die Wellenfronten wie Kreise oder Sphären aus. Befinden wir uns jedoch in großem Abstand von dem leuchtenden Objekt, sehen die Wellenfronten (in der Ebene) wie eine Reihe paralleler Linien oder (im Raum) wie parallele Flächen aus. Man kann sich diesen Übergang von Sphären zu Flächen anhand des folgenden Beispiels veranschaulichen. Fragen wir uns, wie ein kleiner Ball im Vergleich zum riesigen Erdball aussieht. Ein kleiner Ball hat eine stark gekrümmte Oberfläche, und wir sehen ihn in seiner Gesamtheit. Die Erde sieht wie eine flache Ebene aus (wenn wir auf ihr stehen), und wir können nur einen relativ kleinen Teil von ihr überblicken. Der Mittelpunkt der Erde liegt etwa 6400 km unter ihrer Oberfläche. Würde Licht von einer punktförmigen Quelle in 6400 km Abstand ausgehen, so sähen seine Wellenfronten für uns wie Flächen aus (Abb. 6.1b). Eine ähnliche Situation liegt im Fall der Sonne vor. Tatsächlich ist sie eine sehr große Lichtquelle, doch sind wir so weit von ihr entfernt, dass man sie in vielen Fällen als punktförmige Lichtquelle ansehen kann. Die Wellenfronten, die die Erde erreichen, sind flächenförmig. Diese *Wellenvorstellung* des Lichts eignet sich zur Beschreibung einer Reihe verschiedener Verhaltensweisen des Lichts, wie zum Beispiel der Lichtbrechung und Interferenz.

Eine andere Art, sich das Licht vorzustellen, ist das Bild von *Strahlen des Lichts*. Diese Vorstellung hebt besonders die Richtung hervor, in die sich das Licht ausbreitet. Ein Lichtstrahl ist ein Pfeil, der in die Richtung zeigt, in die sich die Welle bewegt. Sie steht im rechten Winkel zu den Wellenfronten. So stellen beispielsweise die kugelförmigen Wellenfronten einer Punktquelle das Wellenbild dar, von der Lichtquelle wegzeigende Strahlen hingegen stellen (ähnlich wie die Speichen eines Rades) das Strahlenbild dar. Die flächigen Wellenfronten einer Lichtquelle in großer Entfernung stellen das Wellenbild des Lichtes dar. Parallele Strahlen, die in die Richtung zeigen, in die sich die Wellen bewegen, stellen dagegen das Strahlenbild des Lichts dar.

Man kann sich eine Lichtwelle wie einen Lichtstrahl vorstellen, der von einer Taschenlampe oder einem Laser ausgeht. Er bewegt sich in eine bestimmte Richtung, kann Objekte beleuchten, kann von einem Spiegel reflektiert und gebrochen werden, z. B. wenn er von der Luft ins Wasser übertritt. Lichtstrahlen können eine Vielzahl unterschiedlicher Materialien durchdringen, solange das Material transparent ist, wie zum Beispiel Luft, Wasser, Glas usw.

Lichtstrahlen bewegen sich geradlinig durch ein Material, solange die Art des Materials oder seine Eigenschaften sich nicht ändern. Bewegt sich ein Lichtstrahl durch die Luft und trifft er auf die Wasseroberfläche eines Sees, so kann er von der Oberfläche reflektiert werden oder sich durch das Wasser weiterbewegen. Wenn er sich durch das Wasser weiterbewegt, wird er gebeugt oder gebrochen. Die *Reflexion* und *Brechung* des Lichts sind wichtige Phänomene, denen man häufig begegnet. Wir werden die Brechung des Lichts später noch genauer behandeln.

Von einer Punktquelle ausgehende Lichtstrahlen zeigen vom Zentrum nach außen, doch die von einer fernen Lichtquelle ausgehenden Strahlen scheinen parallel zu sein. Wenn wir beispielsweise Nadeln im rechten Winkel zu seiner Oberfläche in einen kleinen Ball stecken, so zeigen sie wie Radien nach außen. Schlagen wir hingegen mehrere lange Stäbe im rechten Winkel zur Erdoberfläche in den Boden, so scheinen sie zueinander parallel zu verlaufen. Diese Vorstellung von der Parallelität der Lichtstrahlen einer weit entfernten Lichtquelle wird wichtig sein, wenn wir die Brechung des Lichts in den Linsen des Auges besprechen.

In den weiteren Ausführungen dieses Kapitel kann es erforderlich sein, das Wellen- oder das Strahlenbild des Lichts zu verwenden, weshalb es notwendig war, diese beiden Sichtweisen zu erläutern. In den restlichen Darstellungen dieses Kapitels werden wir jedoch hauptsächlich das Strahlenbild verwenden. Hierbei werden wir feststellen, dass wir es mit eine Reihe von Prinzipien der Geometrie zu tun bekommen. Die Erforschung des Verhaltens, welches das Licht bei seiner Bewegung durch verschiedene transparente Materialien oder Medien zeigt, bei der man die Strahlenvorstellung des Lichtes zugrunde legt, wird als Strahlenoptik bezeichnet. Um die Funktionsweise des Auges zu verstehen, müssen wir uns mit diesem Thema etwas genauer beschäftigen.

Strahlenoptik

Wie bereits erwähnt, nimmt das Licht bei seiner Bewegung durch verschiedene Medien spezielle Wege. Der Weg eines Lichtstrahls kann mit Hilfe einiger grundlegender Begriffe der Strahlenoptik beschrieben werden. Das wichtigste Phänomen ist die Berechnung oder Beugung des Lichts, während es sich von einem transparenten Medium in ein anderes bewegt.

Die Lichtbrechung lässt sich sehr leicht in Wasser demonstrieren. Wenn Sie beispielsweise einen Strohhalm oder Bleistift betrachten, der zur Hälfte in ein Glas Wasser eingetaucht ist, kann er geknickt erscheinen. Ein Fisch in einem Aquarium scheint sich an einer bestimmten Stelle zu befinden, doch tatsächlich befindet er sich an einer anderen Stelle. Das vom Fisch reflektierte Licht bewegt sich durch das Wasser, trifft auf die Scheibe des Aquariums und wird gebrochen, sodass es sich in einer anderen Richtung weiterbewegt. Wenn wir in einem Schwimmbecken mit klarem Wasser stehen und auf unsere Füße schauen, erscheinen sie aufgrund der Brechung des Lichts kurz und gedrungen.

Die Brechung des Lichts tritt bei einer Vielzahl optischer Geräte auf, wie zum Beispiel bei Vergrößerungsgläsern, Teleskopen und Mikroskopen. Kameras, Ferngläser und Brillen sind weitere Beispiele. Jedes dieser Instrumente bricht das Licht auf eine bestimmte Weise, um Bilder entstehen zu lassen, die fotografiert oder mit dem Auge gesehen werden können. Sogar das Auge selbst kann man sich als optisches Instrument vorstellen. (Auch Spiegel sind optische Instrumente. Sie machen sich jedoch zur Bilderzeugung die Reflexion des Lichts, nicht seine Brechung zu Nutze.)

Licht wird gebrochen, wenn es sich durch ein Medium bewegt und dann auf die Oberfläche eines zweiten Mediums trifft. Wie stark das Licht gebrochen wird, hängt von der Geschwindigkeit des Lichts in den beiden Medien sowie von dem Winkel ab, in dem der Lichtstrahl auf die Oberfläche trifft. Die Lichtgeschwindigkeit steht mit einer als Brechungsindex bezeichneten Größe in Zusammenhang. Der Brechungsindex n ist als das Verhältnis der Lichtgeschwindigkeit im Vakuum c zur Geschwindigkeit des Lichts in dem Medium, v, definiert. Er wird durch folgende Gleichung angegeben:

$$n = c/v \tag{2}$$

Dieser Gleichung können wir entnehmen, dass die Lichtgeschwindigkeit in einem Medium umgekehrt proportional zu seinem Brechungsindex ist, sodass die Geschwindigkeit des Lichts in einem Medium umso geringer ist, je größer sein Brechungsindex ist. Der Brechungsindex des Vakuums beträgt genau 1, während Wasser einen Index von etwa 1,33 und Diamant von 2,42 hat. Die Luft hat einen Brechungsindex, der fast mit demjenigen des Vakuums identisch ist. Er hängt ein wenig von der Dichte der Luft sowie von ihrem Druck und ihrer Temperatur ab. Sie haben vielleicht schon einmal ein Flimmern in der Luft beobachtet, als Sie an einem heißen Sommertag über einen großen Parkplatz oder das Dach eines Autos geschaut haben. Dieses Flimmern kommt dadurch zustande, dass das Lichts durch verschiedene Teile der Luft mit leicht voneinander abweichenden Brechungsindizes gebrochen wird.

Wir können Gleichung (2) verwenden, um die Geschwindigkeit des Lichts in verschiedenen Medien zu berechnen, wenn wir sie zu $v = c/n$ umstellen. Da die Geschwindigkeit des Lichts im Vakuum 3×10^8 m/s beträgt, beträgt die Lichtgeschwindigkeit in Wasser $3 \times 10^8/1{,}33 = 2{,}26 \times 10^8$ m/s und in Diamanten $1{,}24 \times 10^8$ m/s.

Ein Lichtstrahl wird gebrochen, wenn er sich mit einer bestimmten Geschwindigkeit durch ein Medium bewegt und dann auf die Oberfläche eines zweiten Mediums trifft, an der er verlangsamt oder beschleunigt wird. Je größer die Geschwindigkeitsänderung ist, umso stärker wird sich die Richtung des Lichtstrahls ändern. Die verschiedenen Farben des Lichts haben im selben Medium leicht voneinander abweichende Brechungsindizes, weshalb sie in etwas unterschiedlichen Winkeln gebrochen werden. Dieser kleine farbspezifische Winkelunterschied erklärt, warum wir die verschiedenen Farben des Regenbogens sehen oder warum das Licht durch ein Prisma in seine verschiedenen Farben aufgespalten wird. Er ist auch einer der Gründe dafür, warum wir Diamanten so schön finden.

Wie stark das Licht gebrochen wird, hängt nicht nur von der Änderung seiner Geschwindigkeit, sondern auch von dem Winkel ab, in dem ein Lichtstrahl auf das zweite Medium trifft. Wenn das Licht sich im rechten Winkel zur Oberfläche bewegt, kommt es zu keiner Brechung, und es bewegt sich in der gleichen Richtung weiter. Trifft das Licht hingegen in einem Winkel auf die Oberfläche, der von der rechtwinkligen, senkrechten Richtung abweicht, so wird es gebrochen. Eine rechtwinklig auf einer Oberfläche stehende Linie hat einen besonderen Namen: Sie wird als *Normale* bezeichnet. In der Geometrie ist „die Normale" ein Synonym für eine auf einer bestimmten Linie senkrecht stehenden Linie. Je mehr die Richtung des Lichts von der Normalen abweicht, desto stärker wird es gebrochen. Am stärksten wird das Licht gebrochen, wenn es in einem Winkel auf die Oberfläche trifft, der um fast 90° von der Normalen abweicht.

Eines der Gesetze der Optik, das den Zusammenhang zwischen der Geschwindigkeit und dem Winkel des Lichts in zwei unterschiedlichen Medien beschreibt, ist das *Snellius'sche Brechungsgesetz*, das folgendermaßen lautet:

$$n_1 \sin \theta_1 = n_2 \sin \theta_2$$

Hierbei steht n_1 für den Brechungsindex des ersten Mediums, n_2 für den Brechungsindex des zweiten Mediums, θ_1 für den Winkel (der auch *Einfallswinkel* genannt wird), um den die Richtung des Lichtes von der Normalen im ersten Medium ab-

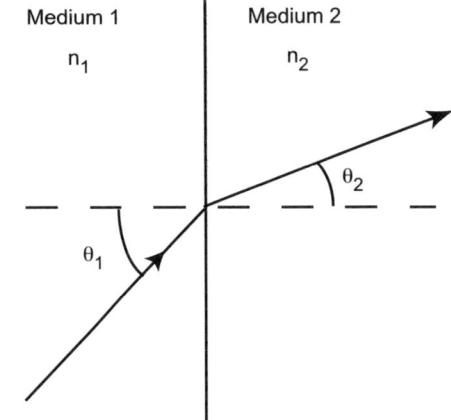

Medium 1
n_1

Medium 2
n_2

θ_2

θ_1

weicht, und θ_2 für den Winkel, um den die Richtung des gebrochenen Strahls im zweiten Medium von der Normalen abweicht (der auch als *Brechungswinkel* be-zeichnet wird) (Abb. 6.2).

Verdeutlichen wird uns diese Zusammenhänge an-hand einiger Beispiele! Wenn Licht sich durch die Luft bewegt und auf eine Wasseroberfläche trifft, verringert sich seine Geschwindigkeit, da der Brechungsindex des neuen Mediums größer ist. Der Lichtstrahl wird so gebrochen, dass der Brechungswinkel kleiner als der Einfallswinkel ist. Wenn sich das Licht vom Wasser in die Luft bewegt, ist der Brechungswinkel größer als der Einfallswinkel. Bewegt sich Licht im rechten Winkel zur Oberfläche, d. h., ist der Einfallswinkel null, wird es nicht gebrochen, sondern es bewegt sich in der gleichen Richtung weiter. Wenn wir aus einem Fenster schauen, wurde das in unsere Augen fallende Licht gebro-chen, als es sich durch die Fensterscheibe bewegte. An der Außenoberfläche der Fensterscheibe wird es geringfügig gebrochen, und wenn es auf der gegenüberlie-genden Innenseite die Fensterscheibe verlässt, wird es im entgegengesetzten Sinn ebenfalls geringfügig gebrochen. Liegen die beiden Fensteroberflächen parallel zu-einander, so ist die Richtung des Lichtstrahls im Zimmer parallel zur Richtung des ursprünglichen Lichtstrahls, jedoch seitlich ein wenig verschoben (Abb. 6.3a). Wenn die beiden Oberflächen nicht parallel zueinander sind, wie zum Beispiel in dem in Abbildung 6.3b dargestellten Prisma, bewegen sich die Strahlen nach dem Verlassen des Prismas in eine andere Richtung. Es ist diese Richtungsänderung des austretenden Lichtstrahls, die es einem optischen Gerät wie zum Beispiel einer Linse erlaubt, Licht mit bestimmten Eigenschaften zu brechen, um so – basierend auf der Symmetrie und dem Winkel – das Bild eines Objekts zu erzeugen.

Doch was hat all dies mit dem Auge zu tun? Wenn wir einen Gegenstand an-schauen, fällt Licht von diesem Gegenstand in unser Auge (entweder emittiertes Licht, wie das Licht einer Glühbirne oder Kerze, oder reflektiertes Licht, wie das von der Seite eines Buches oder von einer Person reflektierte Licht). Ein Lichtstrahl muss sich durch mehrere verschiedene transparente Medien bewegen, bevor und nachdem er in das Auge gefallen ist, und an jeder Grenzfläche kommt es zu einer Brechung. Die stärkste Brechung erfolgt, wenn das Licht von der Luft in das Auge eintritt, weil dies der Punkt ist, an dem es zur größten Änderung des Brechungs-indexes kommt. Wenn das Licht auf die anderen Oberflächen im Inneren des Auges trifft, erfolgt nur eine kleine Brechung. Diese geringfügige zusätzliche Lichtbrechung ist jedoch erforderlich, besonders in der Linse, um ein Bild entstehen zu lassen.

Lichtbrechung durch Linsen

Da in das Auge einfallendes Licht zuerst auf die Hornhaut trifft, die eine ge-krümmte Oberfläche hat, und sich später durch die Linse bewegt, ist es hilfreich zu verstehen, wie eine Linse die Richtung eine Lichtstrahls ändert und wie sie ein

Bild erzeugen kann. An der Brechung des Lichtes durch die verschiedenen optischen Geräte, wie etwa Vergrößerungsgläser, Kameras, Teleskope, das Auge und Brillen, ist mindestens eine Linse beteiligt. In der folgenden Darstellung werden wir vor allem sphärische Linsen betrachten. Sie selbst sind zwar nicht kugelförmig, doch verfügen sie über Oberflächen, die Ausschnitte größerer Kugeln sind (Abb. 6.4). Die beiden Oberflächen einer Linse können konvex (nach außen gebogen), konkav (nach innen gebogen) oder plan (ohne gebogene Oberflächen) sein.

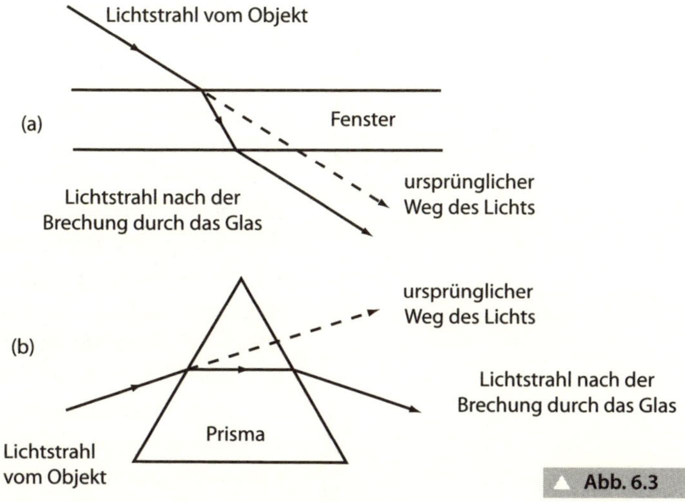

Sphärische Linsen können mehrere verschiedene Formen haben: (1) bikonvex, wenn beide Oberflächen konvex sind, (2) bikonkav, wenn beide Oberflächen konkav sind, (3) plan-konvex, wenn die eine Oberfläche flach und die andere konvex ist, (4) plan-konkav, wenn die eine Oberfläche flach und die andere konkav ist, (5) die Form eines konvexen Meniskus, wenn eine Oberfläche konvex und die andere konkav ist und die Mitte der Linse dicker ist als ihre Ränder, und (6) die Form eines konkaven Meniskus, wenn die Mitte der Linse dünner ist als ihre Ränder (Abb. 6.5).

Linsen können in zwei Gruppen unterteilt werden: in Sammel- oder Zerstreuungslinsen. Eine Sammellinse bündelt das Licht eines weit entfernten Objekts an einem Punkt in der Nähe der Linse, dem sogenannten Brennpunkt. Wenn Sie schon einmal ein Vergrößerungsglas verwendet haben, um das Licht der Sonne so zu bündeln, dass Sie damit ein Blatt oder ein Stück Papier anzünden können, dann haben Sie von diesem Prinzip Gebrauch gemacht. Diese gebündelten Lichtstrahlen erzeugen ein wirkliches Abbild der Sonne und enthalten genug Energie, um Schaden anzurichten! Eine Zerstreuungslinse zerstreut die von einem entfernten Objekt eintreffenden Strahlen bzw. lenkt sie aus ihrer ursprünglichen Richtung so ab, dass sie scheinbar von einem Punkt auf der Einfallseite des Lichts aus-

Abb. 6.3

Brechung des Lichts durch einen Glasblock. Ein von einem Objekt reflektierter Lichtstrahl wird durch einen Glasblock mit parallelen Oberflächen, wie zum Beispiel eine Fensterscheibe, gebrochen. Der aus dem Glasblock austretende Lichtstrahl bewegt sich parallel zu seiner ursprünglichen Bewegungsrichtung. Bewegt sich ein Lichtstrahl durch einen Glasblock, dessen Oberflächen nicht parallel sind, so setzt er seine Bewegung in einer Richtung fort, die von der ursprünglichen Richtung seiner Bewegung stark abweicht.

Abb. 6.4

Sphärische Linsen haben Oberflächen, die Ausschnitte von Kugeln mit den Radien R_1 und R_2 darstellen.

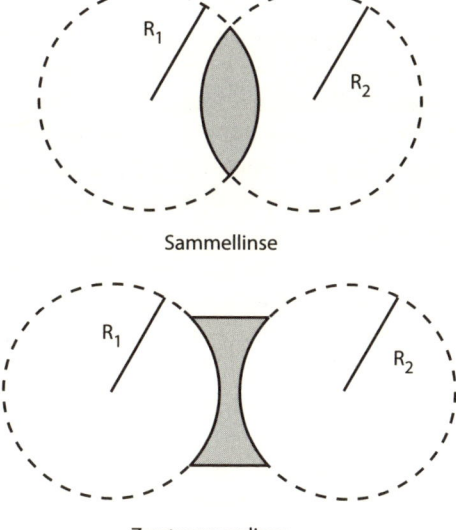

Sammellinse

Zerstreuungslinse

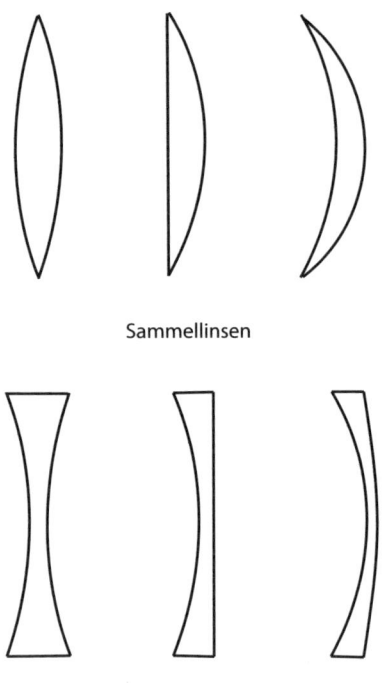

Sammellinsen

Zerstreuungslinsen

einanderlaufen. Das sich durch eine Zerstreuungslinse bewegende Sonnenlicht erzeugt auf einem Stück Papier einen heiligenscheinartigen Leuchteffekt.

Ich kann mich noch genau daran erinnern, dass ich in meiner Grundschulzeit einmal an einem sonnigen Tag auf dem Schulhof gespielt habe und wie das durch meine Brille (die aus Zerstreuungslinsen bestand) einfallende Licht auf dem Boden um den Schatten meines Kopfes einen Heiligenschein entstehen ließ. Ob eine Linse eine Sammel- oder eine Zerstreuungslinse ist, lässt sich nach folgender Regel entscheiden: Wenn sie in der Mitte dicker als an den Rändern ist, handelt es sich um eine Sammellinse, ist es umgekehrt, um eine Zerstreuungslinse. Nach dieser Regel ergibt sich, dass bikonvexe, plan-konvexe und meniskusförmige konvexe Linsen Sammellinsen und bikonkave, plan-konkave und meniskusförmige konkave Linsen Zerstreuungslinsen sind. Dies erklärt, warum ein Vergrößerungsglas eine (bikonvexe) Sammellinse ist und warum meine Brille, die aus Zerstreuungslinsen besteht, so dicke Ränder hat.

Doch was hat all dies mit dem Auge zu tun? Das Auge fungiert als Sammellinse. Es bündelt die Lichtstrahlen so, dass auf der Netzhaut auf der Rückseite des Augapfels ein Bild entsteht. Manche Menschen müssen, um klar und deutlich sehen zu können, Brillen tragen, die aus Sammellinsen bestehen, während andere aus Zerstreuungslinsen bestehende Brillen tragen müssen. Wir werden uns mit den Gründen hierfür weiter unten noch genauer befassen.

Reale und virtuelle Bilder

Damit wir deutlich sehen können, muss auf der Netzhaut unseres Auges ein Bild entstehen. Wenn wir nicht deutlich sehen können, müssen wir häufig eine Brille tragen, die ihr eigenes Bild entstehen lässt. Die Person schaut dann durch die Brille dieses Bild an, und das Auge formt ein Bild auf der Netzhaut. Das von der Brille erzeugte Bild wird als *virtuelles Bild* und das auf der Retina entstehende Bild als *reales Bild* bezeichnet. Sowohl reale als auch virtuelle Bilder haben bestimmte Eigenschaften, anhand derer man sie voneinander unterscheiden kann. Ein reales Bild entsteht, wenn Licht von einem Objekt durch die Linse in das Auge gelangt und so gebündelt wird, dass auf der gegenüberliegenden Seite der Linse ein Bild von diesem Objekt entsteht. Wenn ein Stück Papier hinter die Linse gehalten wird, kann man das Bild auf dem Papier sehen. Ein virtuelles Bild entsteht, wenn Licht von einem Objekt durch die Linse in das Auge fällt und so zerstreut wird, als käme es von einem Bild, das sich auf derselben Seite wie das Objekt befindet. Ein virtuelles Bild ist nur sichtbar, wenn man durch die Linse schaut.

Sammellinsen erzeugen reale Bilder. Wenn die Strahlen der Sonne durch ein Vergrößerungsglas fallen, sammeln sie sich in einem kleinen Punkt, der ein reales

Bild der Sonne darstellt. Eine Kamera verwendet Sammellinsen, um ein reales Bild auf dem Film entstehen zu lassen. Ein Diaprojektor, ein Overhead-Projektor oder ein Datenprojektor erzeugen ein reales Bild auf einem Bildschirm, das von allen Personen in einem Zimmer gesehen werden kann. Unsere Augen erstellen reale Bilder auf der Netzhaut. Das reale Bild, das von einer einzelnen Sammellinse erzeugt wird, steht auf dem Kopf beziehungsweise ist im Vergleich zur ursprünglichen Ausrichtung des Objekts um 180° gedreht (Abb. 6.6a). Auch das auf der Netzhaut des Auges entstehende Bild steht auf dem Kopf.

Eine Sammellinse kann jedoch auch virtuelle Bilder erzeugen. Wenn die Linse sehr nahe an das Objekt gehalten wird, entsteht ein virtuelles Bild. Wenn Sie eine sehr kleine Schrift durch ein Vergrößerungsglas betrachten, so handelt es sich bei den von Ihnen gesehenen, größeren Buchstaben um virtuelle Bilder. Sie können nur gesehen werden, wenn man durch die Linse schaut. Ein von einer Sammellinse geformtes virtuelles Bild steht aufrecht und hat dieselbe Ausrichtung wie sein Objekt und ist größer als dieses (Abb. 6.6b).

Eine Zerstreuungslinse erstellt nur virtuelle Bilder. Diese Bilder sind kleiner als ihre Objekte und stehen im Vergleich zur Ausrichtung des Objekts aufrecht. Wenn Sie durch eine Zerstreuungslinse schauen, erscheinen alle von Ihnen gesehene Objekte kleiner als sie in Wirklichkeit sind (Abbildung 6.6c).

Einige optische Geräte verwenden mehr als eine Linse. Eine Kombination von Linsen kann dazu verwendet werden, um Bilder mit besonderen Eigenschaften entstehen zu lassen. So verwenden zum Beispiel Mikroskope mindestens zwei Linsen, um große Bilder zu erzeugen, damit sehr kleine Objekte gesehen werden können. Teleskope verwenden Linsenkombinationen, um ein virtuelles Bild eines sehr weit entfernten Objekts zu erzeugen. Das große Objektiv einer guten Kamera besteht tatsächlich aus mehreren Linsen, die gemeinsam in einem Gehäuse untergebracht sind, um ein reales Bild auf dem Film oder der Lichtdetektormatrix entstehen zu lassen.

Diese Begriffe sind wichtig für das Verständnis der Bildentstehung im Auge. Um es einfach auszudrücken: Das Auge fungiert als Sammellinse, die ein reales, invertiertes Bild auf der Netzhaut entstehen lässt. Wenn dieses Bild unscharf ist, können Brillen oder Kontaktlinsen verwendet werden, um ein virtuelles Bild zu erzeugen, das sich vor den Augen befindet. Das Auge kann nun dieses Bild sehen und dann ein scharfes, reales Bild auf der Retina entstehen lassen.

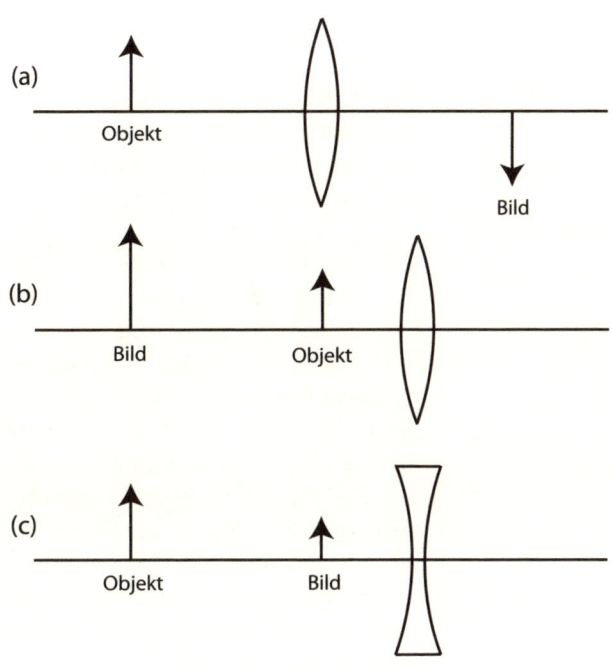

▲ **Abb. 6.6**

Reale und virtuelle Bilder. (a) Das reale, invertierte Bild, das von einer Sammellinse erzeugt wird, liegt auf der dem Objekt gegenüberliegenden Seite. (b) Das von einer Sammellinse erzeugte virtuelle, aufrecht stehende Bild befindet sich auf derselben Seite der Linse wie das Objekt und ist ein vergrößertes Bild. (c) Das von einer Zerstreuungslinse erzeugte virtuelle, aufrecht stehende Bild ist kleiner als das Objekt.

Die Brennweite einer Linse

Die Fähigkeit des Auges, ein deutliches Bild auf der Netzhaut entstehen zu lassen, hängt auch von den strahlungsbündelnden Eigenschaften des Augapfels ab. Zwei Parameter, die zur Beschreibung dieser Eigenschaften verwendet werden, sind die Brennweite und die Stärke einer Linse.

Die Brennweite einer Linse hängt davon ab, wie stark ihre Oberfläche gekrümmt ist. Schauen wir uns diese Eigenschaften an, um verstehen zu können, was sie mit dem Sehvorgang zu tun haben. Wenn das Licht eines sehr weit entfernten Objekts auf eine Linse trifft, sind die von der Lichtquelle eintreffenden Strahlen fast parallel zueinander. Wenn sie eine Sammellinse verlassen, konvergieren sie in einem Punkt, der als *Brennpunkt* bezeichnet wird. Der Abstand vom Mittelpunkt der Linse zum Brennpunkt wird als *Brennweite* bezeichnet. Das Beispiel des durch ein Vergrößerungsglas fallenden Sonnenlichts lässt sich auch hier anführen. Das Bild der Sonne ist im Vergleich zur tatsächlichen Größe der Sonne äußerst klein, und der Abstand zur Sonne ist riesengroß (etwa $152,1 \times 10^6$ km), während der Abstand zum Bild zwar sehr klein, aber von null verschieden ist. Linsen einer bestimmten Brennweite, die von der Krümmung der Vorder- und Rückseite der Linse abhängt, können speziell angefertigt werden. Die mathematische Beziehung zwischen diesen Parametern wird durch die Linsengleichung angegeben. Sie lautet:

$$1/f = (n-1)(1/R_1 - 1/R_2) \tag{4}$$

Hierbei stehen f für die Brennweite, n für den Brechungsindex des zur Herstellung der Linse verwendeten Materials und R_1 und R_2 für die Krümmungsradien der vorderen und hinteren Oberfläche der Linse. Um eine Linse mit einer bestimmten Brennweite anzufertigen, wählt der Hersteller ein bestimmtes transparentes Material aus und schleift und poliert die beiden Oberflächen dann so, dass sie eine Krümmung mit einem bestimmten Radius haben. Betrachten wir eine bikonvexe Linse, bei der die Krümmungsradien der Vorder- und Hinterseite dieselbe Länge haben. Es gibt einige spezielle Regeln, die für positive und negative Vorzeichen gelten. Wenn gilt: $R_1 = -R_2 = R$, kann Gleichung (4) umgestellt werden zu

$$f = R/2(n-1) \tag{5}$$

Was wir dieser Gleichung hauptsächlich entnehmen können, ist die direkte Proportionalität der Brennweite einer bikonvexen Linse zum Radius der Oberflächenkrümmung ihrer Vorder- und Rückseite. Dieser mathematische Zusammenhang zeigt, dass je flacher die Linse ist, d. h. je größer der Radius ihrer Krümmung ist, desto größer ist die Brennweite. Umgekehrt gilt, dass die Brennweite um so kürzer ist, je stärker gekrümmt, und d. h. je dicker die Linse ist. Eine weitere Größe, die mit der Brennweite einer Linse in Beziehung steht, ist die Brechkraft P einer Linse. Mathematisch ist sie definiert als:

$$P = 1/f \tag{6}$$

Man kann sich die Brechkraft als „Stärke" einer Linse vorstellen. Für einen Brillen- oder Kontaktlinsenträger handelt es sich hierbei um die „Verschreibung", die der Optiker oder sein technischer Mitarbeiter angibt. Die Stärke von Kontaktlinsen wird als Zahl auf ihrer Verpackung angegeben, wie zum Beispiel −4,5 D für jemanden, der stark kurzsichtig ist. Wir werden diese Angaben im Folgenden noch detaillierter erörtern.

Da Stärke und Brennweite einer Linse in umgekehrt proportionalem Verhältnis zueinander stehen, hat eine Linse mit einer kurzen Brennweite eine starke Brechkraft und eine Linse mit einer langen Brennweite eine geringe Brechkraft. Verwechseln Sie die Kraft einer Linse nicht mit dem Vergrößerungsfaktor, der mit der Größe des Bildes im Vergleich zu seinem Objekt zu tun hat. Es geht uns im Moment darum, dass eine stärker gekrümmte (dickere) Linse, d. h. eine Linse mit einem kleineren Krümmungsradius R, eine kürzere Brennweite und eine größere Brechkraft hat. Umgekehrt hat eine (flache) Linse mit einer geringeren Krümmung, deren Krümmungsradius R größer ist, eine größere Brennweite und eine geringere Brechkraft.

Wie lässt sich dies nun auf das Auge übertragen? Die Linse des Auges gleicht einer bikonvexen Linse. Muskeln im Auge können die Form der Linse verändern. Sie können sie flacher oder dicker machen, sodass sich die Brennweite des Auges ändert. Dies ist sehr wichtig für das Sehen von Gegenständen, die sich in der Nähe des Auges befinden (bei dickerer Linse) sowie für das Sehen von Gegenständen, die sich in größerer Ferne vom Auge befinden (bei flacherer Linse).

Ein weiterer wichtiger Aspekt des Auges ist die Krümmung der Hornhaut (Cornea) auf seiner Vorderseite. Die stärkste Brechung des Lichts erfolgt an der Cornea (die eine konvexe Form hat): Wenn die Cornea zu stark gekrümmt ist, ist ihre Brechkraft zu stark und das Bild entsteht vor der Netzhaut. Ist die Cornea hingegen zu flach, verfügt sie nur über eine geringe Brechkraft und das Bild entsteht hinter der Netzhaut. In beiden Fällen ist das auf die Netzhaut treffende Licht schlecht fokussiert und es entsteht ein verschwommenes Bild.

Die Gleichung dünner Linsen

Die Fähigkeit des Auges, ein scharfes Bild auf der Netzhaut entstehen zu lassen, hängt nicht nur von der Brennweite des Auges, sondern auch davon ab, in welcher Entfernung vom Auge sich das Objekt befindet, sowie vom Abstand der Bildposition. Diese beiden Größen stehen miteinander in Beziehung. Angenommen, ein Objekt befindet sich in einem bestimmten Abstand von einer sphärischen Linse. Wie können wir ermitteln, wo die Linse das Bild entstehen lässt? Eine Methode, die Antwort auf diese Frage zu finden, ist die Verwendung der *Gleichung dünner Linsen*. Diese Gleichung setzt die Brennweite der Linse, f, den Abstand des Objekts von der Linse, d_o, (als Gegenstandsweite bezeichnet) und den Abstand des Bildes von der Linse, d_i, (als Bildweite bezeichnet) in folgende Beziehung zueinander:

$$1/f = 1/d_o + 1/d_i \qquad\qquad (7)$$

Da die meisten Linsen eine feste (vom Hersteller festgelegte) Brennweite haben, muss sich für Objekte in einer bestimmten Entfernung der Abstand des Bildes ebenfalls ändern. Dies ist der Hauptgrund dafür, dass wir die „Schärfe" eines Teleskops, Fernglases oder Mikroskops anpassen müssen: Wir ändern nicht die Brennweite der verwendeten Linsen, sondern den Abstand der Linse vom Bild.

Beim Sehvorgang ist es der Bildabstand, der vorgegeben ist, da der Abstand zwischen Netzhaut und Linse konstant ist (zumindest für den kurzen Zeitraum, der erforderlich ist, um ein nahe gelegenes Objekt und anschließend ein weit entferntes Objekt zu sehen). Daher muss sich, um ein Objekt scharf sehen zu können, die Brennweite der Linse des Auges je nach dem Abstand des Objekts ändern. Die Brennweite der Linse kann sich nur ändern, wenn sie eine andere Form annimmt. Um Objekte sehen zu können, die sich in geringem Abstand vom Auge befinden, muss die Linse dicker und ihre Brennweite damit kürzer werden. Um weiter entfernte Objekte sehen zu können, muss die Linse flacher sein, sodass sich ihre Brennweite vergrößert. Beachten Sie, dass (bei normalem Sehen) die maximale Brennweite dem Abstand zwischen Linse und Retina entspricht. Um verstehen zu können, wie sich die Form der Linse ändern kann, müssen wir mehr über den Aufbau des Auges erfahren.

Anatomie und Physiologie des Auges

Das Auge, oder der Augapfel, hat beim erwachsenen Menschen eine ähnliche Form wie eine Hohlkugel von etwa 22 bis 23 mm Durchmesser. Die Wand des Auges besteht aus drei Schichten: einer aus kollagenen Fasern bestehenden Schicht, einer Gefäßschicht und einer sensorischen Schicht. Das Auge ist mit zwei unterschiedlichen Flüssigkeiten gefüllt: dem gelartigen *Glaskörper* und dem *Kammerwasser*. Beides sind klare, lichtdurchlässige Flüssigkeiten. Im Inneren des Auges befinden sich die elastische Linse und der Ziliarkörper, der die Form der Linse ändern kann. Die Linse und die ihrer Fokussierung dienenden Komponenten teilen das Auge in zwei Teile: in die kleinere vordere und die größere hintere Augenkammer.

Die faserige Schicht, die die äußerste Schicht des Augapfel darstellt, besteht aus der Lederhaut (*Sklera*) und der Hornhaut (*Cornea*). Die Lederhaut ist der weiße Teil des Augapfels. Sie bedeckt seinen größten (den hinteren) Teil. Die Hornhaut ist durchsichtig und farblos. Sie wölbt sich vom Augapfel nach vorn und bedeckt den vorderen Teil des Auges.

Die Gefäßschicht (die auch als *Uvea* oder mittlere Augenhaut bezeichnet wird) besteht aus der Aderhaut, dem Ziliarkörper und der Regenbogenhaut oder *Iris*. Die Aderhaut, die die meisten Blutgefäße des Auges enthält, hat eine braune Farbe. Ihre dunkle Farbe ist notwendig, damit sie den größten Teil des Lichts „verschlucken" kann, da es ansonsten innerhalb des Augapfel reflektiert würde. Sie kleidet den hinteren Teil des Auges aus. Im vorderen Teil des Auges befindet sich der Ziliarkörper, bei dem es sich um eine Fortsetzung der Aderhaut handelt. Er enthält die Muskeln und Ligamente, welche die Änderung der Linsenform ermöglichen. Wir werden diesen Teil des Auges noch genauer betrachten, wenn wir uns der Linse zuwenden.

Die *Iris* liegt zwischen der Linse und der Hornhaut. Sie gibt dem Auge seine Farbe. Ihre runde Öffnung wird als *Pupille* bezeichnet. Durch sie gelangt das Licht in die Linse. Die Pupille ist, wie das Loch in einem Doughnut[vi], eine Öffnung in der Regenbogenhaut, allerdings mit Flüssigkeit gefüllt. Die Regenbogenhaut reguliert, wie viel Licht in das Auge gelangt. Je kleiner die Pupille ist, desto weniger Licht kann in das Auge fallen, und umgekehrt. Je nach der in das Auge gelangenden Lichtmenge vergrößert oder verkleinert sich die Pupille automatisch. Sie spielt bei der Bildentstehung eine wichtige Rolle, weil die entstehenden Bilder umso stärker verzerrt sind, je weiter die Pupille geöffnet ist. Diese Verzerrung, die auch als *sphärische Abweichung* bezeichnet wird, tritt auf, weil die kugelförmige Oberfläche einer Linse nicht das schärfste Bild erzeugt. Lichtstrahlen, die an ihren äußeren Rändern durch eine Linse fallen, werden stärker gebeugt als Lichtstrahlen, die sich näher am Mittelpunkt der Linse durch sie bewegen. Dies ist der Grund dafür, warum nicht alle in das Auge fallende Strahlen ein scharfes Bild liefern. Um mehr Licht in das Auge zu lassen, ist die Pupille in dämmerigem Licht vergrößert. Doch aufgrund der daraus resultierenden Verzerrung erscheinen die wahrgenommenen Objekte verschwommen und unscharf. Bei hellem Licht ist die Pupille klein, sodass es zu einer geringeren Verzerrung kommt und die Objekte schärfer erscheinen.

Die innerste Schicht des Auges ist die sensorische Schicht, die aus der Netzhaut oder *Retina* besteht. Die Retina kleidet den größten Teil der hinteren Augenkammer aus und reicht bis fast an den Ziliarkörper. Sie entspricht dem Schirm, auf dem das gesehene Bild entsteht. Der äußere Teil der Retina hilft, wie die Aderhaut, das Licht zu absorbieren. Der innere Teil der Retina (die sogenannte neurale Schicht) besteht aus lichtabsorbierenden Zellen und Fotorezeptoren, die Lichtenergie in elektrische Signale umwandeln. Es gibt zwei Arten von Fotorezeptoren: Stäbchen und Zapfen. Ihre Namen beschreiben in etwa ihre Form. Die Stäbchen sind sehr lichtempfindlich. Sie dienen dem Sehen bei Dämmerlicht und dem peripheren Sehen. Bei der Farberkennung spielen sie keine Rolle. Die Zapfen sind weniger lichtempfindlich. Sie sind daher bei hellem Licht am leistungsfähigsten. Sie ermöglichen das Sehen von Einzelheiten und die Farberkennung. Auf diese Fotorezeptoren treffendes Licht erzeugt einen elektrischen Strom, der in ein Signal umgewandelt wird, das über den Sehnerv zum Gehirn gelangt.

Es gibt drei Arten von Zapfen, die jeweils für unterschiedliche Farben des sichtbaren Spektrums empfindlich sind. Erinnern wir uns daran, dass das sichtbare Spektrum einen Wellenlängenbereich von 400 bis 700 nm umfasst. Eine Wellenlänge von 700 nm entspricht dem roten, eine Wellenlänge von 400 nm dem violetten Ende des Spektrums. Die „blauen" Zapfen sind am empfindlichsten im blauen Bereich von 440 bis 450 nm und die „grünen" Zapfen im grünen Bereich von 530 bis 540 nm. Die „roten" Zapfen sind im gelb-grünen Bereich von 560 bis 570 nm am empfindlichsten, jedoch für rotes Licht empfindlicher als die anderen Zapfen. Das Licht von Objekten unterschiedlicher Farbe trifft auf die Retina und erregt dort unterschiedlich viele und unterschiedliche Arten von Zapfen. Die Mischung dieser Erregungen in den Fotorezeptoren produziert ein Signal, das vom Gehirn als Farbe gedeutet wird.

vi krapfenähnliche Teigware

In der Retina befinden sich außerdem zwei Bereiche, die als *Fovea* und *Papille* bezeichnet werden. Die Fovea (oder Sehgrube) befindet sich im hintersten Teil des Auges, direkt hinter der Linse. Hierbei handelt es sich um einen sehr kleinen Punkt von weniger als einem halben Millimeter Größe, der in einem größeren ovalen, als Macula bezeichneten Bereich liegt. Dies ist der Punkt des schärfsten Sehens, der es uns erlaubt zu lesen, Farben zu unterscheiden und kleine Einzelheiten zu erkennen. Die Fovea hat eine hohe Konzentration von Zapfen. Die Papille befindet sich an der Stelle, wo der Sehnerv mit der Retina verbunden ist. Die Papille wird auch als blinder Fleck bezeichnet, weil sich an dieser Stelle keine Fotorezeptoren befinden. Für den Sehvorgang stellt dies kein Problem dar, weil das Gehirn das gesehene Bild in diesem Bereich ergänzt, ohne dass es elektrische Signale von dort empfängt.

Der Glaskörper und das Kammerwasser sind Flüssigkeiten, die die vordere und hintere Augenkammer füllen. Der vordere Teil des Auges zwischen Linse und Hornhaut enthält das Kammerwasser. Das Kammerwasser, wie sein Name andeutet, besteht hauptsächlich aus Wasser. Es ist eine klare Flüssigkeit, die dem Blutplasma ähnelt. Sie stellt Nährstoffe für die Gewebe im vorderen Teil des Auges bereit, entfernt Abfallprodukte aus diesem Bereich und trägt dazu bei, einen normalen Augendruck (intraokularen Druck) aufrechtzuerhalten. Kann das Kammerwasser nicht normal abfließen, entsteht ein zu hoher Druck im Auge, durch den die Retina und der Sehnerv beschädigt werden können. Dieser Zustand wird als Glaukom bezeichnet und kann zu Blindheit führen.

Der Glaskörper befindet sich im hinteren Teil des Auges. Er füllt den Raum zwischen Linse und Retina. Der Glaskörper ist eine gelartige Flüssigkeit mit einem hohen Wasseranteil. Im Gegensatz zum Kammerwasser fließt sie nicht ab, sondern bleibt in der hinteren Augenkammer. Der Glaskörper ist transparent, sodass das Licht sich in ihm fortbewegen kann. Indem er zum Augeninnendruck beiträgt, hat er außerdem die Funktion, die Retina in ihrer Position zu halten.

Die Linse

Die Linse des Auges befindet sich direkt hinter der Regenbogenhaut (und der Pupille) zwischen der vorderen und hinteren Augenkammer. Sie ist transparent, sodass das Licht sie passieren kann. Sie ist elastisch, wodurch es möglich wird, Objekte zu sehen, die sich unmittelbar vor unseren Augen oder in größerer Entfernung befinden. (Diese Eigenschaft ermöglicht die sogenannte *Akkomodation* der Linse, d. h. ihre Anpassung an unterschiedliche Objektweiten.) Sie ist bikonvex (eine Sammellinse) und kann daher ein reales Bild auf der Netzhaut erzeugen. Die Linse besteht hauptsächlich aus Linsenfasern, die von der Vorderseite der Linse zu ihrer Rückseite verlaufen. Sie sind in Schichten angeordnet, die den Schichten einer Zwiebel gleichen.

Die Form der Linse wird durch den Ziliarkörper bestimmt, der Ziliarmuskeln und Ligamente enthält (die *Fibrae zonulares*, die Zonulafasern, an denen die Linse aufgehängt ist). Der Ziliarmuskel ist ein Muskelring, der den Außenrand der Linse umschließt. Er ist mit der Linse durch Elemente verbunden, die eine heiligenscheinähnliche Struktur um die Linse bilden. Wenn der Ziliarmuskel entspannt ist, hat er seinen größten Durchmesser, sodass die Zonulafasern gespannt sind und die Linse nach außen ziehen, wodurch sie sich abflacht. Dieser Zustand liegt vor, wenn wir Objekte in großer Entfernung betrachten. Wenn der Ziliarmuskel angespannt ist, zieht er sich zusammen und hat seinen kleinsten Durchmesser. Hierdurch verlieren die Zonulafasern ihre Spannung. Sie üben weniger Kraft auf die Linse aus, und sie kann ihre kugelförmigere Ruheform annehmen. Diese Form ist erforderlich, um ein scharfes Bild von Objekten erzeugen zu können, die sich in geringem Abstand vor den Augen befinden.

Mit zunehmendem Alter werden der Linse neue Fasern hinzugefügt, sodass sie etwas größer, kompakter und dichter wird. Die Linse verliert dadurch einen Teil ihrer Elastizität, und es fällt alten Menschen schwerer, nahe Objekte scharf zu sehen. Außerdem kann die Linse trüber werden. Diese Eintrübung der Linse wird als Katarakt bezeichnet.

Der Weg des Lichts in das Auge

Da wir nun eine Vorstellung von der Struktur und Funktion des Auges haben, wollen wir uns genauer ansehen, was geschehen muss, damit ein scharfes Bild auf der Netzhaut entstehen kann. Das Licht eines Objekts muss in das Auge fallen und sich durch fünf verschiedene transparente Medien bewegen, bevor es auf die Netzhaut trifft. Zuerst verlässt es das Objekt und bewegt sich durch die Luft; dann tritt es durch die Hornhaut in das Auge ein und bewegt sich durch das Kammerwasser weiter; danach bewegt es sich durch die Linse und trifft schließlich, nachdem es den Glaskörper passiert hat, auf die Retina (Abbildung 6.7).

Diese verschiedenen Materialien haben folgende Brechungsindizes (*n*): Die Luft hat einen Brechungsindex von 1,00; die Hornhaut von 1,38; das Kammerwasser von 1,33; die Linse von 1,40 und der Glaskörper von 1,34. Bezüglich der Brechungsindizes der verschiedenen Materialien müssen einige Dinge beachtet werden. Erstens kommt es zur größten Änderung des Brechungsindexes beim Übergang des Licht aus der Luft in die Hornhaut. Dies bedeutet, dass die stärkste Brechung an dieser Oberfläche erfolgt. Die Brechungsindizes der anderen Medien weichen nur geringfügig voneinander ab, sodass es an den anderen Oberflächen nur noch zu einer geringfügigen (jedoch sehr wichtigen) Brechung kommt. Der Brechungsindex des Kammerwassers (1,33) ist mit dem des Wassers identisch, wo-

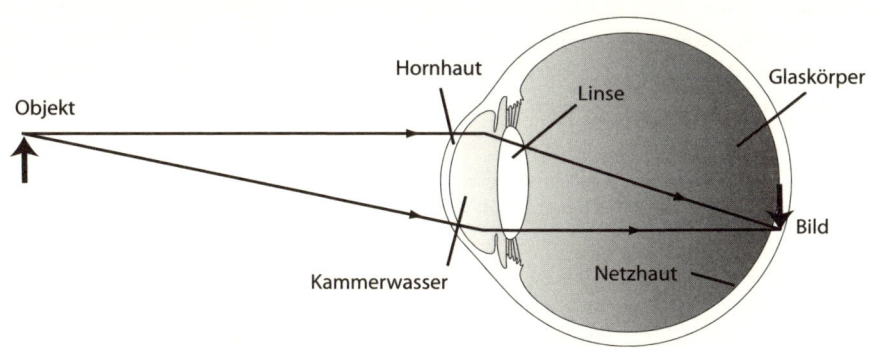

Objekt

Hornhaut

Linse

Glaskörper

Kammerwasser

Netzhaut

Bild

◀ **Abb. 6.7**

Querschnitt durch das menschliche Auge. Der Brechungsindex der Hornhaut beträgt etwa 1,38, der des Kammerwassers 1,33, der der Linse 1,40 und der des Glaskörpers 1,34.

raus deutlich wird, wie hoch der Wassergehalt in diesem Abschnitt des Auges ist. Der Brechungsindex des Glaskörpers beträgt 1,34. Der Brechungsindex der Linse (1,40) zeigt, dass der Unterschied zu den Brechungsindizes der angrenzenden Materialien (des Kammerwassers und Glaskörpers) groß genug ist, um eine Brechung zu verursachen, die stark genug ist, die Lichtstrahlen auf der Retina zu fokussieren.

Vergleich zwischen Auge und Kamera

Der Vergleich des Auges mit einer Kamera mit einer einzelnen Linse ist sehr instruktiv. Wenn diese optischen Geräte korrekt funktionieren, wird das Licht auf einem Schirm gebündelt, wo ein scharfes Bild entsteht. Bei einer Kamera ist dieser Schirm der Film oder die Detektormatrix, während es im Auge die Netzhaut ist. Schauen wir uns noch einmal die Gleichung für dünne Linsen an, welche die Brennweite einer Linse f zur Objektweite d_o und zur Bildweite d_i in Beziehung setzt:

$$1/f = 1/d_o + 1/d_i$$

Sowohl die Kamera als auch das Auge nehmen Licht von Objekten in unterschiedlicher Entfernung auf, sodass die Objektweite d_o variiert. Einer der beiden anderen Parameter, die Brennweite f oder die Bildweite d_i, müssen sich ändern, um der Gleichung genügen zu können.

Die Linse einer Kamera hat eine vorgegebene Brennweite, sodass in der Gleichung für dünne Linsen f eine Konstante ist. Damit ein scharfes Bild entstehen kann, muss die Linse auf das Objekt beziehungsweise den Film zu oder davon weg bewegt werden, sodass die Objekt- und die Bildweite sich ändern. Die endgültige Position der Linse relativ zum Film hängt davon ab, in welcher Entfernung von der Kamera sich das Objekt befindet. Es ist zu beachten, dass der Abstand zwischen der Linse und dem Film (die Bildweite d_i) fast mit der Brennweite der Linse identisch ist, wenn sich das Objekt in sehr großer Entfernung von der Linse befindet.

Beim menschlichen Auge ist der Abstand zwischen der Linse und der Netzhaut jedoch unveränderlich; weshalb in der Gleichung für dünne Linsen d_i in diesem Fall konstant ist. Um deutlich sehen zu können, ändert sich die Form der Linse so, dass ein scharfes Bild direkt auf der Netzhaut entsteht. Wenn sich daher die Objektweite ändert, muss sich die Brennweite der Linse ebenfalls ändern, um eine konstante Bildweite zu gewährleisten. Für ein Objekt in großer Entfernung, d.h. für einen sehr großen Wert von d_o, folgt aus der Gleichung für dünne Linsen, dass die Brennweite fast mit der Bildweite identisch ist, bei der es sich um die größte Brennweite handelt, die vorliegt, wenn die Linse flacher ist.

Nah- und Fernpunkt

Um deutlich gesehen werden zu können, muss sich ein Objekt in einer Position befinden, die es dem menschlichen Auge ermöglicht, ein scharfes Bild auf der Retina entstehen zu lassen. Befindet sich das Objekt nahe vor dem Auge, muss die

Linse eine kugelähnlichere Form annehmen, damit ein deutliches Bild des Objekts entstehen kann. Liegt das Objekt in größerer Entfernung vor dem Auge, muss die Linse flacher werden, damit ein scharfes Bild entstehen kann. Diese Formänderungen der Linse bezeichnet man als Akkommodation.

Haben Sie schon jemals ein Buch so nah vor die Augen gehalten, dass sie es nicht lesen konnten? Hatten Sie schon einmal Schwierigkeiten, ein weit entferntes Objekt deutlich zu sehen? Es gibt einen bestimmten Abstandsbereich, in dem sich Objekte befinden müssen, um von uns deutlich gesehen werden zu können. Ein Objekt muss sich irgendwo zwischen zwei bestimmten Punkten oder Abständen befinden, damit das Auge ein scharfes Bild von ihm entstehen lassen kann. Diese beiden Punkte oder Abstände werden als *Fernpunkt*, der dem maximalen, und als *Nahpunkt*, der dem Mindestabstand vom Auge entspricht, bezeichnet. Objekte, die sich in größerem Abstand vom Auge als der Fernpunkt befinden, werden vom Betrachter verschwommen gesehen, ebenso wie Objekte, die sich in geringerem Abstand vom Auge als der Nahpunkt befinden.

Um das Bild eines Objekts entstehen zu lassen, das sich am Fernpunkt befindet, muss die Oberfläche der Linse minimal gekrümmt sein beziehungsweise ihre abgeflachteste Form annehmen. Soll hingegen das Bild eines Objekts entstehen können, das sich am Nahpunkt befindet, muss die Linse ihre maximal gekrümmte Form bzw. kugelförmigste Gestalt annehmen. Befindet sich ein Objekt außerhalb dieses Bereichs, wird die betreffende Person es nicht deutlich sehen können, da die Akkommodation der Linse dafür nicht stark genug ist. Für eine Person mit normalem Sehvermögen liegt der Fernpunkt sehr weit vor dem Auge (im Unendlichen). Eine solche Person sollte weit entfernte Gebirgsketten oder den Mond und die Sterne bei Nacht deutlich sehen können. Der Nahpunkt liegt, je nach dem Alter der betreffenden Person, im Bereich zwischen 10 und 100 cm.

Sehschwierigkeiten

Es ist zwar sehr wichtig, dass wir die uns umgebende Welt deutlich sehen können, doch haben viele Menschen Schwierigkeiten, entfernte Gegenstände klar zu erkennen; während andere es schwierig finden, Gegenstände in ihrer Nähe deutlich zu sehen, zum Beispiel beim Lesen eines Buches. Wieder anderen Menschen erscheint ein Objekt verzerrt, wenn sie es aus unterschiedlichen Richtungen betrachten.

Sehschwierigkeiten sind seit sehr langer Zeit bekannt. In sehr frühen Dokumenten werden Menschen beschrieben, die Probleme mit dem Sehen hatten, insbesondere ältere Menschen. In antiken griechischen und römischen, aber auch biblischen Manuskripten werden ältere Menschen mit „trüben Augen" beschrieben, die mit großen Buchstaben schreiben mussten.

Im ersten Jahrhundert wird von der Verwendung einer mit Wasser gefüllten Glaskugel als Vergrößerungsglas berichtet. Hinweise auf Vergrößerungsgläser („Lesesteine") tauchen etwa um die Jahrtausendwende auf. Im 13. Jahrhundert erwähnt der Wissenschaftler und Philosoph Roger Bacon, dass Linsen „allen Personen und solchen mit schwachen Augen" beim Lesen nützliche Dienste leisten. Brillen für das Sehen weiter entfernter Objekte kamen im 15. Jahrhundert auf.

Benjamin Franklin erfand 1784 eine bifokale Brille, um nicht ständig zwischen seiner Lesebrille und der für das Sehen entfernter Objekte benötigten Brille hin und her wechseln zu müssen. Kontaktlinsen wurden im Jahr 1508 erstmals von Leonardo da Vinci beschrieben, obwohl sie erst im 19. Jahrhundert auftauchten. Sie waren viele Jahre sehr unangenehm und höchst unbeliebt. Sie wurden jedoch deutlich verbessert, als man ab 1929 damit begann, Abgüsse vom lebenden Auge anzufertigen. Kontaktlinsen aus Plastik wurden 1948 angefertigt, und weiche Kontaktlinsen waren ab 1971 kommerziell verfügbar[1, 2, 3, 4]. Im Folgenden wollen wir auf eine Reihe von Sehschwierigkeiten sowie die zu ihrer Korrektur verwendeten Methoden etwas genauer eingehen.

Kurzsichtigkeit oder Myopie

Eine Person, die keine entfernten Objekte sehen kann, leidet unter einer als *Kurzsichtigkeit* oder *Myopie* bezeichneten Sehschwäche. Die Lichtbrechung im kurzsichtigen Auge hat zur Folge, dass ein Bild vor der Retina entsteht. Wenn die Lichtstrahlen die Retina erreichen, entsteht darauf ein unscharfes Bild. Dieser Zustand tritt normalerweise auf, wenn das Auge zu lang ist. Eine weitere Ursache für Kurzsichtigkeit ist eine zu stark gekrümmte Hornhaut.

Der Fernpunkt eines normalen Auges liegt im Unendlichen, nicht jedoch der eines kurzsichtigen Auges. Der Fernpunkt eines nur wenig kurzsichtigen Auges kann beispielsweise einige Meter vor dem Auge liegen, was normalerweise kaum eine Korrektur erfordert. Hingegen kann sich der Fernpunkt der Augen einer *sehr* kurzsichtigen Person nur weniger als 20 cm vor deren Augen befinden. Eine solche Person würde Schwierigkeiten haben, ein Buch im Abstand von 0,30 cm vor den Augen zu lesen. Mit Sicherheit würde sie Schwierigkeiten beim Steuern eines PKWs haben. Ich kann mich noch daran erinnern, dass ich im dritten Schuljahr das Tafelbild nicht deutlich sehen konnte, sodass ich in der ersten Reihe sitzen musste. Nachdem ich eine Brille bekommen hatte, war ich erstaunt über all die Dinge, die ich jetzt sehen konnte, insbesondere über Einzelheiten wie die zwischen Strommasten hängenden Überlandkabel oder die Mörtelfugen zwischen den Steinen von Backsteinhäusern!

Zur Korrektur einer Kurzsichtigkeit mit Kontaktlinsen oder einer Brille wird eine Zerstreuungslinse vor das Auge gesetzt. Diese Linse lenkt die eintreffenden Lichtstrahlen so von ihrer ursprünglichen Richtung ab, als kämen sie von einem virtuellen Bild vor der Linse. Wird die Brennweite der Zerstreuungslinse korrekt gewählt, so entsteht das virtuelle Bild in der Nähe des Fernpunktes des Auges. Dieses virtuelle Bild der zerstreuenden Kontaktlinse oder Brille wird zum Objekt der nächsten Linse, bei der es sich um das Auge handelt. Das Auge kann jetzt das Licht des virtuellen Bildes, das sich am Fernpunkt befindet, dazu verwenden, ein scharfes Bild auf der Retina entstehen zu lassen (Abbildung 6.8).

Angenommen, eine Person ist kurzsichtig und ihr Fernpunkt liegt 30 cm vor dem Auge. Wir wollen die Brennweite einer Linse berechnen, mit der diese Person ferne Objekte deutlich sehen kann. Die für Kontaktlinsen oder Brillen errechneten Werte weichen ein wenig voneinander ab.

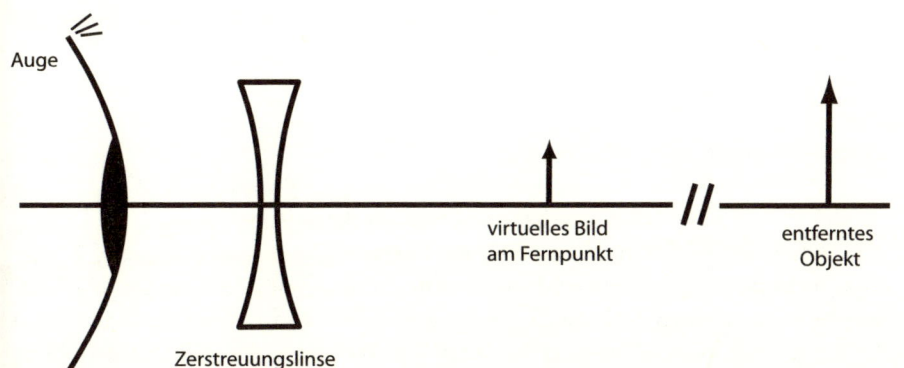

Auge

Zerstreuungslinse

virtuelles Bild
am Fernpunkt

entferntes
Objekt

◀ **Abb. 6.8**

Korrektur der
Kurzsichtigkeit
des Auges durch
eine Zerstreuungs-
linse. Das Objekt
befindet sich in
großer Entfernung,
doch in der Nähe
des Fernpunktes
wird ein virtuelles
Bild erzeugt. Das
Auge kann nun
dieses virtuelle Bild
betrachten und ein
reales Bild auf der
Retina entstehen
lassen.

Betrachten wir zuerst Kontaktlinsen. Um die Brechkraft der für eine vollständige Korrektur benötigten Linsen zu ermitteln, beginnen wir mit der Gleichung für dünne Linsen:

$$1/f = 1/d_o + 1/d_i$$

Für ein sehr weit entferntes Objekt setzen wir $d_o = \infty$. Das virtuelle Bild muss am Fernpunkt erstellt werden. Also setzen wir $d_i = -30$ cm. (Der Wert ist negativ, weil es sich um ein virtuelles Bild handelt.) Setzen wir diese Werte in die Gleichung für dünne Linsen ein, stellen wir fest, dass die Brennweite für die Kontaktlinse den Wert $f = -30$ cm hat, der der Brechkraft der Linse entspricht, die durch folgende Gleichung angegeben wird:

$$P = 1/f = 1/-30\text{cm} = -1/3 \text{ m} = -3,33 \text{ D}$$

Hierbei ist D die Einheit der Dioptrie, die identisch ist mit m^{-1}.

Wenn für eine Person eine Brille angefertigt werden soll, die etwa 2 cm vor den Augen sitzt, muss sich das Bild etwa 28 cm von der Linse entfernt (30 cm vor dem Auge) befinden. Diese Angaben ergeben eine Brennweite von -28 cm oder eine Brechkraft von $-3,57$ D. Die meisten Linsen werden mit einer Stärke in Inkrementen von 0,25 D verschrieben. Dies ist der Grund dafür, warum der Optiker oder Augenarzt häufig zwischen verschiedenen Linsen hin und her wechselt und den Patienten fragt, bei welcher Linseneinstellung er am deutlichsten sehen kann.

Weiche Kontaktlinsen sind im Einzelhandel in Schachteln erhältlich, auf denen die Brechkraft der Linsen in Dioptrien angegeben ist. Ein negativer Wert für die Brennweite und Brechkraft zeigt an, dass zur Korrektur von Kurzsichtigkeit Zerstreuungslinsen benötigt werden.

Ob eine Person, die eine Brille trägt, kurzsichtig ist, ist sehr einfach festzustellen. Erinnern wir uns dazu an einige Eigenschaften von Zerstreuungslinsen. Die Brillengläser der Person sollten an den Rändern dicker sein als in der Mitte. Wenn Sie zu weit von der Person entfernt sind und dies nicht feststellen können, denken Sie daran, dass beim Blick durch eine Zerstreuungslinse ein kleineres Bild erscheint. Wenn Sie die Augen der Person anschauen, sollten sie kleiner als normal erscheinen. Können Sie auch dies nicht feststellen, versuchen Sie seitlich durch die

Linse das Gesicht zu sehen. Wenn es leicht ist, die Seite des Gesicht zu sehen (das Bild ist kleiner als das Objekt), trägt die Person eine Zerstreuungslinse.

Übersichtigkeit oder Hyperopie

Menschen, die Schwierigkeiten haben, direkt vor ihren Augen befindliche Gegenstände deutlich zu sehen, haben eine als *Übersichtigkeit*[vii] (auch: *Hyperopie* oder *Hypermetropie*) bezeichnete Sehbehinderung. Wenn dieses Problem besteht, werden die Lichtstrahlen nicht stark genug gebrochen und konvergieren in einem Punkt, der sich hinter dem Auge befindet. Die Retina blockiert die Lichtstrahlen, bevor sie sich in einem scharfen Bild treffen können, weshalb auf der Retina ein unscharfes Bild entsteht. Diese Sehbehinderung tritt auf, wenn der Augapfel zu kurz, die Hornhaut zu flach oder die Linse nicht in der Lage ist, sich ausreichend stark zu verdicken.

Bei einer übersichtigen Person befindet sich der Nahpunkt in einem größeren Abstand vom Auge, als dies normalerweise der Fall ist. So hat zum Beispiel eine übersichtige Person, deren Nahpunkt 80 cm vor dem Auge liegt, große Schwierigkeiten ein Buch zu lesen, das sich in einem bequemen Abstand von 30 cm vor den Augen befindet.

Übersichtigkeit wird durch Sammellinsen korrigiert. Das Licht eines realen Gegenstandes divergiert, wenn es sich auf das Auge zubewegt. Durch eine Sammellinse wird jedoch erreicht, dass die Lichtstrahlen weniger stark divergieren. Die Strahlen scheinen dann von einem virtuellen Objekt auszugehen, das sich in größerem Abstand vom Auge befindet als das reale Objekt. Befindet sich dieses virtuelle Objekt am Nahpunkt, kann das Auge ein klares Bild auf der Retina erzeugen (Abbildung 6.9).

Nehmen wir an, eine bestimmte übersichtige Person habe einen Nahpunkt, der sich 80 cm vor dem Auge befindet. Damit diese Person ein Objekt deutlich sehen kann, das in einem Abstand von 20 cm vor das Auge gehalten wird, muss die Brennweite einer Linse berechnet werden, die ein virtuelles Bild am Nahpunkt erzeugen kann. In die Gleichung für dünne Linsen setzen wir zur Berechnung der Brennweite von Kontaktlinsen für d_o = 20 cm und für d_i = −80 cm ein.

Abb. 6.9 ▽

Korrektur der Übersichtigkeit des Auges durch eine Sammellinse. Das Objekt befindet sich in geringem Abstand vor den Augen, doch in der Nähe des Nahpunktes wird ein virtuelles Bild erzeugt. Das Auge kann nun dieses virtuelle Bild betrachten und ein reales Bild auf der Retina entstehen lassen.

vii   Anmerkung des Übersetzers: Der nach wie vor umgangssprachlich verwendete Ausdruck „Weitsichtigkeit" sollte vermieden werden, weil er nicht eindeutig ist. Außer der Sehbehinderung kann damit auch Klugheit gemeint sein.

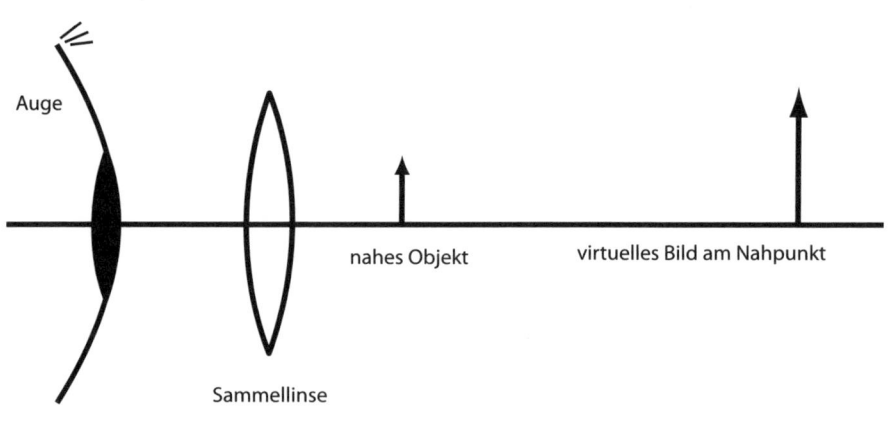

Auge

nahes Objekt

virtuelles Bild am Nahpunkt

Sammellinse

Diese Werte ergeben eine Brennweite von $f = +26{,}7$ cm bzw. eine Linsenstärke von $P = +3{,}75$ D. Soll statt Kontaktlinsen eine Brille verwendet werden und gehen wir davon aus, dass die Brillengläser sich 2 cm vor der Linse befinden, so ergibt sich, bei $d_o = 18$ cm und $d_i = -78$ cm, ein Wert für die Brennweite f von $+23{,}4$ cm, was einer Linsenstärke von $+4{,}27$ D entspricht. Das positive Vorzeichen bestätigt, dass eine übersichtige Person eine Sammellinse benötigt.

Ob eine Person, die eine Brille trägt, übersichtig ist, lässt sich ebenfalls relativ einfach feststellen. Da Übersichtigkeit durch Sammellinsen korrigiert wird und diese Linsen auch als Vergrößerungsgläser verwendet werden, sollten die Augen der Person größer erscheinen, wenn wir sie durch die Brille betrachten. Außerdem ist es sehr schwer, die Seite des Gesichts zu sehen, wenn wir versuchen, seitlich durch die Brillengläser zu schauen. Wenn Sie sich in ausreichender Nähe befinden, um dies festzustellen, können Sie vielleicht erkennen, dass die Brillengläser in der Mitte dicker sind als an den Rändern.

Altersbedingte Sehschwierigkeiten

Die *Alterssichtigkeit* (Presbyopie) ist eine Übersichtigkeit, bei der sich der Abstand des Nahpunktes von den Augen mit zunehmendem Alter vergrößert. Diese Sehschwierigkeit tritt bei fast allen Menschen auf: bei solchen, die in den ersten 40 bis 50 Lebensjahren normal sehen können, und auch bei sehr kurzsichtigen Personen. Sie beruht auf einer Abnahme der Elastizität der Linse. Erinnern wir uns daran, dass die Linse, um Gegenstände sehen zu können, die sich unmittelbar vor den Augen befinden, kugelförmiger oder dicker werden muss. Die Muskeln, durch die die Form der Linse kontrolliert wird, sind am stärksten angespannt, wenn wir Gegenstände betrachten, die sich direkt vor uns befinden. In diesem Fall sind die Zonulafasern vollkommen ohne Spannung, und auch die Linse nimmt ihre entspannte Form an, die ihrer dickeren Gestalt entspricht. Um Objekte in größerer Entfernung sehen zu können, entspannen sich die Muskeln und der Durchmesser des Muskelrings vergrößert sich, wodurch die Zonulafasern gespannt werden. Sie ziehen am Rand der Linse, die dadurch flacher wird. Mit zunehmendem Alter verliert die Linse des Menschen immer mehr an Elastizität und verharrt in einer abgeflachteren Form. Eine kugelförmigere Gestalt kann sie nicht mehr annehmen, weshalb die betreffende Person nahe Gegenstände nicht mehr deutlich sehen kann.

Um die Alterssichtigkeit zu korrigieren, benötigt eine Person möglicherweise eine Lesebrille. Hierbei handelt es sich um Sammellinsen, genauso wie eine Person mit Übersichtigkeit Sammellinsen benötigt. Man kann sagen, dass es sich bei der Alterssichtigkeit um eine besondere Form der Übersichtigkeit handelt, die auf ähnliche Weise korrigiert werden kann.

Es gibt jedoch Situationen, in denen ein alternder Mensch, dem es schwer fällt, weit entfernte Gegenstände zu sehen, und der bereits eine Brille trägt, um diese Kurzsichtigkeit zu korrigieren, zusätzlich eine Alterssichtigkeit entwickelt und nun auch Probleme hat, nahe gelegene Gegenstände deutlich zu sehen. In diesem Fall wird ihm eine Bifokal- oder Zweistärkenbrille verordnet. Der untere Teil der Linse dient zur Betrachtung naher Objekte und der obere Teil der Fernsicht. Manchmal werden sogar Trifokalbrillen verwendet, zum Beispiel für Personen, die Objekte in mittleren Abständen sehen müssen, da sie zum Beispiel an einem Computer arbeiten.

Astigmatismus

Ein weiteres häufig auftretendes Sehproblem ist der *Astigmatismus*. Hierbei kommt es zu einer Verzerrung des Bildes entlang einer bestimmten Achse. Dieses Problem tritt auf, wenn die Hornhaut oder die Linse keine kugelförmige Gestalt aufweisen, sondern leicht oval geformt sind. Es gibt in diesem Fall verschiedene Achsen mit verschiedenen Brennweiten, die häufig im rechten Winkel zueinander stehen. Betrachtet eine Person mit Astigmatismus eine Reihe gekreuzter Linien, erscheinen einige Linien verschwommener als andere. Wenn das Bild gedreht wird, erscheinen andere Linien verschwommen, während die vorher verschwommen erscheinenden Linien jetzt deutlicher gesehen werden können.

Um den Astigmatismus zu korrigieren, werden nichtsphärische Brillen oder Kontaktlinsen verwendet. Tatsächlich werden sie häufig als zylindrische Brillen bezeichnet, obwohl sie in Wirklichkeit keine zylindrische Form haben. Die Linsen dieser Brillen haben zwei unterschiedliche Krümmungsradien entlang verschiedener Achsen und können auf diese Weise die unterschiedlichen Brennweiten des Auges separat korrigieren.

Weitere Korrekturmethoden bei Sehschwierigkeiten

Da in das Auge fallende Lichtstrahlen an der Hornhaut am stärksten gebrochen werden, hat man verschiedene Sichtkorrekturmethoden entwickelt, bei denen man die Form der Hornhaut ändert, um eine stärkere oder geringere Lichtbrechung zu erzielen. Ein weit verbreitetes Verfahren dieser Art ist LASIK. Ein kurzer Blick auf früher verwendete Methoden wird uns verstehen helfen, warum LASIK heute eine so beliebte Methode ist.

Eine der ersten Methoden zur Änderung der Hornhautform war die Radial-Keratotomie (RK). Bei diesem Verfahren wird die Oberfläche der Hornhaut mit einem Messer eingeschnitten. Die Schnitte verlaufen, wie die Speichen eines Rades, radial nach außen. Mit dieser Methode kann die Hornhaut etwas abgeflacht werden. Stellen Sie sich vor, Sie braten eine Scheibe Wurst. Wenn Sie die Scheibe in die heiße Pfanne legen, wölbt sie sich und nimmt eine kuppelförmige Gestalt an. Wenn Sie sie dann an den Rändern einschneiden, werden die Spannungskräfte verringert und die Scheibe wird flacher. Die Radial-Keratotomie wurde zur Korrektur der Kurzsichtigkeit verwendet. (Eine flachere Hornhaut hat eine geringere Krümmung.) Diese Methode ist jedoch nicht unproblematisch, da sie sehr stark vom Geschick des Chirurgen abhängt, der die präzisen Einschnitte vornimmt. Nach diesem Eingriff treten häufig Probleme auf, wie zum Beispiel Entzündungen, Blendung (besonders des Nachts), Doppelsichtigkeit und Narbenbildung.

Ein weiteres Verfahren, das man später entwickelte, war die sogenannte photo-refraktive Keratektomie (PRK). Bei dieser Methode wird mit Hilfe eines Laser-strahls Gewebe von der Oberfläche der Hornhaut entfernt, um ihr eine andere Form zu verleihen. Mit der PRK konnten Kurzsichtigkeit und Astigmatismus korrigiert werden. Frühe Versuche mit der PRK führten zu einer getrübten Sicht und zur Narbenbildung, doch waren die erzielten Ergebnisse besser als bei der Radial-Keratotomie. In neuester Zeit ist ein ähnliches Verfahren namens LASEK (*laser epithelial keratomileusis*) entwickelt worden, das weniger Probleme als die PRK verursacht.

Die heute standardmäßig verwendete Methode zur Korrektur der Hornhaut-form ist LASIK (Laser-in-situ-Keratomileusis). Bei diesem Verfahren wird ein als Mikrokeratom bezeichnetes Messer verwendet, das mit dem Hobel eines Schrei-ners verglichen werden kann. Man trägt damit eine dünne Schicht der Hornhaut ab, die anschließend „weggeklappt" wird. Mit einem Laserstrahl wird dann das Ge-webe unterhalb der Hornhaut entfernt und ihre Gestalt dabei so geändert, dass sie die gewünschte Form hat, wenn die weggeklappte Schicht zurückgefaltet wird. Dieses Verfahren kann zur Korrektur von Kurzsichtigkeit, Astigmatismus und Übersichtigkeit verwendet werden. Dabei treten weniger Probleme auf, da sich die abgehobene Schicht leicht zurückbiegen lässt und schnell verheilt, wodurch sich die Gefahr von Infektionen auf ein Minimum reduziert. Die abgehobene Schicht ist so groß, dass die Bereiche, in denen der Schnitt geführt wurde, sich außerhalb des Gesichtsfeldes befinden (Abbildung 6.10).

LASIK verhindert nicht die Entwicklung der Alterssichtigkeit. Wenn dieses Verfahren also im frühen Erwachsenenalter angewendet wurde, wird später den-noch eine Lesebrille benötigt. Es ist allerdings möglich, mit LASIK das eine Auge für Nahsicht und das andere für Fernsicht zu optimieren. Diese Vorgehensweise mag vielleicht etwas seltsam erscheinen, doch unterschiedliche Korrekturen für das rechte und linke Auge werden bereits für Träger von Kontaktlinsen vorgenommen.

Es gibt noch eine Reihe anderer Techniken, mit deren Hilfe sich Sehprobleme durch verschiedene Eingriffe am Auge korrigieren lassen. Ein häufig verwendetes Verfahren ist die Linsenimplantation. Hierbei wird die Linse des Auges durch eine Linse mit der gewünschten Krümmung ersetzt. (Linsenimplantationen werden am häufigsten zur Behandlung von Katarakten durchgeführt.) Eine weitere Technik ist die sogenannte Orthokeratologie. Bei dieser Behandlungsmethode wird eine Kon-taktlinse mehrere Stunden lang getragen, um die Hornhaut (zur Behandlung von

◀ **Abb. 6.10**

Das LASIK-Verfahren. Bei diesem Verfahren wird die Oberfläche der Hornhaut eingeschnitten und ein Teil von ihr zurückgeklappt. Anschließend wird mit einem Laser Hornhautgewebe von der Oberflä-che abgetragen. Nachdem das Gewebe abgetragen wurde, wird der zurückgeklappte Teil wieder in seine ur-sprüngliche Position gebracht, sodass die Hornhaut die korrekte Krümmung hat.

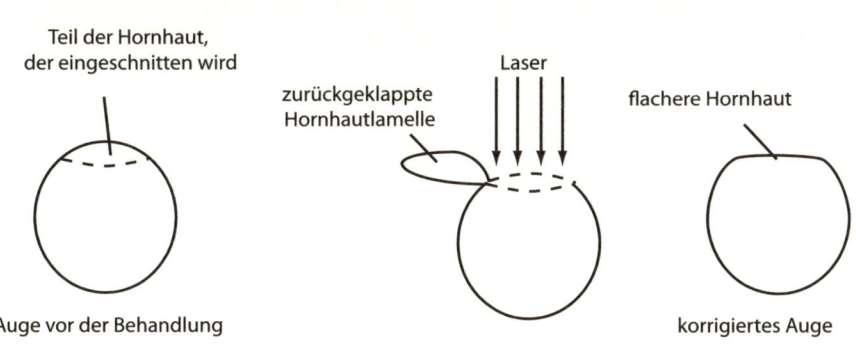

Teil der Hornhaut, der eingeschnitten wird

zurückgeklappte Hornhautlamelle

Laser

flachere Hornhaut

Auge vor der Behandlung

korrigiertes Auge

Kurzsichtigkeit) abzuflachen. Das Sehvermögen lässt sich auf diese Weise zwar für einen bestimmten Zeitraum verbessern, doch ist das Ergebnis nicht von Dauer. Bei der konduktiven Keratoplastie verwendet man elektromagnetische Wellen im Radiofrequenzbereich, um die Hornhaut stärker zu krümmen (bei Übersichtigkeit), jedoch ist auch in diesem Fall die Korrektur nur temporär. Die Hornhaut lässt sich auch durch Implantate abflachen. Bei dieser Methode werden kreisförmige Plastikringe unter die Oberfläche der Hornhaut implantiert, wodurch ihr äußerer Rand angehoben wird. Auf diese Weise lässt sich eine Übersichtigkeit korrigieren.

Sonstige Probleme

Bislang haben wir Sehbehinderungen besprochen, die man korrigieren kann, indem Änderungen an den in das Auge fallenden Lichtstrahlen vorgenommen werden, sodass ein scharfes Bild im Auge entstehen kann. Es gibt jedoch noch zahlreiche andere Beeinträchtigungen der Sehfähigkeit. Die meisten von ihnen stehen nicht mit der Lichtbrechung, sondern eher mit Überanstrengung, sonstigen Augenfehlern, Krankheiten oder Verletzungen in Zusammenhang.

Um unmittelbar vor den Augen befindliche Gegenstände sehen zu können, müssten mehrere Muskelgruppen in Aktion treten, und dies kann zu Überanstrengung des Auges führen. Diese Muskeln steuern die Akkommodation (die wir bereits besprochen haben), die Größe der Regenbogenhaut bzw. der Pupille sowie die Konvergenz der beiden Augen. Erinnern wir uns daran, dass die Öffnungsweite der Pupille davon abhängt, wie viel Licht in das Auge fällt. Je größer die Pupille ist, desto stärker ist allerdings auch die sphärische Abweichung. Von einem Objekt in unmittelbarer Nähe der Augen ausgehende Lichtstrahlen divergieren von diesem Objekt. Treten diese Strahlen in das Auge, gehen sie weiter auseinander, sodass viele von ihnen mit großer Wahrscheinlichkeit durch den äußeren Rand der Linse fallen und auf diese Weise zu einer beträchtlichen sphärischen Abweichung führen. Um dieser Situation abzuhelfen, verringern Muskeln in der Iris die Größe der Pupille, sodass die Lichtstrahlen zum großen Teil durch den mittleren Teil der Linse fallen, wodurch sich die Verzerrung verringert.

Als *Konvergenz* bezeichnet man die gleichzeitige Bewegung beider Augen, um so ein deutliches Bild eines nah vor ihnen befindlichen Objekts zu ermöglichen. Betrachten beide Augen ein Objekt in großer Entfernung, schauen sie in eine Richtung, die fast rechtwinklig zur Augenhöhle steht. Um jedoch einen Gegenstand zu betrachten, der sich direkt vor dem Gesicht befindet, müssen sich beide Augen nach innen drehen (wenn sich das Objekt auf der Höhe der Nase befindet) und vielleicht sogar „schielen". Auch in diesem Fall sind es Muskeln, die die Bewegung der Augen steuern, um eine angemessene Konvergenz zu ermöglichen.

Ein *Katarakt* ist eine Trübung der Linse, die ihre Transparenz beeinträchtigt. Die Trübung kann von einem minimalen Grad mit nur geringfügiger Verzerrung des Lichts bis zu einer völligen Lichtundurchlässigkeit und damit zur Blindheit reichen. Zur Eintrübung der Linse kommt es, wenn ihre Fasern nicht ausreichend mit Nährstoffen versorgt werden. Das Fasermaterial klumpt sich dann zu Partikeln zusammen, die groß genug sind, um das Licht zu streuen, so wie die Wassertropfen in einer Wolke oder im Nebel. Katarakte haben eine Reihe verschiedener Ursachen. Sie können entstehen, wenn man Ultraviolettstrahlung ausgesetzt war oder an Diabetes leidet, jedoch auch durch zunehmendes Alter und das Rauchen. Manche Menschen werden mit Katarakten geboren. Die chirurgische Behandlung von Katarakten ist heute eine Routineoperation. Dabei wird die Linse entfernt und durch eine Plastiklinse ersetzt.

Wie weiter oben bereits erwähnt wurde, handelt es sich bei einem *Glaukom* um eine Erkrankung, bei der der Sehnerv geschädigt ist. Ein Glaukom wird normalerweise durch einen erhöhten Augeninnendruck verursacht. Es kann jedoch auch bei Personen auftreten, deren Augeninnendruck im normalen Bereich von 12 bis 22 mm Quecksilbersäule liegt. Die primäre Behandlungsmethode für ein Glaukom ist die Senkung des Augeninnendrucks mit Hilfe von Medikamenten (wie etwa Timolol). Auch mit chirurgischen Maßnahmen lässt sich der Druck im Auge verringern.

Eine *Makuladegeneration* ist eine Erkrankung, bei der die Makula des Auges einen allmählichen Funktionsverlust erleidet. Erinnern wir uns daran, dass es sich bei der Makula um einen Netzhautbereich handelt, der sich direkt hinter der Linse befindet. In diesem Bereich liegt die Fovea, der Punkt des schärfsten Sehens. Zur Degeneration der Makula kommt es, weil das Gewebe der Makula dünner wird, sich dort Pigmente ablagern und/oder es zur Entstehung von – in diesem Bereich unerwünschten – Blutgefäßen kommt. Diese Erkrankung führt zum Verlust des Sehvermögens in der Mitte des Sehfeldes, ohne dass die periphere Sicht beeinträchtigt wird. Die Behandlung zielt hauptsächlich auf eine Vorbeugung oder Verlangsamung des Fortschreitens dieser Krankheit.

Zu den weiteren Augenleiden gehören von verschiedenen Bakterien verursachte Entzündungen. Die Flussblindheit wird durch einen Wurm in West- und Mittelafrika hervorgerufen. Außerdem ist es möglich, dass die Hornhaut ihre Lichtdurchlässigkeit verliert. Wenn der Glaskörper schrumpft oder die Netzhaut degeneriert, kann sie reißen oder sich von der Innenwand des Auges ablösen. Wie wir weiter oben erwähnt haben, trägt der Glaskörper dazu bei, den Druck innerhalb des Auges aufrechtzuerhalten. Eine Verletzung der Retina kann sich auch als Komplikation der Zuckerkrankheit oder eines heftigen Schlags auf das Auge ergeben.

Ein anderes häufig auftretendes Problem ist die *Farbenblindheit*. Dabei handelt es sich nicht wirklich um eine Unfähigkeit Farben zu erkennen, sondern eher darum, dass nicht alle Farben richtig gesehen werden können. Der Farbbereich, den eine Person sehen kann, hängt davon ab, welche Zapfentypen in der Netzhaut (rot-grün oder blau) gereizt werden und wie stark. Bei einer farbenblinden Person ist die Funktion eines oder mehrerer Zapfentypen beeinträchtigt oder fehlt vollständig, oder der Punkt ihrer maximalen Empfindlichkeit ist verschoben. Die häufigste Form ist die Rot-Grün-Farbblindheit, die auf die Fehlfunktion dieser Zapfen zurückzuführen ist. Diese Art der Farbblindheit macht es einer Person schwer, verschiedene rote, gelbe und grüne Farbtöne zu unterscheiden. Die betroffene Person kann dies häufig dadurch ausgleichen, dass sie unterschiedliche Farbintensitäten erkennt. Die Farbenblindheit ist bei Männern häufiger (zwischen 5 – 10 %) als bei Frauen (weniger als 1 %).

Zusammenfassung

Das Sehvermögen ist ein wichtiger Sinn unseres Körpers. Lesen, einen Sonnenuntergang beobachten oder einen Film anschauen sind höchst unterhaltsame, beglückende und interessante Erfahrungen. Hoffentlich haben Ihnen die in diesem Kapitel erläuterten Zusammenhänge geholfen, ihr Verständnis der Optik des Auges zu vertiefen. Was für die anderen in diesem Buch behandelten Themen galt, trifft auch in diesem Fall zu: Über den Sehvorgang ließe sich noch sehr viel mehr sagen, als hier dargestellt werden konnte. Optiker und Augenärzte verbringen ihr gesamtes Berufsleben damit, das Auge zu studieren und sich um Patienten mit normalem und eingeschränktem Sehvermögen zu kümmern. Wenn sie durch ein entsprechendes Training darauf vorbereitet wurden, können Menschen mit eingeschränkter Sehfähigkeit oder Blinde oft eigenständig leben und ihre persönlichen Lebensziele verfolgen.

Die biologischen Auswirkungen von Kernstrahlung VII.

Kernkraft, Kobaltbestrahlungen, Röntgenstrahlen, radioaktiv bestrahlte Lebensmittel: Jegliche Strahlenbelastung muss um jeden Preis verhindert werden. Oder etwa nicht? Nun, nicht unbedingt. Wenn man zu viel Strahlung ausgesetzt ist, kann dies zwar Probleme verursachen, und wir müssen daher darauf achten, nur ein Minimum an Strahlung abzubekommen. Strahlung kann jedoch auch nützlich sein: Sie kann Energie liefern, zur Behandlung von Krebs eingesetzt werden, das Körperinnere sichtbar machen oder unerwünschte Bakterien töten. Als Kernstrahlung bezeichnet man hochenergetische Partikel und Photonen, wie zum Beispiel Gammastrahlen, die vom Kern eines Atoms ausgesendet werden. Röntgenstrahlen stehen zwar nicht mit dem Atomkern in Zusammenhang, aber sie zeigen ein Gammastrahlen-ähnliches Verhalten. Häufig bezeichnet man Kern- oder Röntgenstrahlen als „ionisierende Strahlung". Daher wird sich ein großer Teil der Ausführungen in diesem Kapitel sowohl auf die Röntgen- als auch die Kernstrahlung beziehen. UV-Strahlen und in einem gewissen Maße auch das sichtbare Licht können ebenfalls als ionisierende Strahlung angesehen werden; sie haben jedoch eine wesentlich geringere Energie als Röntgenstrahlen. Die in diesem Kapitel behandelten Themen beziehen sich daher nicht auf UV-Strahlen oder sichtbares Licht.

In diesem Kapitel werden wir uns mit einigen grundlegenden physikalischen Themen beschäftigen, die mit der Kernstrahlung in Zusammenhang stehen, sowie der Frage nachgehen, welche Auswirkungen sie auf den menschlichen Körper hat. Wir werden uns unter anderem mit dem Umfang der Strahlenbelastung, ihren Auswirkungen auf die Gesundheit sowie mit ihrer medizinischen Anwendung beschäftigen, einschließlich therapeutischer und diagnostischer Techniken wie der Behandlung von Krebs und bildgebender Verfahren.

Der Atomkern

Atome bestehen aus Elektronen, Protonen und Neutronen. Elektronen umkreisen den Kern eines Atoms, der aus Protonen und Neutronen besteht. Beim Lesen dieses Kapitels müssen wir uns zwei Atommodelle vor Augen halten: das Planetenmodell und das Schalenmodell. Im Planetenmodell stellen wir uns die Elektronen so vor, als umkreisen sie den Atomkern wie Planeten die Sonne. Dieses Modell ergibt sich aus der klassischen oder Newton'schen Physik. Im Schalenmodell stellen wir uns die Elektronen als Wolken oder Schalen um den Atomkern vor. Dieses Modell ergibt sich aus der Quantenphysik, und wir haben es hierbei auch mit theoretischen Begriffen wie der Unschärferelation und mit Wahrscheinlichkeiten zu tun. Elektronen haben eine negative Ladung von $q = -e = -1{,}6 \times 10^{-19}$ Coulomb, Protonen eine positive Ladung von $e = 1{,}6 \times 10^{-19}$ Coulomb. Neutronen haben keine Ladung, d. h. $q = 0$. (Der Wert der Ladung e wird manchmal als kleinste Einheit der Ladung bezeichnet.) Die Ladung eines neutralen Atoms ist null, da das Atom die gleiche Anzahl negativ geladener Elektronen und positiv geladener Protonen besitzt. Ionen sind Atome mit zusätzlichen Elektronen oder Atome, die Elektronen verloren haben.

Elektronen sind an chemischen und thermischen Abläufen und Reaktionen beteiligt. Wenn Atome und Moleküle chemische Reaktionen miteinander eingehen, werden Elektronen zwischen ihnen übertragen. Zahlreiche Eigenschaften der neuen chemischen Verbindungen, die hierbei entstehen, basieren auf dem Verhalten dieser Elektronen in den neuen Konfigurationen und den Bindungen, die daraus resultieren, dass sich Atome Elektronen teilen oder untereinander übertragen. Um beginnen zu können, benötigen manche chemischen Reaktionen die Zufuhr von Wärmeenergie, während andere Reaktionen Wärmeenergie erzeugen. Bestimmte Reaktionen benötigen, um ablaufen zu können, das Vorhandensein von Katalysatoren. In allen diesen Fällen spielen Elektronen und ihre Konfiguration innerhalb der Atome und Moleküle eine bedeutsame Rolle.

Der Atomkern besteht aus Protonen und Neutronen, die mit dem Oberbegriff „Nukleonen" bezeichnet werden (Abb. 7.1). Die Anzahl der Protonen entscheidet darüber, zu welchem chemischen Element ein Atom gehört. So hat zum Beispiel Wasserstoff ein Proton, Helium zwei Protonen, Kohlenstoff sechs Protonen, Eisen 26 Protonen usw. Die Ladung des Atomkerns entspricht der Anzahl der Protonen, Z, multipliziert mit der Grundeinheit der elektrischen Ladung, e, oder

$$q = +Ze.$$

Atome mit derselben Anzahl von Protonen können über eine unterschiedliche Anzahl von Neutronen verfügen. Man bezeichnet diese Atome als Isotope. Wir werden dieses Thema in diesem Kapitel noch ausführlicher behandeln.

Die Energie des Atomkerns

Die mit dem Atomkern in Zusammenhang stehenden Energien sind im Vergleich zu den Energien, mit denen man es bei Elektronen zu tun hat, sehr groß. Man benötigt nur wenig Energie, um ein Elektron, jedoch sehr viel mehr Energie, um ein Proton oder Neutron aus einem Atom zu entfernen. Typische Energien, um die es bei Elektronen geht, liegen im Bereich weniger Elektronenvolt, oder eV, während die Energien, mit denen man es im Falle des Atomkerns zu tun hat, im Bereich von Millionen oder Hunderten von Millionen Elektronenvolt liegen. Ein *Elektronenvolt* entspricht der Energie, die ein Elektron gewinnt oder verliert, wenn es durch ein elektrisches Potential von einem Volt bewegt wird. So verleiht eine Batterie von 1,5 V einem Elektron beispielsweise eine potentielle elektrische Energie von

1,5 eV. Um ein einzelnes Elektron aus einem Wasser-
stoffatom zu entfernen, benötigt man eine Energie von
13,6 eV. Im Gegensatz dazu beträgt die durchschnittliche Energie, die erforderlich ist, um ein Proton oder
ein Neutron in den Atomkern eines Heliumatoms zu
binden, etwa 7×10^6 eV (sieben Millionen Elektronenvolt). Wenn ein Uranatom in zwei Kerne zerfällt, werden mehr als $2,3 \times 10^8$ eV freigesetzt.

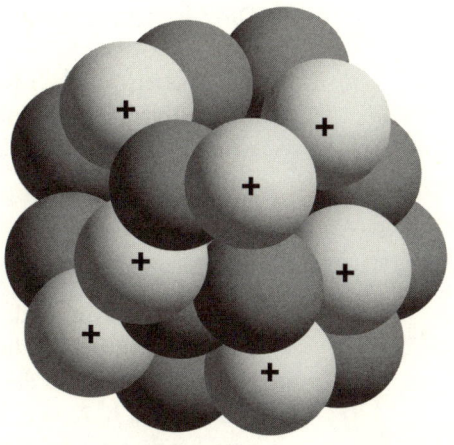

Während die mit dem Atomkern zusammenhängenden Energien im Vergleich zur Energie von Elektronen sehr groß sind, sind sie dennoch sehr klein, wenn
man sie mit der Energie größerer Objekte vergleicht.
So entspricht beispielsweise die Energie, die bei der
Spaltung eines einzelnen Uranatoms freigesetzt wird,
d. h. $2,3 \times 10^8$ eV, etwa 4×10^{-11} J, während die Energie

eines Baseballs (mit einer Masse von 145 g), der sich mit einer Geschwindigkeit
von 136 km/h bewegt, etwa 100 J beträgt. In einer Uranprobe von 100 g befinden
sich jedoch etwa 2×10^{23} Uranatome. Wenn diese Energie gleichzeitig freigesetzt
würde, entspräche das einer Energie von 8×10^{12} J. Im Vergleich dazu werden bei
der Verbrennung von 100 g Kohle höchstens einige Millionen Joule (10^6 J) Energie
gewonnen, weil in diesem Prozess die Energie der Elektronen von Kohlenstoff,
Wasserstoff und Sauerstoff, aus denen dieses Material besteht, freigesetzt wird.

Einer der Gründe, warum im Kern eines Atoms so viel Energie gebunden ist,
hat mit der Größe der Kräfte zu tun, die für den Zusammenhalt von Nukleonen
erforderlich sind. Da Protonen positiv geladen sind, stoßen sie sich nach dem Gesetz von Coulomb und dem Ladungsgesetz (welches besagt, dass sich gleiche Ladungen abstoßen und dass unterschiedliche Ladungen sich anziehen) gegenseitig
ab (vgl. Kapitel 5). Damit zwei oder mehr Protonen in einem Kern zusammengehalten werden können, muss es eine Kraft geben, die stärker ist als die repulsive Coulomb-Kraft. Diese Kraft wird als *starke Kernkraft* bezeichnet. (Es gibt vier
Grundkräfte in der Natur: die Gravitationskraft, die elektromagnetische Kraft, die
schwache Kernkraft und die starke Kernkraft.) Die starke Kernkraft ist eine starke
Anziehungskraft zwischen zwei Nukleonen: zwischen beliebigen Protonen- und
Neutronenpaaren sowie zwischen Proton-Neutron-Paaren. Diese Kraft ist stärker
als die Coulomb-Kraft (und die Gravitationskraft) zwischen zwei beliebigen Nukleonen, sie verfügt jedoch nur über eine sehr kurze Reichweite von weniger als
10^{-15} m. Wenn der Kern eines Atoms größer ist als diese Distanz, tendiert er zu
Instabilität und dazu, unter Abgabe von Kernstrahlung zu zerfallen.

Aufgrund der hohen Energie der Kernstrahlung kann sie erheblichen Schaden
anrichten, wenn sie von menschlichem Gewebe absorbiert wird. Dieser Schaden
kann darin bestehen, dass gesundes Gewebe zu Krebsgewebe wird oder dass sonstige Krankheitsbilder entstehen. Strahlung kann jedoch auch zur Behandlung von
Krebs eingesetzt werden, indem Krebsgewebe dadurch zerstört wird. Vielleicht
kennen Sie jemanden, der an Krebs erkrankt ist und der mir Kobaltstrahlen oder
einer anderen Strahlentherapie behandelt wurde. Wir werden im Folgenden noch
genauer auf dieses Thema eingehen.

Die Massen- und Ordnungszahl

Die Massen- und Ordnungszahl eines Atoms sind wichtige Informationen über seinen Kern, die in einer abgekürzten Schreibweise vor dem Symbol des chemischen Elements angegeben werden, zu dem das Atom gehört. Diese Darstellungsweise hat die Form

$$_Z^A X,$$

wobei X das Symbol des chemischen Elements, Z die Ordnungszahl bzw. Anzahl der Protonen und A die Massenzahl oder Anzahl der Nukleonen (Protonen und Neutronen) ist. Um die Zahl N der Neutronen zu errechnen, zieht man einfach Z von A ab, d.h. $N = A - Z$. In wissenschaftlichen Lehrbüchern und Zeitschriften wird bei dieser Schreibweise häufig der Wert für Z weggelassen und stattdessen

$$^A X$$

geschrieben.

Wir können diese Schreibweise veranschaulichen, indem wir als Beispiel die häufigste Form von Kohlenstoff verwenden. Das chemische Symbol für Kohlenstoff ist „C", und der Kern des Kohlenstoffatoms enthält sechs Protonen und sechs Neutronen. Dies entspricht der Darstellung

$$_6^{12} C \text{ oder } ^{12} C$$

Manchmal wird Kohlenstoff in der wissenschaftlichen Literatur auch als „Kohlenstoff-12" geschrieben.

Da ein Element durch die Anzahl der Protonen (Z) definiert ist, ist die Angabe von Z eigentlich überflüssig, sodass häufiger die Schreibweise verwendet wird, bei der die tiefgestellte Zahl weggelassen ist. In diesem Kapitel werden wir jedoch die Schreibweise mit der hochgestellten (A) und der tiefgestellten (Z) Zahl verwenden, da beide Angaben nützlich sind, wenn man versucht, in verschiedenen nuklearen Prozessen unbekannte Atomkerne zu identifizieren.

Es gibt noch eine weitere Möglichkeit, den Wert Z zu interpretieren, die für das Verständnis der Schreibweise zur Charakterisierung eines Atomkerns hilfreich sein wird. Wie bereits erwähnt wurde, lässt sich die elektrische Ladung des Kerns durch den Ausdruck Ze angeben. Daher kann man Z als Größe der Ladung in Einheiten von e ansehen. Diese Betrachtungsweise wird wichtig werden, wenn wir andere, von Protonen verschiedene Arten von Elementarteilchen besprechen, die beim radioaktiven Zerfall ebenfalls eine Rolle spielen, wie zum Beispiel Elektronen ($Z = -1$), Positronen ($Z = +1$), Neutronen ($Z = 0$) und Gammastrahlen ($Z = 0$).

Isotope und Stabilität

Isotope (die man auch als Nuklide bezeichnet) sind Atome, die eine unterschiedliche Anzahl von Neutronen haben, obwohl sie dieselbe Anzahl von Protonen besitzen. Alle Isotope eines bestimmten Atoms haben die gleiche Ordnungszahl Z, jedoch eine unterschiedliche Anzahl von Nukleonen bzw. Massenzahl A. So hat zum Beispiel Kohlenstoff mehrere verschiedene Isotope, die von Kohlenstoff-8 bis Kohlenstoff-22 reichen. Jedes von ihnen hat sechs Protonen, jedoch eine unterschiedliche Anzahl von Neutronen: Kohlenstoff-8 hat zwei Neutronen, Kohlenstoff-11 fünf Neutronen und Kohlenstoff-13 und Kohlenstoff-14 haben je sieben bzw. acht Neutronen. Die nukleare Schreibweise dieser Isotope des Kohlenstoffs ist $^{8}_{6}C$, $^{11}_{6}C$, $^{13}_{6}C$ und $^{14}_{6}C$. Von den 15 Isotopen des Kohlenstoffs kommen auf der Erde nur drei (Kohlenstoff-12, -13 und -14) natürlich vor. Die anderen werden durch nukleare Reaktionen im Labor künstlich hergestellt.

Kohlenstoff-14 wird zur Bestimmung des Alters von Materialien verwendet, die aus organischer Materie bestehen. Diese Methode, die man auch als radiometrische Datierung bezeichnet, macht sich die Tatsache zunutze, dass eine kleine Menge Kohlenstoff-14 in dem Objekt vorhanden war, als seine organische Materie noch lebte, da es im Laufe seines Lebens Kohlendioxid aufnahm. Die Mathematik des radioaktiven Zerfalls werden wir an späterer Stelle noch genauer erläutern.

Wasserstoff bietet ein weiteres Beispiel für Isotope. Er kommt in drei Formen vor: als Hydrogenium ($^{1}_{1}H$), Deuterium ($^{2}_{1}H$) und Tritium ($^{3}_{1}H$). Alle drei Isotope haben nur ein Proton, doch hat Hydrogenium keine Neutronen, Deuterium ein Neutron und Tritium zwei Neutronen.

Die Kerne von Isotopen können stabil oder instabil sein. Die Stabilität eines Atomkerns ist von der Stabilität der Elektronenkonfiguration eines Atoms oder Moleküls verschieden. Sind sämtliche Energiezustände der Elektronen ordnungsgemäß gefüllt und befindet sich das Atom in seinem Grundzustand, ist seine Elektronenkonfiguration stabil. In einem stabilen Molekül begünstigt die Elektronenkonfiguration den aktuellen Zustand des Moleküls. Bei einem instabilen Molekül wird sich die Elektronenkonfiguration wahrscheinlich spontan ändern oder es zerfällt oder geht, schon bei der kleinsten Störung, mit anderen Molekülen oder Atomen eine chemische Reaktion ein.

Ist der Kern eines Atoms hingegen stabil, so verharrt er in seinem aktuellen Zustand. Wenn er instabil ist, gibt das Isotop Strahlung ab. Man sagt dann, es sei radioaktiv. Von den meisten Elementen existiert mindestens ein stabiles Isotop. So sind Kohlenstoff-12 und Kohlenstoff-13 beispielsweise stabile Isotope des Kohlenstoffs, während alle anderen Isotope des Kohlenstoffs instabil sind. Hydrogenium und Deuterium sind beides stabile Isotope, Tritium ist hingegen instabil. Sämtliche Elemente mit einer Ordnungszahl von mehr als 82 (Blei) sind instabil. Ferner wurden alle Elemente, deren Ordnungszahl größer als diejenige von Uran ist ($Z > 92$), durch nukleare Reaktionen künstlich erzeugt. Sie kommen in der Natur ansonsten nicht vor. Instabile Isotope werden häufig als *Radionuklide* oder *Radioisotope* bezeichnet.

Einer der Gründe, warum einige Atomkerne instabil sind, ist ihre Größe. Für Protonenanzahlen unter 20 gibt es im Atomkern etwa ein Neutron für jedes Proton. Für größere Werte von Z wird der Atomkern größer, sodass die repulsive Coulomb-Kraft zwischen den Protonen stärker wird als die starke Kernkraft. Um die repulsive Kraft auszugleichen, werden dann zusätzliche Neutronen benötigt, die dabei helfen, die Protonen an andere Nukleonen zu binden. Bis zur Ordnungszahl $Z = 80 - 82$ wächst das Verhältnis der Neutronen zu den Protonen auf einen Wert von etwa 1,5 an. Geht Z über den Wert 82 hinaus (d. h. ab $Z = 83$), ist der Abstand zwischen den Protonen auf gegenüberliegenden Seiten des Atomkerns jedoch so groß geworden, dass der Atomkern instabil ist und Nukleonen in Form von Strahlung abgestoßen werden.

Es gibt einige allgemeine Regeln, anhand deren sich feststellen lässt, ob ein Atomkern mit geringer Massenzahl stabil ist oder nicht. Wir werden uns nicht mit den Einzelheiten dieser Regeln beschäftigen, sondern lediglich einige Beispiele geben. Eine dieser Regeln besagt, dass für Massenzahlen unter 40 ($A < 40$) stabile Atomkerne die gleiche Anzahl von Protonen und Neutronen haben. Eine weitere Regel hat damit zu tun, ob die Anzahl der Protonen und Neutronen gerade oder ungerade ist. Noch eine weitere Regel sagt stabile Atomkerne und Isotope für den Fall voraus, dass die Anzahl der Protonen oder Neutronen in der Nähe bestimmter Zahlen liegt, sogenannter magischer Protonen- und Neutronenanzahlen. Diese Beobachtung weist eine gewisse Ähnlichkeit mit dem gefüllten Zustand der Elektronenschalen des Atoms auf.

Verschiedene Arten von Kernstrahlung

Wenn ein Atomkern instabil ist, gibt er in Form von hochenergetischen Teilchen und/oder Photonen eine Kernstrahlung ab. Das betreffende Isotop wird als radioaktiv bezeichnet, und man spricht von seinem radioaktiven Zerfall. Es gibt verschiedene Arten von Kernstrahlung. Auf drei von ihnen werden wir genauer eingehen: den *Alpha-, Beta-* und *Gammazerfall*.

Wenn ein Radioisotop eine Strahlung abgibt, unterliegt der ursprüngliche radioaktive Kern dabei einer bestimmten Veränderung. Bei einem Alphazerfall emittiert das ursprüngliche Radioisotop beispielsweise mehrere Nukleonen, sodass dadurch das Isotop eines anderen Elements entsteht. Auch bei einem Beta-Zerfall ändert sich die Anzahl der Protonen und Neutronen, und hierdurch entsteht ebenfalls ein neues Element. Beim Gamma-Zerfall ändert sich die Energie des ursprünglichen Atomkerns, die Anzahl der Protonen und Neutronen bleibt jedoch unverändert, sodass sein Ergebnis dasselbe Isotop mit einer veränderten Energie ist. Der ursprüngliche Kern wird als *Mutterkern* und der als Ergebnis entstehende als *Tochterkern* bezeichnet.

Um zu ermitteln, welches der Tochterkern ist, können wir die *Gleichung des ratioaktiven Zerfalls* aufstellen. Eine solche Gleichung sieht folgendermaßen aus:

$$_Z^A X \rightarrow \, _Z'^{A'} X' + \text{Strahlung}$$

Hierbei steht $_Z^A X$ für den Mutterkern, $_Z'^{A'} X'$ für den Tochterkern und „Strahlung" für die besondere Art der vom Mutterkern emittierten Strahlung. Hierbei kann es sich, je nach der Art des Zerfallsprozesses, um die Abgabe eines oder mehrerer Teilchen oder Photonen handeln. Der Pfeil zeigt in die Richtung vom Mutter- zum Tochterkern, da der Zerfallsprozess nur in einer Richtung erfolgt.

Die Gleichung des radioaktiven Zerfalls ist sehr nützlich, da es zwei Regeln gibt, die bei ihrer Aufstellung eingehalten werden müssen. Die erste besagt, dass die Anzahl der Nukleonen A erhalten bleibt. Dies bedeutet, dass die Gesamtzahl der Nukleonen (der Protonen und Neutronen) im Mutterkern identisch sein muss zur Anzahl der Nukleonen im Tochterkern sowie in der Strahlung. Die zweite Regel besagt, dass die Anzahl der Protonen Z (oder der *Ladung* in Einheiten von e) erhalten bleibt. Daher muss die Anzahl der Protonen oder Ladungen im Mutterkern der Anzahl der Protonen oder Ladungen im Tochterkern und in der Strahlung entsprechen. Da durch die Anzahl der Protonen das Element festgelegt ist, handelt es sich (je nach Art der abgegebenen Strahlung) bei Mutter- und Tochterkern um Kerne verschiedener Elemente, wenn Z und Z' verschieden sind. Führt die vom Mutterkern abgegebene Strahlung jedoch zu keiner Änderung der Protonenzahl, wie dies bei der Gammastrahlung der Fall ist, gehören der Mutter- und Tochterkern zum selben Element.

Alphazerfall

Diese Art des radioaktiven Zerfalls tritt auf, wenn ein Atomkern ein Alphateilchen emittiert. Ein Alphateilchen ist mit dem Kern eines Heliumatoms, der aus zwei Protonen und zwei Neutronen besteht, identisch. Die Kernschreibweise ist $_2^4\text{He}$. Da es nicht über die beiden Elektronen verfügt, die das neutrale Helium besitzt, hat ein Alphateilchen eine Ladung von $+2e$ (Abb. 7.2).

Ein Isotop, bei dem dieser Zerfallstyp auftritt, ist Plutonium 242.

Wenn dieses Isotop radioaktiv zerfällt, emittiert es ein Alphateilchen, und als Ergebnis dieses Vorgangs entsteht das Isotop Uran-238. Die folgende Gleichung beschreibt diesen radioaktiven Zerfall:

$$_{94}^{242}\text{Pu} \rightarrow {}_{92}^{238}\text{U} + {}_2^4\text{He}$$

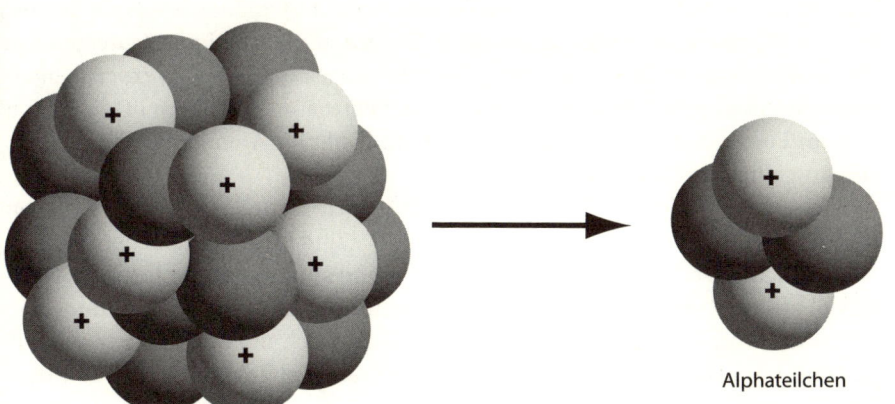

◀ **Abb. 7.2**

Alphazerfall eines Atomkerns. Der Kern emittiert ein Alphateilchen, das wie der Kern des Heliumatoms aus zwei Protonen und zwei Neutronen besteht.

Alphateilchen

Hierbei steht $^{242}_{94}$Pu für den Mutterkern, $^{238}_{92}$U für den Tochterkern und $^4_2$He für das Alphateilchen. Die Zerfallsgleichung erfüllt beide Erhaltungsregeln: Die Anzahl der Nukleonen bleibt erhalten (242 = 238 + 4) und die Anzahl der Protonen oder Ladungen ebenfalls (94 = 92 + 2).

Beachten Sie, dass bei einem Alphazerfall der Wert A des Mutterkerns um 4 und der Wert für Z um 2 abnimmt. Mutter- und Tochterkern gehören daher zu Atomen verschiedener Elemente. Im Periodensystem befindet sich das Mutterelement in der Nähe des Tochterelements. Sie werden nur durch ein Element voneinander getrennt.

Auch Radium-226 unterliegt einem Alphazerfall, durch den es zu Radon-222 wird. Die Gleichung für diesen nuklearen Zerfall lautet:

$$^{226}_{88}\text{Ra} \rightarrow {}^{222}_{86}\text{Rn} + {}^4_2\text{He}$$

In der wissenschaftlichen Literatur wird für das Alphateilchen manchmal der griechische Buchstaben α verwendet.

Betazerfall

Bei der Erörterung des Betazerfalls werden wir uns mit drei Themen beschäftigen: (1) dem *Beta-Minus* (β^-)-Zerfall, (2) dem *Beta-Plus* (β^+)-Zerfall und (3) dem *Elektroneneinfang*. Der Elektroneneinfang ist kein Zerfallsprozess im eigentlichen Sinne. Hierbei handelt es sich vielmehr darum, dass der Kern eines Atoms ein Elektron einfängt, das ihn auf einem bestimmten Orbital umkreist. Die Ergebnisse sind den anderen beiden Zerfallsarten jedoch so ähnlich, dass der Elektroneneinfang in die folgende Darstellung mit aufgenommen werden soll.

Der Beta-Minus-Zerfall

Dieser Zerfallstyp liegt vor, wenn der Kern eines instabilen Isotops ein Beta-Minus-Teilchen emittiert. Ein β^--Teilchen ist mit einem Elektron identisch, das eine Ladung von $-e$ besitzt. Nun werden Sie sich vielleicht fragen, wie es möglich ist, dass ein Atomkern ein Elektron emittiert. Die grundsätzliche Frage lautet jedoch: Wie ist das Elektron überhaupt in den Kern hineingekommen? Aus experimentellen Beobachtungen geht hervor, dass sich ein Neutron im Atomkern in ein Proton und ein Elektron aufspalten kann. Das Proton bleibt im Atomkern, während das Elektron herausgeschleudert wird.

Während des Beta-Minus-Zerfalls wird jedoch noch ein weiteres Teilchen emittiert: ein sogenanntes *Antineutrino*. *Neutrinos* sind Elementarteilchen, die eine sehr geringe Masse und keine Ladung besitzen und sich mit sehr hoher Geschwindigkeit bewegen. Antineutrinos sind Beispiele für Antimaterie. Die Bedeutung von Neutrinos (und Antineutrinos) besteht darin, dass sich mit ihrer Hilfe die Energie- und Impulsänderungen zwischen den Mutter- und Tochterkernen und dem Beta-Teilchen erklären lassen.

Die Gleichung für den Beta-Minus-Zerfall lautet:

$$^1_0 n \rightarrow\ ^1_1 p +\ ^{\ 0}_{-1} e + \bar{\nu}$$

Hierbei steht $^1_0 n$ für die Kernschreibweise des Neutrons, $^1_1 p$ für die des Protons, $^0_1 e$ für das Beta-Minus-Teilchen oder Elektron und $\bar{\nu}$ für das Antineutrino. Diese Schreibweise mag ein wenig überraschen. Schauen wir sie uns daher etwas genauer an. Erinnern wir uns zunächst daran, dass der hochgestellte Buchstabe A die Anzahl der Nukleonen (Neutronen und Protonen) wiedergibt, sodass die „1" für das Neutron und die „1" für das Proton konsistent sind. Der tiefgestellte Buchstabe Z kann auf zwei Weisen interpretiert werden: Nach der einen Deutung stellt er die Anzahl der Protonen dar, sodass die Null für das Neutron Sinn ergibt, ebenso wie die „1" für das Proton. Bezüglich des Elektrons müssen wir uns jedoch daran erinnern, dass die tiefgestellte Zahl auch für die Kernladung als Vielfaches von e, der kleinsten elektrischen Ladung, steht. Das Elektron hat eine Ladung von $-e$, sodass die „−1", geht man von dieser Definition aus, ebenfalls Sinn ergibt. Dasselbe gilt für die tiefgestellten Zahlen des Neutrons und des Protons. Beachten Sie auch, dass die beiden Erhaltungsregeln erfüllt sind: Der Wert für A ist auf beiden Seiten der Gleichung konstant ($1 = 1 + 0$), der Wert für Z ist es ebenfalls ($0 = 1 - 1$).

Ein radioaktives Isotop des Kohlenstoffs, das durch die Emission eines Beta-Minus-Teilchens zerfällt, ist Kohlenstoff-14. Wenn der Tochterkern $^{14}_6 C$ ein Beta-Minus-Teilchen emittiert, entsteht als Tochterkern Stickstoff-14 bzw. $^{14}_7 N$. Dieser radioaktive Zerfall wird durch die folgende Gleichung beschrieben:

$$^{14}_6 C \rightarrow\ ^{14}_7 N +\ ^{\ 0}_{-1} e + \bar{\nu}$$

Wir können der Gleichung entnehmen, dass beide Erhaltungsregeln erfüllt sind: Die Anzahl der Nukleonen bleibt mit $A = 14$ auf beiden Seiten konstant ($14 = 14 + 0$). Der Wert für Z ist ebenfalls konstant ($6 = 7 - 1$). Beachten Sie, dass die Mutter- und Tochterkerne zu Atomen verschiedener Elemente gehören. (Kohlenstoff hat sechs und Stickstoff sieben Protonen.) Im Periodensystem stehen beide Elemente direkt nebeneinander, wobei das Tochterelement eine höhere Anzahl von Protonen besitzt.

Beta-Plus-Zerfall

Bei dieser Art des radioaktiven Zerfalls emittiert der Kern eines instabilen Isotops ein Beta-Plus-Teilchen. Eine alternative Bezeichnung für ein β^+-Teilchen ist *Positron*. Ein Positron ist einem Elektron sehr ähnlich: Es hat dieselbe Masse, jedoch eine Ladung von $+e$. Ein Positron ist ein Beispiel für Antimaterie und wird manchmal auch als Antielektron bezeichnet. Auch hier werden Sie sich vielleicht wieder fragen, wie es möglich ist, dass der Atomkern ein Positron emittiert. Wieder sind es experimentelle Beobachtungen, aus denen hervorgeht, dass sich ein Proton im Atomkern in ein Neutron und ein Positron aufspalten kann. Das Neutron bleibt im Atomkern, während das Positron aus dem Kern herausgeschleudert wird. Ein Neutrino wird ebenfalls emittiert.

Die Gleichung für diesen radioaktiven Zerfallsprozess lautet:

$$_1^1p \rightarrow\ _0^1n +\ _{+1}^0e + \nu$$

Hierbei steht $_{-1}^0e$ für die Kernschreibweise eines Beta-Plus-Teilchens oder Positrons, und ν ist die Bezeichnung für ein Neutrino. Für das Positron bedeutet die tiefgestellte Zahl wiederum die Ladung als Vielfaches von e, der Grundeinheit der elektrischen Ladung, die in diesem Fall +1 beträgt. Achten Sie darauf, dass auch in diesem Fall die beiden Erhaltungsregeln erfüllt sind: Die Werte für A (1 = 1 + 0) und Z (1 = 0 + 1) sind auf beiden Seiten der Gleichung konstant.

Sauerstoff-15 ist ein Beispiel für ein Isotop, das durch die Emission eines β⁺-Teilchens zerfällt. Emittiert der Mutterkern $_8^{15}$O ein β⁺-Teilchen, so entsteht als Tochterkern Stickstoff-15 bzw. $_7^{15}$N. Die Gleichung für diesen radioaktiven Zerfall lautet:

$$_8^{15}O \rightarrow\ _7^{15}N +\ _{+1}^0e + \nu$$

Beachten Sie, dass auch in diesem Fall die Mutter- und Tochterkerne zu Atomen verschiedener Elemente gehören, wobei die Ordnungszahl um eins abnimmt. Die beiden Erhaltungsregeln sind erfüllt, sowohl für A, 15 = 15 + 0, als auch für Z: 8 = 7 + 1. Im Periodensystem stehen die Elemente direkt nebeneinander, wobei das Tochterelement eine geringere Protonenanzahl hat.

Der Elektroneneinfang

Der Elektroneneinfang ist streng genommen kein Zerfallsprozess, er ist dem Beta-Plus-Zerfall jedoch so ähnlich, dass es sinnvoll ist, ihn hier ebenfalls zu erläutern. Das Grundphänomen des Elektroneneinfangs besteht darin, dass der Zellkern eines der ihn umkreisenden Elektronen einfängt. Das Elektron verbindet sich daraufhin mit einem Proton und bildet ein Neutron. Während dieses Vorgangs emittiert der Kern ein Neutrino.

Während des Elektroneneinfangs ändert sich die elektronische Konfiguration des Atoms. Normalerweise fängt der Kern ein Elektron einer der tieferliegenden Energieniveaus ein, woraufhin ein anderes Elektron von einem höheren Energieniveau auf die freigewordene Stelle des niedrigeren Energieniveaus „herabfällt". Hierbei muss das Elektron diese Energie in Form einer elektromagnetischen Welle abgeben. Bei dieser elektromagnetischen Welle handelt es sich normalerweise um einen Röntgenstrahl. Beachten Sie, dass die elektromagnetische Welle vom Atom und nicht von seinem Kern abgegeben wird.

Die Gleichung für den Elektroneneinfang lautet:

$$_1^1p +\ _{-1}^0e \rightarrow\ _0^1n + \nu$$

In der Gleichung ist angegeben, dass ein Neutrino emittiert wird. Ein Beispiel für ein Isotop, bei dem ein Elektroneneinfang auftritt, ist Beryllium-7. Es fängt ein Elektron ein und wird dadurch zu Lithium-7. Die Gleichung für diesen Vorgang gelautet:

$$^{7}_{4}Be + ^{0}_{-1}e \rightarrow ^{7}_{3}Li + v$$

Beachten Sie, dass der Mutter- und Tochterkern auf die gleiche Weise wie beim β^+-Zerfall durch ein Proton unterschieden sind, wobei der Tochterkern, Lithium-7, ein Proton weniger als das Mutterisotop hat. Auch hier lässt sich feststellen, dass die Anzahl der Nukleonen A ($7 + 0 = 7$) und die Ladungszahl Z ($4 - 1 = 3$) erhalten bleiben.

Erinnern wir uns daran, dass ein Proton bei einem β^+-Zerfall (durch die Emission eines Positrons) zu einem Neutron wird. Beim Elektroneneinfang ändert sich ein Proton ebenfalls zu einem Neutron (durch der Absorption eines Elektrons). Man spricht daher davon, dass der Elektroneneinfang ein konkurrierender Prozess ist, da es zwei Wege gibt, auf denen der Mutterkern zum Tochterkern zerfallen kann. Ein Beispiel hierfür ist Kobalt-56. Wenn es durch die Emission eines Beta-Plus-Teilchens zerfällt, lautet die Gleichung hierfür:

$$^{56}_{27}Co \rightarrow ^{56}_{26}Fe + ^{0}_{+1}e$$

Fängt hingegen der Kern eines Kobalt-56-Isotops ein Elektron ein, ergibt sich folgende Zerfallsgleichung:

$$^{56}_{27}Co + ^{0}_{-1}e \rightarrow ^{56}_{26}Fe$$

In beiden Fällen ist Kobalt-56 der Mutterkern, Eisen-56 der Tochterkern und bleiben A und Z konstant. (Beachten Sie, dass in beiden Fällen ein Neutrino emittiert wird, obwohl dies in keiner der beiden Zerfallsgleichungen angegeben ist.)

Gammazerfall

Zu dieser Art des radioaktiven Zerfalls kommt es, wenn der Kern eines instabilen Isotops einen Gammastrahl, ein Photon oder eine hochenergetische elektromagnetische Welle emittiert. Es kommt zur Emission von Gammastrahlen, wenn der Kern eines Atoms sich in einem hochenergetischen Zustand befindet. Wechselt der Atomkern in einen Zustand niedrigerer Energie, den Grundzustand, so wird ein Photon in Form eines Gammastrahls emittiert. Der Vorgang ähnelt demjenigen in einem Atom, wenn ein Elektron zwischen Energieniveaus wechselt und z. B. von einem höheren auf ein niedrigeres Energieniveau springt. Die Energie des hierbei von der Atomhülle abgegebenen Photons beträgt in der Regel nur wenige Elektronenvolt, da es sich um den Übergang von Elektronen handelt. Bei der von einem Atomkern emittierten Energie handelt es sich dagegen um Tausende oder Millionen von Elektronenvolt (keV oder MeV).

Sendet ein Atomkern Gammastrahlung aus, kommt es zu keiner Änderung der Protonen- oder Neutronenanzahl. Die Nukleonenanzahl (oder die Massenzahl) A und die Anzahl der Protonen (oder die Ordnungszahl) Z bleiben konstant. Die Mutter- und Tochterkerne gehören daher demselben Element an.

Um zwischen dem Mutter- und Tochterisotop in der Gleichung eines radioaktiven Zerfalls unterscheiden zu können, wird der Mutterkern etwas anders bezeichnet als der Tochterkern. Wir können dies anhand von Technetium-99m veranschaulichen. Hierbei handelt es sich um ein Isotop, das in medizinischen Anwendungen eine wichtige Rolle spielt. Technetium wird in Diagnoseverfahren eingesetzt, bei denen es darum geht festzustellen, ob ein bestimmtes Organ des Körpers normal arbeitet oder ob eine Funktionsstörung vorliegt. Hierzu wird Technetium injiziert und dann von dem Organ aufgenommen. Mit Hilfe der anschließend emittierten Gammastrahlen lässt sich ein Bild des Organs erzeugen.

Die Kernschreibweise für das radioaktive Technetium lautet $^{99m}_{43}\text{Tc}$, wobei „m" für „metastabil" steht. Die radioaktive Zerfallsgleichung lautet:

$$^{99m}_{43}\text{Tc} + ^{99}_{43}\text{Tc} \rightarrow \gamma$$

Das Mutterisotop ist $^{99m}_{43}\text{Tc}$, das Tochterisotop $^{99}_{43}\text{Tc}$. Beachten Sie, dass sich durch den Gammastrahl weder die Anzahl der Nukleonen noch die Anzahl der Protonen ändert. Als Kernschreibweise kann $^{0}_{0}\gamma$ verwendet werden, doch die hoch- und tiefgestellten Zahlen sind in diesem Fall nicht notwendig. Die Energie eines von $^{99m}_{43}\text{Tc}$ emittierten Gammastrahls beträgt 142,7 keV.

Die Zerfallsreihe

Sendet ein instabiler Atomkern Strahlung aus, so ist der daraus resultierende Tochterkern häufig ebenfalls instabil. Der Tochterkern wird zu einem Mutterkern und emittiert seinerseits eine Strahlung, durch die ein weiterer Tochterkern entsteht. Man spricht in einem solchen Fall von einer *Zerfallsreihe*. Manchmal verläuft eine Zerfallsreihe über zahlreiche Zwischenschritte, bevor sie in einem stabilen Tochterisotop endet. In anderen Fällen sind es nur wenige Schritte. Die Länge der Zerfallskette hängt davon ab, wie viele Schritte erforderlich sind, um ein stabiles Tochterisotop zu erreichen.

Abb. 7.3 ▶

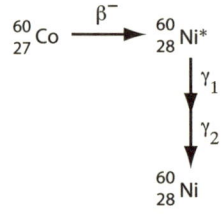

Zerfall von Kobalt-60 zu Nickel-60 durch die Emission von einem Beta-Minus-Teilchen und zwei Gammastrahlen. Ein Antineutrino wird ebenfalls abgegeben. Dies ist jedoch nicht dargestellt.

Ein Beispielisotop, das in der Medizin eine wichtige Rolle spielt, ist Kobalt-60. Dieses Isotop wird zur Krebstherapie eingesetzt, indem Krebsgewebe den von diesem Isotop emittierten Gammastrahlen ausgesetzt wird. Der Kern von Kobalt-60 emittiert ein Beta-Minus-Teilchen (und ein Antineutrino) und wird so zu Nickel-60. Der Nickel-60-Kern befindet sich in einem angeregten Zustand, bis er zwei Gammastrahlen emittiert und dadurch in die stabile Form von Nickel-60 übergeht (Abb. 7.3). Die Gleichung für diesen radioaktiven Betazerfall lautet:

$$^{60}_{27}\text{Co} \rightarrow ^{60}_{28}\text{Ni}^{*} + ^{0}_{-1}e + \bar{\nu}$$

Das Asterisk * deutet hier darauf hin, dass es sich um den angeregten Zustand von Nickel-60 handelt. Die Zerfallsgleichung für Nickel-60 lautet:

$$^{60}_{28}\text{Ni}^* \rightarrow {}^{60}_{28}\text{Ni} + \gamma_1 + \gamma_2$$

Hierbei steht γ_1 für das erste Photon, dessen Energie 1,17 MeV beträgt, und γ_2 für das zweite Photon, das über eine Energie von 1,33 MeV verfügt. (Die Energie des Beta-Minus-Teilchens im ersten Teil der Zerfallsreihe beträgt 0,31 MeV oder 310 keV.) Beachten Sie, dass der Mutter- und Tochterkern zum selben Element, Nickel, gehören und dass das Sternchen (*) verwendet wird, um sie zu unterscheiden. Die beiden Zerfallsgleichungen können so zusammengefasst werden, dass sich für den Gesamtprozess folgende Gleichung ergibt:

$$^{60}_{27}\text{Co} \rightarrow {}^{60}_{28}\text{Ni} + {}^{0}_{-1}e + \gamma_1 + \gamma_2 + \bar{\nu}$$

Aus dieser Gleichung geht hervor, dass das ursprüngliche, radioaktive Kobalt-60 zu Nickel-60 zerfällt, indem ein Beta-Minus-Partikel und zwei Gammastrahlen (so wie ein Antineutrino) emittiert werden.

Hierbei handelt es sich um eine Zerfallsreihe, die aus zwei Schritten besteht. Das folgende Beispiel zeigt eine sehr viel längere Zerfallsreihe. Das radioaktive Uran-238 zerfällt über 14 Zwischenschritte zum stabilen Isotop Blei-206. Uran-238 emittiert ein Alphateilchen und wird dadurch zu Thorium-234, das seinerseits ein Beta-Minus-Teilchen emittiert und zu Palladium-234 wird. Durch die Emission eines weiteren Beta-Minus-Teilchens entsteht Uran-234, das ein Alphateilchen emittiert und zu Thorium-230 wird. Thorium-230 emittiert ebenfalls ein Alphateilchen und wird zu Radium-226. Der Prozess setzt sich fort, bis insgesamt acht Alphateilchen und sechs Beta-Minus-Teilchen emittiert wurden, wodurch das stabile Isotop Blei-206 entsteht.

Erinnern wir uns daran, dass bei jedem Beta-Minus-Zerfall auch ein Antineutrino emittiert wird. An dieser Zerfallsreihe lässt sich eine interessante Beobachtung machen: Einige der resultierenden Isotope emittieren ein Alphateilchen und dann ein Beta-Minus-Teilchen oder zuerst ein Beta-Minus-Teilchen und dann ein Alphateilchen. Die Zerfallsreihe für dieses Beispielisotop ist in Abbildung 7.4 dargestellt.

Die Tatsache, dass bei einer Zerfallsreihe zahlreiche radioaktive Zwischenprodukte entstehen, wirft eine Reihe wichtiger Fragen auf, die damit zusammenhängen, wie wir mit radioaktiven Materialien umgehen. So kann es beispielsweise vorkommen, dass für eine bestimmte Anwendung von den vielen Schritten einer Zerfallsreihe nur ein einziger von Interesse ist. Dies kann verschiedene Gründe haben: Die in diesem Schritt freiwerdende Energie oder seine zeitliche Dauer kann den richtigen Wert bzw. genau die gewünschte Länge haben. Möglicherweise entspricht die Konzentration des entstehenden Isotops genau dem Optimalwert, der benötigt wird, um das in der Anwendung gewünschte Ergebnis zu erzielen. Der Rest des Zerfallsprozesses in der Zerfallskette ist vielleicht nicht verwendbar, sodass sich das Problem stellt, wie mit dem Abfallmaterial umgegangen werden soll. Da radioaktive Strahlung über Hunderte oder Millionen von Jahren anhalten kann, spielen die Lagerung und Handhabung dieser Abfallmaterialien eine wichtige Rolle bei dem Versuch, den Umfang der Strahlung, der wir ausgesetzt werden, auf ein Minimum zu reduzieren.

Abb. 7.4 ▶

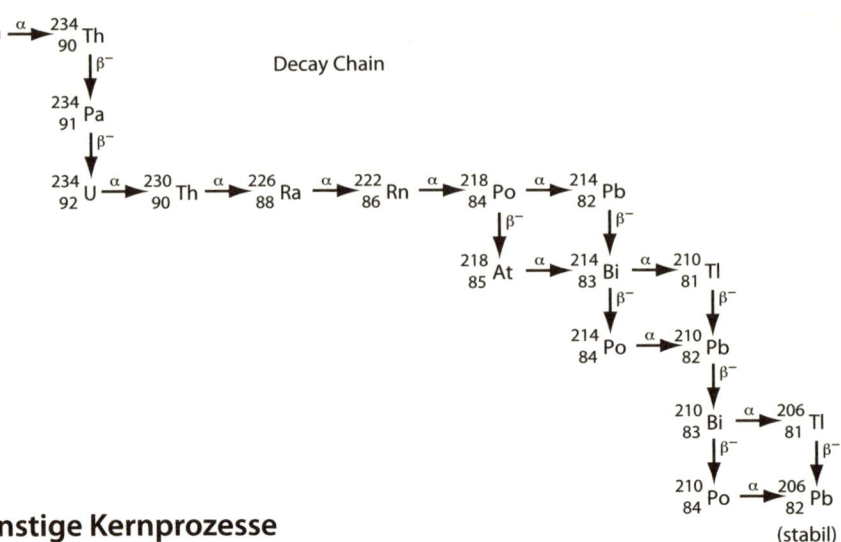

Decay Chain

Die Zerfallreihe
von Uran-238 zu
Blei-206. Während
des Zerfalls von
Uran zu Blei werden
acht Alpha- und
sechs Beta-Minus-
Teilchen emittiert.
Antineutrinos
werden ebenfalls
abgegeben. Dies
ist jedoch nicht
dargestellt.

Sonstige Kernprozesse

Es gibt noch eine Reihe anderer Prozesse, an denen der Atomkern beteiligt ist, wie zum Beispiel weitere Strahlungstypen, die Spaltung und Fusion von Kernen sowie die Kernreaktionen in Atomwaffen. Schauen wir uns einige Beispiele an.

Die bereits früher erwähnten *Neutrinos* sind ungeladene Teilchen, die sich sehr schnell bewegen und daher nur schwer nachweisbar sind. Sie werden bei bestimmten Typen radioaktiven Zerfalls emittiert. Sie wurden zuerst 1930 von Wolfgang Pauli vorgeschlagen, da Beta-Zerfalls-Experimente scheinbar die Energie- und Impulserhaltungsgesetze zu verletzten schienen. Man fand später heraus, dass Neutrinos mit den Kernen über die schwache Kernkraft in Wechselwirkung stehen.

Die *Neutronenemission* ist ein Vorgang, bei dem der Atomkern ein Neutron emittiert. Trifft dieses Neutron auf einen anderen Atomkern, kann es diesen Atomkern in einen angeregten Zustand versetzen, sodass dieser eine Strahlung aussendet (was als *Neutronenaktivierung* bezeichnet wird). Ein Beispielisoptop, bei dem man eine Neutronenemission beobachten kann, ist Kalifornium-252, das nach dem Staat benannt ist, in dem es zuerst hergestellt wurde (an der Universität von Kalifornien in Berkeley). Kalifornium-252 ist ein instabiles Isotop, das durch die Emission eines Neutrons zerfällt. Die Gleichung für diesen Zerfall lautet:

$$^{252}_{98}\text{Cf} \rightarrow {}^{251}_{98}\text{Cf} + {}^{1}_{0}n$$

Wenn die Neutronen aus dieser Reaktion auf eine Probe Stickstoff-14 treffen, befinden sich deren Kerne in einem angeregten Zustand, der zur Emission eines Gammastrahls führt. Die Gleichungen für diesen Zerfall lauten:

$$^{1}_{0}n + {}^{14}_{7}\text{N} \rightarrow {}^{15}_{7}\text{N}^*$$

und

$$^{15}_{7}\text{N}^* \rightarrow {}^{15}_{7}\text{N} + \gamma$$

Die *Protonenemission* ist ein ähnlicher Vorgang, bei dem ein Proton emittiert wird. Beispiele hierfür sind die Isotope Kobalt-53 und Thulium-147.

Zu einer *Kernfusion* kommt es, wenn zwei Kerne sich verbinden und auf diese Weise einen weiteren Kern bilden. Normalerweise sind hieran leichtere Kerne wie zum Beispiel diejenigen von Wasserstoff und Helium beteiligt. Die Kernfusion ist ein wichtiger Mechanismus bei der Erzeugung von Licht und Wärme durch die Sonne. In der Sonne laufen eine Reihe verschiedener Fusionsreaktionen ab. Die erste ist eine Proton-Proton- (oder Wasserstoff-Wasserstoff-) Fusion, durch die Deuterium entsteht. Anschließend verbindet sich ein Proton mit Deuterium, wodurch Helium-3 entsteht. Anschließend verbinden sich 2 Helium-3-Kerne, sodass Helium-4 entsteht. Das Gesamtergebnis dieser Prozesse besteht darin, dass sich sechs Protonen, oder Wasserstoffkerne, an verschiedenen Fusionsprozessen beteiligen und dass auf diese Weise ein Helium-4-Kern entsteht. Während dieses Kernreaktionszyklus werden zwei Protonen, zwei Gammastrahlen und zwei Neutrinos freigesetzt sowie zwei Protonen und eine große Menge Energie.

Die *Kernspaltung* ist ein Vorgang, bei dem sich ein großer Atomkern in zwei kleinere Kerne aufspaltet. Ein Beispiel ist die Spaltung von Plutonium-240, das sich in Strontium-97 und Barium-139 aufspaltet und dabei vier Neutronen emittiert. Die Gleichung für diesen radioaktiven Zerfallsprozess lautet:

$$^{240}_{94}\text{Pu} \rightarrow\, ^{97}_{38}\text{Sr} +\, ^{139}_{56}\text{Ba} + 4(^{1}_{0}n)$$

Die Mathematik des radioaktiven Zerfalls

Eine Probe radioaktiven Materials gibt über einen bestimmten Zeitraum ständig Strahlung ab, obwohl die Menge der abgegebenen Strahlung pro Zeiteinheit im Laufe der Zeit abnimmt. Nicht alle radioaktiven Kerne geben Strahlung zur gleichen Zeit ab. Einige Arten radioaktiven Materials geben mehr Strahlung ab als andere, und einige geben die Strahlung schneller als andere ab. Die Mathematik des radioaktiven Zerfalls erlaubt es, die Menge der abgegebenen Strahlung zu berechnen, sodass sie bei speziellen Anwendungen exakt eingesetzt werden kann und sich die Strahlungsmenge berechnen lässt, der wir im Umgang mit diesen Materialien ausgesetzt sind.

Der radioaktive Zerfall eines Atomkerns ist ein Zufallsprozess. Wenn man in der Lage wäre, ein einzelnes Atom (oder einen Atomkern) zu beobachten, so könnte man nicht vorhersagen, wann der Kern zerfallen würde. Es wäre jedoch möglich, festzustellen, mit welcher Wahrscheinlichkeit der Kern innerhalb eines bestimmten Zeitraums zerfällt. Hierbei würde es sich allerdings lediglich um eine Vorhersage handeln, ohne die Gewissheit, dass sie eintritt. Für eine Ansammlung von Atomkernen lässt sich statistisch berechnen, wie viele Atomkerne zerfallen werden. Außerdem gibt es eine wohldefinierte mathematische Formel, mit der sich ermitteln lässt, wie viele radioaktive Kerne in Abhängigkeit von der Zeit erhalten bleiben. Bei dieser Formel handelt es sich um eine Exponentialfunktion.

Um uns die mathematischen Grundlagen des radioaktiven Zerfalls weiter zu verdeutlichen, wollen wir uns zwei Größen anschauen, die als *Zerfallsrate* und

Halbwertszeit bezeichnet werden. Im Anschluss werden wir uns dann die Mathematik der Exponentialfunktion und ihre Beziehung zu den Phänomenen des nuklearen Zerfalls noch genauer anschauen.

Zerfallsrate

Gibt eine Probe radioaktiver Kerne Strahlung ab, so bezeichnet man die Anzahl der Zerfallsereignisse pro Zeiteinheit als Zerfallsrate. Eine alternative Bezeichnung für die Zerfallsrate ist die (radioaktive) *Aktivität*. Nehmen wir an, die Anzahl der radioaktiven Kerne beträgt N, und sie ändert sich im Laufe der Zeit um ΔN. Die Zerfallsrate oder Aktivität R würde dann angegeben durch:

$$R = |\Delta N / \Delta t| \qquad (1)$$

Hierbei steht Δt für diejenige Zeit, die verstreicht, während ΔN Kerne zerfallen. (Idealerweise wird für Δt ein sehr kleiner Wert genommen.) Der absolute Wert in Gleichung (1) zeigt an, dass die Zerfallsrate, obwohl die Zahl der Atomkerne abnimmt und ΔN somit eine negative Zahl ist, dennoch als positiver Wert angegeben wird.

Für die Zerfallsrate werden normalerweise zwei Einheiten verwendet. Die eine ist die SI-Einheit des *Becquerel*, oder Bq. Sie entspricht dem Zerfall pro Sekunde. Die andere Einheit ist das *Curie*, oder Ci, wobei gilt: 1 Ci = $3{,}70 \times 10^{10}$ Bq. Die Einheit Becquerel ist nützlich, wenn wir über einzelne Atomkerne sprechen, während die Einheit Curie nützlich ist, wenn es um größere Kernansammlungen geht. Das Becquerel ist nach Henri Becquerel benannt, und das Curie nach Pierre und Marie Curie. Becquerel und die Curies waren französische Physiker (Marie war polnischer Abstammung und außerdem Chemikerin), die Ende des 19. und Anfang des 20. Jahrhunderts lebten. Sie waren an der Entdeckung radioaktiver Strahlung beteiligt und erhielten hierfür 1903 den Nobelpreis für Physik. Zu einem späteren Zeitpunkt, im Jahr 1911, erhielt Marie Curie (die auch Madame Curie genannt wird) für die Entdeckung der Elemente Radium und Polonium den Nobelpreis für Chemie. Madame Curie starb 1934, sehr wahrscheinlich an den Folgen von Strahlenbelastung, da die biologischen Auswirkungen der radioaktiven Strahlung damals noch unbekannt waren. Pierre Curie war bereits viele Jahre früher (1906) nach einem Verkehrsunfall in Paris gestorben. (Er hatte versucht eine Straße zu überqueren.)

Die Zerfallsrate hängt von der Zahl der Mutterkerne ab, die in einer Materialprobe enthalten sind. Stellen Sie sich eine sehr kleine Anzahl von Atomkernen vor, bei der in einem bestimmten Zeitraum (sagen wir von ein paar Minuten) nur wenige Atomkerne zerfallen können. Wenn Sie zehnmal so viele Atomkerne hätten, könnten im selben Zeitraum mehr Atomkerne zerfallen. Tatsächlich ist die Zerfallsrate proportional zur Anzahl der Mutterkerne, sodass sie durch folgende Gleichung ausgedrückt werden kann:

$$\Delta N / \Delta t = -\lambda N \qquad (2)$$

Hierbei steht λ für eine Proportionalitätskonstante, die als *Zerfallskonstante* bezeichnet wird und für unterschiedliche radioaktive Isotope unterschiedliche Werte hat (für ein bestimmtes Isotop jedoch konstant ist). Beachten Sie, dass das negative Vorzeichen bedeutet, dass die Anzahl der Mutterkerne im Laufe der Zeit abnimmt.

Die Tatsache, dass die Zerfallsrate von der Anzahl der vorhandenen Kerne abhängt, lässt sich auch dadurch veranschaulichen, dass man sie mit einer anderen Größe in Beziehung setzt, bei der es um Geld geht. Angenommen, jemand gibt Ihnen 10 Euro und besteht darauf, dass Sie das Geld innerhalb von zwei Tagen ausgeben. Ihre „Ausgaberate" würde 10 € geteilt durch zwei Tage, d. h. 5 € pro Tag betragen. Stellen Sie sich nun vor, man gäbe Ihnen 100 €, die Sie innerhalb von zwei Tagen ausgeben müssten. Dann würde Ihre Ausgaberate 50 € pro Tag entsprechen. Je mehr Geld Sie haben, desto größer ist Ihre Ausgaberate. Das Verhalten der radioaktiven Atomkerne unterliegt einem mathematischen Gesetz, welches bestimmt, dass – für eine bestimmte Art von Atomkern – über einen bestimmten Zeitraum ein bestimmter Prozentsatz von Kernen zerfallen muss. Daher wird die Zerfallsrate umso größer sein, je mehr Atomkerne sich in der ursprünglichen Materialprobe befinden.

In der Infinitesimalrechnung kann die Gleichung für die Zerfallsrate (2) als Differentialgleichung geschrieben werden. Mit ihrer Hilfe lässt sich die Anzahl der radioaktiven Mutterkerne (N, auch als Population bezeichnet) als Funktion der Zeit berechnen. Das Ergebnis lautet:

$$N = N_0 e^{-\lambda t} \tag{3}$$

Hierbei steht N_0 für die ursprüngliche Population der radioaktiven Kerne in einer Probe zum Zeitpunkt $T = 0$. Beachten Sie, dass es sich hierbei um eine Exponentialfunktion handelt, wobei das Minuszeichen andeutet, dass es sich um einen exponentiellen Zerfall und nicht um ein exponentielles Wachstum handelt. Der Formel lässt sich entnehmen, dass die Population der Mutterkerne, beginnend mit einer Ausgangspopulation von N_0, mit der Zeit abnimmt.

Eine grafische Darstellung der Populationsfunktion (Gleichung 3) ist in Abbildung 7.5 wiedergegeben. Beachten

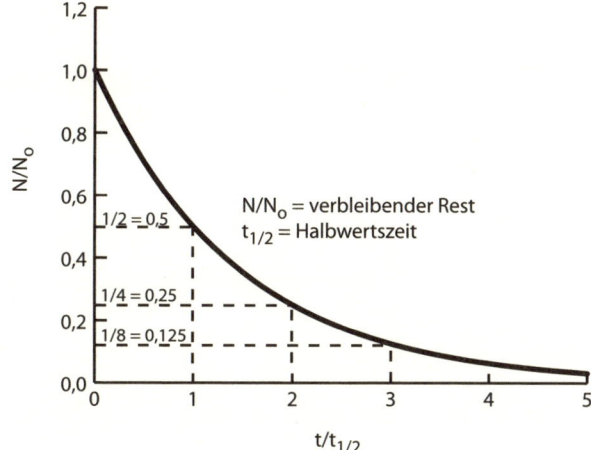

Sie, dass die Population niemals den Wert null erreicht. Theoretisch erreicht die Population, unabhängig davon, wie groß der Wert für die Zeit ist, niemals den Wert null. (Null ist eine Asymptote.) Ist die Zahl der anfänglichen radioaktiven Kerne jedoch sehr klein (sagen wir 100 oder 1000 oder 1 000 000) und steht genug Zeit zur Verfügung, werden sämtliche radioaktiven Kerne zerfallen. Bei größeren Mengen radioaktiven Materials kann es leichter sein, von der Masse des Materials zu sprechen. (Wir werden uns hiermit später noch genauer beschäftigen.)

Der exponentielle Teil von Gleichung (3) wird manchmal auch als *verbleibender Rest* bezeichnet, da die Menge N/N_0 dem zeitabhängigen Bruchteil der radioaktiven Mutterkerne entspricht. Wir werden diesem Ausdruck wiederbegegnen, wenn wir uns mit der als MYOVIEW[1] bezeichnete medizinische Anwendung beschäftigen, die Technetium-99 verwendet, um ein Bild der Herzarterien zu erstellen, anhand dessen sich entscheiden lässt, ob sie blockiert sind.

Halbwertszeit

Die *Halbwertszeit* ist als diejenige Zeit definiert, die es dauert, bis die Hälfte der radioaktiven Mutterkerne zerfallen ist. Wenn ein Zeitraum verstrichen ist, der der Halbwertszeit der Probe eines bestimmten radioaktiven Materials entspricht, sind 50 % der Probe zerfallen. Wenn derselbe Zeitraum erneut verstrichen ist, sind weitere 50 % der übrig gebliebenen Atomkerne zerfallen, sodass nur noch 25% oder ein Viertel der ursprünglichen Atomkernzahl vorhanden ist. Der Zerfallsprozess setzt sich fort, sodass nach einem Zeitraum, der dem Dreifachen der Halbwertszeit entspricht, nur noch 12,5 % oder ein Achtel der ursprünglichen Atomkernzahl vorhanden ist, nach vier Halbwertszeiten nur noch 6,25 % oder ein Sechzehntel usw. (Tab. 7.1).

Angenommen, wir beginnen mit 1000 radioaktiven Mutterkernen zum Zeitpunkt $T = 0$, und die Halbwertszeit für die Isotope beträgt 5 Sekunden. Nach 5 Sekunden würden noch 500 Mutterkerne übrig bleiben, nach 10 Sekunden wären es 250, nach 15 Sekunden 125 und nach 20 Sekunden 62 oder 63, da die Anzahl der Atomkerne eine ganze Zahl sein muss (Tab. 7.2).

Tab. 7.1 ▶

Verbleibender Rest der ursprünglichen Population als Funktion der Zeit t im Verhältnis zur Halbwertszeit $t_{1/2}$

Zeit t	$t/t_{1/2}$	Verbleibender Rest
0	0	$(1/2)^0 = 1$
$t_{1/2}$	1	$(1/2)^1 = 1/2 = 0,5$
$2t_{1/2}$	2	$(1/2)^2 = 1/4 = 0,25$
$3t_{1/2}$	3	$(1/2)^3 = 1/8 = 0,125$
$4t_{1/2}$	4	$(1/2)^4 = 1/16 = 0,0625$

Tab. 7.2 ▶

Population als Funktion der Zeit, wobei $N_0 = 1000$ und $t_{1/2} = 5\,s$

Zeit (s)	Population N
0	1000
5	500
10	250
15	125
20	63

Die Halbwertszeit eines radioaktiven Isotops, in Symbolform geschrieben als $t_{1/2}$, hängt von der Zerfallskonstanten λ für das entsprechende radioaktive Isotop ab. Die mathematische Beziehung lautet:

$$t_{1/2} = \ln2/\lambda \qquad (4)$$

oder

$$\lambda = \ln2/t_{1/2} \qquad (5)$$

Hierbei bedeutet ln2 den natürlichen Logarithmus der Zahl 2. Wenn man λ in die exponentielle Zerfallsfunktion einsetzt, wird diese Gleichung zu

$$N = N_0\, e^{-(\ln2)t/t_{1/2}} \qquad (6)$$

oder

$$N = N_0\, (1/2)^{t/t_{1/2}} \qquad (7)$$

Eine grafische Darstellung der Population als Funktion der Zeit ist in Abbildung 7.6 abgebildet, wobei gilt: $N_0 = 1000$, $\lambda = 0{,}1386/\text{sek}$ und $t_{1/2} = 5$ sek.

Gleichung (6) zeigt nochmals den exponentiellen Rückgang der Population in Abhängigkeit von der Zeit. In Tabelle 7.1 ist der durch Gleichung (7) formulierte Zusammenhang für spezifische Werte von $t/t_{1/2}$ dargestellt.

Die exponentielle Zerfallsfunktion für Masse und Aktivität

Normalerweise weiß man nicht, wie viele radioaktive Kerne sich in einer bestimmten Materialprobe befinden. Die Masse der Probe lässt sich jedoch leicht bestimmen und es wäre nützlich, über eine exponentielle Zerfallsfunktion zu verfügen, die mit Hilfe von Massebegriffen formuliert ist.

Diese Gleichung lässt sich leicht finden, wenn wir uns klarmachen, dass die Masse einer Materialprobe in einem direkt proportionalen Verhältnis zur Anzahl der darin enthaltenen Atomkerne steht. Daher lassen sich die Gleichungen (3) und (6) umschreiben zu

$$m = m_0\, e^{-\lambda t} \qquad (8)$$

und

$$m = m_0\, e^{-(\ln2)t/t_{1/2}} \qquad (9)$$

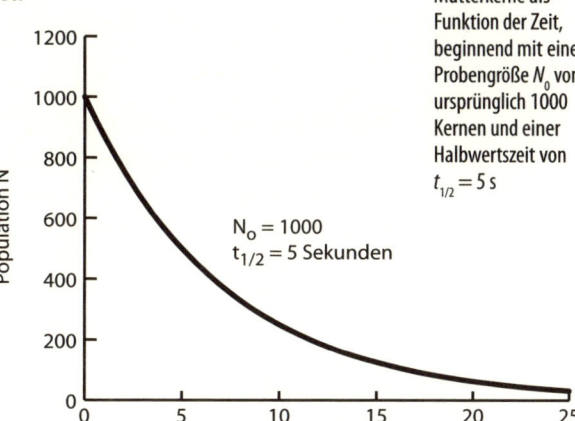

▼ **Abb. 7.6**

Eine Population radioaktiver Mutterkerne als Funktion der Zeit, beginnend mit einer Probengröße N_0 von ursprünglich 1000 Kernen und einer Halbwertszeit von $t_{1/2} = 5\,\text{s}$

$N_0 = 1000$
$t_{1/2} = 5$ Sekunden

Hierbei entspricht m_0 der anfänglichen Masse des radioaktiven Ausgangsmaterials zum Zeitpunkt $t = 0$ und m der Masse in Abhängigkeit von der Zeit.

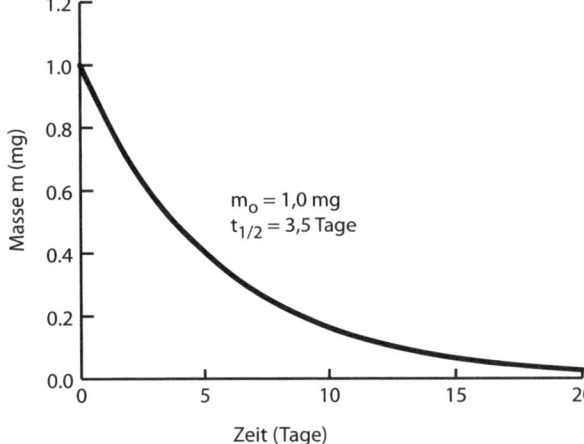

$m_0 = 1,0$ mg
$t_{1/2} = 3,5$ Tage

Zeit (Tage)

Radongas, das in der Natur in der Zerfallsreihe von Uran 238 (dargestellt in Abb. 7.4) auftritt, ist ein Beispiel hierfür. Die isotopische Form von Radon, die während dieses Prozesses entsteht, ist Radon-222. Es ist radioaktiv und zerfällt durch die Emission eines Alphateilchen zu Polonium-218. Es hat eine Halbwertszeit von 3,825 Tagen. Radon ist ein besonders wichtiges radioaktives Isotop, da es in den Vereinigten Staaten häufig in Häusern gefunden wird. Es kann durch Risse und Löcher im Fundament oder in den Grundmauern in ein Haus eindringen. Angenommen, Sie haben eine Probe von 1,0 mg des radioaktiven Radon-222.

Nach 3,825 Tagen sind nur noch 0,50 Milligramm Radon vorhanden, nach weiteren 3,825 Tagen nur noch 0,25 mg dieses radioaktiven Gases. Abbildung 7.7 zeigt ein Diagramm, das die Masse von Radon-222 als Funktion der Zeit darstellt.

Nicht nur die Masse des radioaktiven Materials nimmt im Laufe der Zeit ab, sondern auch die Aktivität der Materialprobe. Mit anderen Worten: Die Zerfallsrate (die Aktivität) nimmt mit der sinkenden Anzahl der Atomkerne ebenfalls ab. Da die Aktivität einer Materialprobe zur Anzahl der darin enthaltenen radioaktiven Kerne in einem direkt-proportionalen Verhältnis steht, können die exponentiellen Zerfallsgleichungen für die Aktivität der Probe umgeschrieben werden. Sie werden zu:

$$R = R_0\,e^{-\lambda t} \tag{10}$$

und

$$R = R_0\,e^{-(\ln 2)t/t_{1/2}} \tag{11}$$

Hierbei entspricht R_0 der ursprünglichen Aktivität zum Zeitpunkt $t = 0$.

Betrachten wir nun ein Beispiel aus der Medizin. Natriumjodid ist eine Verbindung, in der normalerweise das stabile Isotop-Jod 127 vorkommt. Wird jedoch Jod-127 durch das radioaktive Jod-131 ersetzt, ist die daraus resultierende Verbindung radioaktiv. Die Schilddrüse enthält relativ hohe Konzentrationen von Jod, sodass das radioaktive Natriumjodid, wenn es in einen Patienten gelangt, dazu verwendet werden kann, eine Schilddrüsenüberfunktion und Schilddrüsenkrebs zu behandeln. Jod-131 zerfällt durch die Abgabe eines Beta-Minus-Teilchens und hat eine Halbwertszeit von 8 Tagen. Das Medikament wird in Form einer Kapsel eingenommen, die eine Strahlung von ungefähr 4 bis 10 mCi (Millicurie) emittiert. Gehen wir, um die Mathematik der Zerfallsrate zu veranschaulichen, von einer Kapsel mit einer Aktivität von 10 mCi aus. Nach 8 Tagen wird die Aktivität 5 mCi betragen, nach 16 Tagen 2,5 mCi usw. Der Arzt, der die Dosis verabreicht, mag sich fragen, wie lange es dauert, bis die Aktivität auf einen Wert von 1 mCi bzw. auf 10 % der anfänglichen Aktivität zurückgegangen ist. Werden diese Zahlen in die exponentielle Zerfallsgleichung ($R_0 = 10$ mCi, $R = 1$ mCi) eingesetzt, kann man errechnen, dass es fast 25 Tage dauert, bis die Aktivität auf diesen Wert gesunken ist. Eine grafische Darstellung der Aktivität von Jod-131, das in diesem Beispiel verwendet wird, zeigt Abbildung 7.8.

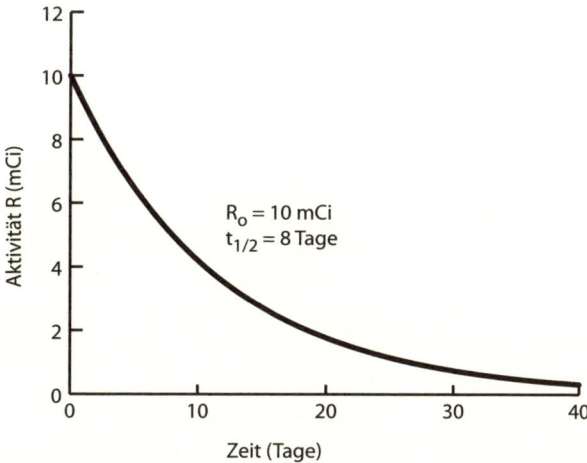

$R_0 = 10$ mCi
$t_{1/2} = 8$ Tage

Auswirkungen der Strahlung auf den Menschen

Wird menschliches Gewebe radioaktiver Strahlung ausgesetzt, kann es zu Strahlenschäden kommen. Die Energie von Alpha- und Betateilchen sowie von Gamma- und Röntgenstrahlen ist groß genug, um Verletzungen herbeizuführen, wenn sie absorbierte werden. Normalerweise treten solche Verletzungen auf, wenn die Strahlung zur Ionisierung einer großen Anzahl der Atome führt, aus denen das Gewebe besteht. Dies ist der Kontext, in dem der Ausdruck „ionisierende Strahlung" zum ersten Mal aufgetaucht ist. Wenn ein Teilchen oder eine radioaktive Strahlung ein Atom trifft, kann es ein oder mehrere Elektronen daraus entfernen, wodurch ein Ion entsteht. Erreicht die Anzahl solcher Ionen einen bestimmten Wert, können große Moleküle, wie zum Beispiel DNA, Zellen oder – bei der Ionisierung von sehr vielen Atomen – auch die der Strahlung ausgesetzten Gewebe geschädigt werden. Wenn die Schädigung gesundes Gewebe betrifft, können erhebliche gesundheitliche Probleme die Folge sein. Es kann zum Beispiel zur Entstehung von Krebszellen kommen. Andererseits kann Krebsgewebe, das ionisierender Strahlung ausgesetzt wird, dadurch zerstört werden.

Zu den Verletzungen kommt es dadurch, dass die Energie des Teilchens oder Photons auf das Medium übertragen wird, in dem es sich bewegt. Erinnern wir uns daran, dass es hierbei um relativ große Energiemengen geht. Sie liegen im Bereich von Tausenden oder sogar vielen Millionen Elektronenvolt (keV oder MeV). Häufig enthält nur ein Partikel oder Strahl genug Energie, um mehrere Ionen entstehen zu lassen. Manchmal wird die Strahlung jedoch nicht absorbiert und durchdringt das Gewebe, ohne irgendwelche Schäden zu verursachen. Die Unterschiede in der Absorption der Teilchen oder Photonen hängen von der Art der emittierten Strahlung ab.

Erinnern wir uns daran, dass ein Alphateilchen mit dem Kern eines Heliumatoms, der aus zwei Protonen und zwei Neutronen besteht, identisch ist. Vergli-

Die Aktivität des radioaktiven Jod-131 als Funktion der Zeit. Jod-131 emittiert ein Beta-Minus-Teilchen. Das Isotop wird zur Behandlung der Schilddrüsenüberfunktion verwendet. Die ursprüngliche Aktivität R_0 der Probe beträgt 10 mCi, was der Dosis entspricht, die einem Patienten typischerweise verabreicht wird. Die Halbwertszeit von Jod-131 beträgt $t_{1/2} = 8$ Tage.

chen mit den anderen Strahlungstypen verfügen Alphateilchen über eine große Masse. Wenn wir an die Formel für die kinetische Energie denken, d. h. an

$$K = 1/2\ mv^2,\tag{12}$$

so zeigt sich, dass sich Alphateilchen im Vergleich zu Betateilchen und Gammastrahlen mit geringerer Geschwindigkeit bewegen. Verfügt ein Alphateilchen beispielsweise über eine kinetische Energie von 10 MeV, bewegt es sich mit einer Geschwindigkeit von etwa $2,2 \times 10^7$ m/s (weniger als einem Zehntel der Lichtgeschwindigkeit, die 3×10^8 m/s beträgt). Alphateilchen haben eine Ladung von $+2e$, da ihnen die zwei Elektronen fehlen, die benötigt werden, um ein neutrales Atom zu bilden. Mit dieser relativ großen Ladung treten Alphateilchen in eine starke Wechselwirkung mit den sie umgebenden Materialien. Tatsächlich wird ein Alphateilchen, das sich durch die Luft bewegt, schon nach wenigen Zentimetern angehalten. Die Bewegung eines Alphateilchens kann sogar durch ein Stück Papier angehalten werden.

Betateilchen, entweder Beta-Minus-(Elektron-) oder Beta-Plus-(Positron-) Teilchen haben eine geringere Ladung von $-e$ bzw. $+e$. Sie verfügen auch über eine wesentlich geringere Masse, die mehr als 7000-mal kleiner ist als die Masse eines Alphateilchen, sodass sie sich bei gleicher kinetischer Energie wesentlich schneller bewegen als Alphateilchen. Tatsächlich ist die Gleichung (12) auf Betateilchen nicht anwendbar, da sie sich mit relativistischer Geschwindigkeit (d. h. nahe an der Lichtgeschwindigkeit) bewegen. Aufgrund dieser zwei Bedingungen (kleinere Ladung und höhere Geschwindigkeit) ist es schwieriger, ein Betateilchen anzuhalten als ein Alphateilchen. Ein Betateilchen, dessen Bewegung durch einige Millimeter Aluminium angehalten werden kann, bewegt sich normalerweise mehrere Meter durch die Luft, ehe es angehalten wird.

Gamma- und Röntgenstrahlen sind ungeladene Teilchen oder Photonen ohne Masse. Sie bewegen sich mit Lichtgeschwindigkeit, da es sich bei ihnen um elektromagnetische Wellen handelt. Sie lassen sich nur schwer anhalten. Ihre Bewegung kann jedoch durch einen oder mehrere Zentimeter Blei gestoppt werden.

Verschiedene Strahlungsarten können in menschliches Gewebe eindringen und dabei unterschiedlich starke Schäden verursachen. Alphateilchen führen zu den schlimmsten Schäden, während Betateilchen nur geringe Verletzungen verursachen. Gamma- und Röntgenstrahlen haben nur sehr geringe Schäden zur Folge (sind allerdings nicht völlig harmlos).

Man könnte denken, dass Alphateilchen keine großen Schäden verursachen können, da man ihre Bewegung so leicht anhalten kann. Tatsächlich verursachen sie jedoch gerade deshalb den größten Schaden. Sie dringen nur einen Bruchteil eines Millimeters in menschliches Gewebe ein, sodass die Energie eines Alphateilchens in einem relativ kleinen Bereich abgegeben wird. Dabei werden zahlreiche Elektronenbindungen aufgebrochen, wodurch viele Ionen entstehen. Dies führt zu einer starken Schädigung der Gewebe. Treffen Alphateilchen auf die Haut an der Oberfläche des Körpers, kann das Ergebnis eine schwere Strahlungsschädigung sein. In Kernreaktoranlagen müssen umfangreiche Strahlenschutzvorrichtungen installiert werden, da in diesen Einrichtungen von radioaktiven Isotopen mit großen Kernen (z. B. Plutonium und Uran) Alphateilchen in großer Zahl emittiert werden.

Sie erinnern sich vielleicht an den Fall des russischen Spions, der im Jahre 2006 starb. Dieser Mann wurde durch die Einnahme von radioaktivem Plutonium-210, das durch die Emission eines Alphateilchens zerfällt, „vergiftet". Da Alphateilchen so leicht absorbiert werden, würde eine Bestrahlung von außerhalb des Körpers schwere Hautverletzungen verursacht haben, die Verletzungen würden jedoch auf die äußeren Gewebe beschränkt gewesen sein. Da das Material jedoch mit seinem Essen vermischt wurde, waren sein Magen und seine anderen Organe der Strahlung ausgesetzt, was zu so großen inneren Verletzungen führte, dass er daran starb.

Betateilchen werden relativ leicht absorbiert, Sie dringen daher nur wenige Millimeter in menschliches Gewebe ein. Zwar treten dabei Schäden in einem gewissen Umfang auf; sie sind jedoch längst nicht so schwerwiegend wie die durch Alphateilchen verursachten Verletzungen. Um das Ausmaß der Strahlenbelastung auf ein Minimum zu reduzieren, müssen in Reaktoranlagen oder nuklearmedizinischen Einrichtungen entsprechende Schutzmaßnahmen ergriffen werden.

Gamma- und Röntgenstrahlen werden von menschlichem Gewebe nur schwer aufgenommen. Die meisten von ihnen gehen durch den Körper hindurch. In den dichteren oder massiveren Bereichen des Körpers ist die Wahrscheinlichkeit größer, dass sie absorbiert werden. Dies wird deutlich, wenn man sich die Röntgenaufnahme eines gebrochenen Knochens oder ein Röntgenbild anschaut, das ein Zahnarzt aufgenommen hat. Der Knochen ist wesentlich dichter, sodass er mehr Röntgenstrahlen absorbiert als die ihn umgebenden Gewebe. Je nachdem, wie dicht das umgebende Gewebe ist, können Sie allerdings erkennen, dass Röntgenstrahlen auch von anderem Gewebe absorbiert wurden. Die Nützlichkeit von Röntgenbildern beruht darauf, dass diejenigen Strahlen, die nicht vom Körper absorbiert werden, sich ungehindert durch den Körper bewegen und auf eine fotografische Platte treffen, die dadurch – ähnlich wie ein Film in einer Kamera – belichtet wird. Das daraus resultierende Bild ist ein Negativ, dessen hellere Bereiche, wie zum Beispiel diejenigen, in denen sich Knochen befinden, der Strahlung am wenigsten, und dessen dunkleren Bereiche ihr am stärksten ausgesetzt waren.

Da es sich bei Gamma- und Röntgenstrahlen um ionisierende Strahlen handelt, können sie zur Entstehung von Ionen führen, wenn sie vom Körper absorbiert werden. Die Folge dieser Ionenentstehung kann eine Schädigung der Gewebe sein. Daher ist es wichtig, den Umfang der Belastung durch Röntgen- oder Gammastrahlen auf ein Minimum zu reduzieren, um solche Verletzungen weitestgehend auszuschließen. Mit Röntgengeräten arbeitendes Personal stellt sich normalerweise hinter eine Bleiwand oder eine andere Barriere, um seine Strahlenbelastung zu verringern. Außerdem wird um den Brustkorb und den Unterleib eines Patienten eine Bleischürze gelegt, die verhindern soll, dass die Röntgenstrahlen unnötigerweise lebenswichtige Organe durchdringen.

Strahlungsdosis

Ist eine Person radioaktiver Strahlung ausgesetzt, wird sie diese in einem bestimmten Umfang absorbieren. Daher ist es wichtig, den genauen Umfang der absorbierten Strahlenmenge zu kennen, damit er kontrolliert werden kann, entweder um die Belastung gesunden Gewebes zu begrenzen oder um einen Tumor der therapeutisch erforderlichen Strahlenmenge auszusetzen. Die von menschlichem Gewebe aufgenommene Strahlenmenge wird mit Hilfe von zwei leicht voneinander abweichenden Methoden gemessen. Die erste Methode misst die *Dosis*, die zweite die *effektive Dosis*. Die erste Methode gibt an, wie viel Energie die Strahlung pro Masse abgibt, wenn sie absorbiert wird. Die übliche Einheit ist das *rad* (Abk. für *radiation absorbed dose* = absorbierte Strahlendosis.) Sie entspricht 0,01 J/kg. Die SI-Einheit für die Dosis ist das Gray (Gy), wobei gilt 1 Gray = 1 J/kg oder 100 rad.

Erinnern Sie sich jedoch daran, dass Alphateilchen die stärksten Gewebeverletzungen verursachen, während die Schäden durch Betateilchen nicht annähernd so schlimm sind. Gamma- und Röntgenstrahlen haben etwa gleich schwere Schäden zur Folge, verglichen mit den anderen sind sie jedoch gering. In Experimenten hat man festgestellt, dass Alphateilchen menschliches Gewebe etwa 20-mal stärker schädigen als Gamma- und Röntgenstrahlen. Die von Betateilchen verursachten Schäden sind, verglichen mit Gamma- und Röntgenstrahlen, etwa 1,2- bis 1,5-mal stärker. Um diesen Unterschieden Rechnung tragen zu können, wird die zweite Methode zur Messung der Strahlenmenge verwendet, die effektive Dosis. Sie wird ermittelt, indem man die Dosis einer bestimmten Strahlungsart mit dem Schadenfaktor multipliziert, der auch als *relative biologische Wirksamkeit*, bzw. RBW, bezeichnet wird (engl. *relative biological effectiveness*, RBE). Mathematisch wird diese Beziehung durch folgende Gleichung ausgedrückt:

Effektive Dosis = Dosis × RBE

Strahlungsquelle	Dosis (Millirem/Jahr)
Natürliche Hintergrundstrahlung	
Kosmische Strahlen	28
Radioaktive Erde und Luft	28
Interne radioaktive Kerne (^{14}C, ^{40}K)	39
Inhaliertes Radon	~200
Vom Menschen verursachte Strahlung	
Konsumgüter	10
Medizinische und zahnmedizinische Diagnose	39
Nuklearmedizin	14
Summe	*~360*

Tab. 7.3 ▶

Durchschnittliche effektive Strahlenbelastung der Bürger der USA

Die effektive Dosis wird normalerweise in der Einheit *rem* angegeben (rem = *roentgen equivalent in man*). Die SI-Einheit für die effektive Dosis ist das *Sievert* (SV), wobei gilt: 1 Sv = 100 rem.[viii]

Die effektive Dosis wird verwendet, weil sie den Umfang der Strahlenschäden, die ein bestimmtes Gewebe erleidet, unabhängig von der Art der Strahlung misst. Mit anderen Worten: *1 rem Alphastrahlung hat dieselben schädlichen Folgen für menschliches Gewebe wie 1 rem Betastrahlung und 1 rem Gamma- oder Röntgenstrahlung.*

Mit Hilfe der effektiven Dosis lassen sich Sicherheitskriterien für den Umfang einer Strahlenbelastung leichter aufstellen. Als maximale Belastungswerte werden 5 rem über einen Zeitraum von einem Jahr und 3 rem über einen Zeitraum von drei Monaten empfohlen. Die typische Strahlenbelastung eines Bürgers der USA beträgt etwa 400 Millirem pro Jahr. Diese Strahlenbelastung lässt sich auf eine Reihe unterschiedlicher Quellen zurückführen, einschließlich kosmischer Strahlung, natürlich vorkommender radioaktiver Isotope sowie vom Menschen hergestellter Strahlenquellen, wie zum Beispiel Konsumgüter und medizinische Geräte. Die größte Quelle der Strahlenbelastung ist wahrscheinlich inhaliertes Radongas, dessen Vorkommen je nach geographischer Region stark variiert. Tabelle 7.3 gibt genauere Werte für die verschiedenen Strahlungsquellen an.[2, 3]

Die Strahlenkrankheit tritt auf, wenn eine Person einer Überdosis radioaktiver Strahlung ausgesetzt war. Ist ein Mensch in einem kurzen Zeitraum einer effektiven Dosis von 50 bis 100 rem ausgesetzt, stellen sich als Symptome einer Strahlenkrankheit Übelkeit, Müdigkeit, Erbrechen, Haarausfall, Durchfall und Blutungen ein. Eine Strahlenbelastung von über 400 rem führt innerhalb von vier Monaten zum Tod, eine Strahlenbelastung von 1000 rem innerhalb weniger Tage oder Wochen. Eine Belastung von 2000 rem führt innerhalb von Minuten zur Bewusstlosigkeit, auf die der Tod innerhalb weniger Stunden folgt.[4, 5] (Hinweis: Für Betastrahlung ist die Dosis in rad etwa die gleiche wie die effektive Dosis in rem, während sie für Gamma- und Röntgenstrahlen exakt dieselbe ist. In medizinischen Anwendungen sind die Patienten statt Alphateilchen am häufigsten Gamma- und Röntgenstrahlen und Betateilchen ausgesetzt, weshalb die Belastungsraten manchmal in rad statt in rem angegeben werden.)

Der Umfang der Strahlenbelastung ist je nach dem medizinischen Verfahren sehr unterschiedlich. Typische Dosen für Röntgenuntersuchungen reichen für eine Aufnahme des Schädels oder des Brustkorbes oder der Gliedmaßen und Gelenke von 1 bis 6 Millirem. Bei der Röntgenaufnahme eines Zahns beträgt die Belastung etwa 0,4 mrem, bei der Aufnahme der Wirbelsäule, des Unterleibs oder der Hüften hingegen 30 bis 80 mrem. Bei *computertomografischen* Aufnahmen, bei denen ebenfalls Röntgenstrahlen eingesetzt werden, beträgt die effektive Dosis 200 bis 1100 mrem und bei einem typischen Mammogramm etwa 13 mrem. Die Belastung durch verschiedene bildgebende Verfahren mit Gammastrahlen oder Betateilchen reicht von 150 mrem für ein Lungen-Scan bis zu 1700 mrem für eine Aufnahme des Herzens, je nach Art des verwendeten radioaktiven Nuklids. Auf der Internetseite der Health Physics Society findet man eine Vielzahl von Informationen über verschiedene Grade der Strahlenbelastung.[6]

viii Anmerkung des Übersetzers: Die Einheit *rem* gilt heute als veraltet. Sie wurde am 1. Januar 1978 von der SI-Einheit *Sievert* abgelöst und sollte nicht mehr verwendet werden.

Medizinische Anwendung

Aufgrund der zahlreichen Probleme, die dadurch entstehen können, dass der menschliche Körper radioaktive Strahlung aufgenommen hat, ist es vernünftig, sich ihnen nach Möglichkeit nicht auszusetzen. Dennoch werden radioaktive Strahlen für eine Reihe medizinischer Anwendungen eingesetzt. So werden sie etwa zur Behandlung von Krankheiten und Leiden verwendet (therapeutische Anwendung), zum Beispiel für die Zerstörung von Krebsgewebe, oder um festzustellen, ob ein Organ oder ein Teil des Körpers normal funktioniert (diagnostische Anwendung).

Therapeutische Techniken

Bei der Krebsbehandlung kommt radioaktive Strahlung vielfältig zum Einsatz, insbesondere Gammastrahlen und Strahlen von Betateilchen. Während dieser Behandlungen wird Krebsgewebe radioaktiver Strahlung ausgesetzt, um die schnelle Entstehung und das Wachstum der Zellen dadurch zu stoppen, dass ihre chemischen und/oder physikalischen Eigenschaften geändert werden.

Zur Bestrahlung des Krebsgewebes wird entweder eine externe oder interne Strahlungsquelle verwendet. Zu den externen Geräten gehören normalerweise Apparate, die Gammastrahlen emittieren, da diese Strahlen auf dem Weg zum Zielbereich von gesundem Gewebe kaum absorbiert werden. Als hauptsächliche Quelle für Gammastrahlen wird Kobalt-60 verwendet (obwohl dieses Isotop auch Beta-Minus-Teilchen produziert). Spezialgeräte wie das *Gamma Knife* („Gamma-Messer") und das *CyberKnife* verwenden mehrere Gammastrahlen, die sich genau an einem festgelegten Punkt überschneiden und so einen Bereich hoher Strahlungsintensität erzeugen (Abb. 7.9).

Jeder einzelne Strahl hat eine relativ geringe Intensität, sodass das gesunde Gewebe kaum geschädigt wird. Da sich jedoch bis zu 100 Strahlen in einem wenige Millimeter großen Bereich überschneiden, wird eine hohe Strahlungsintensität erreicht. Diese Geräte eignen sich besonders zur Behandlung von Hirntumoren, da ein chirurgischer Eingriff (eine sehr invasive Technik) so möglicherweise vermieden werden kann.

Krebs kann auch durch interne Strahlungsquellen behandelt werden. Hierbei werden normalerweise Betastrahlen-Emitter verwendet, da Betastrahlen leichter absorbiert werden als Gammastrahlen. Bei einer als *Brachytherapie* bezeichneten Behandlungsmethode wird in kleine (als Samen oder Kugeln bezeichnete) Objekte eingebettetes, radioaktives Material verwendet. Diese Objekte werden operativ in einen Tumor oder in seiner Nähe implantiert, sodass die von ihnen emittierte Strahlung vom Krebsgewebe absorbiert wird.[7]

Abb. 7.9 ▼

Ein *Gamma Knife* verwendet mehrere Gammastrahlen mit geringer Energie, die sich an der Stelle überschneiden, an der sich ein Tumor befindet, um auf diese Weise eine hohe Strahlungsdosis zu deponieren.

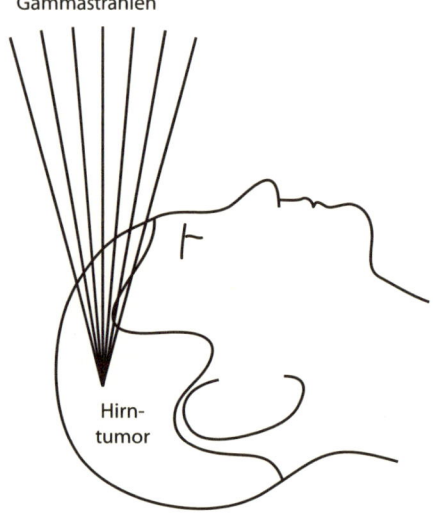

Gammastrahlen

Hirn-tumor

Ein anderes Verfahren ist die sogenannte Radioimmuntherapie oder RIT. Hierbei wird ein Medikament mit einem Radioisotop verbunden, wobei dieses Medikament selektiv auf ein bestimmtes Organ oder System des Körpers abzielt (sog. *Drug Targeting*). Das Isotop emittiert normalerweise Betateilchen. Beispiele hierfür sind Yttrium-90, das zur Behandlung des Non-Hodgkin-Lymphoms verwendet wird, und Jod-131, das man zur Behandlung von Schilddrüsenkrebs einsetzt.[8]

In der Palliativmedizin werden bestimmte radioaktive Medikamente zur Schmerzbehandlung eingesetzt. Die Betateilchen emittierenden Isotope Strontium-98 und Samarium-153 werden verwendet, um die Schmerzen von Knochenerkrankungen zu lindern.

Es gibt noch zahlreiche andere Verfahren, mit denen eine Reihe von Krankheiten behandelt werden. Einige von ihnen sind fest etabliert, während andere sich noch in einer experimentellen Phase befinden. Eines dieser Verfahren wird zur Behandlung von Herzleiden eingesetzt. Wenn ein Herzkranzgefäß blockiert ist, wird der Blutstrom, der den Herzmuskel mit den nötigen Nährstoffen versorgt, dadurch reduziert. Reicht die Nährstoffzufuhr nicht aus, kann ein Herzinfarkt die Folge sein. Zur Behandlung dieser Erkrankung hat man verschiedene Methoden entwickelt, wozu u. a. auch die Bypass-Chirurgie gehört. Eine erst in jüngster Zeit verwendete Technik ist die Ballonangioplastie. Hierbei wird ein Katheter in eine Arterie des Beins eingeführt und bis zu den Herzkranzgefäßen vorgeschoben. Befindet sich der Katheter an der gewünschten Stelle, wird ein kleiner dünner Ballon aufgeblasen, wodurch die Arterie geöffnet werden soll. Außerdem wird an dem Katheter ein sogenannter Stent befestigt, der normalerweise in der Arterie zurückgelassen wird, um sie offen zu halten, nachdem der Katheter und der Ballon entfernt wurden. Ein Stent ist ein biegsames (maschendrahtähnliches) Metallgitter, das seine Form behält, nachdem es geöffnet und mit dem Katheter und Ballon an die gewünschte Stelle geschoben wurde. Es kann vorkommen, dass sich die Arterie nach dieser Behandlung an den Enden des Stents mit der Zeit erneut verschließt. (Man bezeichnet dies als *Stenose*.) Wird ein Radioisotop in der Nähe der Enden des Stents in den Katheter eingebettet, werden die Ablagerungen in den Arterien der Strahlung ausgesetzt. Dies trägt dazu bei zu verhindern, dass sich die Arterien erneut verschließen, indem die Strahlung das Wachstum und die Migration von Zellen hemmt.[9]

Diagnostische Techniken

Es gibt eine Reihe diagnostischer Techniken, bei denen Geräte zum Einsatz kommen, mit deren Hilfe Strahlung erkannt werden kann. Auf diese Weise hofft man feststellen zu können, ob ein bestimmter Teil des Körpers normal funktioniert. Solche diagnostischen Anwendungen setzen hauptsächlich radioaktive Medikamente oder Radiopharmaka ein, die ein bestimmtes Organ oder System des Körpers zum Ziel haben. Die Strahlendetektoren erkennen dann die von den Medikamenten am Zielort emittierten Strahlen und erstellen dann ein Bild des jeweiligen Organs oder Organsystems. Man bezeichnet dieses Verfahren der Bilderstellung als Tomographie.

Wie bei anderen medizinischen Anwendungen ist die in diesen Techniken verwendete Strahlung entweder eine Gammastrahlung, oder es handelt sich um Betateilchen. Die Technik wird als Einzelphotonen-Emissionstomographie oder SPECT (*single-photon emission computed tomography*) bezeichnet und zur Messung von Gammastrahlung eingesetzt. Eine andere Methode wird als Positronen-Emissionstomographie (PET) bezeichnet. Sie dient der Messung von Positronen (Beta-Plus-Strahlen). PET-Scans werden hauptsächlich zur Erkennung von Tumoren und zur Diagnose von Hirnerkrankungen verwendet. Werden nach einem Elektroneneinfang Röntgenstrahlen emittiert, können sie mit Hilfe bestimmter Arten von Röntgenstrahldetektoren gemessen werden. Elektronendetektoren, oder Beta-Minus-Detektoren, werden zur Bilderstellung ebenfalls verwendet.

Zu den sonstigen, vertrauteren Techniken gehören die standardmäßigen Röntgengeräte, die in Zahnarztpraxen, zur Betrachtung von Knochenbrüchen oder auch in der Mammographie verwendet werden. Auch bei der Computertomographie (CT) oder in „Cat"-Scans kommen Röntgenstrahlen zum Einsatz.

Eine Technik, mit der ich persönlich recht vertraut bin, da dieses Verfahren kürzlich bei mir angewendet wurde, nutzt ein SPECT-Gerät für einen nuklearen Belastungstest. Der Test basiert auf der Verwendung eines speziellen Medikaments, um ein Bild des Blutstroms durch die Herzkranzgefäße zu erstellen. Dieses Verfahren verwendet ein MYOVIEW-Kit, das das Medikament Tetrofosmin enthält, dessen radioaktives Element Technetium-99m ist. Sie erinnern sich vielleicht daran, dass Technetium-99 Gammastrahlen emittiert. Nachdem ich eine Weile auf einem Laufband gegangen war, um meine Herzfrequenz zu erhöhen, wurde mir das Tetrofosmin in den Blutstrom injiziert. Das Medikament war bereits nach wenigen Minuten über meinen ganzen Körper verteilt. Dann legte ich mich auf das SPECT-Gerät, das aus zwei großen Detektorplatten bestand, welche die von meinem Brustkorb emittierten Gammastrahlen registrierten. Der Computer erstellte dann ein Bild der Herzkranzgefäße, anhand dessen erkennbar war, ob das Blut normal durch die Gefäße strömte. Ich bin froh, sagen zu können, dass dies der Fall war!

Ein Informationsblatt, das mit dem Diagnose-Kit geliefert wird, enthält eine Beschreibung der physikalischen Eigenschaften des radioaktiven Technetiums. Die Energie der Gammastrahlen wird mit 140,5 keV und die Halbwertszeit mit 6,03 Stunden angegeben. Das Informationsblatt beschreibt außerdem die Wirksamkeit von Bleischutz, und ich erinnere mich daran, dass die das Tetrofosmin enthaltende Spritze in einer Bleitasse stand, während ich auf dem Laufband ging. Außerdem zeigt das Informationsblatt eine Zerfallskarte, die den Bruchteil des verbleibenden Materials – basierend auf der Halbwertszeit von ^{99m}Tc [10] – als Funktion der Zeit darstellt. Erinnern Sie sich daran, dass der verbleibende Rest lediglich der exponentielle Teil der exponentiellen Zerfallsgleichung ist.

Die Informationen des Zerfallsdiagramms in meinem MYOVIEW-Informationsblatt sind in Tabelle 7.4 dargestellt. Um die Nützlichkeit dieses Diagramms zu demonstrieren, stellen wir uns folgendes Beispiel vor. Angenommen, ein Patient erhält eine Injektion, die 0,320 mg Tetrofosmin enthält. Die Zerfallskarte zeigt, dass nach 2 Stunden der verbleibende Rest 0,795 der Anfangsmenge entspricht. Daher sollten noch etwa 0,795 × 0,320 mg = 0,254 mg des radioaktiven Tetrofosmin im Patienten vorhanden sein. Es gibt möglicherweise noch andere Wege, auf denen das Medikament den Körper verlässt, wie zum Beispiel über den Urin, die Berechnung des verbleibenden Restes geht jedoch davon aus, dass es keinen anderen Weg gibt, auf dem das Medikament den Körper des Patienten im betreffenden Zeitraum verlässt. Für Zeiten von mehr als 12 Stunden kann der verbleibende Rest aus den anderen Werten des Diagramms berechnet werden. Um beispielsweise den verbleibenden Rest nach 24 Stunden zu berechnen, wird der Bruchteil nach 12 Stunden mit dem Bruchteil nach 2 Stunden multipliziert: 0,252 × 0,795 = 0,200. Daher sollten sich nach dieser Zeit noch 0,200 × 0,320 mg = 0,064 mg des Medikaments im Patienten befinden (wobei wiederum davon ausgegangen wird, dass keine Ausscheidung stattgefunden hat).

Stunden*	verbleibender Rest	Stunden	verbleibender Rest
0	1,000	7	0,447
1	0,891	8	0,399
2	0,795	9	0,355
3	0,708	10	0,317
4	0,631	11	0,282
5	0,563	12	0,252
6	0,502	24	0,063

◀ **Tab. 7.4**

Zerfallstabelle für Technetium-99m aus einem MYOVIEW-Kit *Kalibrierungszeit gemessen ab der Vorbereitungszeit.

Andere Verwendungen von Strahlung

Es gibt noch zahlreiche andere Einsatzmöglichkeiten für radioaktive Strahlung. In Kernkraftwerken wird sie zur Erzeugung elektrischer Energie verwendet. Wenn bestimmte Atomkerne Strahlung abgeben, wird dabei genug Wärme erzeugt, um Wasser zum Kochen zu bringen, wodurch Hochdruckdampf entsteht, der zur Betreibung elektrischer Turbinen eingesetzt wird. Außerdem wird radioaktive Strahlung bei der Radiokohlenstoffdatierung (auch: C-14-Datierung) eingesetzt, die bei der Altersbestimmung toter organischer Materialien eine wichtige Rolle spielt: Die Halbwertszeit von Kohlenstoff 14 beträgt 5037 Jahre, sodass sie zur Altersbestimmung von bis zu 60 000 Jahre alten Objekten verwendet werden kann. Eine andere Methode ist die Bestrahlung von Lebensmitteln, um Mikroorganismen und Bakterien zu töten, die für den Menschen schädlich sind. Normalerweise werden hierzu Gammastrahlen eingesetzt, jedoch können auch Röntgenstrahlen und Betateilchen verwendet werden.

Zusammenfassung

Wir leben, bewegen uns und atmen in einer Welt, in der wir radioaktiven Strahlen ausgesetzt sind. Die Wirkungen der radioaktiven Strahlung auf den menschlichen Körper variieren, je nach dem Umfang, in dem er ihr ausgesetzt ist. Bei sehr geringen Strahlenbelastungen gibt es fast keine messbaren Auswirkungen. Bei starken Belastungen können jedoch schwere Verletzungen auftreten. Während die Belastung durch radioaktive Strahlen zu Gesundheitsproblemen und sogar zu Krebs führen kann, kann radioaktive Strahlung auch zur Behandlung von Krebs eingesetzt werden. Es gibt viele Menschen im Gesundheitswesen, die damit beschäftigt sind, effektive und wirksame diagnostische und therapeutische Verfahren bereitzustellen, in denen Strahlung verwendet wird: von den Technikern, die Röntgenbilder erstellen, bis zu dem Pharmazeuten, der einen radioaktiven Tracer verabreicht, und dem in der Medizin arbeitenden Physiker, der eine bestimmte Dosis misst, die auf der Intensität eines Strahls und der Größe des bestrahlten Objekts basiert. Ein umfassendes Verständnis der Kernstrahlung und ihrer biologischen Auswirkungen sind unerlässliche Voraussetzungen für die Arbeit in diesem wichtigen Bereich der Medizin.

Verabreichungsformen und Konzentration von Medikamenten

Wie kommt ein Kapitel über die Konzentration von Medikamenten in ein Buch über die Physik des menschlichen Körpers? Obwohl es sich hierbei nicht wirklich um ein physikalisches Thema handelt – man könnte sagen, dass es mehr mit Chemie zu tun hat –, ist es dennoch ein praktisches Beispiel für die Art von Problemen, mit denen sich Physiker gerne beschäftigen. Wenn Physiker einen physikalischen Sachverhalt betrachten, versuchen sie häufig, mathematische Modelle anzuwenden, um bestimmte Merkmale des Sachverhalts zu quantifizieren und Voraussagen über das Verhalten von Systemen zu machen, wenn bestimmte Parameter bekannt sind.

Ein Verständnis der Konzentration von Medikamenten im Körper, insbesondere ihrer zeitlichen Veränderung, kann für Wissenschaftler und Mitarbeiter im Gesundheitswesen, die sich mit dem Studium und/oder der Behandlung von Krankheiten, Verletzungen oder anderen Gesundheitsproblemen beschäftigen, hilfreich sein. Worin unterscheiden sich Injektionen von oral verabreichten Medikamenten? Welche Menge eines Medikaments ist erforderlich, um verschiedene krankheitsbedingte Zustände zu behandeln? Warum muss jemand mehrere Dosen eines Medikaments einnehmen, statt nur eine Einzeldosis? In diesem Kapitel werden wir erfahren, auf welchen Wegen Medikamente in den Körper gelangen, wie schnell sie vom Körper absorbiert werden und aus welchen Gründen sich ihre Konzentration, während sie aufgebraucht oder entfernt (ausgeschieden) werden, im Zeitverlauf ändert. Am Ende dieses Kapitels werde ich kurz auf einige Anwendungen eingehen, wie zum Beispiel auf die zeitlich verzögerte Abgabe von Medikamenten, die Messung von Alkoholwerten im Blut sowie auf Drogentests.

Definitionen

Mehrere Ausdrücke, die ich in diesem Kapitel verwenden werde, sollen zunächst definiert werden. Sie sind vielleicht nicht gänzlich unvertraut, haben jedoch unterschiedliche Bedeutungen, wenn sie im Zusammenhang mit Medikamenten benutzt werden.

Das Studium des zeitabhängigen Verhaltens von Medikamentenkonzentrationen im menschlichen Körper wird als *Pharmakokinetik* bezeichnet. (Das Wort *Kinetik* bezieht sich auf eine Bewegung oder Änderungsquote.) Es gibt drei Prozesse, die bei der Änderung von Medikamentenkonzentrationen eine Rolle spielen: die

Absorption, Verteilung und Elimination von Medikamenten. Man spricht von der *Absorption* eines Medikaments, wenn es in den Blutstrom gelangt. Die Absorption kann sehr schnell erfolgen, wenn ein Medikament direkt in eine Vene injiziert wird, oder langsam, wenn z. B. ein Drogenpflaster auf der Hautoberfläche getragen wird. Wird ein Medikament oral eingenommen, erfolgt seine Absorption mit einer mittleren Geschwindigkeit. Ein Medikament kann von verschiedenen Geweben absorbiert werden, ähnlich wie ein Schwamm Wasser absorbiert. In diesem Kapitel ist jedoch mit *Absorption stets die Aufnahme eines Medikaments in den Blutstrom* gemeint. Manchmal wird der Ausdruck *systemische Absorption* verwendet. Hierzu möchte ich kurz Folgendes anmerken: Wenn ein Medikament verabreicht wird, das direkt in eine Vene gelangt, wie zum Beispiel durch eine Injektion, sprechen Pharmakokinetiker nicht von einer Absorption, sondern das Medikament steht zur sofortigen Wirkung zur Verfügung. Für die Ausführungen in diesem Kapitel werde ich die oben angegebene allgemeine Definition verwenden.

Die *Verteilung* eines Medikaments geschieht durch das Kreislaufsystem, wenn das Blut das Medikament zu den verschiedenen Geweben des Körpers trägt. Die Elimination von Medikamenten geschieht (1) durch Ausscheidung, wobei das Medikament mit anderen Stoffwechselendprodukten im Urin, Stuhl oder Schweiß ausgeschieden wird, und (2) durch den Stoffwechsel. Hierbei wird das Medikament in ein inaktives chemisches Produkt aufgespalten, entweder im Zielgewebe, in der Leber, im Magen oder in den Nieren.

Statt zu sagen, dass jemandem ein Medikament gegeben wird, spricht man häufig davon, dass es ihr oder ihm *verabreicht* wird. Manchmal wird auch das Wort *Applikation* verwendet. Hierunter versteht man die konkrete Handlung, durch die die Verabreichung des Medikaments geschieht, wie in dem Beispielsatz: „Das Medikament wurde einmal pro Woche appliziert." Der *Verabreichungsweg* bezeichnet die Methode, die zur Applikation des Medikaments verwendet wird, zum Beispiel durch den Mund (oral) oder durch eine Injektion (intravenös).

Die *pharmakologische Wirkung* bezeichnet das Ergebnis oder die klinische Wirkung der Einnahme eines Medikaments. Einige Wirkungen sind beabsichtigt oder erwünscht, wie zum Beispiel die Schmerzverringerung durch die Einnahme eines Medikaments gegen Kopfschmerzen, das Schrumpfen eines Tumors durch eine Chemotherapie oder der Rückgang der Schwellung der Nasenschleimhäute durch die Einnahme eines Medikaments gegen Erkältungen. Einige Wirkungen sind weder beabsichtigt noch erwünscht (die sogenannten Nebenwirkungen): Magenbeschwerden bei der Einnahme von Schmerzmitteln, Haarverlust als Wirkung der gegen Krebs eingesetzten Chemotherapeutika sowie Schwierigkeiten beim Harnlassen, wenn ein Antihistamin oder ein abschwellendes Mittel (Dekongestivum) eingenommen wird.

Der Ausdruck *Bioverfügbarkeit* bezieht sich auf die systemische Verfügbarkeit (das heißt im Blutstrom) eines Medikaments, das dazu bestimmt ist, im Körper einen gewünschten pharmakologischen Effekt herbeizuführen, nicht die Verfügbarkeit des Medikaments als käufliches Konsumprodukt auf dem Markt. Die Verfügbarkeit kann von der Dosis des Medikaments abhängen, von der Häufigkeit, dem Weg und der Form seiner Verabreichung sowie von dem jeweiligen Produkt selbst (wie es von verschiedenen Unternehmen hergestellt wird).

In den Darstellungen dieses Kapitels werden noch eine Reihe weiterer Begriffe auftauchen, wie zum Beispiel *Bolus*, *Toxizität* und *Prozess erster Ordnung*. Ich werde diese Ausdrücke erläutern, wenn sie eingeführt werden.

Verabreichungsmethoden von Medikamenten

Schauen wir uns zunächst an, auf welchen Wegen Medikamente in den Körper gelangen können. Alle diese Methoden erhöhen die Konzentration des Medikaments im Körper, einige von ihnen sind jedoch sicherer und beliebter, während andere benötigt werden, um möglichst schnelle Ergebnisse zu erzielen.

Wenn man Kopfschmerzen oder einen schweren Husten hat, ist der nächstliegendste Gedanke, dass man eine Tablette einnehmen sollte. Tabletten und Kapseln lassen sich leicht in eine Flasche füllen, in einem Geschäft lagern und kaufen. Außerdem lassen sie sich bei Bedarf relativ einfach schlucken. Hustensirup und andere flüssige Medikamente haben dieselben Vorteile. Die orale Einnahme ist relativ sicher und erfordert nicht die Gegenwart medizinischen Fachpersonals, das das Medikament verabreicht. Die Verfügbarkeit eines Medikaments, das oral eingenommen wird, hängt davon ab, wie leicht es durch den Magen und/oder die Innenwand des Magen-Darm-Kanals (die *gastrointestinale Wand*) passieren und vom Blutstrom absorbiert werden kann (Abb. 8.1). Die Absorptionsrate für flüssige Medikamente sowie für Tabletten und Kapseln, nachdem sie sich aufgelöst haben, ist im Allgemeinen relativ hoch.

Viele Medikamente können nicht oral eingenommen werden, da sie zum Beispiel instabil sein können oder durch den Stoffwechsel in der Leber umgewandelt werden, bevor sie in den Blutstrom absorbiert werden.

Eine andere Methode, die ängstliche Personen fürchten, ist die Injektion. Bei dieser Methode wird ein Medikament in Form einer Flüssigkeit auf eine Spritze gezogen, an der eine Nadel befestigt ist. Die Nadel wird in den Arm, die Hüfte oder einen anderen freiliegenden Bereich gestochen und die Flüssigkeit in diesen Bereich injiziert. Es gibt mehrere verschiedene Methoden, jemandem eine Injektion zu geben. Die effektivste besteht darin, das jeweilige Medikaments direkt in eine Vene des Blutkreislaufsystems zu injizieren. Diese Art der Injektion bezeichnet man als *intravenösen Bolus* oder *iv Bolus* (Abb. 8.2). Wird diese Methode verwendet, ist das Medikament unmittelbar verfügbar, da die Absorption augenblicklich (oder beinahe augenblicklich) erfolgt und das gesamte Medikament in den Blutstrom gelangt. Allerdings kann es vorkommen, dass plötzlich Komplikationen auftreten, wie zum Beispiel eine negative Reaktion oder eine Nebenwirkung.

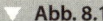

▼ Abb. 8.1

Oral eingenommene Medikamente lösen sich im Magen oder Darm auf. Um vom Blutstrom aufgenommen werden zu können, müssen sie die Innenwand des Magens passieren.

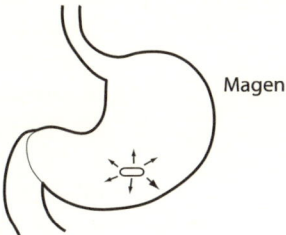

Magen

oral eingenommenes Medikament

▼ Abb. 8.2

Ein iv Bolus ist eine Injektion in eine Vene.

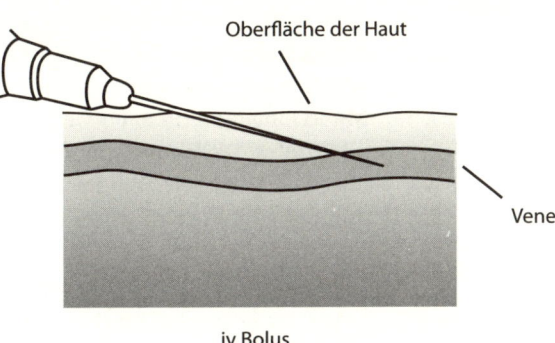

Oberfläche der Haut

Vene

iv Bolus

Die *intramuskuläre Injektion* ist wahrscheinlich die häufigste Injektionsmethode. Sie wird beispielsweise verwendet, wenn man eine Grippe- oder andere Impfung bekommt. Das Medikament wird in Muskelgewebe injiziert. Dies führt zu einer relativ schnellen Absorption in den Blutstrom, insbesondere wenn das Medikament in Wasser gelöst ist. Intramuskuläre Injektionen sind leichter zu verabreichen als eine iv Injektion. Die hierbei auftretenden Probleme haben in der Regel mit Schmerzen im Muskelgewebe zu tun, besonders wenn das Gewebe durch das Medikament gereizt wird.

Bei einer *subkutanen* Injektion wird das Medikament in die Fettgewebsschicht unter der Haut gespritzt. Dies ist die bevorzugte Methode bei regelmäßig erforderlichen Injektionen, vielleicht täglichen oder noch häufigeren Injektionen. Ein Beispiel hierfür ist die ständig erforderliche Injektion von Insulin bei Diabetikern. Normalerweise wird nur eine kleine Menge des Medikaments benötigt. Die Nadel ist relativ kurz, und der Einstich verursacht – wenn überhaupt – dann nur einen sehr leichten Schmerz.

Subkutane Injektionen kann sich ein Patient sehr leicht selbst verabreichen. Die Absorption erfolgt in diesem Fall langsamer als bei einer intramuskulären Injektion und kann mehrere Stunden dauern.

Eine weitere Methode der Verabreichung von Medikamenten ist die *intravenöse Infusion* oder iv Infusion (Abb. 8.3). Sie haben diese Methode vielleicht schon einmal in einem Krankenhaus beobachtet. Hierbei wird ein sogenannter Infusionsbeutel, der ein bestimmtes Medikament enthält, an eine Stange gehängt und mit einem Schlauch versehen. Der Schlauch ist mit einer relativ großen Nadel verbunden, die in eine Vene des Arms oder der Hand eingeführt wurde. Die Infusionsrate wird durch die Flussgeschwindigkeit im Schlauch bestimmt, die normalerweise durch ein Kontrollelement gesteuert wird, solange der Beutel in einer ausreichend hohen Position hängt. (Für ein Beispiel einer Flussrate siehe Kapitel 2.) Diese Methode ist sehr effektiv, da das Medikament unmittelbar verfügbar ist. Wie im Fall des intravenösen Bolus (einer Injektion) wird das Medikament schnell und vollständig absorbiert (oder verfügbar). Die Rate der Absorption (oder Verfügbarkeit) ist jedoch verschieden, da sie von der Infusionsrate abhängt. Diese Methode ist besonders nützlich für die präzise Kontrolle der Konzentration von Medikamenten.

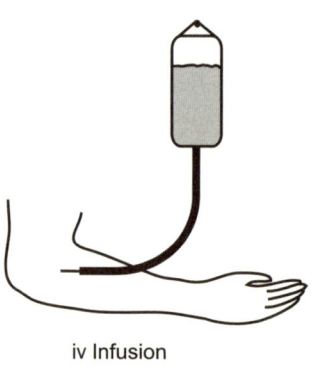

iv Infusion

Abb. 8.3 ▲

Die iv Infusion fließt mit einer bestimmten Rate in die Vene, die von der Höhe des Infusionsbeutels und dem Kontrollelement (Rollklemme) im Schlauch zwischen dem Beutel und der Nadel abhängt.

Es gibt mehrere andere Verabreichungsmethoden für Medikamente. Bei den meisten von ihnen passiert ein Medikament durch die Haut, muköse Membranen oder andere Gewebe. Bukkale oder sublinguale Medikamente werden über den Mund eingenommen, entweder indem sie zwischen Backe und Gaumen (bukkal) oder unter die Zunge (sublingual) gebracht werden. Flüssigkeiten und schnelllösliche Tabletten, wie zum Beispiel Lutschtabletten, sind am effektivsten. Sie werden durch die mukösen Membranen in den Blutstrom absorbiert. Rektal verabreichte Medikamente werden in Zäpfchenform oder als Creme in das Rektum eingeführt. Die Absorption des Medikaments erfolgt hier durch die mukösen Membranen des Rektums. Diese Methode empfiehlt sich vor allem bei Patienten mit Schluckbeschwerden. Hautpflaster oder topische Salben werden direkt auf die Haut angewendet. Die transdermale Absorption erfolgt in der Regel sehr langsam, sodass die Medikation über einen längeren Zeitraum von bis zu mehreren Tagen erfolgen kann. Topische Salben werden normalerweise zur lokalen Behandlung von Hautproblemen verwendet, wie zum Beispiel einer Rötung oder Akne, doch kann es hierbei auch zur Absorption des Medikaments in den Blutstrom kommen. Die Verabreichung von Medikamenten über die Nase kann zur lokalen Behandlung der nasalen Membranen (Nasensprays und Nasentropfen) verwendet werden. Sie kann jedoch auch zur Zufuhr von Medikamenten in den Blutstrom eingesetzt werden. So kann zum Beispiel als Alternative zu einer Grippeimpfung durch eine Injektion stattdessen ein Nasenspray verwendet werden. Bei Asthmapatienten ist die Inhalation die übliche Form der Verabreichung. Hierbei kommt es zu einer schnellen Absorption über den großen Oberflächenbereich der Membranen des Mundes, der Luftröhre und der Lungen.

Später werden wir uns mit der Konzentration von Medikamenten im Körper und ihrer Veränderung im Zeitverlauf noch genauer befassen und dabei erfahren, wie verschiedene Methoden zu unterschiedlichen Resultaten führen. Wir werden uns besonders mit intravenösen Injektionen und Infusionen beschäftigen. In beiden Fällen erfolgt eine sofortige Absorption des Medikaments. Außerdem werden wir erklären, was geschieht, wenn ein Medikament oral eingenommen wird. Dabei wird sich zeigen, dass alle anderen erwähnten Methoden Ähnlichkeiten mit der oralen Verabreichung aufweisen, da das Medikament durch die Haut oder andere Membranen diffundieren muss, bevor es in den Blutstrom absorbiert werden kann.

Medikamentenkonzentration

Die Konzentration C eines Medikaments bezeichnet die Masse des Medikaments im Volumen einer bestimmten Flüssigkeitsprobe, geteilt durch dieses Volumen. Die Masse des Medikaments wird häufig als Dosis D bezeichnet. Der Ausdruck wird geschrieben als:

$$C = \text{Masse/Volumen} = D/V \tag{1}$$

Die Menge des Medikaments wird normalerweise in Mikrogramm (µg) gemessen, obwohl auch die Einheit Milligramm verwendet werden kann. Das Volumen der Flüssigkeitsprobe wird normalerweise in Milliliter angegeben. Die typische Einheit für die Konzentration eines Medikaments ist daher µg/ml, obwohl sie auch in der äquivalenten Einheit mg/l angegeben werden kann.

Flüssigkeitsproben können durch invasive oder nicht-invasive Methoden gewonnen werden. Bei der am häufigsten verwendeten invasiven Methode ist es erforderlich, dem Patienten Blut abzunehmen. Zu den alternativen Methoden gehört unter anderem die Entnahme von Rückenmarksflüssigkeit oder eine Gewebebiopsie.

Zu den typischen nicht-invasiven Methoden gehören Harnproben, obwohl auch Speichel- und Stuhlproben verwendet werden können[1].

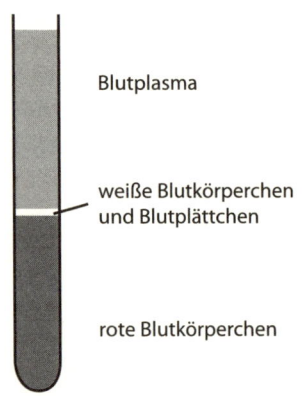

Blutplasma

weiße Blutkörperchen
und Blutplättchen

rote Blutkörperchen

Abb. 8.4 ▲

Wenn eine Blut-
probe zentrifugiert
wird, trennt sie sich
in ihre in der Abbil-
dung dargestellten
Bestandteile auf.
Die Bestimmung
der Konzentration
eines Medikaments
erfolgt anhand des
Blutplasmas.

Bei der am häufigsten verwendeten Methode zur Messung der Konzentration eines Medikaments muss einem Patienten eine Blutprobe entnommen werden. Obwohl Blut eine Flüssigkeit ist, besteht es tatsächlich aus einem flüssigen und einem zellulären Anteil. Der flüssige Anteil wird als Plasma bezeichnet. Es ist der Grundbestandteil, in dem die Blutzellen und Proteine gelöst sind. Das Plasma macht etwa 55 % des gesamten Blutes aus. Der zelluläre Anteil besteht aus roten Blutzellen (die man auch als Erythrozyten bezeichnet) sowie aus weißen Blutkörperchen (auch als Leukozyten bezeichnet) und Blutplättchen.

Die roten Blutkörperchen machen etwa 45 % des gesamten Blutes aus, die weißen Blutkörperchen und Plättchen hingegen weniger als ein Prozent. Wenn Blut in eine Zentrifuge gebracht wird, setzen sich die roten Blutkörperchen am Boden des Reagenzglases ab, während die weißen Blutkörperchen und Plättchen sich in der Mitte befinden und das Plasma die oberste Schicht bildet (Abb. 8.4).

Für die meisten Messungen der Medikamentenkonzentration wird das Plasma verwendet. Plasma ist in sämtlichen Organen und Gewebesystemen des Körpers vorhanden. Wenn daher ein Medikament in einer Blutprobe gefunden wird, die aus dem Körper entnommen wurde, so muss es auch in den Geweben vorhanden sein. Diese Feststellung geht davon aus, dass sich die Drogenkonzentration im Plasma mit der Konzentration in denen Geweben im Gleichgewicht befindet.[2]

Ist ein bestimmter Teil des Körpers das Ziel einer medikamentösen Behandlung, wird die Konzentration des Medikaments so kontrolliert, dass der gewünschte pharmakologische Effekt erzielt werden kann, zum Beispiel dass ein Kopfschmerz zurückgeht, ein Tumor schrumpft oder eine Schwellung abnimmt. Manchmal kann das Verhalten einer Person ein Hinweis auf eine zu hohe (oder zu niedrige) Konzentration eines Medikaments sein, zum Beispiel wenn jemand zu viel Alkohol zu sich genommen hat. Wenn sich die Person auffällig verhält, hilft eine Messung der Blutalkoholmenge, über den Zustand der Person Klarheit zu gewinnen.

Es gibt zwei Referenzwerte für die Konzentration eines Medikaments. Der erste ist die *effektive Minimalkonzentration*. Diese Konzentration entspricht dem Minimalwert, der einen pharmakologischen Effekt hervorruft, der sich am Verhalten der Person oder der Reaktion ihres Körpers beobachten lässt. Die Reaktionen werden durch visuelle Inspektion, physische Interaktion oder die Verwendung elektronischer Geräte, wie zum Beispiel eines EKGs oder eines Gerätes zur Messung der Hirnwellenaktivität kontrolliert. Der andere Referenzwert ist die *minimale toxische Konzentration*. Hierbei handelt es sich um die minimale Konzentration, die schädliche Folgen hat. Eines der Ziele bei der Behandlung eines Patienten besteht darin, die Konzentration eines Medikaments über einen bestimmten Zeitraum zwischen diesen beiden Referenzwerten zu halten. Der Bereich zwischen diesen beiden Referenzwerten wird als *therapeutisches Fenster* oder *therapeutischer Bereich* bezeichnet. Um einen Patienten auf die richtige Weise behandeln zu können, benötigen Ärzte und ihre Mitarbeiter ein genaues Verständnis des zeitabhängigen Verhaltens einer Medikamentenkonzentration im Körper. Ein Beispiel dafür, wie wichtig es ist, die richtige Konzentration eines Medikament aufrechtzuerhalten, ist das Medikament *Mepacrin* (in den USA als *Quinacrine* bezeichnet). Mepacrin ist ein Medikament, das während des Zweiten Weltkrieges zur Malariabehandlung als Ersatz für Chinin entwickelt wurde. Man stellte fest, dass kleine Dosen von Mepacrin gegen Malaria unwirksam waren. Jedoch zeigte sich, dass größere, wirksame Dosen auch giftig waren, wenn sie tagtäglich verabreicht wurden. Pharmakinetische Studien brachten das Ergebnis, dass die Elimination von Mepacrin aus dem Körper sehr langsam erfolgt, sodass sich bei wiederholter Gabe die Konzentration des Medikaments im Laufe der Zeit erhöhte und die minimale toxische Konzentration überschritt. Man konnte Malaria jedoch effektiv behandeln, wenn man zu Beginn mehrere Tage lang größere Dosen verabreichte, um die Bekämpfung der Krankheit einzuleiten, und anschließend zu kleineren täglichen Dosen überging, womit sich die Konzentration von Mepacrin innerhalb des therapeutischen Fensters halten ließ.[3]

Eine der Methoden, die zur Untersuchung der Medikamentenkonzentration verwendet werden, ist das *Zeitdiagramm des Plasmaspiegels*. Dieses Diagramm zeigt eine Abtragung der Konzentration eines Medikaments, die in Blutplasmaproben nach der Gabe des Medikamentes gemessen wurde, als Funktion der Zeit (Abb. 8.5). Theoretische Verläufe sagen die Form diese Diagramms vorher. Sie hängt von einer Reihe von Faktoren ab, wie zum Beispiel von der Methode, die zur Verabreichung des Medikaments verwendet wurde, von der Häufigkeit der Dosen sowie von den Absorptions-, Verteilungs- und Eliminationsraten des Medikaments im Körper.

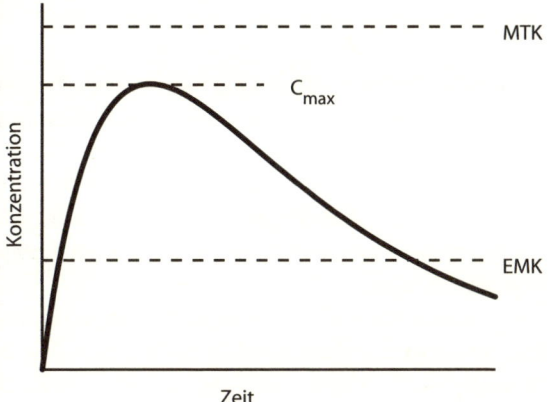

◀ **Abb. 8.5**

Ein Zeitdiagramm des Plasmaspiegels eines Medikaments zeigt die Konzentration des Medikaments als Funktion der Zeit. Damit ein Patient effektiv behandelt werden kann, muss die Konzentration in einem therapeutischen Bereich gehalten werden, der zwischen der effektiven Minimalkonzentration (EMK) und der minimalen toxischen Konzentration (MTK) liegt. Der Maximalwert der Konzentration C_{max} sollte MTK nicht überschreiten.

Mathematik

Das Studium der Konzentration von Medikamenten macht sich eine Reihe mathematischer Begriffe zu Nutze. Begriffe wie zum Beispiel Veränderungsrate, konstante Werte, lineare Veränderungen, exponentielles Wachstum und exponentieller Verfall werden wir an verschiedenen Stellen unserer Erläuterungen erörtern, je nach der jeweiligen Situation entweder getrennt oder zusammen. Bezüglich der Reduktion der Konzentration eines Medikaments im Körper werden wir eine

Gleichung für die exponentielle Abnahme betrachten, die derjenigen für den zeitabhängigen Zerfall von Tochterkernen (siehe Kapitel 7) ähnlich ist. In manchen Fällen werden wir außerdem eine exponentielle Wachstumsgleichung betrachten, die mit der Zunahme der Konzentration des Medikaments in Beziehung steht. In manchen Fällen überlagern sich Zuwachs und Abnahme, sodass zur Beschreibung des Zeitverhaltens einer Konzentration beide Prozesse erörtert werden müssen.

Wenn ein Medikament in den Körper gelangt, laufen mehrere komplexe Prozesse ab. Das Medikament vermischt sich mit verschiedenen Flüssigkeiten und passiert durch verschiedene Gewebe, bevor und nachdem es in den Blutstrom gelangt ist. Bei einer intravenösen Injektion gelangt das Medikament sofort in den Blutstrom und wird dann vom Blut zu seinem Ziel transportiert. Wenn es oral eingenommen wird, muss das Medikament durch die Wände von Magen und Darm passieren, um in den Blutstrom zu gelangen. Wird es in fester Form verabreicht, muss es sich auflösen, bevor es absorbiert werden kann. Befindet es sich dann im Blutsystem, wird es im gesamten Körper verteilt, wo es in die Gewebe aufgenommen, durch den Stoffwechsel abgebaut und/oder ausgeschieden wird. Wenn die Wirkung der Konzentration eines Medikaments auf den Patienten vollständig verstanden werden soll, muss jeder dieser Prozesse genau betrachtet werden.

Raten

Wir haben den Begriff *Rate* bislang schon mehrfach verwendet. Da die Konzentration eines Medikaments von der Rate abhängt, mit der es in das System gelangt und mit der es das System verlässt, muss definiert werden, was unter „Rate" zu verstehen ist.

Bevor ich dies tue, möchte ich zunächst darauf hinweisen, dass wir uns hauptsächlich mit der Konzentration eines Medikaments im Blutkreislauf und nicht mit seiner Konzentration in den Geweben beschäftigen werden. Viele der Begriffe, die mit Raten zusammenhängen, lassen sich auch auf Gewebe übertragen. Da sich die Konzentration eines Medikaments jedoch im Blut leichter messen und kontrollieren lässt, kann sie auch mit der pharmakologischen Wirkung auf den Patienten wesentlich leichter in Beziehung gesetzt werden.

Mit dem Ausdruck *Rate* soll in diesem Kapitel die Rate der zeitabhängigen Änderung einer Konzentration bezeichnet werden, oder spezieller: die Änderung in der Konzentration ΔC geteilt durch die Änderung der Zeit Δt, oder $\Delta C/\Delta t$. Über einen längeren Zeitraum kann sich die Konzentration eine Weile erhöhen, eine Weile zurückgehen und sogar konstant bleiben. Häufig ist es jedoch erforderlich, dynamische Veränderungen der Konzentration über sehr kurze Zeiträume zu verfolgen. Daher wollen wir Zeitintervalle Δt betrachten, die sehr klein sind. Diejenigen Leser, die sich mit Infinitesimalrechnung beschäftigt haben, werden wahrscheinlich erkennen, dass die Rate für sehr kleine Zeitintervalle die *Ableitung* der Konzentration nach der Zeit ist, oder dC/dt. In Ausdrücken zur Bezeichnung von Raten werde ich weiterhin das Symbol Δ (Delta) anstelle des Ableitungssymbols d verwenden.

Die Gesamtrate der Konzentrationsänderung hängt von drei Prozessen ab: von der Absorption, der Verteilung und der Elimination. Jeder dieser drei Prozesse hat seine eigene spezifische Rate, die zur Gesamtrate beiträgt. Mathematisch drücken wir die Rate der Konzentrationsänderung eines Medikaments als Summe dieser drei Raten aus:

Rate der Konzentrations-änderung eines Medikaments = Absorptionsrate + Verteilungsrate + Eliminationsrate

In symbolischer Form können wir diese Gleichung folgendermaßen ausdrücken[4]:

$$\Delta C/\Delta t = (\Delta C/\Delta t)_a + (\Delta C/\Delta t)_d + (\Delta C/\Delta t)_e \qquad (2)$$

Während des Absorptionsprozesses gelangt ein Medikament in den Blutstrom. Daher ist die Absorptionsrate ein positiver Wert. Während der Verteilung und Elimination verlässt das Medikament den Blutstrom. Daher sind die Verteilungs- und Eliminationsraten negative Werte.

Die Gesamtrate wird durch die relative Größe dieser drei Einzelraten bestimmt. Man unterscheidet zwischen drei verschiedenen Situationen. Erstens: Wenn die Gesamtkonzentration zunimmt, ist die Rate positiv. Dies ist der Fall, wenn die Absorptionsrate größer als die Summe der Distributions- und Eliminationsrate ist. Zweitens: Wenn die Gesamtkonzentration abnimmt, ist die Rate negativ. In diesem Fall wird das Medikament durch seine Verteilung und/oder Elimination mit einer höheren Rate aus dem System entfernt, als es absorbiert wird. Drittens: Wenn die Konzentration konstant bleibt, hat die Gesamtrate der Änderung den Wert null, weil $\Delta C = 0$. In diesem Fall ist die Absorptionsrate genauso groß wie die Summe der Verteilungs- und Eliminationsraten. Wenn die Gesamtrate null beträgt, ändert sich die Konzentration im Zeitverlauf nicht.

Reaktionen verschiedener Ordnung

Sämtliche Bewegungen von Medikamenten in den oder aus dem Blutstrom erfolgen mit bestimmten Raten, die recht speziellen mathematischen Tendenzen folgen. In der Regel fallen diese Raten in zwei Kategorien. Die erste ist diejenige, bei der die Rate konstant bleibt. Man bezeichnet dies als eine Reaktion oder einen *Prozess nullter Ordnung*. Bei der zweiten Kategorie ist die Änderungsrate proportional zur Konzentration, was als Reaktion oder *Prozess erster Ordnung* bezeichnet wird. Reaktionen höherer Ordnung sind zwar möglich, doch die meisten experimentellen Messungen der Konzentration von Medikamenten sind mit Hilfe eines Prozesses nullter Ordnung, erster Ordnung oder einer Kombination der beiden vorhersagbar.

Reaktionen nullter Ordnung

Bei einer Reaktion nullter Ordnung ist die Rate der Konzentrationsänderung des Medikaments konstant und von der aktuellen Konzentration der Droge unabhängig. Dies bedeutet, dass sich die Menge des Medikaments, die in den Blutstrom gelangt, und die Menge, die ihn verlässt, in einem gleich bleibenden Zeitintervall um denselben Betrag ändert. Mathematisch lässt sich dies durch folgende Gleichung ausdrücken:

$$\Delta C/\Delta t = \pm k_0 \tag{3}$$

Hierbei steht k_0 für den Wert einer Konstante, die als Ratenkonstante nullter Ordnung bezeichnet wird und die Einheit Konzentration/Zeit hat. Die Rate ist positiv, wenn die Konzentration des Medikaments im Laufe der Zeit zunimmt. Sie ist negativ, wenn sie abnimmt, und sie hat den Wert null, wenn die Konzentration konstant ist.

In der Infinitesimalrechnung kann der Ausdruck als Differentialgleichung geschrieben werden, die für die Drogenkonzentration als Funktion der Zeit gelöst werden kann:

$$C(t) = \pm k_0 t + C_0 \tag{4}$$

Hierbei steht $C(t)$ für die Konzentration zum Zeitpunkt t, k_0 für die Ratenkonstante nullter Ordnung, und C_0 für die Anfangskonzentration zum Zeitpunkt $t = 0$. Gleichung (4) ist einfach die Gleichung einer geraden Linie, wobei $\pm k_0$ der Steigung der Linie entspricht und C_0 dem Schnittpunkt mit der y-Achse. Daher entspricht die Rate in Gleichung (3) der Steigung einer geraden Linie.

Abbildung 8.6 zeigt zeitabhängige Diagramme der Konzentration für drei Möglichkeiten der Steigung: null, positiv und negativ. Die mathematische Beschreibung des Diagramms mit der Steigung null (Abb. 8.6a) ist die Gleichung $C(t) = C_0$. Sie zeigt, dass die Konzentration über einen längeren Zeitraum konstant bleibt. Diese Situation tritt auf, wenn ein Patient in Fällen, in denen keine Elimination stattfindet, einen intravenösen Bolus oder eine intravenöse Injektion bekommt. Das Diagramm mit der positiven Steigung (Abb. 8.6b) wird mathematisch durch die Gleichung $C(t) = k_0 t + C_0$ beschrieben. Sie zeigt, dass die Konzentration mit der Zeit linear zunimmt. Wir werden später sehen, dass diese Situation auftreten kann, wenn einem Patienten eine intravenöse Infusion gegeben wird und es zu keiner Elimination kommt. Das Diagramm mit der negativen Steigung (Abb. 8.6c)

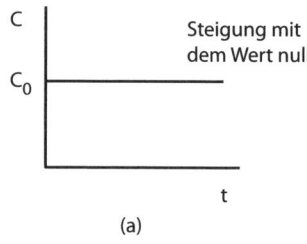

(a)

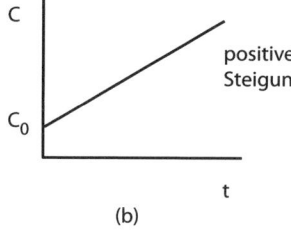

(b)

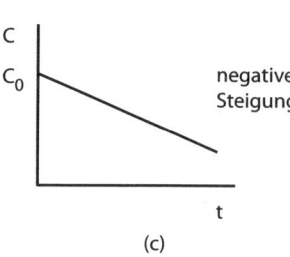

(c)

lässt sich mathematisch durch die Gleichung $C(t) = -k_0 t + C_0$ beschreiben. Es zeigt, das die Konzentration im Laufe der Zeit linear abnimmt. Es gibt nur wenige Fälle, in denen eine solche Elimination nullter Ordnung vorkommt. Sie kommt insbesondere bei Alkohol und Salicylaten vor. Bei den meisten Medikamenten ist die Elimination eine Reaktion erster Ordnung.

Reaktionen erster Ordnung

Eine Reaktion erster Ordnung liegt vor, wenn die Rate der Veränderung der Medikamentkonzentration im System proportional zur aktuellen Konzentration ist. Mathematisch wird dies beschrieben als

$$\Delta C / \Delta t = \pm kC \tag{5}$$

Hierbei steht k für die Ratenkonstante erster Ordnung. Sie hat die Einheit 1/Zeit oder $(\text{Zeit})^{-1}$. Die aus diesem Ausdruck resultierende Differentialgleichung kann für die Konzentrationsfunktion $C(t)$ gelöst werden. Das Ergebnis lautet:

$$C(t) = C_0 e^{\pm kt} \tag{6}$$

Reaktionen erster Ordnung resultieren in exponentiellen Konzentrationsfunktionen C in Abhängigkeit von der Zeit t, beginnend mit einer Anfangskonzentration von C_0. (a) Bei exponentiellem Wachstum nimmt die Konzentration mit der Zeit zu. (b) Bei einer exponentiellen Abnahme nähert sich die Konzentration mit der Zeit asymptotisch dem Wert null.

Hierbei steht C_0 für die Anfangskonzentration zum Zeitpunkt $t = 0$. Wenn der Exponent positiv ist, nimmt die Konzentration exponentiell zu, ist er negativ, nimmt sie exponentiell ab, ähnlich wie bei dem in Kapitel 7 behandelten Kernzerfall. k wird als Zerfallskonstante bezeichnet.

Abbildung 8.7 zeigt zwei Diagramme: eins für exponentielles Wachstum mit $C(t) = C_0 e^{+kt}$ und das andere für eine exponentielle Abnahme mit $C(t) = C_0 e^{-kt}$. Ein exponentielles Wachstum, wie es im ersten Diagramm (Abb. 8.7a) dargestellt ist, kommt im Körper nicht vor, sodass es scheint, dass eine Absorption erster Ordnung unmöglich ist. Sie tritt jedoch auf, wenn ein Medikament oral eingenommen wird. Da dies die häufigste Verabreichungsmethode für Medikamente ist, werden wir im Folgenden die Absorption erster Ordnung noch genauer betrachten. Das zweite Diagramm (Abb. 8.7b) für eine exponentielle Abnahme der Konzentration zeigt einen zeitabhängigen Rückgang der Konzentration. Die Verteilung eines Medikaments im Körper und seine Elimination aus dem Körper folgen Reaktionen erster Ordnung und die Konzentration nimmt entsprechend der exponentiellen Verfallsgleichung ab.

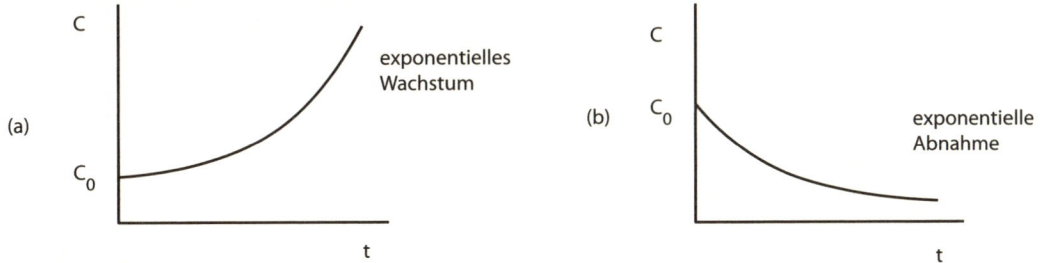

Kompartimentmodelle

Die Gesamtrate der Veränderung der Medikamentenkonzentration im Körper basiert auf den Raten der Absorption, Verteilung und Elimination des Medikaments. Jede dieser Raten trägt auf unterschiedliche Weisen mit ihrem eigenen Gefälle und ihrer Konstante zur Gesamtrate bei. Die mathematische Beschreibung der zugrunde liegenden Vorgänge kann recht kompliziert werden.

Um diese Prozesse und andere Überlegungen zu berücksichtigen, werden zur Ermittlung theoretischer Formeln mathematische Modelle verwendet, damit im Therapieverlauf Medikamentkonzentrationen vorhersagbar werden. Diese Modelle werden verwendet, um die Konzentrationen von Medikamenten in Abhängigkeit von der Art und Häufigkeit der Dosierung vorherzusagen, korrekte Dosierungsverfahren festzulegen, die mögliche Anhäufung der Medikamente und ihrer Produkte abzuschätzen und um die Konzentration der Medikamente mit ihrer pharmakologischen Wirkung in Beziehung zu setzen. Außerdem werden sie verwendet, um zu helfen, die Unterschiede zwischen verschiedenen Formen eines Medikaments zu bestimmen, um zu beschreiben, wie Änderungen während des Fortgangs der Behandlung sich auf die Verwendung des Medikaments durch den Körper auswirken, und um die Wechselwirkungen mit anderen Medikamenten zu untersuchen[5]. Schauen wir uns zwei dieser Modelle etwas genauer an.

Das erste Modell, das wir uns anschauen wollen, wird als *Ein-Kompartiment-Modell* bezeichnet. In diesem Modell betrachten wir das Blutsystem wie einen Behälter, der eine Flüssigkeit enthält. Da der Behälter offen ist, kann mehr Medikament hinzugefügt oder daraus entfernt werden (Abbildung 8.8). Wird mehr Medikament hinzugefügt oder entfernt, bleibt das Gesamtvolumen der Flüssigkeit im Zeitverlauf konstant. Dieses Modell ist demjenigen für das Kreislaufsystem des menschlichen Körpers ähnlich, bei dem das Volumen im Zeitverlauf (fast) konstant bleibt.

Was geschieht, wenn eine bestimmte Medikamentenmenge hinzugefügt oder aus dem Behälter entfernt wird? Wird dem Behälter mehr Medikament hinzugefügt und wird es mit der Flüssigkeit schnell vermischt (wenn das System „gut durchgerührt" ist), ist die Konzentration des Medikaments von der Masse des Medikaments im Behälter, geteilt durch das Volumen des Behälters abhängig. Während dem Behälter Medikament hinzugefügt oder ein Teil des Medikaments daraus entfernt wird, kann sich die Konzentration des Medikaments im Behälter, je nach der Rate, mit der es hinzugefügt oder entfernt wird, im Zeitverlauf ändern.

Ein Medikament kann durch eine von mehreren Verabreichungsmethoden in den menschlichen Blutstrom gelangen. Man bezeichnet dies als Absorption. Das Medikament verlässt den Blutstrom, wenn es von den Geweben absorbiert, in chemischen Reaktionen umgewandelt oder mit den Endprodukten des Stoffwechsels

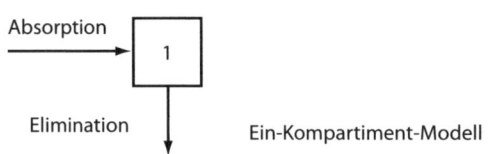

Ein-Kompartiment-Modell

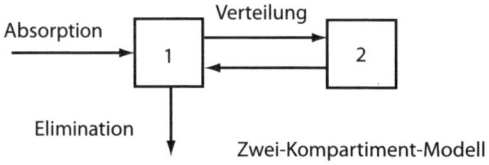

Zwei-Kompartiment-Modell

ausgeschieden wird. Im Ein-Kompartiment-Modell werden diese drei Wege, auf denen das Medikament den Blutstrom verlassen kann, zusammenfassend als Eliminationsprozess bezeichnet. (Daher gibt es keine eigene Rate für die Verteilung.) Ist die Rate, mit der das Medikament dem System hinzugefügt wird, mit derjenigen Rate, mit der es das System verlässt, identisch, so bleibt die Konzentration konstant. Sie ändert sich, wenn die Raten verschieden sind. Wir werden ein wenig später die Situationen betrachten, in denen das Medikament sehr schnell in den Blutstrom gelangt: durch einen intravenösen Bolus oder eine intravenöse Injektion, mit einer konstanten Rate bei einer intravenösen Infusion und mit einer variablen Rate bei einer oralen Einnahme.

Das als nächstes zu betrachtende Modell ist das sogenannte *Zwei-Kompartiment-Modell*. In diesem Modell wird das Blutsystem als primärer Behälter oder primäres Kompartiment betrachtet, über das das Medikament in den Körper gelangt, und die verschiedenen Gewebe, in die das Medikament während des Verteilungsprozesses gelangen soll, werden als zweiter Behälter betrachtet (Abb. 8.8). Wie im Fall des Ein-Kompartiment-Modells sind auch die zwei Kompartimente offen. Daher kann das Medikament in das erste und zweite Kompartiment gelangen und sie verlassen. Dem ersten Kompartiment wird das Medikament auf die gleiche Weise hinzugefügt wie im Ein-Kompartiment-Modell, doch bewegt es sich aus dem ersten Kompartiment in das zweite Kompartiment (Verteilung) und/oder in andere Teile des Körpers, sodass es eliminiert wird. Zwar bewegt sich das Medikament aus dem ersten in das zweite Kompartiment, doch ist es bezüglich des Zwei-Kompartiment-Modells von entscheidender Wichtigkeit, *dass derjenige Anteil des Medikaments, der sich aus dem zweiten Kompartiment bewegt, in das erste Kompartiment zurückkehren kann.*

Die Konzentration des Medikaments in den zwei Kompartimenten variiert mit der Zeit entsprechend der Rate, mit der es in die Kompartimente gelangt und sie wieder verlässt. Für das erste Kompartiment hängt die Hauptrate, mit der das Medikament in das Kompartiment gelangt, von der Verabreichungsmethode ab. Es gibt zwei Raten, mit denen das Medikament ein Kompartiment verlassen kann: eine Rate, mit der das Medikament während seiner Verteilung in das zweite Kompartiment gelangt, und eine andere, mit der das Medikament – durch Stoffwechselprozesse oder Ausscheidung – eliminiert wird. Es ist jedoch noch ein weiterer Gesichtspunkt zu beachten: diejenige Rate, mit der das Medikament, das aus dem zweiten Kompartiment kommt, in das erste Kompartiment gelangt. Jede dieser vier Raten (zwei, mit denen das Medikament in ein Kompartiment eintritt, und zwei, mit denen es ein Kompartiment verlässt) muss bekannt sein, wenn die Medikamentenkonzentrationen im ersten Kompartiment als Funktion der Zeit bestimmt werden soll. In diesem Kapitel werden wir die zeitabhängige Konzentration im zweiten Kompartiment nicht genauer betrachten, obwohl sie ein Wissenschaftler oder Pharmazeut möglicherweise kennen muss, um die Pharmakinetik mit der pharmakologischen Wirkung in Beziehung setzen zu können.

Die Rate, mit der das Medikament aus dem ersten in das zweite Kompartiment fließt, unterscheidet sich von der Rate, mit der es aus Kompartiment 2 in Kompartiment 1 fließt. Wenn die Raten identisch wären, würde die Konzentration von Kompartiment 1 dasselbe zeitabhängige Verhalten wie im Ein-Kompartiment-Modell zeigen. Wie im Ein-Kompartiment-Modell kann ein Medikament sehr schnell in das erste Kompartiment gelangen (durch intravenöse Injektion), mit einer stetigen Rate (intravenöse Infusion) oder durch orale Einnahme.

Sie können sich vielleicht vorstellen, dass es noch weitere Modelle gibt, die noch wesentlich komplizierter sind. In Modellen mit mehr als zwei Kompartimenten können die Kompartimente entweder nacheinander oder parallel angeordnet sein. Bei einer Anordnung in einer Reihe sind die Kompartimente miteinander verbunden wie die Güterwagen eines Zuges. Jedes Kompartiment tauscht Medikamente mit seinen Nachbarn auf beiden Seiten aus. Hingegen ist bei einer parallelen Anordnung das zentrale Kompartiment (das Kreislaufsystem) mit jedem peripheren Kompartiment (verschiedenen Gewebesystemen und Organen) verbunden, und das Medikament wird mit jedem von ihnen gleichzeitig mit unterschiedlichen Raten ausgetauscht. Für den Arzt oder Pharmazeuten ist es wichtig, diese komplizierteren Modelle in Erwägung zu ziehen, wenn ein Einnahmeschema überwacht wird. Wir werden uns im Folgenden jedoch nur mit dem Ein-Kompartiment-Modell beschäftigen, da es ein wesentlich leichter zu lösendes Problem als das Zwei-Kompartiment-Modell darstellt. Außerdem trifft das Ein-Kompartiment-Modell auf die meisten realen Situationen sehr genau zu.

Reaktionen und Kompartimentmodelle

Erinnern wir uns daran, dass die Gesamtrate der Veränderung der Medikamentkonzentration im Körper von der Absorptions-, der Verteilungs- und der Eliminationsrate abhängt. Theoretisch entsprechen die Raten denen eines Prozesses nullter oder erster Ordnung. In der Praxis folgen die Raten jedoch bestimmten Verläufen, die von der Dosierungsmethode und dem Kompartimentmodell abhängen.

Im Ein-Kompartiment-Modell enthält die Ratengleichung nur zwei Ausdrücke: die Absorptions- und die Eliminationsrate. Die Absorptionsrate entspricht der eines Prozesses nullter oder erster Ordnung, je nach der verwendeten Dosierungsmethode. Bei einem intravenösen Bolus erfolgt die Absorption augenblicklich (bzw. ist das Medikament sofort verfügbar), was bedeutet, dass die Konzentration sofort auf einen bestimmten Wert ansteigt. Es ist eine Reaktion nullter Ordnung, für die gilt: $\Delta C/\Delta t = 0$. Bei einer intravenösen Infusion ist die Absorptionsrate (bzw. die Rate der Verfügbarkeit) konstant. Sie hängt von der Rate der Infusion ab und ist ebenfalls eine Reaktion nullter Ordnung, für die gilt: $\Delta C/\Delta t = +k_0$. Bei oraler Einnahme und anderen Methoden der Verabreichung, bei denen das Medikament nicht direkt in den Blutstrom gelangt, entspricht die Absorption einer Reaktion erster Ordnung, für die gilt: $\Delta C/\Delta t = +kC$. Die Eliminationsrate basiert im Allgemeinen auf einer Reaktion erster Ordnung, für die gilt: $\Delta C/\Delta t = -kC$.

Im Zwei-Kompartiment-Modell gibt es drei Ausdrücke in der Ratengleichung: die Absorptions-, die Verteilungs- und die Eliminationsrate. Die Absorptions- und Eliminationsraten folgen den Reaktionen der gleichen Ordnung wie im Ein-Kompartiment-Modell. Die Verteilungsrate aus dem Hauptkompartiment in die anderen Kompartimente ist jedoch eine Reaktion erster Ordnung. Erinnern wir uns außerdem daran, dass Medikamente auch aus dem zweiten Kompartiment in das erste Kompartiment zurückströmen können. Auch diese Rate entspricht derjenigen einer Reaktion erster Ordnung.

Erinnern wir uns daran, dass es für jede Reaktion erster Ordnung eine Ratenkonstante k gibt. Daher hat die Absorption eine Ratenkonstante, k_a, die Elimination, k_e (zu der der Stoffwechsel sowie die Ausscheidungen gehören), sowie den Austausch zwischen den Kompartimenten (wozu die Verteilung gehört). So kann beispielsweise für die Bewegung eines Medikaments aus Kompartiment 1 in Kompartiment 2 die Ratenkonstante als k_{12} geschrieben werden. Es gibt jedoch eine hiervon verschiedene Ratenkonstante für die umgekehrte Bewegung aus Kompartiment 2 in Kompartiment 1, die durch k_{21} angegeben wird.

Modelle mit mehreren Kompartimenten können recht kompliziert sein. Jedes Kompartiment kommuniziert mit anderen in Reaktionen erster Ordnung. Im Folgenden werden wir uns jedoch fast ausschließlich mit dem Ein-Kompartiment-Modell befassen.

Das Ein-Kompartiment-Modell

Im Ein-Kompartiment-Modell entspricht die Rate der Veränderung in Medikamentenkonzentrationen einer Kombination aus Absorptionsrate und Eliminationsrate, beziehungsweise

Rate der Veränderung in der Medikamentkonzentration	=	Absorptions-rate	+	Eliminations-rate

Es gibt keinen Ausdruck für die Verteilung, den wir in diesem Fall berücksichtigen müssten, obwohl er im Zwei-Kompartiment-Modell vorkommt. Die Absorptionsrate hängt von der Methode der Verabreichung des Medikaments, sowie von anderen Faktoren ab, wie zum Beispiel der Dosierungsform, der Löslichkeit, der Bewegung durch die Wand des Magen-Darm-Kanals usw., doch sind die gleichen mathematischen Begriffe der Absorption erster Ordnung auf alle diese anderen Faktoren ebenfalls anwendbar. Die Eliminationsrate entspricht derjenigen eines Prozesses erster Ordnung. Sie hängt daher von der Konzentration des Medikaments im System ab, unabhängig von der Methode der Verabreichung. In mathematischen Symbolen können wir die Ratengleichung folgendermaßen ausdrücken[6]:

$$\Delta C/\Delta t = (\Delta C/\Delta t)_a + (\Delta C/\Delta t)_e \qquad (7)$$

Diese Gleichung kann so aufgelöst werden, dass wir einen Ausdruck gewinnen, der die Medikamentenkonzentration als Funktion der Zeit angibt, geschrieben als $C(t)$. Eine grafische Darstellung dieser Funktion liefert ein Diagramm, das den Plasmapegel zur Zeit in Beziehung setzt (was bereits beschrieben wurde).

Wenn wir das Ein-Kompartiment-Modell genauer erörtern, werden wir uns verschiedene Kombinationen der Absorptions- und Eliminationsterme in Gleichung (7) anschauen, und wir werden beschreiben, welche unterschiedlichen Resultate sich ergeben, wenn das Medikament als intravenöser Bolus, als intravenöse Injektion, in Form einer intravenösen Infusion oder oral verabreicht wird.

Absorption nullter Ordnung ohne Elimination: intravenöser Bolus

Das Diagramm einer Steigung von null in Abbildung 8.6a ist ein Beispiel einer Absorption nullter Ordnung für einen intravenösen Bolus, wenn keine Elimination stattfindet. Dieses Diagramm wird mathematisch durch die Gleichung $C(t) = C_0$ beschrieben. Das Medikament gelangt sofort in den Blutstrom und wird sehr schnell im gesamten Körper verteilt. Die Konzentration C_0 (festgelegt durch die Dosis D_0 und das Verteilungsvolumen V) bleibt im Laufe der Zeit konstant, wenn keine Elimination erfolgt. In der Praxis kommt diese Situation zwar nicht vor, doch wir werden die Elimination erst später hinzufügen.

Werden mehrere Dosen verabreicht, nimmt die Konzentration stufenweise zu. Wenn die zweite Dosis gegeben wird, springt die Konzentration fast augenblicklich auf einen höheren Wert und bleibt bei diesem Wert. Wenn noch eine weitere Dosis gegeben wird, springt die Konzentration auf einen noch höheren Wert, der ebenfalls konstant bleibt. Abbildung 8.9 zeigt das Diagramm, das für mehrere Dosierungen durch einen intravenösen Bolus ohne Elimination zu erwarten ist.

Abb. 8.9 ▶

Werden mehrere intravenöse Bolusdosierungen verabreicht, steigt die Konzentration jedesmal um einen C_0 entsprechenden Wert. Kommt es zu keiner Elimination des Medikaments aus dem Körper, bleibt die Konzentration konstant, bis die nächste Dosis gegeben wird, wobei nach jeder Injektion eine höhere Konzentration erreicht wird.

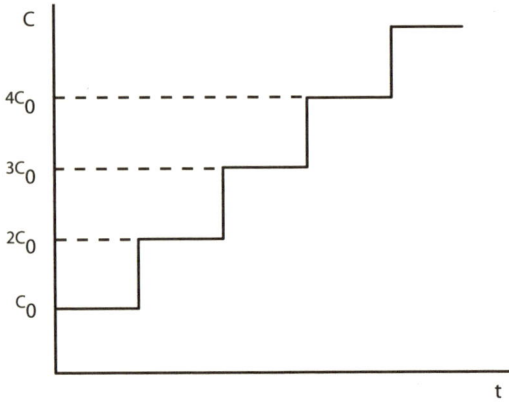

Absorption nullter Ordnung ohne Elimination: intravenöse Infusion

Abbildung 8.6b mit einer positiven Steigung zeigt ein Beispiel einer Absorption nullter Ordnung für eine intravenöse Infusion, wenn keine Elimination stattfindet. Das Diagramm wird mathematisch durch die Gleichung $C(t) = k_0 t + C_0$ beschrieben. Sie zeigt, dass die Konzentration mit der Zeit linear zunimmt.

Das Medikament gelangt mit einer konstanten, als Infusionsrate bezeichneten Rate k_0 in den Körper des Patienten. Die Infusionsrate hängt davon ab, dass der Beutel mit dem intravenös zu verabreichenden Medikament hoch genug gehängt wird und dass sich eine Rollklemme im Infusionsschlauch zwischen dem Beutel und der Infusionsnadel befindet. (Wird zur Kontrolle der Infusionsrate statt einer Rollklemme eine Infusionspumpe verwendet, lässt sich die Rate genauestens einstellen.) Befindet sich zu Beginn der Infusion kein Medikament im System, ist $C_0 = 0$. Die Konzentration erhöht sich, bis der Infusionsbeutel leer ist oder die Infusion beendet wird. Anschließend bleibt die Konzentration auf einem konstanten Wert (Abb. 8.10a).

Werden mehrere intravenöse Infusionen verabreicht, hat die Anfangskonzentration, nachdem der erste Beutel geleert wurde, nicht mehr den Wert null. Findet die intravenöse Infusion kontinuierlich statt, d. h., wird ein leerer Beutel sofort durch einen weiteren ersetzt, steigt die Konzentration linearer an (Abb. 8.10b). Wenn der Beutel leer ist und eine Zeitlang nicht ersetzt wird, bleibt die Konzentration auf einem konstanten Spiegel, bis eine weitere Fusion beginnt. Zu diesem Zeitpunkt steigt die Konzentration erneut linear an und der Prozess setzt sich fort. Abbildung 8.10c veranschaulicht, wie die Konzentration in diesem Fall von der Zeit abhängt.

Elimination erster Ordnung ohne Absorption

Bei einer Elimination erster Ordnung nimmt die Konzentration des Medikaments im Blutstrom entsprechend folgender Gleichung mit der Zeit exponentiell ab:

$$C(t) = C_0 e^{-k_e t} \tag{8}$$

Hierbei bedeutet k_e die Eliminationsratenkonstante (siehe Abb. 8.7b). Da die Rate, mit der die Konzentration des Medikaments abnimmt, proportional zu seiner vorhandenen Menge ist, nimmt die Konzentration zunächst schnell ab. Im Laufe der Zeit geht die Rate der Abnahme jedoch zurück, weil die Konzentration kleiner wird, und schließlich nähert sie sich immer mehr dem Wert null.

Pharmazeuten müssen häufig die Abnahmekonstante für ein bestimmtes Medikament ermitteln. Statt also die Konzentration im Verhältnis zur Zeit abzutragen, tragen sie den natürlichen Logarithmus der Konzentration im Verhältnis zur Zeit ab. Wenn wir den natürlichen Logarithmus der Gleichung (8) nehmen, erhalten wir:

$$\ln C = -k_e t + \ln C_0 \tag{9}$$

▼ Abb. 8.10

Wenn eine intravenöse Infusion gegeben wird, steigt die Konzentration des Medikaments linear an, wenn keine Elimination stattfindet. (a) Die Infusion wird zu einem bestimmten Zeitpunkt beendet. (b) Die Infusion wird fortgesetzt, d. h., ein leerer Beutel wird sofort durch einen neuen ersetzt. (c) Die Infusion wird eine Zeitlang angehalten, dann erneut begonnen, beendet, erneut begonnen usw.

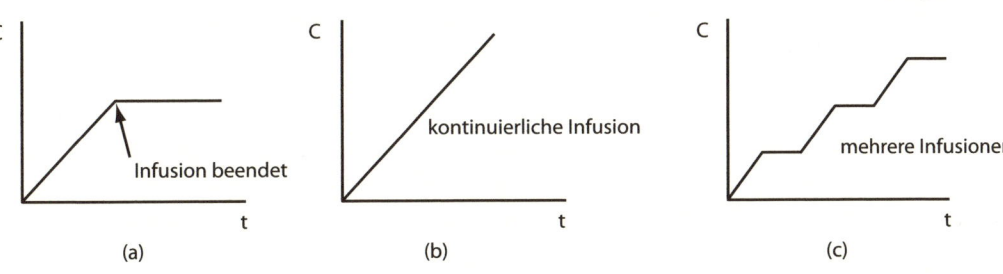

(a) Infusion beendet   (b) kontinuierliche Infusion   (c) mehrere Infusionen

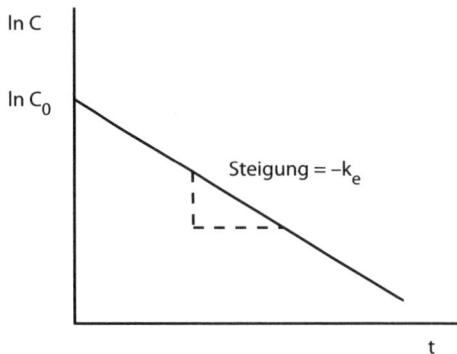

Ein von der Zeit t abhängiges Diagramm für ln C ergibt eine gerade Linie mit einer Steigung von $-k_e$ (Abb. 8.11).

Die Halbwertszeit $t_{1/2}$ für ein Medikament im Blutstrom ist als diejenige Zeit definiert, die erforderlich ist, um die Hälfte des Medikaments aus dem System zu entfernen. Diese Definition ist fast identisch mit der Definition der Halbwertszeit, die in Kapitel (7) für die Kernstrahlung angegeben wurde. Man kann zeigen, dass sich die Halbwertszeit für einen Eliminationsprozess erster Ordnung nach folgender Gleichung errechnen lässt:

$$t_{1/2} = \ln 2 / k_e$$

Hieraus ergibt sich, dass die Halbwertszeit für einen Prozess erster Ordnung konstant ist. Dies bedeutet, dass die Zeit, die es dauert, bis eine Konzentration von ihrem Anfangswert C_0 auf die Hälfte dieses Wertes $C_0/2$ zurückgegangen ist, dieselbe Zeit ist, die für einen Rückgang von $C_0/2$ auf $C_0/4$ verstreichen muss. Damit die Konzentration von $C_0/4$ auf $C_0/8$ absinken kann, muss erneut ein Zeitabschnitt der Länge der Halbwertszeit vergehen usw. Für einen Prozess nullter Ordnung ist die Halbwertszeit nicht konstant, weshalb sie hierbei keine Rolle spielt.

Absorption erster Ordnung ohne Elimination: orale Medikation

Wie bereits weiter oben erwähnt, stellt die exponentielle Zunahme der Konzentration von Medikamenten im Körper keine realistische Situation dar (ebenso wenig wie in anderen Systemen). Es scheint daher, dass Prozesse erster Ordnung an der Absorption von Medikamenten im Körper nicht beteiligt sind. Wird ein Medikament als intravenöser Bolus oder intravenöse Injektion verabreicht, handelt es sich hierbei um Prozesse nullter Ordnung, bei denen im Fall eines intravenösen Bolus die Absorption unmittelbar erfolgt und die Medikamentenkonzentration ihren Anfangswert fast sofort erreicht bzw. linear ansteigt, wenn das Medikament durch eine intravenöse Infusion mit einer konstanten Rate zugeführt wird.

Wird ein Medikament oral eingenommen, kommt es zu einem Prozess erster Ordnung. Bei einem exponentiellen Zuwachs geht man davon aus, dass es einen unbegrenzten Vorrat an verfügbarem Medikament gibt, bei einer oralen Einnahme steht jedoch nur eine endliche Menge des Medikaments zur Verfügung. Während das oral eingenommene Medikament sich auflöst oder von der gastrointestinalen Wand absorbiert wird, nimmt die Menge, die zur Wanderung in den Blutstrom verfügbar ist, in einem Prozess erster Ordnung exponentiell ab. So kommt es zu einer Kombination eines Prozesses erster Ordnung, in dem das verfügbare Medikament aus der oralen Dosis exponentiell abnimmt, und einem zweiten Prozess erster Ordnung, der beschreibt, wie das Medikament in den Blutstrom gelangt.

Die Ratengleichung für diesen Prozess zeigt, dass die sich verändernde Konzentration des in den Blutstrom gelangenden Medikaments, $\Delta C/\Delta t$, direkt proportional zu derjenigen Konzentration ist, die aus der oralen Medikation zum Eintritt in den Blutstrom zur Verfügung steht, d. h. $C_0 e^{-k_a t}$, welche exponentiell abnimmt. (Wir gehen hierbei davon aus, dass die gesamte Menge der oralen Dosis des Medikaments in den Blutstrom gelangt, was nicht immer der Fall ist.) Diese Gleichung wird geschrieben als:

$$\Delta C/\Delta t = k_a C_0 e^{-k_a t} \tag{10}$$

Hierbei steht C_0 für die Gesamtdosis des Medikaments D_0, die für die orale Medikation verfügbar ist, geteilt durch das Verteilungsvolumen V des Blutstroms, in den es gelangt. Die Konstante k_a ist die Konstante für den Prozess erster Ordnung, durch den das Medikament sich auflöst und durch die Wände des Magen-Darm-Kanals in den Blutstrom gelangt. Sie können sich diese Konstante als Konstante der Verteilungsrate für die orale Medikation vorstellen. Sie entspricht der Konstante der Absorptionsrate, mit der es vom Blutstrom absorbiert wird. Die Differentialgleichung (10) ergibt für die Konzentration folgende Funktion:

$$C(t) = C_0 \left(1 - e^{-k_a t}\right) \tag{11}$$

Abbildung 8.12a zeigt eine grafische Darstellung von Gleichung (11). Beachten Sie, dass die Konzentration anfänglich relativ schnell zunimmt, dann jedoch langsamer auf den maximalen Konzentrationswert C_{max} ansteigt, wobei es sich genau um die erwartete Konzentration $C_0 = D_0/V$ handelt. Die horizontale Linie bei C_0 wird als Asymptote bezeichnet, und man sagt, dass sich die Konzentration dem Wert C_0 „asymptotisch" nähert. Wenn keine weitere Dosis gegeben wird, bleibt die Konzentration bei C_0 konstant, solange keine Elimination erfolgt.

Werden mehrere Dosen verabreicht, so nimmt die Konzentration weder auf nichtlineare Weise noch, nimmt man es genau, schrittweise zu. Wenn eine zweite Dosis gegeben wird, steigt die Konzentration bis auf einen neuen Wert für C_0 asymptotisch an. Wird daraufhin erneut eine weitere Dosis verabreicht, steigt die Konzentration nochmals auf einen höheren Wert usw. (Abb. 8.12b). Pharmakinetische Studien haben gezeigt, dass bei der oralen Dosierung nicht das gesamte Medikament in den Blutstrom absorbiert wird. Ein Teil des Medikaments wird mit Stoffwechselendprodukten ausgeschieden, ohne absorbiert zu werden. In diesem Fall wird Gleichung (10) durch den Zusatz eines Multiplikators F modifiziert, der den Anteil der absorbierten Dosis angibt. Für unsere Betrachtung werden wir davon ausgehen, dass das Medikament vollständig absorbiert wird.

▼ Abb. 8.12

Absorption erster Ordnung einer oralen Dosis ohne Elimination. (a) Die Konzentration geht auf einen Maximalwert C_{max} zu, der der Menge des Medikaments in der ursprünglichen Dosis C_0 entspricht. Die Konzentration bleibt konstant, wenn der Maximalwert erreicht wurde. (b) Mehrere Dosierungen oraler Medikation führen zu einer Zunahme der Maximalkonzentration mit jeder weiteren eingenommenen Dosis.

(a)

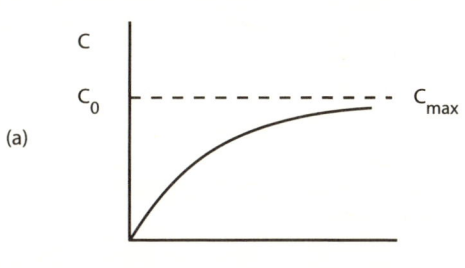

(b)

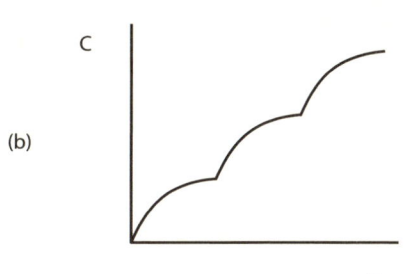

Absorption mit Elimination im Ein-Kompartiment-Modell

Wir sind nunmehr in der Lage, das Ein-Kompartiment-Modell für die drei Methoden der Verabreichung zu erörtern, wobei wir Absorption und Elimination gemeinsam betrachten werden. Das Ein-Kompartiment-Modell ist in Abbildung 8.13 für einen intravenösen Bolus, eine intravenöse Infusion und eine orale Dosierung dargestellt. Der in das Kompartiment zeigende Pfeil stellt den Absorptionsprozess dar, der aus dem Kompartiment zeigende Pfeil den Eliminationsprozess. Mathematisch werden wir jede Art der Verabreichung als Variante der Hauptratengleichung [Gleichung (7)] darstellen. Sie sei daher hier noch einmal angegeben:

$$\Delta C/\Delta t = (\Delta C/\Delta t)_a + (\Delta C/\Delta t)_e \qquad (12)$$

Wir werden uns genauer anschauen, was geschieht, wenn eine Einzeldosis gegeben wird, und anschließend, wie sich die Verabreichung mehrerer Dosen auswirkt.

Abb. 8.13 ▼

Drei verschiedene Beispiele für die Aufnahme (Absorption) eines Medikaments im Ein-Kompartiment-Modell, wobei ein Teil des Medikaments das Kompartiment mit der Eliminationsrate k_e verlässt. (a) Bei einem intravenösen Bolus wird die Dosis mit einem Mal injiziert. (b) Bei einer intravenösen Infusion gelangt das Medikament mit der Infusionsrate k_0 in das Kompartiment. (c) Bei einer oralen Verabreichung wird das Medikament mit der Absorptionsratenkonstante k_a aufgenommen.

Intravenöser Bolus mit Elimination

Wird ein Medikament mit Hilfe eines intravenösen Bolus verabreicht, gelangt eine bestimmte Dosis (oder Masse) des Medikaments in den Blutstrom. Dabei wird davon ausgegangen, dass das Medikament sich sofort im Kreislaufsystem verteilt. Natürlich trifft dies nicht ganz zu, doch ist die zur Mischung des Medikaments mit dem Blut im Kreislaufsystem benötigte Zeit, verglichen mit dem zur Elimination erforderlichen Zeitraum, nur sehr kurz.

Nachdem eine Injektion gegeben wurde, beginnt nicht nur sofort die Absorption, sondern auch die Elimination setzt sogleich ein. Wie wir bereits erwähnt haben, bleibt die Konzentration konstant, wenn es im Körper zu *keiner Elimination* des Medikaments kommt. Die Absorptionsrate in Gleichung 12 hat dann den Wert null oder

$$(\Delta C/\Delta t)_a = 0 \qquad (13)$$

Selbst wenn eine Elimination stattfindet, hat die Absorptionsrate den Wert null. Da die Eliminationsrate einen Prozess erster Ordnung beschreibt, der von der Konzentration abhängt, gilt für die Rate der Elimination

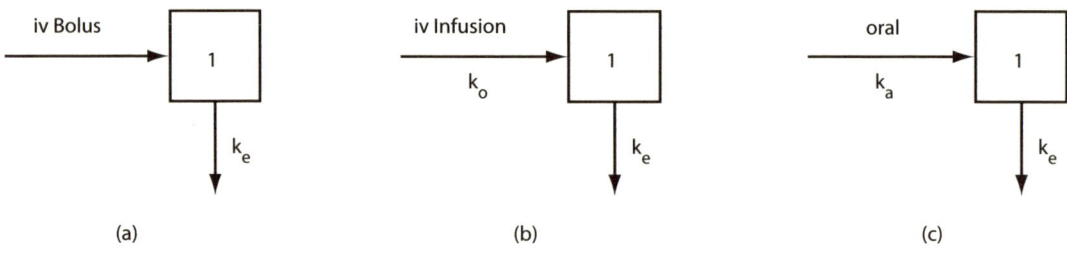

(a)   (b)   (c)

$$(\Delta C/\Delta t)_e = -k_e C \tag{14}$$

Hierbei steht k_e für die Eliminationsratenkonstante, deren Maßeinheit 1/Zeit ist. Setzen wir die Gleichungen (13) und (14) in Gleichung (12) ein, erhalten wir für die Dosierungsmethode des intravenösen Bolus eine Gleichung für die Gesamtrate der Konzentration:

$$(DC/Dt) = -k_e C \tag{15}$$

Diese Differentialgleichung kann nach $C(t)$ aufgelöst werden und ergibt:

$$C(t) = C_0 e^{-k_e t} = (D_0/V)e^{-k_e t} \tag{16}$$

Angenommen, ein Patient erhält eine Dosis eines Medikaments, sodass gilt: $D_0 = 100$ mg. Nehmen wir weiterhin an, dass das Volumen, in welches das Medikament injiziert wird (als Distributionsvolumen bezeichnet), 2 Litern entspricht, d. h. $V = 2$ l. Nehmen wir schließlich noch an, dass die Zerfallskonstante der Elimination für dieses Medikament $k_e = 0{,}277$/h beträgt. Diese Zahlen geben uns eine Anfangskonzentration von $C_0 = 50\,\mu$g/ml und wir erhalten die folgende Gleichung:

$$C(t) = 50\ e^{-0{,}277t}$$

In Abbildung 8.14 ist die Konzentration als Funktion der Zeit dargestellt. Die Halbwertszeit kann als $t_{1/2} = \ln 2/k_e = 2{,}5$ h errechnet werden. Dies bedeutet, dass es 2,5 Stunden dauert, bis die Hälfte des Medikaments, sei es durch Stoffwechselprozesse oder auf dem Weg der Ausscheidung, aus dem Körper entfernt wurde.

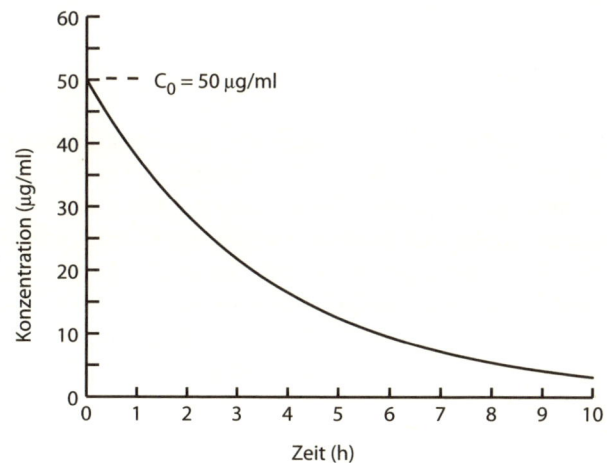

◄ **Abb. 8.14**

Konzentration in Abhängigkeit von der Zeit für die Dosierungsmethode des intravenösen Bolus bei gleichzeitiger Elimination. Die Anfangskonzentration des Medikaments beträgt $C_0 = 50\,\mu$g/ml.

Abb. 8.15 ▶

Natürlicher
Logarithmus der
Konzentrationsfunk-
tion in Abbildung
8.14

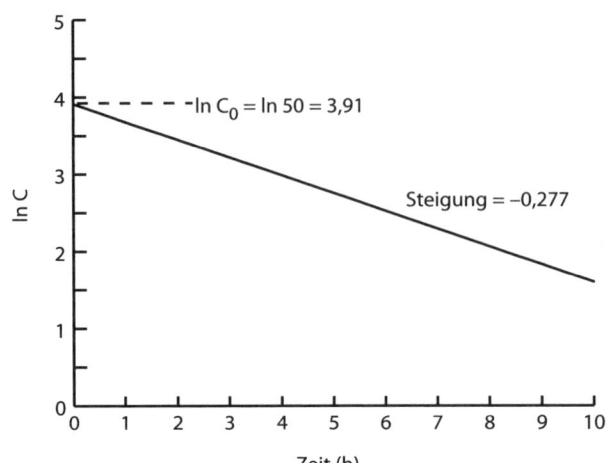

In Abbildung 8.15 ist der natürliche Logarithmus der Konzentration als Funktion der Zeit dargestellt, wobei es sich um eine gerade Linie mit der Steigung $k_e = -0{,}277\ h^{-1}$ handelt. Sie schneidet die vertikale Achse bei dem Wert ln 50 (dem y-Achsen-Abschnitt). Die Gleichung für diese Gerade lautet:

$$\ln C(t) = \ln 50 - 0{,}277t \tag{18}$$

Damit ergibt sich, dass bei der Verabreichungsmethode des intravenösen Bolus die Konzentration mit ihrem Anfangswert beginnt und anschließend exponentiell abfällt. Diese Methode und die sich daraus ergebende Berechnung sind das einfachste Beispiel für die Vorhersage einer Medikamentenkonzentration im Körper.

Mehrfache intravenöse Bolusdosen

Manchmal ist es erforderlich, statt nur einer einzigen Dosis mehrere Dosen zu verabreichen, um die Konzentration auf einem ausreichend hohen Pegel zu halten, damit die gewünschte pharmakologische Wirkung erzielt werden kann. Die Berechnung der Konzentration erfolgt fast genauso wie diejenigen des exponentiellen Verfallsprozesses bei einer einmaligen Dosis, den wir soeben besprochen haben. Der wichtigste Aspekt dieser Dosierungsmethode ist jedoch, dass bei der Verabreichung einer weiteren Dosis, wenn noch ein Teil des Medikaments im Blutstrom vorhanden ist, das zusätzliche Medikament demjenigen hinzugefügt wird, das nach der vorigen Injektion noch vorhanden war.

Betrachten wir das obige Beispiel, aus dem sich Gleichung (17) ergab. Nehmen wir an, dass 4 Stunden nach der ersten Injektion eine weitere Injektion verabreicht wird, die mit der ersten identisch ist. Nach 4 Stunden wird die Konzentration der ersten Dosis noch etwa 33 % der Anfangskonzentration betragen:

$$C(t) = 50\ e^{-0,277t},$$
$$C(4) = 50\ e^{-0,277t(4)} = 50 \times 0,33$$
$$= 16,5\ \mu g/ml$$

Wenn die zweite Injektion verabreicht wird, springt die Konzentration sofort um 50 µg/ml auf eine neue Anfangskonzentration von 66,5 µg/ml, die dann exponentiell abnimmt. Wird nach 4 Stunden eine weitere Dosis verabreicht, wenn die Konzentration auf etwa 22 µg/ml (33 % von 66,5) zurückgegangen sein wird, springt die Konzentration auf etwa 72 µg/ml. Werden im Abstand von 4 Stunden regelmäßig mehrere Injektionen gegeben, so kann die daraus resultierende Konzentration durch das in Abbildung 8.16 wiedergegebene Diagramm dargestellt werden.

Beachten Sie, dass bei wiederholt gegebenen Dosen die Konzentration einen Maximalwert C_{max} und einen Minimalwert C_{min} annimmt, der sich nach Gabe mehrerer Dosen einstellt. Man bezeichnet diese Werte als *Fließgleichgewichtswerte* (steady-state values), da sie sich nicht ändern, wenn das Dosierungsregime fortgesetzt wird. Eines der Ziele einer korrekten Behandlung eines Patienten besteht darin, die Werte für C_{max} und C_{min} innerhalb des therapeutischen Fensters zu halten, d. h., sie sollten größer als die effektive Minimalkonzentration (EMK) sein und kleiner als die minimale toxische Konzentration (MTK).

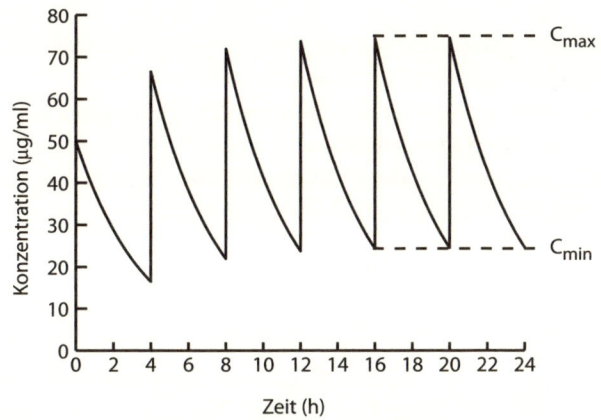

◄ **Abb. 8.16**

Bei mehreren intravenösen Bolusdosen, die alle 4 Stunden verabreicht werden, zeigt sich ein sofortiger Anstieg der Konzentration, gefolgt von einer exponentiellen Abnahme während der Elimination. Nach etwa 5 Dosen werden für C_{max} und C_{min} Fließgleichgewichtswerte erreicht.

Ob die Konzentration aufrechterhalten werden kann, hängt davon ab, welche Menge des Medikaments die Injektionen enthalten und wie häufig weitere Injektionen verabreicht werden. Hieran zeigt sich, wie wichtig die Kenntnis der pharmakokinetischen Daten eines Medikaments ist.

Intravenöse Infusion mit Elimination

Ein durch intravenöse Infusion verabreichtes Medikament gelangt mit einer bestimmten Infusionsrate in den Blutstrom. Das Medikament mischt sich (fast) sofort mit dem Blut im Kreislaufsystem, und seine Elimination beginnt ebenfalls sofort. In der Gleichung für die Gesamtrate (12) entspricht die Absorptionsrate der Infusionsrate k_0, die als physikalische Einheit Konzentration pro Zeit verwendet. Daher gilt:

$$(\Delta C/\Delta t)_a = k_0 \tag{19}$$

Da die Eliminationsrate die Rate eines Prozesses erster Ordnung ist (ebenso wie es bei einem intravenösen Bolus der Fall ist), lautet seine mathematische Gleichung:

$$(\Delta C/\Delta t)_e = -k_e C \tag{20}$$

Hierbei steht k_e für die Eliminationsratenkonstante mit der Einheit von l/Zeit. Setzen wir die Gleichungen (19) und (20) in die Gleichung (12) ein, ergibt sich als Gleichung für die Gesamtrate der folgende Ausdruck:

$$\Delta C/\Delta t = k_0 - k_e C \tag{21}$$

Diese Differentialgleichung kann nach $C(t)$ aufgelöst werden und ergibt:

$$C(t) = k_0/k_e\,(1 - e^{-k_e t}) = D_r/Vk_e\,(1 - e^{-k_e t}) \tag{22}$$

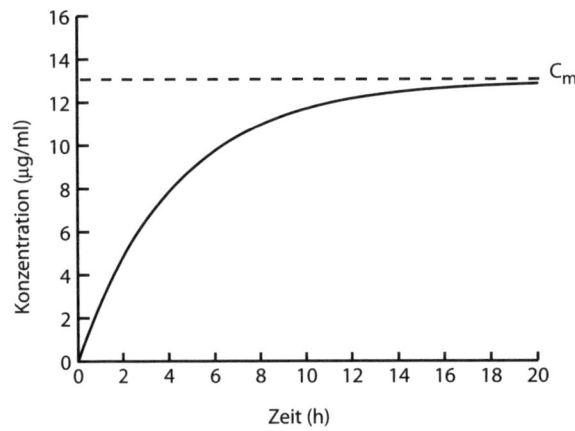

Abb. 8.17 ▽

Konzentration als Funktion der Zeit bei einer intravenösen Infusion. In diesem Beispiel nähert sich die Funktion der Konzentration dem Wert 13,0 µg/ml.

Hierbei steht D_r für die Dosierungsrate, deren Einheit Masse pro Zeit entspricht.

Nehmen wir an, ein Patient erhält eine Infusion mit einer Dosierungsrate von 15 mg/h in einem Volumen von $V = 5$ l. Die Halbwertzeit der Elimination des Medikaments im Patienten betrage 3 Stunden. Diese Werte geben uns eine Infusionsrate von $k_0 = 3$ µg/ml/h und eine Abnahmekonstante für die Elimination von $k_e = \ln(2)/t_{1/2} = \ln(2)/3$ h $= 0{,}231$ h^{-1}. Gleichung 22 wird damit zu

$$C(t) = 13{,}0\ \text{µg/ml}\ (1 - e^{-0{,}231 t}) \tag{23}$$

In Abbildung 8.17 haben wir die Konzentration als Funktion der Zeit grafisch dargestellt. Die Abbildung zeigt, dass sich die Konzentration dem Maximalwert $C_{max} = 13{,}0$ µg/ml nähert.

Erinnern Sie sich daran, dass bei einer intravenösen Infusion ohne Elimination die Konzentration ohne obere Grenze linear zunimmt, wenn die Infusion über einen längeren Zeitraum fortgesetzt wird. Findet hingegen eine Elimination statt, nähert sich die Konzentration nach einer gewissen Zeit dem Maximalwert C_{max} und bleibt bei diesem Wert stehen, solange die Infusion fortgesetzt wird. Dieser Maximalwert wird als Fließgleichgewichtswert der Konzentration bezeichnet. Wenn die Infusion unterbrochen würde, ginge die Medikamentenkonzentration exponentiell zurück. Ein Beispiel ist in Abbildung 8.18 dargestellt, wo die Infusion des vorigen Beispiels nach 10 h angehalten wurde. Hier liegt eine Kombination aus einer mit Beginn der Infusion exponentiell ansteigenden Konzentration, die sich einem Maximalwert nähert, und einem exponentiellen Rückgang der Konzentration vor, nachdem die Infusion angehalten wurde. Werden mehrere Infusionen gegeben, setzten sich Zunahme und Rückgang fort, die Maximalkonzentration wird den Wert C_{max} jedoch nicht überschreiten, der sich bei einer fortgesetzten Infusion einstellen würde.

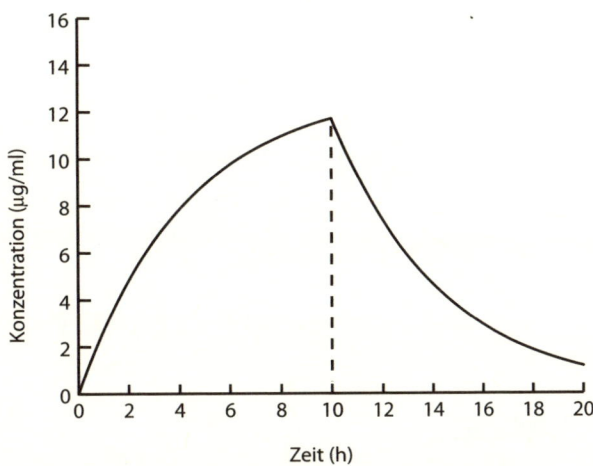

Infusionen werden häufig verabreicht, um eine bestimmte Konzentration eines Medikaments für einen längeren Zeitraum aufrechtzuerhalten. Wie bei einem intravenösen Bolus besteht dabei das Ziel darin, eine Konzentration eines Medikaments im System aufrechtzuerhalten, die die gewünschte pharmakologische Wirkung hat. Wie sich zeigt, hängt die maximale Konzentration sowohl von der Infusionsrate k_0 als auch von der Eliminationskonstante k_e ab. Sie beträgt $C_{max} = k_0/k_e$. Um die Konzentration an den für eine korrekte Behandlung des Patienten maximalen Wert anzupassen, muss die Infusionsrate richtig eingestellt werden. Ist die Infusionsrate zu hoch, kann es sein, dass die Maximalkonzentration die minimale toxische Konzentration überschreitet. Bei einer zu geringen Infusionsrate kann die Maximalkonzentration unterhalb der minimal wirksamen Konzentration liegen.

Intravenöse Infusion mit intravenöser Bolusdosierung

Es gibt Situationen, in denen die gewünschte Fließgleichgewichtskonzentration für eine intravenöse Infusion sehr schnell eingestellt werden muss. Um dies zu erreichen, wird eine intravenöse Bolusdosis gegeben. Man kann einen intravenösen Bolus als intravenöse Infusion mit sehr hoher Infusionsrate ansehen, da in diesem Fall die gesamte Dosis gleichzeitig gegeben wird. Wird die richtige Menge des Medikaments durch die Injektion verabreicht und anschließend die korrekte Menge des Medikaments durch eine Infusion langsamer zugeführt, kann die Konzentration gleich zu Beginn der Behandlung auf einen konstanten Wert eingestellt werden. Die anfängliche intravenöse Bolusdosis wird als Ladungsdosis bezeichnet.

Um zu verstehen, was hierbei geschieht, betrachten wir zunächst die Konzentrationsfunktion für die intravenöse Bolusdosis:

$$C(t) = (D_0/V)\,e^{-k_e t} \tag{24}$$

sowie die Konzentrationsfunktion für die intravenöse Infusion:

$$C(t) = (D_r/Vk_e)\,(1 - e^{-k_e t}) \qquad (25)$$

Wenn die Ladungsdosis D_0 durch eine Injektion mit der Dosierungsrate D_r zur gleichen Zeit gegeben wird, zu der die intravenöse Infusion beginnt, entspricht die sich daraus ergebende Konzentrationsfunktion einfach der Summe dieser beiden Funktionen:

$$C(t) = (D_0/V)\,e^{-k_e t} + (D_r/Vk_e)\,(1 - e^{-k_e t}) \qquad (26)$$

oder

$$C(t) = C_0 e^{-k_e t} + C_{max}\,(1 - e^{-k_e t}) \qquad (27)$$

Beachten Sie, dass die Eliminationsratenkonstante k_e für beide Methoden dieselbe ist, da wir es mit demselben Medikament zu tun haben. Die Art und Weise, wie das Medikament aus dem Körper eliminiert wird, ist dieselbe, unabhängig davon, wie das Medikament in den Körper gelangte und in welcher Form es verabreicht wurde.

Wenn die Ladungsdosis so gewählt wird, dass sie der Dosierungsrate, geteilt durch die Eliminationsratenkonstante entspricht, d.h. wenn gilt: $D_0 = D_r/k_e$, dann gilt $C_0 = C_{max}$. In Gleichung (27) heben sich die beiden Ausdrücke für den exponentiellen Rückgang gegenseitig auf, woraus für die Konzentration eine im Zeitverlauf konstante Funktion resultiert, d.h.:

$$C(t) = C_{max} \qquad (28)$$

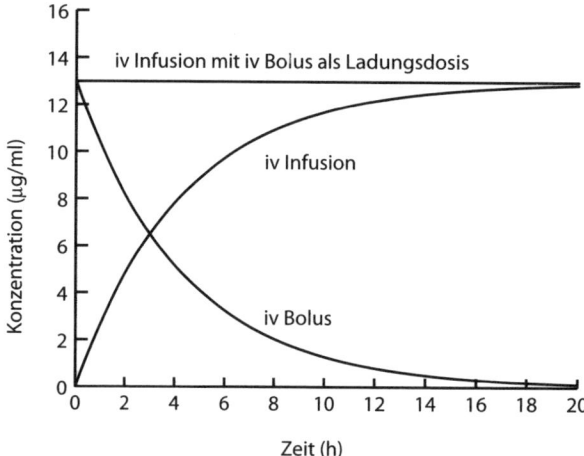

Abbildung 8.19 zeigt eine grafische Darstellung des ersten Ausdrucks von Gleichung (27) für die Ladungsdosis des intravenösen Bolus, eine grafische Darstellung des zweiten Ausdrucks von Gleichung (27) für die intravenöse Infusion sowie eine Darstellung des kombinierten Ergebnisses, aus der hervorgeht, dass die Konzentration im Zeitverlauf konstant bleibt.

Im Beispiel aus dem vorigen Abschnitt über die intravenöse Infusion hatten wir folgende Werte: für $D_r = 15$ mg/h, für $V = 5$ l, und für $k_e = 0{,}231$ h^{-1} ($t_{1/2} = 3$ h). Diese Werte geben uns eine (maximale) Fließgleichgewichtskonzentration von $C_{max} = 13{,}0$ µg/ml. Dies bedeutet, dass die Ladungsdosis $D_0 = D_r/k_e = 65$ mg betragen muss, wenn die Konzentration auf einen Anfangswert von 13 µg/ml springen und für die Länge der Infusionszeit konstant bleiben soll.

Orale Dosierung mit Elimination

Wird ein Medikament oral verabreicht, gelangt es in den Blutstrom, indem es die Wand des Magen-Darm-Kanals passiert. Während das Medikament sich auflöst und absorbiert wird, nimmt die Menge des Medikaments in der Dosis exponentiell ab, da es sich um einen Prozess erster Ordnung handelt. In der Gesamtratengleichung (12) kann die Absorptionsrate geschrieben werden als:

$$(\Delta C/\Delta t)_a = k_a C_0 e^{-k_a t} \tag{29}$$

Hierbei steht C_0 für die Gesamtdosis des Medikaments D_0, die in der oralen Medikation zur Verfügung steht, geteilt durch das Verteilungsvolumen im Blutstrom. Die Konstante k_a ist eine Absorptionsratenkonstante erster Ordnung. Die Eliminationsrate beschreibt einen Prozess erster Ordnung (wie dies bei einem intravenösen Bolus und einer intravenösen Infusion der Fall ist), sodass geschrieben werden kann:

$$(\Delta C/\Delta t)_e = - k_e C \tag{30}$$

Hierbei steht k_e für die Eliminationsratenkonstante mit der Einheit 1/Zeit. Setzt man die Gleichungen (29) und (30) in Gleichung (12) ein, so erhält man als Gleichung für die Gesamtrate der Konzentration für die orale Dosierungsmethode

$$\Delta C/\Delta t = k_a C_0 e^{-k_a t} - k_e C \tag{31}$$

Diese Differentialgleichung kann nach $C(t)$ gelöst werden und ergibt:

$$C(t) = C_0 \left[k_a/(k_a - k_e) \right] \left(e^{-k_e t} - e^{-k_a t} \right) \tag{32a}$$

oder

$$C(t) = D_0/V \left[k_a/(k_a - k_e) \right] \left(e^{-k_e t} - e^{-k_a t} \right) \tag{32b}$$

Dies ist eine recht komplizierte, aber wichtige Funktion, in der die Absorptions- und Eliminationsratenkonstanten zusammengefasst sind. Vielleicht kann uns ein Beispiel mit konkreten Zahlen und seine grafische Darstellung verstehen helfen, welche Vorgänge hiermit beschrieben werden.

Nehmen wir an, ein Patient nimmt eine Dosis von $D_0 = 350$ mg oral zu sich, wobei das Verteilungsvolumen $V = 20$ l beträgt. Nehmen wir ferner an, dass die Halbwertszeiten der Absorption und Elimination $t_{1/2a} = 1/3$ h und $t_{1/2e} = 3$ h betragen. Hieraus ergeben sich Absorptions- und Eliminationsratenkonstanten von $k_a = 2{,}08$ h^{-1} und $k_e = 0{,}23$ h^{-1}. Abbildung 8.20 zeigt eine grafische Darstellung der Konzentration in Abhängigkeit von der Zeit für die genannten Parameter. Beachten Sie, dass die Konzentration relativ schnell ansteigt, einen Maximalwert erreicht und dann langsam abfällt. Dieses Ergebnis entspricht der Tatsache, dass die Halbwertszeit der Absorption kürzer ist als die der Elimination.

Normalerweise wird nicht die Gesamtmenge des in einer oralen Dosis enthaltenen Medikaments absorbiert. Ein Teil des Medikaments passiert den Magen-Darm-Kanal, als wäre es ein Abfallprodukt. In diesem Fall werden die Gleichungen 32a und 32b mit F multipliziert, dem absorbierten Anteil der Dosis. Für unsere Darstellung werden wir davon ausgehen, dass das Medikament vollständig absorbiert wird, wie dies beim intravenösen Bolus und der intravenösen Infusion der Fall ist.

Man kann zeigen, dass der Zeitpunkt t_{max}, zu dem die Konzentration ihren Maximalwert erreicht, durch folgende Gleichung definiert ist:

$$t_{max} = \ln(k_a / k_e) / (k_a - k_e)$$

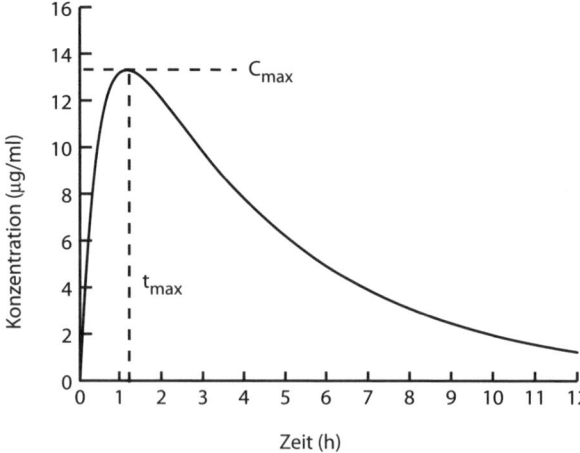

Der Maximalwert für die Konzentration lässt sich ermitteln, indem man den Wert für t_{max} in die (oben angegebene) Gleichung (32) einsetzt. Für die genannten Parameter ergeben sich $t_{max} = 1{,}19$ h und $C_{max} = 13{,}3$ µg/ml. Beide sind mit dem Diagramm in Abbildung 8.20 konsistent.

Werden mehrere orale Dosen verabreicht, wird die Konzentration auf ähnliche Weise bestimmt, wie dies für mehrere intravenöse Bolusdosen der Fall war. Der Hauptgesichtspunkt ist hierbei folgender: Ist noch ein Teil des Medikaments im Blutstrom vorhanden, wenn eine weitere Dosis gegeben wird, setzt der Anfangspunkt der neuen Konzentrationsfunktion bei dem Wert an, der durch die vorherige orale Dosis vorgegeben ist. Abbildung 8.21 zeigt, welche Konzentrationsfunktion sich ergibt, wenn alle 4 Stunden eine Dosis verabreicht wird. Beachten Sie, dass der Maximalwert C_{max} und der Minimalwert C_{min} mit der Zeit zunehmen und sich auf Gleichgewichtswerte zubewegen. Auch diese Werte sollten innerhalb des therapeutischen Fensters liegen, damit die gewünschte klinische Wirkung erzielt werden kann.

Die Ergebnisse mehrerer oraler Dosen entsprechen dem, was man bei einer Person, der aufgrund einer Infektion eine Antibiotika-Therapie verschrieben wurde, erwarten würde. Angenommen, jemand nimmt zweimal täglich eine Tablette zu sich: eine am Morgen und (idealerweise) eine weitere 12 Stunden später. Über einen Zeitraum von zehn Tagen schwankt die Konzentration zwischen dem Maximal- und dem Minimalwert, und man hofft, dass der Patient anschließend geheilt ist. Zu sonstigen Beispielen gehört die vier- oder sechsstündige Einnahme von Schmerzmitteln oder von Medikamenten gegen eine Schwellung der Nasenschleimhäute, die über mehre Tage fortgesetzt wird. Vielleicht haben Sie es schon öfters erlebt, dass die Schmerzen oder die Schwellung zurückgekehrt sind, bevor die nächste Dosis fällig war. Wenn die Häufigkeit der Dosierung nicht genau eingehalten wird, kann es bei zu hohen Konzentrationen zu ernsthaften Nebenwirkungen kommen. Außerdem kann es vorkommen, dass die Rezeptoren, auf die das Medikament abzielt, so gesättigt sind, dass eine höhere Konzentration des Medikaments wirkungslos bleibt. Der Maximalwert einer Gleichgewichtskonzentration hängt von der Häufigkeit der Einnahme und der Menge des Medikaments in einer Einzeldosis ab.

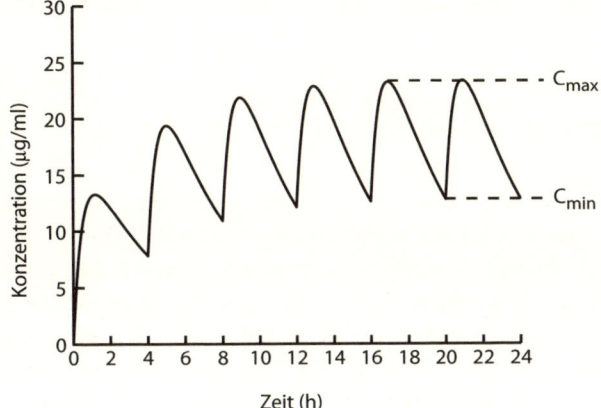

Anwendungen

Zum Schluss dieses Kapitels wollen wir noch kurz auf einige Anwendungen eingehen. Wir werden die Entwicklung von Medikamenten, Medikamente mit einer verzögerten Freisetzung ihres Wirkstoffs, Blutalkoholwerte und Drogentests bei Sportlern erläutern.

Die Entwicklung von Medikamenten

Das Ziel der Entwicklung neuer Medikamente besteht darin, ein Medikament mit einer gewünschten pharmakologischen Wirkung herzustellen. Bei der Entwicklung neuer Medikamente müssen zahlreiche Aspekte berücksichtigt werden. Eine der dabei zu beantwortenden Fragen betrifft die Verabreichungsmethode und damit zusammenhängende Fragen: Ist das Medikament wasserlöslich? Sollte es zusammen mit der Nahrung eingenommen werden? Wird es von der Säure im Magen zersetzt? Sollte es in flüssiger oder fester Form verabreicht werden? Welches sind die Eigenschaften der Tablette, die das Medikament enthält? Sollte es in einem Flüssig-Gel verabreicht werden, und wie sollte dieses gegebenenfalls zusammengesetzt sein? Wie wirkt sich das Klima (Wärme und Luftfeuchtigkeit) auf die Lagerfähigkeit des Medikaments aus?

In die Entwicklung eines Medikaments, seiner Verpackung, in seine Tests und die klinischen Studien, durch die man seine Wirksamkeit untersucht, wird ein enormer Forschungsaufwand investiert. Viele Wirkungen basieren darauf, wie das Medikament im Zeitverlauf im Körper reagiert, wie es mit dem pharmakologischen Ergebnis für den Patienten in Zusammenhang steht, und darauf, ob seine Medikationsform vom Patienten akzeptiert wird. So kann zum Beispiel ein Schlafmittel einem Patienten helfen, besser zu schlafen. Doch was, wenn es mit einer intravenösen Infusion verabreicht werden muss, erst nach mehreren Stunden wirkt und tagelang im Körper bleibt? Solch ein Medikament ist kein brauchbares Produkt für jemanden, der eine Tablette benötigt, die problemlos eingenommen werden kann, schnell wirkt und bereits nach 7 bis 8 Stunden fast vollständig aus dem Körper entfernt ist.

Zeitverzögerte Medikamente

Eines der wichtigsten Forschungsgebiete ist die Entwicklung von Medikamenten, deren Wirkstoff zeitlich verzögert oder auf kontrollierte Weise freigegeben wird. Diesen Medikamenten liegt folgende Vorstellung zugrunde: Gibt es für die effektivste Behandlung eine optimale Konzentration eines Medikaments, so wird seine zweckmäßige Verabreichung dazu beitragen, das beste Ergebnis zu erzielen. Sie erinnern sich vielleicht daran, dass es die Möglichkeit gibt, die Konzentration eines Medikaments im Blut eines Patienten konstant zu halten, indem eine intravenöse Infusion mit einer in Form eines intravenösen Bolus verabreichten Ladungsdosis kombiniert wird. Diese Methode ist jedoch weder praktisch noch unkompliziert, und außerdem kann sie sehr teuer sein. Es wäre sehr nützlich, wenn das Medikament oral vom Patienten eingenommen werden könnte, wenn er sich zu Hause oder nicht in der Nähe einer Klinik befindet. Eine andere Methode der Verabreichung zeitlich kontrollierter Medikamente sind transdermale Pflaster, bei denen der Wirkstoff durch die Haut in den Körper gelangt.

Die Forschung sucht nach Methoden, mit denen sich die Freigabe des Medikaments im Körper beeinflussen lässt. Die Kontrolle kann entweder im Magen-Darm-Kanal erfolgen, am Zielort des Medikaments oder an der Barriere, die es überwinden muss. Zu den Forschungsgebieten gehören die Eigenschaften von Materialien, die Verteilungseigenschaften am Zielort oder einer Barriere sowie die chemischen Reaktionsraten der Medikamente.

Die häufigsten Stoffe, deren Änderungsraten sich kontrollieren lassen, lösen sich über einen bestimmten Zeitraum langsam auf und setzen dabei das Medikament frei. Zu den zahlreichen Methoden der Darreichung gehört der Einschluss eines Medikaments in Mikrokügelchen, sein Einschluss in Mikroporen, die Suspensierung des Medikaments in der Matrix komprimierter Tabletten oder die Verabreichung des Medikaments in Tabletten aus mehreren Schichten, wobei sich Schichten, die das Medikament enthalten, mit Schichten ohne das Medikament abwechseln. Im letzten Beispiel kann sich die äußere inaktive Schicht schnell auflösen, sodass schnell eine Anfangsdosis zugeführt wird, während die innere Schicht bzw. die inneren Schichten sich langsam auflösen und das Medikament über einen längeren Zeitraum verzögert freisetzen. Eines der Anwendungsprobleme dieser Medikamente besteht darin, dass sie den Magen-Darm-Kanal mit Stoffwechselendprodukten manchmal bereits verlassen haben, bevor sie sich vollständig auflösen konnten.

Alkoholkonzentration im Blut

Die Alkoholkonzentration im Blut ist ein Maß für die Menge des im Blut eines Menschen verteilten Alkohols. Anhand ihres Wertes lässt sich der Grad der Trunkenheit einer Person ermitteln. Die Blutalkoholkonzentration wird normalerweise in Gramm Alkohol pro Milliliter Blut gemessen bzw. in Milliliter Alkohol pro Milliliter Blut. Da die Dichte des Blutes etwa 1 g/ml beträgt, wird der Wert normalerweise als Prozentsatz angegeben. Daher entspricht dem Wert 0,08 % eine Menge von 0,08 g (oder 80 mg) Alkohol in 100 g einer Blutprobe. Sie wissen vielleicht, dass es in den meisten US-amerikanischen Staaten ab einem Blutalkoholwert von 0,08 % verboten ist, ein Fahrzeug zu steuern.

Die Alkoholkonzentration im Blut kann auf unterschiedliche Weise ermittelt werden. Die genaueste Methode misst den Alkoholgehalt einer Blutprobe. Eine andere Methode misst mit Hilfe eines speziellen Messgeräts die Alkoholmenge in der ausgeatmeten Luft, die aus der Verdunstung stammt. Diese Methode liefert einen geschätzten Blutalkoholwert. Zur Messung des Alkoholgehalts kann auch der von einer Person ausgeschiedene Urin verwendet werden.

Das Verhalten einer Person, die Alkohol zu sich genommen hat, ist je nach dem Alkoholgehalt des Blutes unterschiedlich. Eine Person mit einem Blutalkoholwert im Bereich von 0,01 – 0,06 % fühlt sich möglicherweise entspannt oder in gehobener Stimmung, obwohl sie weniger aufmerksam als sonst und in ihrer Urteilskraft beeinträchtigt ist. Im Bereich von 0,06 – 0,10 % können die Handlungen der Person ungehemmt und die Reflexe sowie ihre Sehfähigkeit deutlich beeinträchtigt sein. Oberhalb von 0,11 % kann es zu drastischen Gefühlsumschwüngen und einer wesentlich stärker beeinträchtigten Motorik kommen. Oberhalb von 0,30 % kann die betreffende Person Erinnerungslücken haben und über längere Zeit bewusstlos sein, während Konzentrationen von mehr als 0,40 % tödlich sein können.

Die beste Behandlungsmethode eines hohen Blutalkoholwerts besteht darin, abzuwarten, bis der Alkohol durch Ausscheidung, Verdunstung und den Stoffwechsel aus dem Körper entfernt wurde. Durch Ausscheidung und Verdunstung können nicht mehr als 10 % des Alkohols aus dem Körper eliminiert werden. Der restliche Alkohol wird durch den Stoffwechsel abgebaut und schließlich ausgeschieden. Während übermäßiger Alkohol aus dem Körper entfernt wird, reagiert er durch eine Reihe unangenehmer Symptome, wozu unter anderem Kopfschmerz, Übelkeit und Austrocknung gehören.

Medikamententests

Medikamententests werden durchgeführt, um festzustellen, ob Sportler, Arbeitnehmer, Schüler, Studenten oder Straftäter Drogen verwenden. Sportler verwenden Drogen, um ihre Leistung bei Wettkämpfen zu steigern. Dabei werden Testosteron und Steroide, wie zum Beispiel das menschliche Wachstumshormon, injiziert. Damit sollen die Muskeln aufgebaut werden, um dem Sportler gegenüber seinen Konkurrenten einen Vorteil zu verschaffen. Durch Alkohol und illegale Drogen, wie zum Beispiel Kokain, kann die Fähigkeit einer Person beeinträchtigt werden, an ihrem Arbeitsplatz die gewohnte Leistung zu erbringen. Alkohol und Drogen können sich auf ihr Benehmen und Sozialverhalten auswirken. Sportverbände, Unternehmen, Schulen, Universitäten und staatliche Exekutivorgane geben sehr viel Geld aus, um solche Tests durchzuführen.

Häufig wird bei diesen Tests nach einer bestimmten Substanz gesucht. Manchmal ist es das Vorhandensein anderer chemischer Stoffe, was darauf hinweist, dass eine illegale Droge genommen wurde, da die ursprüngliche Droge bereits durch den Stoffwechsel verändert wurde. Solche Tests können mit Urin, Blut, Schweiß, Speichel und Haaren durchgeführt werden. Jede Probe muss äußerst vorsichtig und auf spezielle Weise gehandhabt werden, um sicherzustellen, dass die Ergebnisse genau sind.

Das für derartige Tests verantwortliche Fachpersonal verwendet eine Vielzahl von Methoden, um festzustellen, ob Drogen genommen wurden. Die einfachsten Methoden machen normalerweise von bestimmten flüssigen Chemikalien Gebrauch, die einer Probe hinzugefügt werden. Man beobachtet anschließend, ob eine bekannte chemische Reaktion erfolgt. Diese Tests sind häufig vor Ort durchführbar, d. h. am Arbeitsplatz, in der Schule oder bei einem sportlichen Ereignis. Für andere Untersuchungstechniken, wie zum Beispiel die Gaschromatographie und Massenspektroskopie, werden kompliziertere Geräte benötigt. Sie lassen sich daher nur in einem Labor durchführen.

Häufig werden zufällige Stichproben durchgeführt, die die betroffenen Personen davon abhalten sollen, auch nur mit dem Gedanken zu spielen, illegale Substanzen einzunehmen. Einige Drogen können längere Zeit im Körper bleiben, während andere wesentlich schneller eliminiert werden. Ihre Stoffwechselprodukte können allerdings noch sehr lange im Körper nachzuweisen sein.

Zusammenfassung

Das zeitabhängige Verhalten der Konzentration von Medikamenten im Körper ist ein Forschungsgebiet, dem sich viele Wissenschaftler widmen. Ärzte, Pharmazeuten und andere auf das Studium der Wirkungen von Medikamenten spezialisierte Forscher müssen die hierfür geltenden Gesetzmäßigkeiten genau kennen, um Patienten mit Hilfe medikamentöser Therapiestrategien erfolgreich behandeln zu können.

Vielleicht fühlen Sie sich durch die Mathematik in diesem Kapitel ein wenig überwältigt. Dieses Thema hat noch zahlreiche andere Aspekte, die wir nicht angesprochen haben, wie zum Beispiel das Zwei-Kompartiment-Modell, dosisabhängige Vorgänge, Verteilungseigenschaften und den Stoffwechsel, durch den Medikamente abgebaut werden (besonders in der Leber). Doch ich hoffe, dass Sie zumindest begonnen haben zu verstehen, wie umfangreich das Wissen ist, über das Mitarbeiter im Gesundheitswesen verfügen müssen, um Medikamente entwickeln, klinische Tests durchführen, spezielle Krankheiten behandeln und Patienten betreuen zu können.

Anmerkungen

I. Bewegung und Gleichgewicht

1. Elaine N. Marieb and Katja Hoehn. 2007. Human Anatomy & Physiology, 7th ed. 253–276. San Francisco: Pearson Benjamin Cummings.
2. John R. Cameron, James G. Skofronick, and Roderick M. Grant. 1992. Physics of the Body. 32–33. Madison: Medical Physics Publishing.
3. Harvard Natural Sciences Lecture Demonstrations. Vectors and Forces in Equilibrium (Statics). http://sciencedemonstrations.fas.harvard.edu.

II. Flüssigkeiten und Druck

1. Medterms Medical Dictionary. www.medterms.com/script/main/art.asp?articlekey=16163.
2. Ibid. www.medterms. com/script/main/art.asp?articlekey=16164.
3. John R. Cameron, James G. Skofronick, and Roderick M. Grant. 1992. Physics of the Body. 95–96. Madison: Medical Physics Publishing.
4. Medline Plus Medical Encyclopedia. Cerebral Spinal Fluid (CSF) Collection. www.nlm.nih.gov/medlineplus/ency/article/003428.htm.
5. Cameron, Skofronick, and Grant. Physics of the Body, 99–100.

III. Energie, Arbeit und Stoffwechsel

1. T. R. Gowrishankar, Donald A. Stewart, Gregory T. Martin, and James C. Weaver. 2004. Transport lattice models of heat transport in skin with spatially heterogeneous, temperature-dependent perfusion. BioMedical Engineering OnLine 3: 42.
2. D. A. Torvi and J. D. Dale. 1994. A finite element model of skin subjected to a flash fire. ASME J. Biomech. Eng. 116: 250–255.
3. K. Giering, I. Lamprecht, O. Minet, and A. Handke. 1995. Determination of the specific heat capacity of healthy and tumorous human tissue. Thermochimica Acta 251: 199–205.
4. Elaine N. Marieb and Katja Hoehn. 2007. Human Anatomy & Physiology, 7th ed. 984–985. San Francisco: Pearson Benjamin Cummings.
5. The Physics Fact Book. Surface Area of Human Skin. http://hypertextbook.com/facts/2001/IgorFridman.shtml.
6. Steven B. Halls, Body Surface Area Calculator for Medication Doses. www.halls.md/ body-surface-area/bsa.htm.

IV. Schall, Sprache und Gehör

1. Jeremy Davey and Dave Mann. Breaking the Sound Barrier on Land. www.roadsters.com/750.
2. National Institute on Deafness and Other Communication Disorders. www.nidcd.nih. gov/health/voice.
3. Elaine N. Marieb and Katja Hoehn. 2007. Human Anatomy & Physiology, 7th ed. San Francisco: Pearson Benjamin Cummings.
4. Mayo Clinic. April 27, 2007. Hearing Loss. www.mayoclinic.com/health/hearing-loss/DS00172.
5. Jerry D. Wilson, Anthony J. Buffa, and Bo Lou. 2010. College Physics, 7th ed.

499–500. Upper Saddle River, NJ: Pearson Prentice Hall.
6. Centers for Disease Control and Prevention. Method for Calculating and Using the Noise Reduction Rating— NRR. www2a.cdc.gov/hp-devices/pdfs/calculation.pdf.
7. National Institute on Deafness and Other Communication Disorders. www.nidcd.nih.gov/health/hearing.
8. The American Speech-Language-Hearing Association. www.asha.org/public.

V. Elektrische Eigenschaften und das Zellpotential

1. Paul Peter Urone. 2001. College Physics, 2nd ed. 492–493. Pacific Grove, CA: Brooks/Cole.
2. Elaine N. Marieb and Katja Hoehn. 2007. Human Anatomy & Physiology, 7th ed. 388. San Francisco: Pearson Benjamin Cummings.
3. Paul Davidovits,. 2008. Physics in Biology and Medicine, 3rd ed. 181–183. Burlington, VT: Academic Press.
4. Marieb and Hoehn, Human Anatomy & Physiology, 7: 395–397.
5. Ibid., 75–77.
6. Ibid., 404–408.
7. John R. Cameron, James G. Skofronick, and Roderick M. Grant. 1992. Physics of the Body. 184–190. Madison: Medical Physics Publishing.
8. Marieb and Hoehn, Human Anatomy & Physiology, 7: 397–409.
9. Morton M. Sternheim and Joseph W. Kane. 1991. General Physics, 2nd ed. 455–465. New York: Wiley.

VI. Optik und Auge

1. Edward Rosen. 1956. The invention of eyeglasses. Journal of the History of Medicine and Allied Sciences 11(1): 13–46; 11(2): 183–218.
2. Nancy N. Schiffer, 2000. Eyeglass Retrospective: Where Fashion Meets Science. Altglen: Schiffer.
3. Richard D. Drewry, What Man Devised that He Might See. www.teagleoptometry.com/history.htm.
4. Eyetopics. November 24, 2004. The History of Contact Lenses. www.eyetopics.com/articles/18/1/The-History-of-Contact-Lenses.html.

VII. Die biologischen Auswirkungen der Kernstrahlung

1. Amersham Health. MYOVIEW Kit for the Preparation of Technetium Tc99m Tetrofosmin for Injection. www.amershamhealth-us.com/shared/pdfs/pi/Myoview.pdf.
2. John E. Tansil. October 21, 2000. Natural radioactivity in humans, Presented at the Meeting of the Missouri Association of Physics Teachers, University of Missouri Rolla.
3. National Council on Radiation Protection and Measurement. 1987. Ionizing Radiation Exposure of the Population of the United States. Report No. 93.
4. Environmental Protection Agency. June 4, 2008. Health Effects. www.epa.gov/rpdweb00/understand/health_effects.html.
5. Mayo Clinic. February 8, 2008. Radiation Sickness. www.mayoclinic.com/health/radiation-sickness/DS00432/DSECTION=2.
6. Health Physics Society. February 19, 2008. Doses from Medical Radiation Sources. www.hps.org/hpspublications/articles/dosesfrommedicalradiation.html.
7. Bert M. Coursey and Ravinder Nath. April 2000. Radionuclide therapy. Physics Today 53: 25–30.
8. Richard J. Kowalsky and Steven W. Falen. 2004. Radiopharmaceuticals in Nuclear Pharmacy and Nuclear Medicine, 2nd ed. 767–788. Washington: American Pharmacists Association.
9. Coursey and Nath, ibid.
10. Siehe Anm. 1.

VIII. Verabreichungsformen und Konzentration von Medikamenten

1. Leon Shargel, Susanna Wu-Pong, and Andrew B. C. Yu. 2005. Applied Biopharmaceutics and Pharmacokinetics, 5th ed. 5–9. New York: McGraw-Hill.
2. Shargel, Wu-Pong, and Yu. ibid. 5–6.
3. Malcolm Rowland and Thomas N. Tozer. 1995. Clinical Pharmacokinetics: Concepts and Applications, 3rd ed. 3–5. Baltimore: Williams and Wilkins.
4. Für Mathematiker wird die Ratengleichung normalerweise als Differentialgleichung geschrieben: $dC/dt = (dC/dt)_a + (dC/dt)_d + (dC/dt)_e$
5. Shargel, Wu-Pong, and Yu. Applied Biopharmaceutics and Pharmacokinetics, 5: 9–16.
6. Siehe Anm. 4.

Register